新工科建设 · 电子信息类系列教材

5G 移动通信系统

张月霞　杨小龙　巩　译　主　编

张思宇　郑　慧　副主编

電子工業出版社

Publishing House of Electronics Industry

北京 · BEIJING

内 容 简 介

本书以 5G 移动通信系统为讲述对象，从通信技术的发展史入手，对 5G 移动通信系统中的频谱、架构及多项关键技术进行了详尽的阐述。本书的主要内容包括：概述、5G 频谱与标准化组织、5G 系统网络架构、5G 网络关键技术、物理层技术、5G 无线技术等，同时结合实际工程经验介绍了 5G 组网、Cloud-RAN 解决方案、4G/5G 融合组网、5G 语音解决方案、5G 物联网应用、5G 车联网应用等。本书提供配套的电子课件 PPT、教学大纲。

本书的参考学时为 32 学时，可以作为高等学校通信工程、电子工程和其他电子信息类相关专业的教学用书和参考书，也可供相关工程技术人员参考。

图书在版编目（CIP）数据

5G 移动通信系统 / 张月霞，杨小龙，巩译主编. —北京：电子工业出版社，2023.2

ISBN 978-7-121-45026-6

Ⅰ. ①5… Ⅱ. ①张… ②杨… ③巩… Ⅲ. ①第五代移动通信系统－高等学校－教材 Ⅳ. ①TN929.53

中国国家版本馆 CIP 数据核字（2023）第 020961 号

责任编辑：王晓庆　　　　特约编辑：田学清

印　　刷：固安县铭成印刷有限公司

装　　订：固安县铭成印刷有限公司

出版发行：电子工业出版社

北京市海淀区万寿路 173 信箱　　　　邮编：100036

开　　本：787×1092　1/16　　印张：19　　字数：511 千字

版　　次：2023 年 2 月第 1 版

印　　次：2025 年 2 月第 3 次印刷

定　　价：65.00 元

凡所购买电子工业出版社图书有缺损问题，请向购买书店调换。若书店售缺，请与本社发行部联系，联系及邮购电话：（010）88254888，88258888。

质量投诉请发邮件至 zlts@phei.com.cn，盗版侵权举报请发邮件至 dbqq@phei.com.cn。

本书咨询联系方式：（010）88254113，wangxq@phei.com.cn。

前言

2019年，中华人民共和国工业和信息化部（以下简称工信部）向中国移动、中国联通、中国电信及中国广电发放了5G商用牌照，这标志着我国正式进入5G商用的元年。伴随着近年来对5G网络的大规模部署，中国的5G产业发展正在如火如荼地展开。作为新一代的通信技术，5G网络是一个多业务、多技术的融合式网络，其与先前的1G～4G网络相比有着明显的不同。5G网络具有高速率、低时延、高可靠的特点，是新一代信息技术的发展方向和数字经济的重要基础，与5G相关的技术研究与应用已成为我国乃至全世界的热门研究内容之一。

对于我国来说，5G的发展与部署对现有通信领域专业技术人才的技能素养提出了更高的要求。对于信息与通信相关专业的学生来说，走出校门时，5G技术应是他们必须了解的知识之一。因此，为了完善5G人才培养体系、满足国家人才培养需要，编者在参考了国内外专著和文献资料后编写了本书，希望能为5G技术的初学者提供帮助。

本书以5G移动通信系统为讲述对象，从通信技术的发展史入手，对5G移动通信系统中的频谱、架构及多项关键技术进行了详尽的阐述。除此之外，本书对在实际工程中进行5G网络部署时的一些解决方案和注意事项进行了介绍。本书既有对5G系统及相关技术的原理性介绍，又不乏生动的使用案例。本书内容力求反映前沿性和时代性，具有一定的通识性，努力将知识、能力、素质有机结合，让读者在了解5G技术的基础上具备一定的综合能力。

本书共12章，包括概述、5G频谱与标准化组织、5G系统网络架构、5G网络关键技术、物理层技术、5G无线技术、5G组网、Cloud-RAN解决方案、4G/5G融合组网、5G语音解决方案、5G物联网应用、5G车联网应用，参考学时为32学时。编者尽力使每章内容的重点突出，重应用、轻理论，通俗易懂，方便学生自学。本书可以作为高等学校通信工程、电子工程和其他电子信息类相关专业的教学用书和参考书，也可供相关工程技术人员参考。

全书由张月霞策划并统稿。具体编写分工如下：第1章、第7章由张月霞编写，第2章、第3章、第4章、第5章由张月霞、杨小龙编写，第6章由巩译编写，第8章和第10章由张思宇编写，第9章和第12章由郑慧编写，第11章由张月霞编写。在本书的编写过程中，秦军、王鑫老师，以及研究生周映、邹列、贾鹏飞、潘达为、杨郁浓、洪钖、李俊杰等对全书的具体内容提出了许多宝贵的意见和建议，在此谨向他们表示衷心的感谢。

在编写本书的过程中，编者参阅了大量资料，在此向这些文献的著作者表示诚挚的感谢。同时感谢电子工业出版社对本书给予的支持和帮助。

本书提供配套的电子课件PPT、教学大纲，请登录华信教育资源网（www.hxedu.com.cn）

后免费下载，或联系本书编辑（010-88254113，wangxq@phei.com.cn）索取。与本书配套的线上课程已在学银在线平台上线，供读者参考。

编者在 5G 通信技术领域的学习和研究尚浅，水平和能力有限，书中难免有错误和不妥之处，恳请广大读者批评指正。

编者

2023 年 1 月

目录

第1章

概述

近年来，5G 通信系统和相关技术受到广泛关注。本章简要回顾从 1G 到 4G 的发展历程及其主要技术，在此基础上介绍 5G 的总体愿景与需求，针对 5G 给移动互联网带来的需求、挑战，进一步给出 5G 的关键性能指标与核心技术，以及 5G 的产业格局。通过本章介绍，可以将移动通信的发展脉络清晰地展现在读者面前，读者也可以对 5G 有初步的认识和了解。

1.1 移动通信的发展历史

通信发展历史

最早人与人之间的短通信只能通过面对面交流进行，而远距离通信有利用狼烟传递敌袭消息、利用信鸽传递消息、利用驿站传递消息等方式。过去，信鸽和驿站虽然已经是非常先进的通信方式，但是依然有无法实时通信、安全性低等缺点。

在实时通信方面，电报传递信息和固网电话可以说是较早出现的两种方式。利用电报传递信息时需要经过编解码过程，无法及时传输信息，具有滞后性。固网电话弥补了电报的不足，能够直接传递信息，但是会受到场景的限制，无法满足更广泛的需求。因此，需要一种能够随时随地传输信息的全新的通信技术。

在 40 多年的发展过程中，移动通信系统不断更新换代，从开始只能进行模拟语音业务，到后来每秒百兆位传输速率的数据业务。长期演进（Long Term Evolution，LTE）网络不断更新与发展，使得移动互联网通信技术快速发展，促使各种新业务和终端涌现。因此，在全世界范围内第四代移动通信技术（4th Generation Mobile Communication Technology，4G）的部署还在蓬勃发展的时期，对第五代移动通信技术（5th Generation Mobile Communication Technology，5G）的研发已经如火如荼，并引起了全世界的广泛关注。

1.1.1 1G：人类进入移动通信时代

在 1950 年左右，移动电话出现，但是 1G（First Generation）在 20 世纪 80 年代才开始建立。当时的 1G 蜂窝系统应用频分多址技术（Frequency Division Multiple Access，FDMA），即每次呼叫使用一个单独的窄带频率通道，专门用于提供语音服务[1]。1G 采用模拟调制技术，用户需要手动操作，存在终端体积大、覆盖范围小、成本高及安全性低等缺点。

20 世纪 80 年代，模拟蜂窝系统在欧洲和美洲得到广泛应用，可以说这是移动通信史上的一次重大革命。随着移动通信技术的进一步发展，为弥补 1G 的不足，2G（Second Generation）采用数字技术，使安全性、频谱利用率都得到了提高。

1.1.2 2G：数字时代到来

相比 1G，2G 采用了更先进的技术，其中的关键在于先将声音信息变成数字编码，通过传输数字编码，接收方收到信号后使用调制解调器进行解调，把数字编码还原成声音信号[2]。2G 采用这种方式进行通信，具有稳定、抗干扰、安全的特点。2G 通过采用数字编码的技术实现了一些 1G 不能实现的功能，如来电显示、呼叫追踪、短信等。

2G 包括全球移动通信（Global System for Mobile Communications，GSM）和码分多址（Code Division Multiple Access，CDMA）系统，这两者分别基于时分多址和码分多址技术。当时 GSM 在全球移动通信市场的占比约为 80%，覆盖 200 多个国家和地区。

在 GSM 的信道中，物理信道指一个时隙，逻辑信道是根据信息种类定义的。逻辑信道可分为话音信道和控制信道。话音信道分为全速率信道 TCH/FS 和半速率信道 TCH/HS 两类。控制信道主要有广播信道（Broadcast CHannel，BCH）、公共控制信道（Common Control CHannel，CCCH）和专用控制信道（Dedicated Control CHannel，DCCH）三类。除了话音信道、控制信道，GSM 还有数据信道。

在 GSM 中，TDMA 帧的每个载频包含 8 个连续时隙，在 FDMA 中指一个信道。TDMA 帧的完整结构如图 1.1 所示。

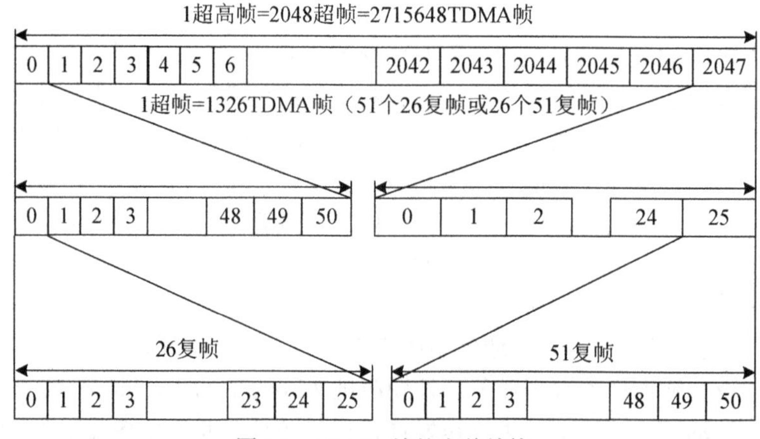

图 1.1 TDMA 帧的完整结构

如图 1.1 所示，TDMA 中有 26 复帧和 51 复帧两种结构，每帧包含 8 个时隙，占用 4.615ms，其中，多个连续复帧可组成超帧，持续 6.12s，2048 个超帧可组成超高帧。编码包括全速率业务信道编码和控制信道编码。编码完成后，通过交织使突发的错误离散。经过编码和交织后，信息变成 4 个连续的 114 比特流帧，合起来表示一个信息包。2G 利用数字技术通信使性能得到提升，然而用户的激增让 2G 遇到了容量和速度的瓶颈，随后，2G 无法再满足更为广泛的用户业务需求，人们开始应用第三代移动通信技术（Third Generation Mobile Communication Technology，3G）。

1.1.3 3G：数据时代到来

2G 存在一些未解决的技术问题，主要包括没有全球统一的标准系统、业务单一、系统的运营成本高、通信容量不足等。除语音和数据传输外，3G 还需要更大的系统容量和高速率的传输能力，从而满足更高质量的业务需求[3]。3G 采用的是 CDMA 技术，具有软容量、抗多径衰减等优点。并且，CDMA 系统的容量比 GSM 系统的容量大，采用话音激活、分集接收和智能天线技术可以进一步增大系统容量。

3G 的关键技术包括地址码选择、功率控制技术、软切换技术、Rake 接收技术等，下面对这 4 种技术进行介绍。

（1）地址码选择

WCDMA 是宽带直扩码分多址系统，其比特率能够达到 2Mbit/s。

（2）功率控制技术

WCDMA 系统对于功率精准控制是非常重要的，如果不能进行功率控制，那么小区就会被超功率的移动台阻塞。在信号传输过程中，通过调整信号发射功率的大小能有效改善功率不平衡的状况。

（3）软切换技术

软切换技术是指在小区边缘的移动台进行切换时，首先和新的基站进行连接，然后断开和初始基站的连接，这样能有效提高切换成功率。

（4）Rake 接收技术

移动通信信道受到空间中障碍物的影响会进行多径传播，利用 Rake 接收技术能够收集多径信号，实现抗衰落。

3G 时代比 2G 时代的通信速度提高了 30 多倍，数字通信向数据通信进一步发展，同时，数据通信不再附属于语音通信。但是，3G 的速率也逐渐难以满足大众的需要，需要更高速率的移动通信系统来满足用户日益增加的需求。

1.1.4 4G：数据全面爆发

4G 网络既可以为各种无线平台和网络提供无线服务，又能提供各种各样的综合服务。LTE 的版本演进可分为 LTE、LTE-A、LTE-A Pro 3 个阶段，分别对应 3GPP 标准的 R8～R14 版本，如图 1.2 所示。

<table>
<tr><th colspan="2">阶　段</th><th>开始时间</th><th>冻结时间</th><th>峰值速率</th><th></th></tr>
<tr><td rowspan="2">LTE</td><td>Release 8</td><td>2006.1</td><td>2009.3</td><td rowspan="2">上行：75Mbit/s
下行：150Mbit/s</td><td rowspan="5">用户面时延（单向）小于5ms，控制面时延小于100ms</td></tr>
<tr><td>Release 9</td><td>2008.3</td><td>2010.3</td></tr>
<tr><td rowspan="3">LTE-A</td><td>Release 10</td><td>2009.1</td><td>2013.3</td><td rowspan="3">上行：1.5Gbit/s
下行：3Gbit/s</td></tr>
<tr><td>Release 11</td><td>2011.6</td><td>2015.3</td></tr>
<tr><td>Release 12</td><td>2012.9</td><td>2016.3</td></tr>
<tr><td rowspan="2">LTE-A Pro</td><td>Release 13</td><td></td><td></td><td></td><td></td></tr>
<tr><td>Release 14</td><td></td><td></td><td></td><td></td></tr>
</table>

图 1.2　LTE 的版本演进

R10 是 LTE-A 的首个版本，采用 8×8 天线配置，峰值吞吐量提高到了 1Gbit/s，最大能够支持 100MHz 的带宽。为提升系统性能，R10 还引入了载波聚合、中继、异构网干扰消除等新技术。

R11 采用协作多点传输（Coordinated Multi-Point，CoMP）技术，增强了载波聚合技术，同时设计了新的控制信道。

R12 采用了宏微融合的双连接、小区快速开关、业务自适应的 TDD 动态时隙配置等关键性技术。

R13 主要关注 MIMO 传输技术、LTE 许可频谱辅助接入及物联网优化等内容。

当前，C-RAN 还面临一些技术挑战，主要包括基带池集中处理性能、集中基带池与射频远端的信号传输、通用处理器的性能功耗比、软基带处理时延等问题。对比 3G 网络，LTE 系统采用全 IP（Internet Protocol）的核心网，更加扁平化，简化了网络协议，降低了业务时延，由分组域和 IMS 网络为用户提供话音业务。

核心网网元没有全局的网络和用户信息，无法对网络进行动态的智能调整或快速的业务部署。4G 核心网将与软件定义网络和网络虚拟化等技术融合，进一步满足未来核心网的需求与发展。LTE 的核心技术主要包括 OFDM、MIMO（Multiple-In Multiple-Out）、智能天线技术等[4]。OFDM 技术可以减少信号干扰，提高频谱利用率。MIMO 能够提高系统容量。智能天线能够智能调整波束，使主波束对准目标用户，使旁瓣波束对准干扰信号，既能改善信号质量，又能提高系统容量。

从 1980 年到今天，通信技术经历了快速发展，表 1.1 所示为通信技术的发展历程及特征。

表 1.1　通信技术的发展历程及特征

系统	商用年份/年	关键词	系统功能	无线技术	核心网	典型标准			
						欧洲	日本	美国	中国
1G	国际：1984 国内：1987	模拟通信	系统容量和频谱利用率低、通话费用高、业务种类受限	FDMA	PSTN	NMT/TACS/C450/RTMS	NTT	AMPS	—
2G	国际：1989 国内：1994	数字通信	各国标准不统一、业务范围有限、无法实现全球漫游	TDMA、CDMA	PSTN	GSM/DECT	PDC/PHS	DAMPS/CDMA ONE	—
3G	国际：2002 国内：2009	宽带通信	通用性高、可在全球实现无缝漫游、成本低、服务质量高、保密性高、安全性能良好	CDMA、TDMA	电路交换、分组交换	WCDMA	—	CDMA 2000	TD-SCDMA
4G	国际：2009 国内：2013	无线多媒体	高速率、频谱更宽、频谱利用率高	OFDMA	IP 核心网、分组交换	LTE FDD	—	WiMAX	TD-LTE
5G	国际：2018 国内：2019	移动互联网	更大的容量、更高的系统速率、更低的系统时延及更可靠的连接	Massive MIMO/FBMC/NOMM/多技术载波聚合等	基于 NFV/SDN	—	—	—	—

4G 来临后，上网速度不断提升，网络覆盖能力逐渐加强，移动互联网时代到来。大量基于视频的业务不断出现，视频播放业务不再局限于传统的电视，开始转向网络，点播业务变成互联网视频的主要业务。直播中出现在应用内收费、用现实货币兑换虚拟货币礼物的模式，这在很大程度上影响了人们的娱乐和交流模式。在 4G 网络发展的过程中，社会生活变得更加方便和高效，中国也从真正意义上进入了移动互联网时代。

1.1.5 5G：人类将迎来智能互联网

在 4G 出现之前，移动支付、共享单车、移动电子商务等是难以想象的，并且智能手机帮助人们跨越了数字鸿沟。如果没有 4G，现在人们觉得习以为常的很多事情根本无法实现。在 4G 时代，中国在很多领域都走在世界前列，4G 对人民生活、经济发展等都起了非常关键的作用。5G 时代是一个万物互联的时代，虽然很多通信功能依靠传统网络也可以实现，但是依靠传统网络花费的成本非常高，而且无法支持大量设备接入。5G 拥有更快的速度、更低的延迟及更强的接入能力，能够大幅改善居民生活，同时可以提高社会运转效率，让社会更快发展[5]。

此外，5G 的国际研究情况如下。

（1）欧盟

2012 年 9 月，欧盟对 5G 开展了 5G NOW（5th Generation Non-Orthogonal Waveforms for Asynchronous Signalling）研究课题，主要针对物理层技术展开研究，于 2015 年 2 月完成研究。2012 年 11 月，欧盟开展名为 METIS（Mobile and Wireless Communications Enablers for the Twenty-Twenty Information Society）的 5G 研究项目。该项目由 30 个左右的参与单位共同承担，包括阿尔卡特朗讯、爱立信、中兴和华为等顶级通信设备厂商，还包括德国、日本、法国等多个国家的电信运营商，共同针对未来移动通信需求进行深入研究。

除此之外，欧盟在 2014 年 1 月正式推出了 5G PPP（5G Public-Private Partnership）项目。

（2）中国

中国政府在 2013 年 2 月，基于原 IMT-Advanced 推进组成立 IMT-2020（5G）推进组，其组织架构成员包括中国的主要运营商、制造商、高校及研究机构。IMT-2020 推进组的工作计划如图 1.3 所示。

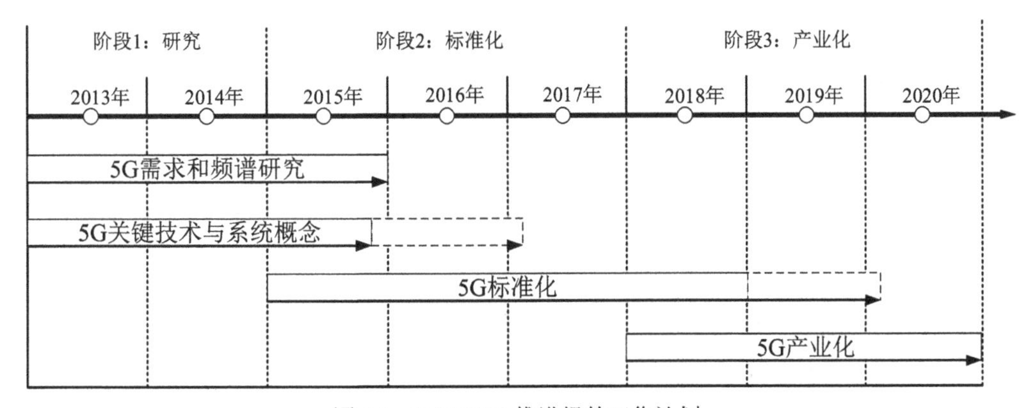

图 1.3 IMT-2020 推进组的工作计划

（3）日韩

韩国在移动通信领域一直处于全球领先地位。2013 年 6 月，韩国成立了 5G 技术论坛，推动 5G 技术研究。同时，韩国制定了“5G 移动通信促进战略”，计划在 2020 年正式实现 5G 商用。

2013 年 10 月，日本成立了 5G 研究组，针对 5G 服务、系统构成等进行研究。其中，服务与系统概念工作组负责研究 2020 年及以后的移动通信系统的服务与系统，系统结构与无线接入技术组研究 2020 年及之后的技术，如无线接入技术、网络技术等。

1.2 5G 总体愿景

5G 作为具有重大革新意义的移动通信技术，深刻影响了社会的方方面面，并且为用户提供了具有超高接入速度的网络，具有连接千亿设备的能力，可实现万物互联。具体而言，5G 总体愿景可以总结为以下 4 个方面。

（1）应用领域广泛

在未来的社会中，移动通信技术将会涉及社会的方方面面，移动通信系统更是整个社会得以高效运转的基石。移动通信的快速发展对游戏娱乐、媒体、出版、报刊杂志业及广告业都会产生重要影响，此外，移动通信对电子商务、互联网金融、零售业和金融业也有不可忽视的作用。

（2）泛在连接

在未来社会，移动通信将实现万物互联，设备之间的数据传输效率将会大大提升，同时资源调度会大幅减少。车与车之间的连接可以通过超低时延的 5G 平台实现，为自动驾驶提供平台支持。在不久的未来，电影当中万物互联与数据超高速传输的畅想也是可以实现的。

（3）应用丰富

自手机被发明以来，其重要功能就是实现人与人之间基本的交流与沟通。在人们的日常生活之中，移动终端将会成为信息交汇的中心，数据量巨大且涉及方方面面。未来的移动通信网将成为信息中心，这也意味着移动通信系统应提供更加便利、可靠和安全的通信。

（4）基础设施通信能力增强

对于社会而言，移动通信技术会像水电一样成为整个社会的基础设施，是社会高效运转的基石。除此之外，移动通信作为商业运营系统，也会提供各式各样的业务，进一步促进技术的进步与发展。

1.3 5G 的特点

5G 特点

除了提高通信速度，还要把更多的能力整合到 5G 中，从而体现出 5G 的六大基本特点，具体如下。

（1）高速率

对于通信技术的更新，用户的直接感受就是速率的改变。早期的网上内容没有图像，只有文字，那时候下载 2M 大小的视频需要几个小时。在 3G 时代，新浪微博、百度贴吧等的图片都为缩略图，想看原图需要单击才能打开。在 4G 时代，图片都是默认打开的。在 5G 时代，网络下载速度高达 1Gbit/s，一部超清电影可能只需要几秒钟就能下载完成。

5G 基站的传输速率可达 20Gbit/s[6]。在这样高的速率下，大量的业务和应用将会产生颠覆性的改变。在 3G 之前，受网络速度的影响，用户必须上网才能接收数据。4G 时代的网络速度大幅提高，社交应用变成了推送机制。推送机制就是利用多媒体平台将各种形式的信息内容推送到用户手机上，手机是永远在线的，随时可以查看。

5G 通信速率进一步提升，不仅提升了用户体验，还催生出更多新的应用和业务。举一个例子，在 4G 时代，直播业务就已经进入人们的视野，并且带来了巨大的商机。但 4G 的上传速度只有 6Mbit/s，如果较多人同时使用网络，那么 6Mbit/s 的上传速度无法满足需求，就会出现明显的卡顿，从而导致直播效果不佳。5G 时代的上传速度可以达到 100Mbit/s 左右，此外，网络切片技术能让某些用户不受网络拥堵的影响，因此 5G 时代比 4G 时代的直播效果更好。在这个背景下，每个用户都有可能成为一个直播电视台，这必定会与当下火爆的新媒体和传统的电视直播节目产生激烈的竞争。此外，虚拟现实（Virtual Reality，VR）场景需要 150Mbit/s 以上的带宽才能很好地实现高清视频传输，5G 的到来，会在很大程度上改善 VR 体验。

5G 的一个显著特点就是高速率，人类将会一直追求用各种新技术来支持更大带宽、更高速率的业务，从而带来更好的业务体验。

（2）低时延

在 5G 网络中，无人驾驶、工业自动化等新场景涌现出来，这些场景有着超低时延及高可靠连接的要求。除此之外，大量的传感器和摄像头将会被部署到相关交通枢纽上，它们拍下的视频和记录的数据也会通过大数据形成动态流量图，这样每个人可以直观地看到交通实况。

在 5G 时代，智能交通只是开始，无人机的前景更加广阔[7]。无人机的飞行与编排需要非常高的准确度，要达到这样的准确度，需要信息传输时延非常低，哪怕只有一架无人机的信息传输时延过高，也有可能引发重大灾难性事故。

对于工业控制领域，低时延也是非常重要的需求。例如，对一台正在运转的数控机床发出停机的指令，如果信息存在很高的时延，就无法生产出高精密度的零件。要想机床、机械臂等工业器械生产出高精密度的零件，就要保证低时延。

（3）泛在网

业务和场景会越来越丰富和复杂，只有无处不在的网络能处理各种各样的业务需求。例如，当进行无人驾驶时，如果地下停车场没有网络，那么汽车就不能进行任何活动。

在泛在网中，广泛覆盖的含义就是网络要覆盖所有人类活动的地方，而纵深覆盖的含义就是在网络覆盖的基础上，使网络拥有更好的质量。现在家家户户基本已经有了 4G 网络，但是在卫生间等狭小空间或地下车库等场所，仍会面临网络质量不太好甚至没有信号的问题。如果在这种情况下需要通过网络处理事情，那么就会出现网络不好或没有网络的尴尬处境。5G 时代的高质量网络要覆盖所有地方。如果网络质量很高并且传输速率很快，但是只能覆盖少数地方，那么就无法保证 5G 的网络服务与用户体验俱佳。

（4）低功耗

对于网络发展，低功耗是必须要满足的方面。在 5G 网络中存在大规模物联网产品和应用，只有把功耗降下来，才能让产品的使用时间变长，使大部分物联网产品的续航能力增强，才会有更好的用户体验。对低功耗方面的要求非常广泛，举例来说，想要监测河流的水质情况，如果在几千米到几十千米的范围内只设立一个监测点，那么最后的监测结果就会不够准确，找污染源会非常困难。如果在河流旁设立大量常规的监测点，花费的成本又太高。如果低功耗技术得到充分应用，就能在河流沿线布置大量监测器，不但能够降低维护成本，还能提升检测的准确度。

（5）万物互联

在手机时代，手机是按个人定义的，并且终端数量呈爆发式增长趋势。5G 时代，智能产品将会更加丰富，并通过网络进行互联，智能物联网世界也会真正到来，社会生活中的各种设备都会进行联网，也会变得智能化。电线杆、井盖、垃圾桶等在 5G 网络中都会被赋予新功能，变成新型设备。未来，所有设施都有可能被连接到网络中，虚拟与现实互相联系，全新的智能时代即将到来。

（6）安全体系

在 5G 网络中，互联网的功能将会更多元化，而安全是 5G 智能互联网的首要需求。如果没有构建安全体系，5G 网络一旦出现安全问题，就会产生难以想象的破坏力。例如，如果智慧家庭网络被入侵，基本的居家安全就得不到保障。此外，当前很多用户因为网络诈骗、支付盗用等事件不愿意使用移动支付。在 5G 时代，各种新技术将会得到充分发展，移动支付的安全问题将会逐步得到解决，将会构建新的安全体系[8]。大规模部署 5G 网络后，会重新构建安全体系，从而为各种应用保驾护航。

1.4 5G 的关键性能指标与核心技术

移动通信系统组成

1.4.1 5G 的关键性能指标

5G 的典型应用场景涉及人类生活的方方面面。图 1.4 所示为 5G 的需求分类，图 1.5 所示为 5G 的 8 类应用场景。

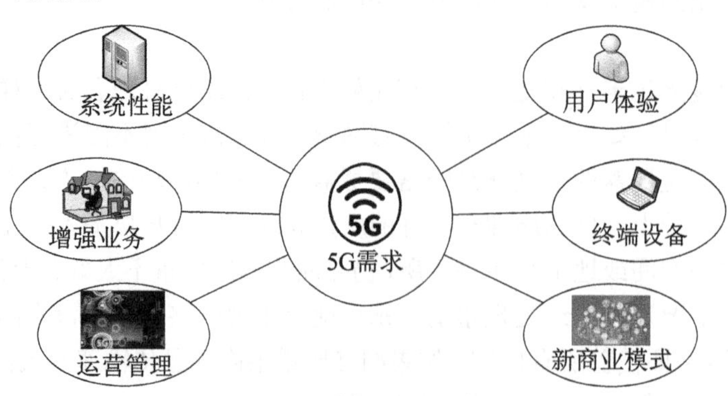

图 1.4　5G 的需求分类

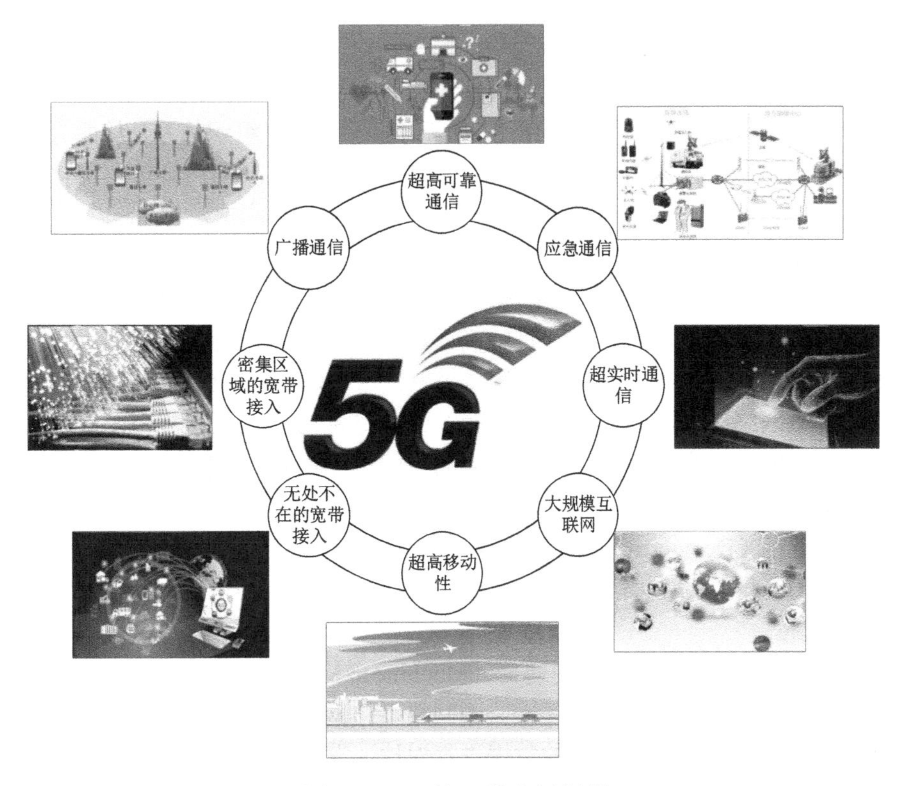

图 1.5 5G 的 8 类应用场景

5G 的关键性能指标如表 1.2 所示。

表 1.2 5G 的关键性能指标

指　标	定　义
用户体验速率/（bit/s）	真实网络环境下用户可获得的最低传输速率
连接数密度/（/km²）	单位面积上可支持的在线设备总和
端到端时延/ms	将数据包从源节点传输到目的节点的时间
移动性/（km/h）	满足一定的性能要求时，收、发双方间的最大相对移动速度
流量密度/（bit/s/km²）	单位面积区域内的总流量
用户峰值速率/（bit/s）	单个用户可获得的最高传输速率

1.4.2 5G 的核心技术

5G 不是指某一项技术，而是由多种技术构成的技术体系。在 5G 建设过程中，新技术不断涌现，不断完善。高速率、泛在网、低功耗、低时延、万物互联、安全体系六大基本特点保障了用户在 5G 时代的基础体验，核心技术为实现六大特点提供保障，它们是为新移动通信时代保驾护航的有效手段[9]。

（1）超密集网络

在 5G 网络中，大量的基站被建设，从而满足泛在网的要求。5G 网络采用的核心技术之一——毫米波的穿透能力很差。进行通信时，信号无法穿透障碍，因此设立了大量微基站，以实现密集部署。区别于传统的蜂窝小区架构，超密集网络（Ultra-Dense Network，UDN）将多种网络组织起来，能够为 5G 网络的大容量、灵活性提供有效保障[10]。

（2）自组织网络

在 5G 时代，网络部署、运维等方面将会有新挑战出现。自组织网络（Self-Organizing Network，SON）根据不同业务对网络的不同需求构建了一个自组织体系，从而为用户提供定制化服务[11]。自组织网络能解决网络部署自规划和自配置，以及网络维护自优化和自愈合等问题。

（3）内容分发网络

在 5G 时代，网络流量大量增长，用户体验将会受到广泛影响。在 5G 时代，针对业务内容，特别是对大流量的业务内容，如何进行高效率的内容分发，怎样才能使用户获取信息的时延降到最低，是必须要解决的问题。内容分发网络（Content Distribution Network，CDN）通过添加智能虚拟网络改变网络架构[12]。内容分发网络能够将热点内容分发给网络节点，从而缓解网络拥堵状况，提高响应速度，使网络的整体性能得到提升。

（4）D2D 通信

设备到设备通信（Device-to-Device Communication，D2D）是一种近距离传输技术。在传输过程中，数据不经过基站，从而可以提高传输效率并减少能耗[13]。

（5）M2M 通信

到了 5G 时代，机器与机器之间的通信（Machine to Machine，M2M）越来越重要[14]。举一个例子，如智能家庭管理系统中的环境监测网络，该网络监测家庭的环境并获得相应数据后，将数据发送到云端，和云端储存的数据进行对比，若当前家庭的环境质量不够好，就会发送指令，控制系统让空气净化器、新风系统等工作。

（6）信息中心网络

信息中心网络（Information-Centric Network，ICN）是指以信息为中心的网络。ICN 是一种新的网络架构，采用以信息为中心的网络通信模型，与以主机地址为中心的传统 TCP/IP 网络的体系结构大不相同，主要是为了取代现有的 IP 网络而研发的[15]。

（7）移动云计算

在 5G 时代，大量设备将会连接到网络中，各种各样的需求对智能终端的要求非常高，特别是计算方面的需求，将达到难以想象的地步。移动云计算（Mobile Cloud Computing，MCC）是指把终端的计算任务转发给云端，由云端处理后返还给移动设备，通过这样的方式能有效解决移动终端计算能力不足的问题[16]，除此之外，移动终端的能耗也可以得到有效降低。

（8）软件定义网络

软件定义网络（Software Defined Network，SDN）就是通过软件对网络进行控制与操作[17]。软件定义网络的实现使整个网络系统中的信息可以被控制平面获取并预测。得到这些数据以后，控制平面再根据所得到的信息对网络上的资源分配进行优化和调整，在这个过程中，网络管理及业务创建都能得到简化和加速。

（9）情景感知技术

作为新的计算形式，情景感知技术（Context Aware，CA）相当于一个信息管理系统，采用传感器等相关技术，使得终端设备能够感知当前情景，为用户提供合适的服务[18]。移动互联网使用情境感知技术将会变得更加主动与智能，用户不用被动地发起信息请求，它可以及时推送用户想知道的信息。

（10）移动边缘计算

移动边缘计算（Mobile Edge Computing，MEC）是指在网络边缘部署具有计算和缓存能力的节点，这些节点与用户终端的距离较近，用户终端通过任务卸载的方式能够将一些需要处理的任务传输给边缘节点，边缘节点接收到用户发送的任务后进行处理，然后将处理后得到的结果返还给用户终端。这样用户终端的能耗能有效降低，数据传输时延也会大大降低[19]。

（11）网络切片

在 5G 时代，不同的应用场景对网络有不同的需求。如果所有服务都由同一个网络提供，就会导致整个网络非常复杂，并且很难满足某些特殊场景的功能要求。如果为不同的业务场景设置专有网络，就能大大提高整体网络性能，同时，网络运维也会更加容易，从而节省运维成本[20]。为了满足不同需求而定制的网络就是网络切片（Network Slicing，NS）实例。

1.5 5G 的产业格局

对 5G 实力的考察不能只对比一两项简单的指标，需要一个综合评估体系，主要从标准主导、芯片研发与制造、系统设备、终端、5G 运营等方面进行考察和评估。

（1）标准主导

5G 标准的制定需要在编码、空口协议、天线等多方面立项。在 5G 标准立项中，按国家和地区统计：中国有 21 项；美国有 9 项；欧洲有 14 项；日本有 4 项；韩国有 2 项。

中国移动在世界 5G 标准立项中起到了重要作用，其中，重要原因之一是中国移动用户多、网络复杂，并对 TDD 有较深的理解。中国提出了 TD-SCDMA，被作为国际标准之一。当时这一做法在国内遭受了很多争议，TD-SCDMA 最初的发展之路特别艰难，但国家还是下定决心支持它，中国移动承担了网络建设的艰巨任务。

（2）芯片研发与制造

要想做好 5G 网络，芯片是非常关键的。芯片的研发与制造是一个非常庞大的体系，中国在这方面与全球顶尖水平相比还有较大的差距，下面分项进行分析。

① 计算芯片：在华为和中兴的计算芯片提供商中，英特尔是重要的供应商，绝大部分计算芯片都是由美国企业生产的，只有很少一部分计算芯片由中国生产。

② 存储芯片：智能手机高速发展，存储器早已不是原来的 16GB 的容量了，现在 128GB 都只是基本配置。目前，美国、韩国和中国台湾在这方面处于主导地位。

③ 专用芯片：专用芯片主要用于 5G 的通信基站及相关设备，在这方面，美国处于主导地位。除了美国，欧洲也有一些企业生产专用芯片。中国在这方面也有了较大进步，现在很多企业都在设计和生产专用芯片。

④ 智能手机芯片：智能手机芯片需要进行专门的计算处理，因此智能手机芯片应尽量做到体积小、功耗低。拿下智能手机芯片，可以说就拿下了芯片的核心技术。总体来说，关于 5G 智能芯片，美国拥有强大的实力。

⑤ 感应器：在 5G 时代，感应器是一个很有前景的方向，面对这一新兴领域，不少国家都加入竞争，目前各个国家的差距不大。

综上所述，在 5G 网络中的芯片领域，美国依然占据主导地位，但是随着技术发展，相信中国会逐渐追上美国的脚步，并最终实现超越。

（3）系统设备

如果要实际应用 5G 网络，就需要建立一个庞大的 5G 网络。在 2G 时代，中国自己研发的通信设备基本上可以说是寥寥无几，后期才研发并生产了少量设备，与其他国家相比差距极大。在3G 时代，中国的大唐、华为、中兴等公司充分发展，而华为、中兴通过技术积累，其产品极具竞争力。到了 4G 时代，中国企业进一步加大研发力度，加上多年的技术积累，逐渐占领市场。此时，华为占据主导地位，成为全世界最大的通信系统设备制造商。第二大的通信设备商是爱立信，它是欧洲最大的通信系统设备制造商。

（4）终端

在未来的 5G 网络中，终端产品不会局限于手机，但是手机还是非常重要的终端。由于技术积累，当前对于手机的研发与生产，存在向少数企业集中的趋势。在当前手机研发和生产中，美国、中国和韩国处于主导地位。

（5）5G 运营

5G 网络发展关系着社会发展，其中一个关键点就是运营商的网络部署能力。在基站数量上，中国在全世界遥遥领先，这就意味着网络覆盖能力很强。在 5G 技术路线上，中国选择了独立组网方案。独立组网方案就是建立一个独立的 5G 网络，既可以实现上网的高速率，又能支持低功耗、低时延。

除此之外，对于在 5G 网络时代面临的新的通信技术和挑战，运营商如何有效发挥自身的长处、适应新的赛道、找准自己的机会是非常关键的。在传统的电话时代，当时的业务只有语音通信和短信，相对来说比较简单。运营商在整个体系中掌握着话语权，也控制着整个生态链。随着后来 3G 及 4G 的普及，运营商不能再像以前那样，既可以做管理，又可以做业务。大量的业务开发商自己开发业务，以不受运营商控制，以前的体系很快就被冲破，既做管理又做业务的模式基本上被消解。对于运营商来说，依赖网络管理获取盈利的模式非常成熟，因此很难针对业务做出改变与创新，这就使得运营商就算开发出领先于别人的业务，也很难继续运营下去。

在 3G、4G 时代，业务开发商可以做出想要的任何业务，运营商能提供流量和管道，但是运营商的管理作用并没有突显。随着 5G 时代的到来，管理的价值将会越来越明显。在 5G 时代，无论是普通的个人用户，还是大量的企业用户，对于网络质量、速度、时延等都有着更高的要求和指标。在 5G 网络中，并不是所有用户都使用相同的网络，针对有不同需求的用户，计费手段与方法也有很大的差别。运营商必须充分认识网络管理的关键作用与价值，通过发展各种技术，为管理层分离做好技术支持与准备，同时通过这种分离获取收益。

1.6 小结

本章主要对从 1G 网络到 4G 网络的发展历程进行简要介绍，同时对 5G 网络的研究情况进行说明。此外，本章对 5G 网络的特点进行了阐述，介绍了 5G 的关键性能指标与核心技术，对当前的 5G 格局进行了说明与总结。

参考文献

[1] Peral-Rosado J D, Raulefs R, Lopez-Salcedo J A, et al. Survey of Cellular Mobile Radio Localization Methods: From 1G to 5G[J]. IEEE Communications Surveys & Tutorials, 2018, 20(2):1124-1148.

[2] Seth S, Kwon D H, Venugopalan S, et al. A Dynamically Biased Multiband 2G/3G/4G Cellular Transmitter in 28 nm CMOS[J]. IEEE Journal of Solid-State Circuits, 2016, 51(5):1096-1108.

[3] XUE G, ZHU H, HU Z. SmartCut: Mitigating 3G Radio Tail Effect on Smartphones[J]. IEEE Transactions on Mobile Computing, 2015, 14(1):169-179.

[4] Ramazanali H, Vinel A. Performance Evaluation of LTE/LTE-A DRX: A Markovian Approach[J]. IEEE Internet of Things Journal, 2016, 3(3):386-397.

[5] Jaber M, Imran M A, Tafazolli R, et al. 5G Backhaul Challenges and Emerging Research Directions: A Survey[J]. IEEE Access, 2017, 4:1743-1766.

[6] Khurpade J M, Rao D, Sanghavi P D. A Survey on IOT and 5G Network[C]. 2018 International Conference on Smart City and Emerging Technology (ICSCET), Mumbai: IEEE, 2018. 1-3.

[7] ZHANG S, ZHANG H, DI B, et al. Cellular UAV-to-X Communications: Design and Optimization for Multi-UAV Networks[J]. 2018,18(2): 1346-1359.

[8] SHANG Z, MA M, LI X. A Secure Group-Oriented Device-to-Device Authentication Protocol for 5G Wireless Networks[J]. IEEE Transactions on Wireless Communications, 2020, 19(11):7021-7032.

[9] XIAO G J, Tamrakar, et al. A Comprehensive Survey of TDD-Based Mobile Communication Systems from TD-SCDMA 3G to TD-LTE(A) 4G and 5G directions[J]. China communications, 2015, 12(2):40-60.

[10] Kim S, Son J, Shim B. Energy-Efficient Ultra-Dense Network Using LSTM-based Deep Neural Network[J]. IEEE Transactions on Wireless Communications, 2021, 20(7):4702-4715.

[11] HAN H G, ZHANG L, HOU Y, et al. Nonlinear Model Predictive Control Based on a Self-Organizing Recurrent Neural Network[J]. IEEE Transactions on Neural Networks and Learning Systems, 2016, 27(2):402-415.

[12] Bhar C, Mitra A, Das G, et al. Enhancing End-User Bandwidth Using Content Sharing Over Optical Access Networks[J]. Journal of Optical Communications and Networking, 2017, 9(9):756-772.

[13] XU H, XU W, YANG Z, et al. Pilot Reuse Among D2D Users in D2D Underlaid Massive MIMO Systems[J]. IEEE Transactions on Vehicular Technology, 2018, 67(1):467-482.

[14] WU Y, YU W, Griffith D W, et al. Modeling and Performance Assessment of Dynamic Rate Adaptation for M2M Communications[J]. IEEE Transactions on Network Science and Engineering, 2018, 7(1): 285-303.

[15] ZHOU Y, YU F R, Chen J, et al. Resource Allocation for Information-Centric Virtualized Heterogeneous Networks with In-Network Caching and Mobile Edge Computing[J]. IEEE Transactions on Vehicular Technology, 2017,66(12):11339-11351.

[16] YAO D, YU C, YANG L, et al. Using Crowdsourcing to Provide QoS for Mobile Cloud Computing[J]. IEEE Transactions on Cloud Computing, 2019,7(2):344-356.

[17] ZE Y, Kwan L, Yeung. SDN Candidate Selection in Hybrid IP/SDN Networks for Single Link Failure Protection[J]. IEEE/ACM Transactions on Networking, 2020, 28(1):312-321.

[18] MENG Z, LU J. A Rule-based Service Customization Strategy for Smart Home Context-Aware Automation[J]. IEEE Transactions on Mobile Computing, 2016, 15(3):558-571.

[19] DING Z, XU J, Dobre O A, et al. Joint Power and Time Allocation for NOMA–MEC Offloading[J]. IEEE Transactions on Vehicular Technology, 2019, 68(6):6207-6211.

[20] SONG CH, ZHANG M, ZHAN Y Y et al. Hierarchical Edge Cloud Enabling Network Slicing for 5G Optical Fronthaul[J]. Journal of Optical Communications and Networking, 2019, 11(4):B60-B70.

第 2 章

5G 频谱与标准化组织

第 1 章针对移动通信的发展历史、5G 总体愿景、5G 的特点、5G 的关键性能指标与核心技术、5G 的产业格局进行了介绍，在第 2 章会对 5G 频谱与标准化组织进行说明，主要包括无线频谱现状、候选频谱、频谱共享、5G 标准化组织、标准体系架构。

2.1 无线频谱现状

无线通信的基础是电磁波，电磁波理论来源于英国科学家麦克斯韦对前人的电磁研究的总结。国际电信联盟规定 3kHz～300GHz 的频段为无线电，随着无线电不断发展，300Hz～300GHz 被列入了无线电的范围[1]。电磁频谱图如图 2.1 所示。

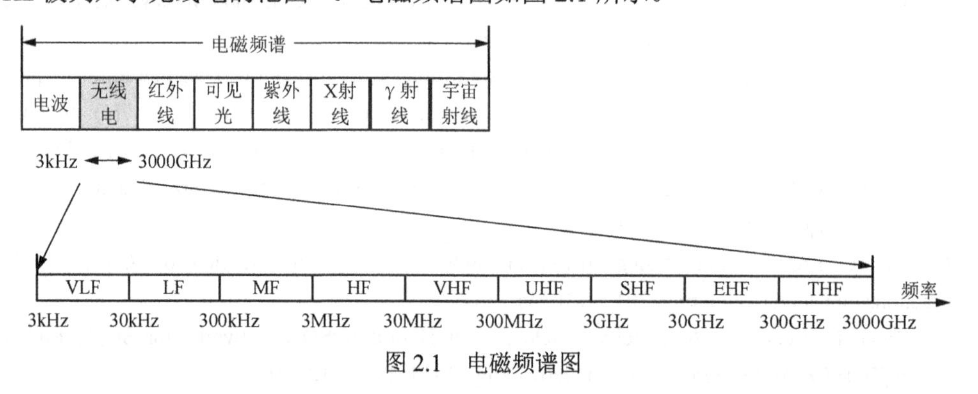

图 2.1 电磁频谱图

第一个应用无线电通信的人无法准确得知，一部分人认为是马可尼，他们的理由是马可尼在 1898 年发出了第一封电报，这封电报标志着无线电通信从理论进入实用。从发现无线电到其现在的飞速发展，无线电技术应用在方方面面改变了人类的生活。各波段无线电频谱及其应用如表 2.1 所示。

表 2.1 各波段无线电频谱及其应用

波段（频段）	符 号	波 长 范 围	频 率 范 围	主 要 应 用
超长波（甚低频）	VLF	10000～100000m	3～30kHz	海岸、潜艇通信
				海上导航
长波（低频）	LF	1000～10000m	30～300kHz	大气层内的中距离通信
				地下岩层通信
				海上导航

续表

波段（频段）	符　号	波 长 范 围	频 率 范 围	主 要 应 用
中波（中频）	MF	100～1000m	300～3000kHz	广播
				海上导航
短波（高频）	HF	10～100m	3～30MHz	远距离短波通信
				短波广播
超短波（甚高频）	VHF	1～10m	30～300MHz	电离层散射通信（30～60MHz）
				流星余迹通信（30～100MHz）
				人造电离层通信（30～144MHz）
				大气内、外空间飞行物（飞机、导弹、卫星）的通信
				大气内电视、雷达、导航、移动通信
分米波	UHF	0.1～1m	300～3000MHz	移动通信（700～1000MHz）
				小容量微波通信（8～12 路，352～420MHz）
				中容量微波通信（120 路，1700～2400MHz）
厘米波	SHF	1～10cm	1～30GHz	大容量微波通信（2500 路、6000 路，3600～4200MHz，5850～8500MHz）
				数字通信
				卫星通信
				波导通信
毫米波（极高频）	EHF	1～10mm	30～300GHz	传入大气层时的通信
亚毫米波（至高频）	THF	0.1～1mm	300～3000GHz	

20 世纪初，马可尼利用长波电台实现了跨大西洋的通信。长波段能够绕过障碍物，且在地表激起的感应电流和能量损失都很小。但是长波段的通信容量较小，设备比较庞大，成本很高。20 世纪 20 年代，短波被发现具有传播距离远的特点，之后 10 年，人们对电离层研究发现，短波能够利用大气层中的电离层进行传播。电离层就像一面镜子，将短波反射[2]。短波电台体积小、成本低，很快就在无线通信中得到应用。但是短波传输容易受到电离层的影响，通信质量和可靠性不高。短波带宽只有 27MHz，只能分配给 6000 多个电台，这样一来，分配给各个国家的电台很少。如果从电视的角度来分配的话，每个电视频道需要 8MHz，就更容纳不了那么多的频道了。在 20 世纪 40 年代，微波得到广泛应用，微波沿直线传播，能够在穿过电离层的同时不被反射，但是其绕射能力差，因此需要通过中继站或通信卫星进行反射[3]。

站在当前回望移动通信的发展历程，无论是从 FDMA 到 TDMA、CDMA，还是从 CDMA 到 OFDMA，移动通信的频谱利用率都表现出越来越高的特点。但是在频谱使用上，技术的快速发展导致不同业务之间的冲突越来越明显。而且在国内无线电频率的需求方面，不同行业（如广电、铁路、国防等）也有着不同的需求与矛盾。随着 5G 网络的应用，种类繁多的业务与应用对频率的需求不断增加，将会导致这种矛盾更加尖锐与突出。为了应对移动通信快速发展给频谱管理带来的挑战，需要考虑以下三个方面。

第一，对更高频段进行开发利用。通信网络技术日新月异，各领域对频谱资源的需求也与日俱增，而微电子技术的发展让使用高频率成为可能。在对各频率的频段使用上，900MHz 和 1800MHz 频段被 GSM 网络使用，1.9GHz、2.1GHz 频段和 2.3GHz 频段主要被 3G 网络使用，4G 网络主要使用 1800MHz 频段和 2.6GHz 频段。为了更好地应用 5G 网络，需要对其频段进行规划。

第二，对目前已使用的频谱进行调整。由于频谱资源受限，同时，不断发展的业务对频谱的需求越来越大，需要对原有业务的频谱进行划分与调整，统一规划与管理对各频段的使用，从而适应当前的局面。

第三，推动技术发展与应用更新。在对 3G 网络和 4G 网络进行频率规划时，对过时和使用率不高的通信技术和网络进行迭代更新是一个思路。在 5G 网络的使用过程中，不能局限于开发的频段和其他被调整的频段，还需要推动技术发展，提高频谱利用率，实现对频率的高效利用。

2.2 候选频谱

未来网络中的业务将不断发展，同时，用户对于移动宽带速率的要求越来越高，这些都会导致对网络管道流量的需求增长，以致频谱资源的缺口越来越大。因此，未来移动通信网络需要更多的连续大宽带的频谱资源，用来满足高速的数据增长及业务速率需求[4]。

（1）充分利用 3400～3600MHz 频段

全球统一规划的时分双工（Time Division Dual，TDD）频段可能会选择 3400～3600MHz（3.5GHz），这将会为我国主导的 TDD 技术的发展提供重要机遇。2013—2014 年，欧洲、英国、澳大利亚、美国、加拿大、南非等地区和国家的频率管理机构均发出调研函咨询 3400～3600MHz 频段 TDD 的规划建议，美国 FCC 计划 2015 年 2 月发布 3.5GHz 最终规划决定，2016 年完成商用网络。2014 年 12 月，日本总务省宣布发放 TDD 3.5GHz 频段总计 120MHz 的频谱牌照，软银、DoCoMo、KDDI 分别获得 40MHz 频谱。3 家运营商承诺未来 5 年对 3.5GHz 基站将会投入总额高达 36 亿美元的资金。由此可见，在未来的 5G 商用网络中，3400～3600MHz 频段将是其部署的主要频段。

在 WRC-07 时我国就已经在 ITU 无线电规则的 3400～3600MHz 频段加入相关脚注，将这 200MHz 频率标识给国际移动通信。2011—2014 年，工信部电信研究院（现为中国信息通信研究院）和频率监管机构组织相关部门对 3400～3600MHz 频段的移动通信系统与固定卫星业务地面站的兼容性进行了理论研究，并开展了移动通信系统单站与卫星固定业务地面站共存测试，掌握了移动通信系统单站与卫星固定业务地面站共存的基本条件。

（2）争取 6GHz 以下的低频段频率

ITU 需要综合考虑系统覆盖、容量及传播特性等方面的要求，才能选择合适的频段进行使用。针对 WRC-15 1.1 议题的研究，JTG4-5-6-7 最终确定了 19 个频段作为 IMT 的潜在候选频段，如表 2.2 所示。

3300～3400MHz 频段主要应用在无线电定位服务中，可以与 3400～3600MHz 组成连续带宽，从而满足以后的业务需求。

表 2.2 世界主要国家和地区对 WRC-15 IMT 候选频段的立场

频段/MHz	欧　洲	美　国	日　本	韩　国	中　国
470～698	待研究	支持	反对		

续表

频段/MHz	欧　洲	美　国	日　本	韩　国	中　国
1350～1400	反对				
1427～1452	支持	反对	支持		
1452～1492	支持	反对	支持	支持	
1492～1518	支持	反对	支持		
1518～1525	反对	反对			
1695～1710	反对	支持			反对
2700～2900	反对	待研究			反对
3300～3400	反对				支持
3400～3600	支持	待研究	支持		反对
3600～3700	支持	待研究	支持	支持	反对
3700～3800	支持	待研究	支持	支持	反对
3800～4200	反对	待研究	支持	支持	反对
4400～4500	反对		支持		支持
4500～4800	反对		支持		反对
4800～4990	反对		支持	支持	支持
5350～5470	反对	支持			
5725～5850	待研究				
5925～6425	待研究				反对

2.2.1　中低频频谱

在开展 2015 年世界无线电通信大会（WRC-15）时，首要议题是寻找 6GHz 以下的频谱，从而促进地面移动宽带应用的发展。国际电信联盟无线电部门（ITU-R）专门成立了联合工作组 JTG 4-5-6-7 开展对议题 1.1 的研究，同时，全世界众多国家和公司积极向 JTG-4-5-6-7 输出用于未来 IMT 系统关于 6GHz 以下的候选频段的建议。

2.2.2　高频频谱

当前移动业务高速发展，用户的要求越来越高，以高清视频等为代表的业务需要非常大的网络容量。未来的通信网络要想实现高速率和大带宽通信，高频频谱及高效的频谱利用率必不可少。对于单独的用户来说，网络需要具有在保持通信公平性的前提下针对单个用户进行高效资源调度的能力；对于通信业务热点区域来说，网络应能进行高密度组网，并且无线接入点之间应具备高效的协同通信的能力。6GHz 以下的大部分频谱已经被分配给不同的业务使用了，留给 5G 网络的频谱资源比较匮乏。相对而言，6GHz 以上的频段（一般认为是 6～100GHz）是频谱资源的蓝海，考虑到具体情况的不同，连续可用的频谱可以达到 1GHz，甚至 20GHz[5]。

早在 2012 年，ITU 就针对 5G 的高频频谱展开了研究，同时，在 2016 年年初，针对 5G

性能需求启动了调研与评估工作。在频谱方面，在使用新频谱资源时，需要满足 4 个标准。第一，候选频段要能满足移动业务类型；第二，要与频段内现有的其他业务兼容，以避免因系统间干扰而对通信产生影响；第三，候选频谱需要满足连续的大带宽；第四，候选频谱需要考虑现实条件，具有可实现性。

2.2.3 白频谱

对于无线电频谱资源，政府机构会通过一系列国家法规和国际协调来管理。一般频谱资源会被划分给各个业务及特定用户使用。为了避免用户之间可能存在的相互干扰，一种常见的做法是将没有实际使用的频谱一同分配给不同的用户，这些频谱称为白频谱或保护带[6]。例如，为了避免工作在邻频的大功率广播天线产生干扰，某个特定区域内的电视频段常与一个实际不被使用的空闲频道一同被分配。可能频道 2 是实际使用的电视频道，然后是频道 4 等。广播电视频道、白频谱及无线麦克风使用频段如图 2.2 所示。频道 7 是频道 6 和频道 8 之间的空隙，就是广播电视白频谱。广播电视白频谱通常是指被划分给广播电视业务的频段中没有被占用的空闲部分，随着广播电视系统实现从模拟到数字的系统演进，数字信号传输使得相邻信道的信号传输成为可能。更有效的业务传输机制进一步减少了白频谱。这些未被使用的部分频谱用来保护邻频信道不被干扰，同时有观点认为这些为防止干扰而未被使用的频谱对频谱来说是一种浪费。因为具有出色的传播特性，所以广播电视频谱在工程师眼中是非常优质的频谱资源。

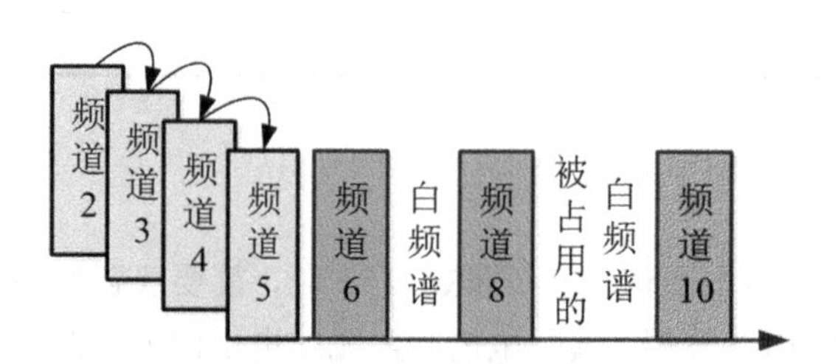

图 2.2 广播电视频道、白频谱及无线麦克风使用频段

这些电视白频谱让其他设备有机会使用此段频率，特别是如果这些新设备可以保证不对电视用户造成干扰，那么这些设备一般称为白频谱设备。白频谱设备接收和发送所使用的频谱实际上已经被划分给广播电视业务了，但这些频谱在特定的地理区域并没有被牌照持有者使用。近几十年来，低功率无线麦克风一直在使用的频谱就是白频谱（有些与政策法规一致，有些不一致），一般认为无线麦克风是第一个 TVWS 设备。最近，工程师们在寻找额外的频谱，并考虑利用白频谱部署一系列低功率宽带接入设备。目前的设计模型由定位系统（通过 CPS 装置）和数据驱动系统构成，用于判断这种装置能否接入某一特定信道。

实际上，在 3G 网络、4G 网络组网时，运营商有时候就会使用以往通信系统的频谱，称为频谱重耕。只不过在移动通信频谱即将耗尽之时，业界把目光投向了业外，其中主要的就是广播电视频谱和雷达频谱。其中，广播电视频谱可用于广域覆盖，雷达频谱可用于热点容量。

2.3　频谱共享

在当前这个高度信息化的时代，频谱是信息和工业化深度融合的关键，更是国家战略性资源。对频谱资源的需求随着通信技术的更新与发展将会越来越大。但是研究表明，在目前使用频谱的过程中，最突出的问题是频谱利用率较低。如何对有限的频谱进行高效利用，以缓解频谱资源受限的问题，已经在业界被广泛关注[7]。

目前各个国家针对频谱管理，主要通过行政和市场化手段结合，采用独占授权方式将频谱分配给不同用户使用。独占授权方式能够显著地避免系统间的干扰，适合长时间使用，但对技术类型和使用区域等指标有着苛刻的要求。独占授权方式具有较高的可靠性及稳定性，但是也带来了频谱使用不充分等问题。频谱供需矛盾日益严重，为了解决这个矛盾，各国纷纷调整频谱使用权及优化频谱配置，主要采取的措施有清频和规划调整，但是也面临着成本高、协调困难等问题。认知无线电系统（Cognitive Radio System，CRS）作为无线电新技术的代表，使得动态频谱共享进入人们的视野[8]。动态频谱共享是指用户可以在不同时间、不同地理位置等多个维度对频谱进行共享，从而实现对频谱的高效利用，摆脱频谱利用不均衡的问题。

2.3.1　频谱共享的概念

21 世纪初，英国的 Paul Leaves 等人给出了动态频谱分配的理念。紧接着，2003 年，认知无线电的理念由美国联邦通信委员会提出。认知无线电是指利用认知技术对闲置的频谱进行充分利用，从而实现频谱共享，提高频谱利用率[9]。频谱共享是指对于同一频谱，可以由多个用户使用，其中，用户可以分为主用户和次用户两种类型[10]。主用户指的是一开始被确定频谱使用资格的用户，次用户指的是在主用户确定之后，按照规则对频谱进行共享使用的用户。

从用户对频谱使用的角度出发，可以分为三种使用方式：第一种是独占授权使用方式，其中，用户被分配频谱后，对于频谱的使用处于绝对优先地位，其他没有被授权的用户无法使用；第二种是免执照使用方式，对于不同的用户，使用频段不会受到限制，用户之间需要避免产生干扰；第三种是授权共享使用方式，对于频段的使用，主用户不会受到干扰，次用户需要通过技术手段获取相应的频谱使用权。动态频谱共享是一种新型的频谱使用方式，作为一种补充方式，它并不会代替传统的频谱使用方式[11]。频谱使用方式对比如表 2.3 所示。

表 2.3　频谱使用方式对比

类　别	独占授权使用方式	授权共享使用方式	TV 白频谱	免执照使用方式
用户等级	最高	次要	次要	无
已有主用户	无	有	有	无
发放牌照	需要	需要	不需要	不需要
牌照区域有效性	全国	全国或分区域	无	无
频谱使用方式	独占	共享	机会接入	机会接入
功率	高功率	高功率/低功率	低功率	低功率
QoS	有效保证	有效保证	不保证	不保证

续表

类 别	独占授权使用方式	授权共享使用方式	TV 白频谱	免执照使用方式
感知	不需要	可选	可选	不需要
数据库	不需要	需要	需要	不需要

2.3.2 国际标准化组织研究进展

在 2007 年，世界无线电通信大会（WRC-07）对软件无线电及认知无线电等技术进行了相关的研究。2009 年，ITU-R WP 1B 工作组完成了 ITU-R SM.2152 报告书。WP 5A 开展了对认知无线电的研究工作，并对认知无线电的定义、潜在应用场景及相关的关键技术进行了说明。WP 1B 工作组针对认知无线电频谱管理的相关问题和创新性管理工具进行了研究。

针对频谱共享技术的研究，欧洲邮电管理委员会（Conference of European Postal and Telecommunications Administrations，CEPT）在 2008 年发布了 24 号报告，该报告主要对针对 470～862MHz 频段进行新的安排的可行性进行了研究。从 2011 年开始，针对 TV 白频谱的技术规范、技术报告及欧洲标准，欧洲电信标准化协会（European Telecommunications Standards Institute，ETSI）完成了 TR102 907、TS102 946、TS103 143 和 TS103.145 等。2014 年，ETSI 发表了有关白频谱设备的统一标准 EN301 598，该标准大大促进了白频谱设备在欧洲的发展。

2011 年 5 月，CEPT 提出了授权共享接入（Licensed Shared Access，LSA）的概念，用来解决 IMT 频率紧缺等问题。欧盟委员会无线电频谱政策小组（ Radio Spectrum Policy Group，RSPG）针对频谱共享的问题提出了许可共享接入（Identification Shared Access，ISA）技术。2012 年 9 月，WG FM 会议成立了两个项目组，分别对 LSA 的频率规划及 LSA 实施指南进行研究。2014 年 2 月，ECC 针对 LSA 的适用范围、授权过程、协调一致等问题进行了总结，发布了 205 号报告。

2.4 5G 标准化组织

2.4.1 ITU

ITU 的中文解释为国际电信联盟，ITU 是联合国的专门机构，其总部设于瑞士日内瓦，它包含近 200 个成员国和 700 多个部门成员。ITU 主要负责通信相关技术的研究并分配和管理全球频谱资源等。2014 年 10 月 23 日，赵厚麟当选国际电信联盟新一任秘书长，成为国际电信联盟一百多年来首位中国籍秘书长。赵厚麟于 2015 年 1 月 1 日正式上任，任期 4 年。ITU 的组织结构主要分为电信标准化部门（ITU-T）、无线电通信部门（ITU-R）和电信发展部门（ITU-D）。ITU 的简要组织结构如图 2.3 所示。

以下是 ITU-T、ITU-R 和 ITU-D 主要下辖的研究小组和其主要的研究方向。

（1）电信标准化部门（ITU-T）

电信标准化部门主要包括 10 个研究组。

- SG2：主要负责业务提供和电信管理的运营问题。
- SG3：主要负责电信资费及结算原则。

- SG5：主要负责环境和气候变化。

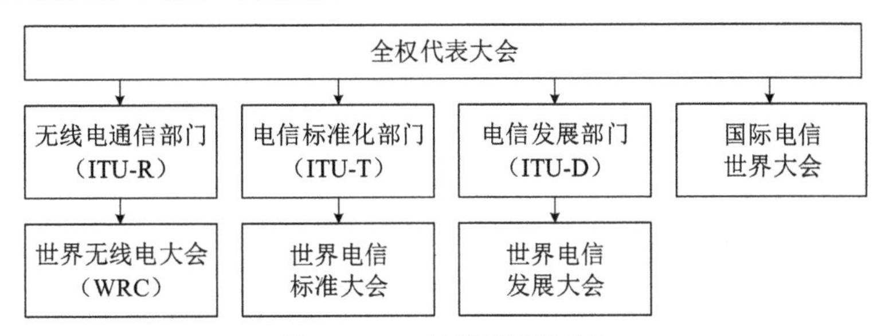

图 2.3　ITU 的简要组织结构

- SG9：主要负责综合宽带有线网络。
- SG11：主要负责信令要求、协议和测试规范。
- SG12：主要负责性能、服务质量（QoS）及体验质量（QoE）。
- SG13：主要负责未来网络。
- SG15：主要负责光传输网络及接入网基础设施。
- SG16：主要负责多媒体编码、系统和应用。
- SG17：主要负责安全。

（2）无线电通信部门（ITU-R）

无线电通信部门主要包括 6 个研究组。

- SG1：主要负责频谱管理。
- SG3：主要负责无线电波传播。
- SG4：主要负责卫星业务。
- SG5：主要负责地面业务。
- SG6：主要负责广播业务。
- SG7：主要负责科学业务。

（3）电信发展部门（ITU-D）

电信发展局和电信发展中心合并后组成了现在的电信发展部门，主要负责推动发展中国家参加国际电信联盟研讨会，应用研究成果，促进发展中国家电信技术的发展。

目前 ITU-D 设立了两个研究组。

- SG1：主要负责电信发展政策和策略研究。
- SG2：主要负责电信业务、网络和 ICT 应用的发展和管理。

3GPP 组织架构

2.4.2　3GPP

1998 年 12 月，ETSI、TIA、TTC、ARIB、TTA 和 CCSA 共 6 个区域性标准化组织成立了 3GPP。3GPP 的成立最初是为了给第三代移动通信系统制定技术规范和报告，随着之后无线通信网络的发展，3GPP 还承担了对 3G 网络的长期演进的研究及标准制定等。

3GPP 的会员包括组织合作者、市场代表合作者和个体成员三种类型。3GPP 有 ETSI、TIA、TTC、ARIB、TTA 和 CCSA 6 个组织合作者，还有 GSM 协会、IPv6 论坛、全球移动通信供应商协会（The Global Mobile Suppliers Association，GMSA）、CDMA 发展组织等 13 个市场合作者，以及数百位个体成员。在 3GPP 的组织结构中，项目协调组是该组织的最高管理层，它由 6 个组织合作成员共同组成，主要负责对技术规范组进行协调和管理。

3GPP 通过不同标准演进版本，面向 LTE 的后续发展，定义 4G 的后续演进技术，包括 LTE- Advanced、LTE-A-Pro。

2.4.3　NGMN

从字面上来看，NGMN（Next Generation Mobile Networks）似乎是指下一代移动通信网，但它实际上表示一个移动运营商联盟。NGMN 是由中国移动、日本 NTT DoCoMo、英国沃达丰、法国 Orange、美国 Sprint Nextel、德国 T-Mobile 和荷兰 KPN 七大运营商主导成立的，总部设在德国法兰克福。成立 NGMN 组织的初衷是通过运营商的需求引导整个移动通信产业发展，避免市场分裂，同时降低未来的产业风险。

目前 NGMN 是公司化的实体，上有董事会把握总体方向和决策，下有一个具体的执行委员会来组织各个项目的管理和项目实施，各个项目实施由工作组来开展。在 NGMN 中有 3 类成员，分别是有投票权的 Members、Sponsors、Advisors。NGMN 不断发展，目前已经有 20 多家运营商和 30 多家制造商加入其中。NGMN 倡导面向用户和市场需求，构建新型产业发展模式，对通信产业具有深刻的影响。

2.4.4　中国的 5G 推荐组

2013 年 2 月，中华人民共和国工业和信息化部（工信部）、中华人民共和国国家发展和改革委员会（发改委）和中华人民共和国科学技术部（科技部）联合成立了 IMT-2020（5G）推进组，推进组集中了产业界的优势力量，为中国推动 5G 移动通信技术研究和开展国际交流与合作提供了重要的平台。

IMT-2020 推进组的组织架构如图 2.4 所示。

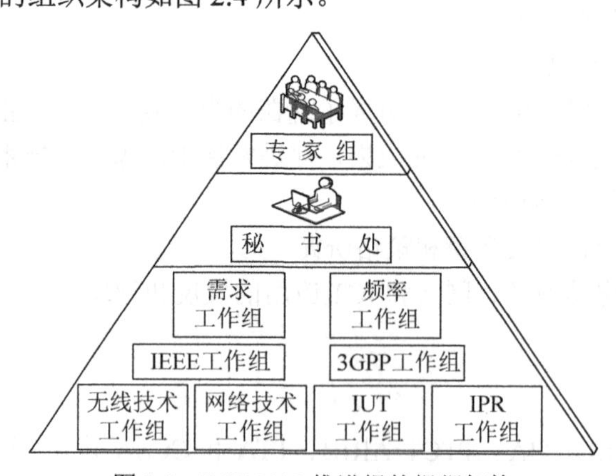

图 2.4　IMT-2020 推进组的组织架构

IMT-2020 推进组由专家组指导工作，由秘书处管理日常事务，主要包括需求工作组、频率工作组、无线技术工作组、网络技术工作组、IUT 工作组、IPR 工作组、3GPP 工作组、IEEE 工作组，全面协调 5G 的研发工作。IMT-2020 推进组的工作计划如图 2.5 所示。

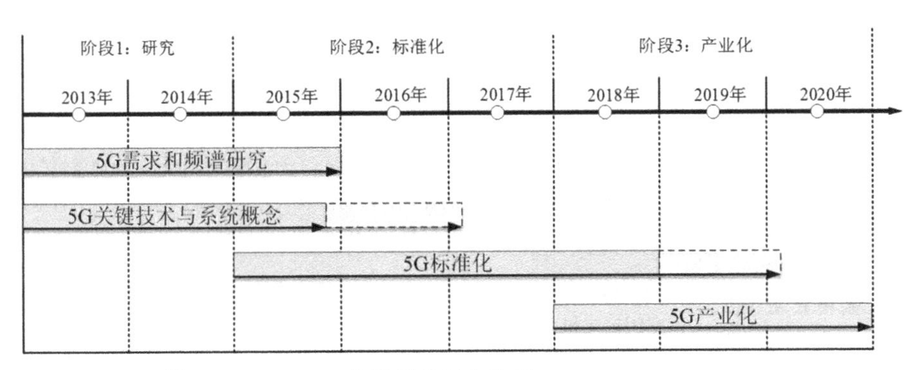

图 2.5　IMT-2020 推进组的工作计划

3GPP 组织架构

2.5　标准体系架构

2015 年，“5G 概念白皮书”发布，该白皮书是 IMT 推进组针对 5G 网络概念发布的。在 5G 网络的整体架构中，云概念至关重要，其中主要包括接入云、转发云和控制云。接入云结合了集中式和分布式两种网络架构，这种融合架构不仅可以使组网更加灵活，同时使得网络管理更加高效。控制云起到会话控制、移动性管理等作用，使用控制云便于进行集中统一管理。转发云通过硬件平台获得高可靠、低时延的效果。转发云可以对海量数据进行传输。

“三朵云”的 5G 网络架构最早是由中国电信提出的，该概念将 5G 网络看作一个在部署上非常灵活的多层次网络。5G 网络可以支持各种形态的接入网络，在各个应用场景都可以灵活部署，提供超高速率和无缝切换的用户体验。同时通过网络虚拟化，其网络功能可实现软件化，控制和转发变得独立，进一步提高了网络利用率，资源分配更加合理。在 5G 网络的整体发展过程中，网络演变并不是一蹴而就的，会出现一个中间阶段，最终形成网络架构的整体演变。为进一步了解整体架构，下面结合“三朵云”进行阐述说明，并介绍各种规范，如表 2.4～表 2.9 所示。

表 2.4　物理层系列规范

协 议 号	协 议 名 称	协 议 内 容
TS 38.201	概述	TS 38.201 协议是物理层综述协议，主要包括物理层位置和功能，以及各规范的内容和相互关系等
TS 38.202	服务	TS 38.202 协议主要描述物理层提供的服务，包括 UE 的物理层模型、物理信道和 SRS 的并发传输等内容
TS 38.211	信道及调制	TS 38.211 协议主要描述物理层信号的产生和调制方法，包括帧结构、物理资源的定义和结构、调制方法、物理信号的产生方法等内容
TS 38.212	复用和信道编码	TS 38.212 协议主要描述传输信道和控制信道的数据处理，主要包括信道编码方案、传输信道和控制信道的处理及下行控制信息的格式等内容
TS 38.213	控制的物理层过程	TS 38.213 协议主要描述用于控制的物理层过程的特性，主要包括同步过程、无线链路监测、功率控制过程、随机接入过程、组公共信令等内容
TS 38.214	数据的物理层过程	TS 38.214 协议主要描述用于数据的物理层过程的特性，主要包括物理下行共享信道的相关过程和物理上行共享信道的相关过程等内容
TS 38.215	测量	TS 38.215 协议主要描述物理层测量的特性，主要包括 UE 和 NG-RAN 中的物理层测量等内容

表 2.5　高层系列规范

协 议 号	协 议 名 称	协 议 内 容
TS 38.300	概述	TS 38.300 协议是 5G NR 无线接口协议框架的总体描述性协议，主要包括无线网络架构、协议架构、各功能实体的功能划分、无线接口协议栈、物理层框架描述、空口高层协议框架描述、相关的标识、移动性及状态转移等。同时增加了对垂直行业的一些技术支持，如低时延、高可靠、IMS 语音、网络切片、公共告警系统及紧急业务等
TS 38.304	用户设备在空闲模式和 RRC 非激活模式下的过程	TS 1304 协议主要描述用户设备在空闲模式及 RRC 非激活模式下的过程，主要包括空闲模式和 RC 非激活模式提供的服务、PLMN 选择、小区选择和重选、TA 区及 RAN 区的登记、广播信息接收和寻呼消息接收
TS 38.305	用户设备定位	TS 38.305 协议主要描述用户设备定位功能，主要包括 5G NR 系统的 UE 定位框架、定位相关信令和接口协议、主要定位流程。涉及的定位方法主要包括增强 Cell ID、OTDOA 方法及其他非 3GPP 定义的定位方法，如大气压传感器定位、WLAN 定位、蓝牙定位及 TBS 定位等
TS 38.306	用户设备的无线接入能力	TS 38.306 协议主要描述用户设备的无线接入能力，包括用户设备各种能力的相关参数的具体定义、无能力指示的可选特性说明、条件比选特性的说明及 MR-DC 下的能力协调等
TS 38.321	MAC 层规范	TS 38.321 协议主要是对 MAC 层的描述，主要包括 MAC 层框架、信道结构与映射、MAC 实体功能、MAC 过程、BWP 的相关操作、MAC PDU 格式和参数定义等
TS 38.322	RLC 层规范	TS 38.322 协议主要是对 RLC 层的描述，主要包括 RLC 层框架、RLC 实体功能、RLC 过程、RLC PDU 格式和参数定义等
TS 38.323	PDCH 层规范	TS 38.323 协议主要是对 PDCP 层的描述，主要包括 PDCP 层框架、PDCP 结构和实体、PDCP 过程、PDCP PDU 格式和参数定义等
TS 38.324	SDAP 层规范	TS 37.324 协议主要是对 SDAP 层的描述，主要包括 SDAP 层的框架、提供的服务、SDAP 的过程、QoS 与无线承载的映射、SDAP PDU 格式和参数定义等
TS 38.331	RRC 层规范	TS 38.331 协议主要是对 RRC 层的描述，主要包括 RRC 层框架、RRC 对上下层提供的服务、RRC 过程、系统消息定义、连接控制、承载管理、Inter-RAT 移动性、RRC 测量、RRC 信息及参数定义、网络接口间传输的 RRC 的消息定义等

表 2.6　接口系列规范

协 议 号	协 议 名 称	协 议 内 容
TS 38.401	架构描述	TS 38.401 是对 NG 接口的总体描述，包括 NG-RAN 的整体架构、信令和数据传输的逻辑划分、NG-RAN 主要接口的用户平面和控制平面协议及接口的功能
TS 38.410	接口原则及概述	TS 38.410 主要是对 NG 接口的整体介绍及对 NG 接口系列规范的内容划分
TS 38.411	接口层 1 功能	TS 38.411 介绍 NG 接口的物理层功能
TS 38.412	接口信令承载	TS 38.412 介绍 NG 接口信令承载的传输层协议及功能
TS 38.413	接口应用协议	TS 38.413 介绍 NG 接口的无线网络层协议，是 NG 接口最主要的协议，包括 NG 接口相关的信令过程、NGAP 的功能、NGAP 的过程及 NGAP 的消息定义
TS 38.414	接口数据传输	TS 38.414 介绍 NG 接口的用户平面数据传输层协议及功能
TS 38.415	用户平面协议	TS 38.415 介绍 PDU 会话相关用户平面的协议栈，适用于 NG 接口的用户平面
TS 38.420	接口原则及概述	TS 38.420 主要是对 Xn 接口的整体介绍及对 Xn 接口系列规范的内容划分
TS 38.421	接口层 1 功能	TS 38.421 介绍 Xn 接口的物理层功能
TS 38.422	接口信令承载	TS 38.422 介绍 Xn 接口的信令承载传输层协议及功能
TS 38.423	接口应用协议	TS 38.423 介绍 Xn 接口的无线网络层协议，是 Xn 接口最主要的协议，包括 Xn 接口相关的信令过程、XnAP 的功能、XnAP 的过程及 XnAP 的消息定义

续表

协 议 号	协 议 名 称	协 议 内 容
TS 38.424	接口数据传输	TS 38.424 介绍 Xn 接口的用户平面数据传输层协议及功能
TS 38.425	用户平面协议	TS 38.425 介绍 Xn、X2 和 F1 接口无线网络层的用户平面的功能及用户平面相关过程，同时，该规范包含了用户平面的帧结构及信元定义
TS 38.455	定位协议 A	TS 38.455 定义 NG-RAN 节点和 LMF 节点之间的控制平面无线网络层信令过程
TS 38.460	接口原则及概述	TS 38.460 主要是对 E1 接口的整体介绍及对 E1 接口系列规范的内容划分
TS 38.461	接口层 1 功能	TS 38.461 介绍 E1 接口的物理层功能
TS 38.462	接口信令承载	TS 38.462 介绍 E1 接口信令承载的传输层协议及功能
TS 38.463	接口应用协议	TS 38.463 介绍 E1 接口的无线网络层协议，是 E1 接口最主要的协议。包括 E1 接口相关的信令过程、EIAP 的功能、E1AP 过程及 E1AP 消息定义
TS 38.470	接口原则及概述	TS 38470 主要是对 F1 接口的整体介绍及对 F1 接口系列规范的内容划分
TS 38.471	接口层功能	TS 38.471 介绍 F1 接口的物理层功能
TS 38.472	接口信令承载	TS 38.472 介绍 F1 接口信令承载的传输层协议及功能
TS 38.473	接口应用协议	TS 38.473 介绍 F1 接口的无线网络层协议，是 F1 接口最主要的协议。包括 F1 接口相关的信令过程、F1AP 的功能、FIAP 的过程及 FIAP 的消息定义
TS 38.474	接口数据传输	TS38.474 介绍 F1 接口的用户平面的数据传输层协议及功能
TS 29.413	与非 3GP 接入的 NGAP	TS29.413 介绍非 3GP 接入功能（N3IWF）和 AMF 之间的 NGAP

表 2.7　射频系列规范

协 议 号	协 议 名 称	协 议 内 容
TS 38.101-1	用户设备无线传输和接收	该规范主要定义与 FR1 工作频段相关的终端设备收发信机的射频要求、FR1 设备的传导射频指标要求。发射机射频要求包括最大输出功率、最大功率回退、配置发射功率要求；最小输出功率、发射关断功率及发射时间模板等要求；发射频率误差、发射信号质量要求；占用带宽、ACLR、频谱模板、杂散辐射要求；发射互调要求。接收机射频要求包括参考灵敏度、最大输入电平、ACS、接收机阻塞、杂散响应、接收机互调等要求
TS 38.101-2	用户设备无线传输和接收	该规范主要定义与 FR2 工作频段相关的终端设备收发信机的射频要求、FR2 设备的空间辐射指标要求。发射机射频要求包括最低峰值 ERFP、EIRP CDF、最大 TRP、最高峰值 EIRP 要求；最小输出功率、发射关断功率及发射时间模板要求；发射频率误差、发射信号质量要求；占用带宽、ACLR、频谱模板、杂散辐射要求。接收机射频要求包括参考灵敏度 EIS、最大输入电平、ACS、接收机阻塞等要求
TS 38.101-3	用户设备无线传输和接收	该规范主要定义与 FR1 和 FR2 频段间的互操作相关的终端射频要求及与 5G NSA 相关的 EN-DC 终端射频指标要求
TS 38.101-4	用户设备无线传输和接收	该规范主要定义设备的基带解调性能要求，针对物理层定义的各个信道设计，给出规定参数和测试条件下的解调性能要求，用于验证支持某一特性终端的基带算法性能是否满足要求
TS 38.104	基站设备无线传输和接收	该规范主要定义基站设备收发信机的射频要求，包含 FR1 和 FR2。其中，FR1 定义了传导和空间辐射两种要求，FR2 仅定义了空间辐射要求。发射机射频要求包含输出功率及精度要求；输出功率动态与发射时间模板要求；发射频率误差、发射信号质量要求；占用带宽、ACLR、频谱模板、杂散辐射要求。接收机射频要求包含参考灵敏度 EIS、最大输入电平、ACS、接收机阻塞等要求

续表

协 议 号	协 议 名 称	协 议 内 容
TS 38.141-1	基站设备一致性测试和传导一致性测试	该规范主要针对 TS 38.104 规范中的基站传导射频要求制定测试方法、测试条件、测试流程及测试要求等
TS 38.141-2	基站设备一致性测试和传导一致性测试	该规范主要针对 TS 38.104 规范中的基站空间辐射射频要求制定测试方法、测试条件、测试流程及测试要求等
TS 38.133	RRM 指标要求	该规范主要定义支持无线资源管理的指标要求，包括空闲状态移动性要求、连接状态移动性要求、定时要求、信令特性及终端测量和性能要求等
TS 38.113	基站设备 EMC	该规范主要定义基站设备及其附件的电磁兼容要求。包括测试条件与环境；发射性能（包括空间辐射、输入输出口的传导发射、电源口辐射等）要求与测试；敏感性（抗干扰包括抗强电磁场、电磁冲击、电源电压扰动等）性能要求与测试
TS 38.124	移动终端和附属设备 EMC 指标要求	该规范主要定义终端设备及其附件的电磁兼容要求。包括测试条件与环境、空间发射性能要求与测试、敏感性（抗干扰包括抗强电磁场、电磁冲击、电源电压扰动等）性能要求与测试

表 2.8 终端一致性系列规范

协 议 号	协 议 名 称	协 议 内 容
TS 38.508-1	终端设备一致性测试	TS 38.508-1 定义了 5G 终端一致性测试中对公共测试环境的参数配置
TS 38.508-2	终端设备一致性测试	TS 38.508-2 定义了 5G 终端一致性测试中的公共测试条件
TS 38.509	用户设备特殊一致性测试条件	TS 38.509 定义了 5G 终端一致性测试中需要终端支持的特殊测试功能
TS 38.521-1	用户设备特殊一致性测试规范，辐射传输和接收	TS 38.521-1 定义了 NR 终端射频一致性测试中的 FR1 单模测试内容
TS 38.521-2	用户设备特殊一致性测试规范，辐射传输和接收	TS 38.521-2 定义了 NR 终端射频一致性测试中的 FR2 单模测试内容
TS 38.521-3	用户设备特殊一致性测试规范，辐射传输和接收	TS 38.521-3 定义了 NR 终端射频一致性测试中的 FR1 和 FR2 多模测试及 NR 和 LTE 之间的多模测试的内容
TS 38.521-4	用户设备特殊一致性测试规范，辐射传输和接收	TS 38.521-4 定义了 NR 终端射频一致性测试中的发射器和接收器的性能测试内容
TS 38.523-1	终端设备一致性规范	TS 38.523-1 定义了 5G 终端协议一致性测试内容
TS 38.523-2	终端设备一致性规范	TS 38.523-2 定义了 5G 终端协议一致性测试条件
TS 38.523-3	终端设备一致性规范	TS 38.523-3 定义了 5G 终端协议一致性测试 TTCN 测试代码集

表 2.9 NR 技术报告

协 议 号	协 议 名 称	协 议 内 容
TR 38.801	无线接入架构和接口	该技术报告介绍研究阶段关于接入网架构及接口的讨论情况和结论。包括不同的网络部署场景及演进路线、无线接入网内部分离架构的各种方式及如何支持 5G 新特性，包括基于流的 QoS 和切片等
TR 38.802	新空口接入物理层技术研究	该技术报告为 NR 研究项目物理层方面的研究报告，主要包括双工方式、前向兼容性、参数集和帧结构、LTE 和 NR 共存、上下行调制、信道、波形、多址技术、信道编码、多天线技术和物理层过程，以及一些相关的评估结果等内容

续表

协议号	协议名称	协议内容
TR 38.803	射频和共存研究	该技术报告主要收集了 NR 研究阶段工作过程中的系统演进相关共存研究成果、基站和终端射频指标可行性研究阶段性成果等
TR 38.804	无线接口协议研究	该技术报告介绍 NR 研究阶段关于无线接口的协议情况，包括每个协议的功能、结构、主要过程的概述等
TR 38.805	60GHz 非授权频谱研究	该技术报告主要针对全球不同区域 60GHz 非授权频段法规的要求进行调研
TR 38.806	针对选项 2 进行的 CP 和 UP 分离研究	该技术报告介绍了 CP/UP 分离的应用场景、可行性及给系统带来的增益，同时，介绍了如何标准化 CP 和 UP 之间的接口及该接口对现有基本流程的影响
TR 38.817-01	用户设备 RF 一般性研究	该技术报告主要收集了 5G NR WI 阶段工作过程中终端射频指标制定的技术依据、研究方法和研究成果等
TR 38.817-02	基站 RF 的一般性研究	该技术报告主要收集了 5G NR WI 阶段工作过程中基站射频指标制定的技术依据、研究方法和研究成果等
TR 38.900	6GHz 以上的信道模型	该技术报告为 6～100GHz 信道模型
TR 38.901	0.5～100GHz 的信道模型	该技术报告为 0.5～100GHz 信道模型
TR 38.912	NR 接入技术研究	该技术报告是 NR 研究阶段在 RAN 全会上通过的 NR 技术预研报告，包括物理层传输、数据链研究、系统网络架构、基本过程及射频发送和接收的研究成果
TR 38.913	下一代接入技术应用场景及需求研究	该技术报告是在 RAN 全会上通过的关于 NR 场景和需求的预研报告，报告主要包括应用场景、NR 技术关键性能参数（峰值速率、吞吐率、时延、移动性、可靠性、覆盖等）需求、业务需求等研究成果

2.5.1　控制云

在 5G 网络中，控制云存在多个控制功能模块，以实现集中控制。在具体应用中，网络控制功能分别部署在本地数据中心、云计算数据中心及部分接入节点上，可以根据不同业务场景进行定制化设计和部署。网络控制功能主要包括无线资源管理、移动性管理、策略管理、信息管理、安全、能力开放、网络资源编排等模块[12]。对于各个功能模块来说，无线资源管理模块对无线资源进行统一管理，与策略管理模块在网络中进行对不同策略的选择；信息管理模块的功能主要是对用户信息、会话信息等内容进行管理；安全模块则指网络中的各种安全功能；能力开放模块为了满足各种网络能力会对外提供接口；网络资源编排模块则对网络资源进行合理的安排与规划配置。

2.5.2　接入云

在 5G 网络中，接入云主要包括多种部署场景，集中控制功能包括 3 个方面，它们分别是资源协同管理、无线网络虚拟化及以用户为中心的虚拟小区。

（1）资源协同管理

5G 网络利用集中控制模块能够构建灵活的基站协同网络，对资源实现高效管理与利用，为用户提供快速、高效的极致体验。集中控制主要从干扰管理、网络能效、多网协同和基站缓存 4 个方面提高网络性能。干扰管理是指对多小区进行集中协调，实现对干扰的消除与利用。网络能效是指利用集中控制方式，在提高网络能效的同时，不降低用户体验。多网协同是指利用集中控制，在用户切换不同系统时，使其性能不受到影响。基站缓存主要缓存的是用户的信息，通过缓存可以减少用户的访问时延，从而提高用户的体验。

（2）无线网络虚拟化

在 5G 网络中，无线网络虚拟化技术面对不同业务的独特需求可以实现定制化需求与设计。概括来说，无线网络虚拟化技术就是将网络中的各种资源抽象，形成虚拟资源。接着，无线网络虚拟化会对资源进行切片管理，利用切片资源实现对需求的定制化，从而最终达到对资源的灵活分配。

（3）以用户为中心的虚拟小区

在 5G 网络中，网络节点十分密集，通过构建控制信息传输和数据承载服务，能够有效减少切换频率和降低开销，同时根据不同业务的特点，构建以用户为中心的小区，可以进一步提高资源利用率，给用户带来更加流畅的体验[13]。

2.5.3 转发云

在 5G 网络中，转发云使控制与数据彻底分离，转发云在逻辑上包括转发单元和业务使能单元，能够大幅提高数据转发与处理速度。与传统网络不同，转发云通过集中控制，根据不同用户的独特需求，能够灵活选择转发单元和业务使能单元，同时能针对热点内容进行缓存，减少访问时延和流量，大幅提高用户体验[14]。转发云在运行过程中需要定时将网络状态信息上报，以进行优化，从而提高数据处理和转发能力。对于一些对时延有特殊要求的业务，转发云需要进行本地处理。

2.5.4 网络功能虚拟化

“三朵云”网络架构能够根据不同场景实现网络功能虚拟化，也可以作为一个网络切片使用。在 5G 网络中，通过控制功能来实现对网络切片的生成和管理，同时在此基础上增加了专门的接口。在网络功能虚拟化的过程中，应针对不同的场景选择适合的功能，然后通过控制功能模块创建相应的模块，同时分配对应的网络资源，通过建立不同模块之间的联系，实现对资源的动态调整和规划。

2.6 小结

本章针对 5G 频谱与标准化组织进行阐述，主要包括无线频谱现状、候选频谱、频谱共享、5G 标准化组织、标准体系架构等内容。其中通过对中低频频谱、高频频谱和白频谱的介绍，引出频谱共享的概念。本章给出了国际标准化组织研究进展，并介绍了中国电信最早提出的“三朵云”的 5G 网络架构，分别是控制云、接入云和转发云，以此构成标准体系架构。

参考文献

[1] Mathews J D. Fifty Years of Radio Science at Arecibo Observatory: A Brief Overview[J]. Ursi Radio ence Bulletin, 2013, 86(3):12-16.

[2] HE Y, CHEN Y, ZHANG L, et al. An Overview of Terahertz Antennas[J]. China Communications, 2020, 17(7):124-165.

[3] 苏志. 微波超视距通信自适应跳频技术研究[D]. 成都：电子科技大学，2020.

[4] 谭海峰. 面向 5G 典型候选频段的兼容性分析与频谱高效利用技术研究[D]. 北京：北京邮电大学，2019.

[5] Uwaechia A N, Mahyuddin N M. A Comprehensive Survey on Millimeter Wave Communications for Fifth-Generation Wireless Networks: Feasibility and Challenges[J]. IEEE Access, 2020, 8(99):62367-62414.

[6] 潘智. 广电白频谱资源概述[J]. 中国有线电视，2015（09）：1039-1042.

[7] 王学灵. 频谱共享技术及其在 5G 网络中的应用建议[J]. 邮电设计技术，2019（12）：52-55.

[8] Haykin S, Setoodeh P. Cognitive Radio Networks: The Spectrum Supply Chain Paradigm[J]. IEEE Transactions on Cognitive Communications & Networking, 2017, 1(1):3-28.

[9] 申滨，王欣，陈思吉，等.基于机器学习主用户发射模式分类的蜂窝认知无线电网络频谱感知[J].电子与信息学报，2021，43（01）：92-100.

[10] Lertsinsrubtavee A, Malouch N. Hybrid Spectrum Sharing through Adaptive Spectrum Handoff and Selection[J]. IEEE Transactions on Mobile Computing, 2016, 15(11):2781-2793.

[11] 周鑫，何攀峰，陈勇，等.混合频谱共享方式下多用户动态频谱分配算法[J].电波科学学报，2021，36（06）：977-985.

[12] Mauro, Gaggero, Luca, et al. Predictive Control for Energy-Aware Consolidation in Cloud Datacenters[J]. IEEE Transactions on Control Systems Technology, 2015,24(2):461-474.

[13] 曲桦，栾智荣，赵季红，等.基于软件定义的以用户为中心的 5G 无线网络架构[J].电信科学，2015，31（05）：42-46.

[14] Lee D, Kim S, Tak S, et al. Real-Time Feed-Forward Neural Network-Based Forward Collision Warning System Under Cloud Communication Environment[J]. IEEE Transactions on Intelligent Transportation Systems, 2019:4390-4404.

第3章

5G系统网络架构

本章首先对5G系统网络架构进行介绍，对于该架构，主要从5G接入网网络架构和5G核心网网络架构两个方面展开论述。其中，5G接入网网络架构包括基于NFV的5G无线网络架构、基于SDN的5G无线网络架构等，5G核心网网络架构的内容涉及5G核心网的标准化及5G核心网的关键技术。通过对这些内容的论述，使读者对5G系统网络架构有清晰的认识和理解，为学习后续章节的5G关键技术提供支撑。

3.1 5G接入网网络架构

5G接入网结构

3.1.1 5G无线网络架构设计挑战

在5G系统网络架构中，提高频谱利用率的技术手段包括大规模天线、新型多址接入技术等；提高业务数据传输速率的手段主要是5G网络中的多种组网技术[1]。5G网络采用新型多址、新型帧结构等空口技术，对信令汇聚节点的部署结构进行调整，提高网络协议裁剪能力等，以满足降低大连接业务时延的需求。并且，5G网络扩大了单位面积的网络业务容载量，以满足5G网络超高密度组网的要求，提升用户的业务体验。另一方面，因原有4G网络几乎已把低频谱资源利用完，所以在5G组网中，只能考虑充分利用高频谱网络资源。使用高频谱网络可以改善通信质量，常被用于完成最后一公里的业务传输。此外，在异构组网架构中，小小区（Small Cell，SC）与宏小区（Macro Cell，MC）网络架构都被使用了，其中，宏小区用于解决网络覆盖问题，使网络低频容量不足的问题得到一定程度的缓解[2]。

在5G系统网络架构中，小功率基站的部署密度将大大提升，估计至少是现有基站密度的几倍，5G网络在未来将逐步发展成为微微组网的超密集网络架构模式。5G系统网络架构将从不同维度进行技术改进，如网元、频段、组网方式等，网络复杂度逐步提升，无线网络架构的规划与设计将是通信专家面临的众多问题之一。如图3.1所示，EPC被分成支持WLAN接入、支持CDMA接入、支持WCDMA/GSM接入和支持LTE接入的网络等。

信令平面网元由MME、PCRF、HSS等部分组成。EPC核心网可支持LTE接入，可分离信令平面与用户平面；SGW和PGW等组成用户平面网元，可用于建立用户会话和承载管理。PGW作为EPC核心网的统一用户平面锚点，可支持多系统接入，为移动性管理提供统一标准。此外，承载5G业务、实现数据与控制功能分离、对业务数据流锚点的统一等，皆为EPC核心网的功能。但是随着移动业务的快速发展，当前EPC的架构对满足业务和运营需求已力所不及，其中，以下几个方面的不足表现得较为明显。

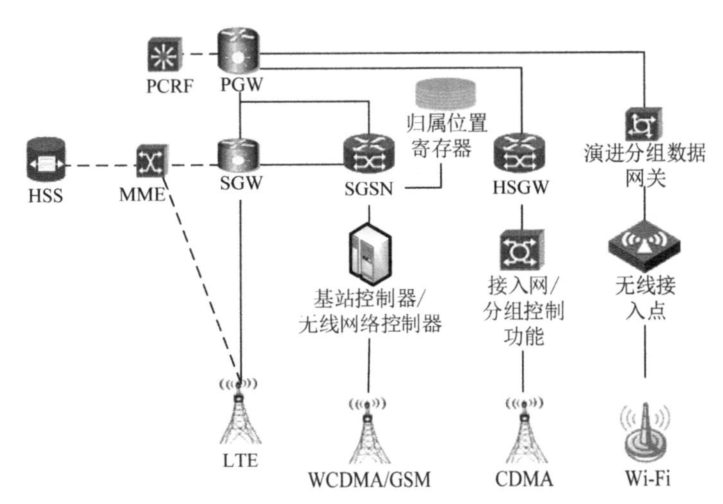

图 3.1　典型的演进分组核心网（EPC）体系架构

（1）不合理的架构划分

在当前的结构划分中，复杂的控制功能仍被网关节点承担，MME 等信令平面节点仍与网关节点频繁进行数据信息交互。应根据不同网络功能的特点，将用户平面和信令平面分离，对核心网的信令平面进行集中安排，对用户平面的边缘分布及相关网络参数进行优化，提升网络性能。然而，当 EPC 核心网接入 UTRAN/GERAN、CDMA 和 WLAN 等系统时，E-UTRAN 组网的复杂度增加，这是因为在此组网架构中，用户平面与信令平面被统一了。

（2）多接入系统之间的协作能力差

在网络接入能力差的情况下，5G 网络希望融合多种接入系统，增强用户一致性体验，要求无线网实现控制平面的统一、EPC 网络完成对多接入系统的统一管理和流动性管理。在层次上，体现了多系统相互独立的接入特性。在进行实际网络建设和运营商维护时，不同接入系统是相互独立的，所以不同系统间不相互影响，资源也不可相互使用。从用户的角度考虑，多接入系统在提升用户体验方面不完美，由于不同接入系统的底层协议不同，因此在对不同业务流进行协同服务时，只能进行业务数据流切换，而不允许多接入，这将导致不同系统之间的数据信息交互和切换过程繁杂。

（3）网络处理能力的可扩展性较差

以专用硬件的网元设备为基础，构成了现在的 EPC 网络，EPC 网元功能的安装位置和性能指标受制于专用硬件。在网络的核心区域，安装了 MME 和 PGW 设备，当汇聚层在降低业务时延困难时，信令处理能力和流量会达到极限，从而影响网络性能。根据用户服务的潮汐效应，网络业务量随时间变化而产生的变化显著。在网络规划阶段，为满足网络业务高峰时的需求，往往以最大数据业务流量的规模设计网络，但这样并未充分利用网络闲时的空余网络资源。网络的业务量是随时间不断变化的，然而固化的硬件节点无法根据业务量的增减灵活放大和缩小网络能力，除此之外，硬件设备和物理连接的扩容方法实现起来也存在困难。以上技术难点共同导致当前网络处理能力的可扩展性较差。

（4）网元功能部署不灵活

应根据 5G 网络在不同场景的应用需求，在网络中灵活部署相应的网络功能。若网元采用 LTE 控制与承载功能合一的基站 eNodeB（也可写为 eNB）节点形式，那么相应的网元功能就会相对单一[3]。例如，在超密集网络中，为了完成网元的快速便捷安装，需要将部分网元的功能简化并将站址条件降低。如果超密集网络中主要使用 eNB 作为网元，那么满足诸多条件的基站地址将比较难寻，同时，如此巨大的投资和维护成本会令运营商难以承受。

（5）无法同时有效兼顾网络覆盖与容量

对网络覆盖与容量的需求是根据不同场景而随时变化的，且差异较大，如 eMBB 的移动广域覆盖场景，用户会在网络系统中快速切换与接入，需要使用低频高功率宏基站，因为低频率通信时无线信号的衰落程度较弱，并且宏蜂窝发射功率大，可高效完成 eMBB 的移动覆盖方案。但在 eMBB 的热点高容量场景中，在满足用户业务需求的情况下，组网时侧重于增加网络容量。由于单节点覆盖的用户数量有限，控制平面带宽需求随之降低，因此在这种场景下，更青睐于采用高频低功率节点密集组网的方式。为在广域覆盖场景下达到较好的覆盖效果，若采用节点控制平面与用户平面合一的设计，部署更多的宏基站，将导致基站扩容，消耗更多的资源，这种在控制平面上的资源消耗是一种资源浪费行为。

综上所述，EPC 架构的设计仍面临诸多困难，如需要设计一种基于原有 EPC 无线接入网的新型无线接入网，并且需要设计一种可替代传统 4G 网络的控制与承载合一的演进网络架构。在此网络架构的基础上，将 5G 无线网的控制与承载功能分离，进而灵活部署和设计控制与承载功能模块，以满足 5G 网络的灵活组网需求和多样化的网络业务场景需求。

3.1.2 5G 无线网络架构

1）设计思路

在 5G 网络架构设计中，为满足 5G 业务与控制功能分离的要求，需要将用户平面与控制平面分离，构建成两个相应的独立功能平面。由于用户平面与控制平面的特性不同，可针对性地对其进行设计和扩展，以满足 5G 网络各式各样的应用场景需要[4]。例如，面对控制信令对可靠性与覆盖范围的要求，对无线网控制平面进行分离操作后，将采用低频调制和低频大功率传输等方法，以满足控制平面可靠性高、覆盖性广的性能需求。不同业务需求对承载面的要求不同，用户平面需要选择合适的传输带宽进行数据传输，通过实时调整传输方式来保障信道通信质量，并采用用户体验一致性策略来满足不同用户的需求。5G 基站根据网络具备的功能和承载的对象的不同，可以分为两类：分别是虚拟信令基站和数据基站。接入网控制平面的处理由虚拟信令基站负责，用户平面由数据基站负责。虚拟信令基站和数据基站都不是实体，均是从功能逻辑上区分的，在实际建网中，可根据场景需要将它们安装在同一个设备或不同设备上，进行灵活部署。

如图 3.2 所示，5G 无线网络架构可分为控制网络层和数据网络层，虚拟信令基站与多个网络元件集成控制平面，构建控制网络层，以提供集中控制策略。数据基站构成由网络层统一管理的数据网络层，以简化网络元件的功能与结构，大幅降低资源开销。

2）功能逻辑架构

如图 3.3 所示，5G 无线接入网的功能逻辑架构根据网络功能可分为高层接入功能域和底层无线功能域。与无线相关的功能和实时网络功能集中在底层无线功能域，非无线相关和非实时网络功能集中在高层接入功能域。

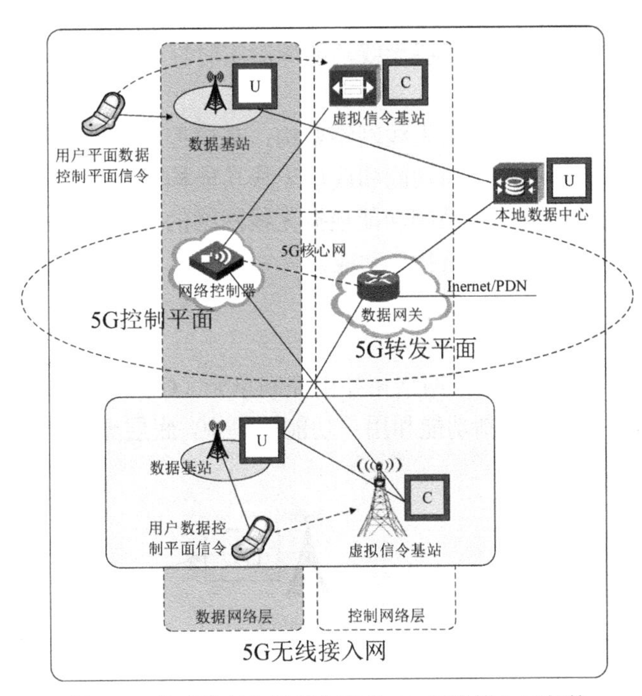

图 3.2 基于控制与承载分离的 5G 无线接入网架构

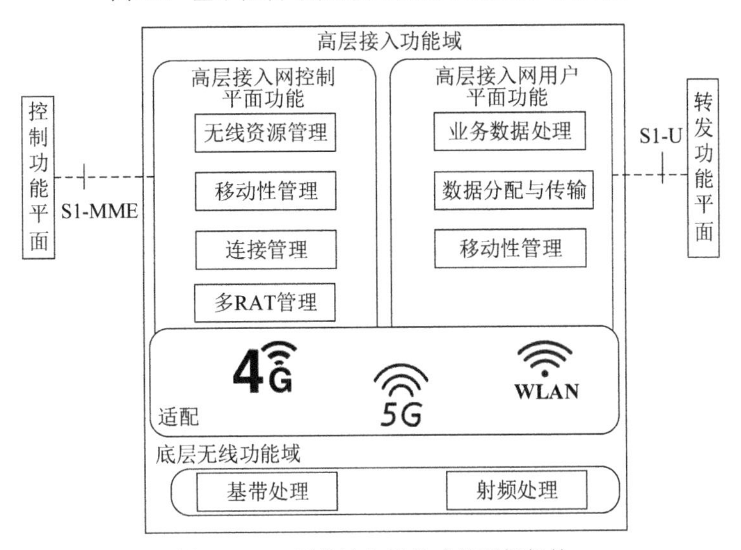

图 3.3 5G 无线接入网的功能逻辑架构

如图 3.3 所示，5G 无线网络架构的设计思想以控制和承载分离为基础，进一步规划高层接入网的控制平面功能和用户平面功能。通过将一般功能和特定功能分开、扩展容量、引进新空口技术和新 RAT 等，可以使下一代网络的灵活扩展更为容易。该网络架构支持多系统连接、QoS 扩展、数据加密和匹配性保护，支持 IP 和以太网等各种层 3 协议，还支持不同空口之间的协作和控制、移动性方面的优化、负载均衡等一般功能和特定功能[5]。可根据模块化设计方案，采用相对独立的功能组件实现不同的网络功能，如通过切片控制、无线 QoS 控制功能组件实现无线网络切片选择和上下文智能感知控制等功能。由于底层无线功能域对网络的实时性要求较高，可通过优化实际接入协议的配置参数或根据网络需求动态调整网络资源（涉及的技术包括小区搜索、功率控制、与物理信道相关联的信道编码、调制、可复用的基带处理功能和射频处理功能等）来满足底层无线功能域对实时性的高要求。

3）功能部署与组网的灵活性

根据以承载与控制分离为基础的无线网络架构，高层控制功能和底层无线功能构成信号基站逻辑功能，高层接入网用户平面功能和底层无线功能构成数据基站的逻辑功能。在不同5G 应用架构中，信号基站和数据基站的功能根据无线网络的控制平面和用户平面配置分散在不同层级的网络中，实现不同网络拓扑和功能。

（1）eMBB 场景

5G 无线网络的部署模式如下。

部署模式 1（CU+DU 层网络）：网络拓扑由控制单元（CU）和数据单元（DU）构成。控制平面和用户平面分离，高层控制功能和用户功能被集中，底层无线功能被分散。CU+DU 分层组网架构如图 3.4 所示。

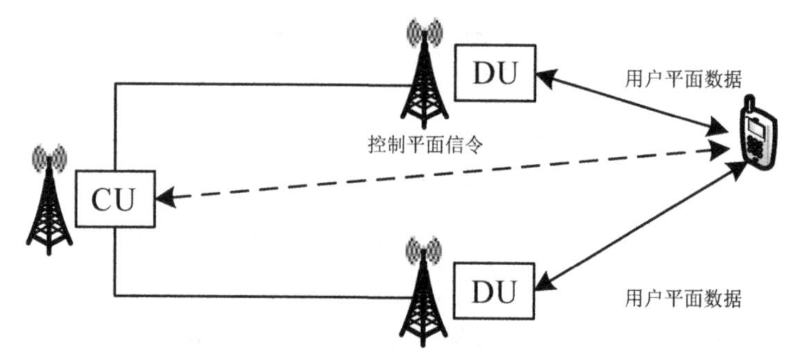

图 3.4 CU+DU 分层组网架构

CU 集中部署：根据各种各样的用户锚点，CU 可分为两类，第一类由控制平面功能+用户平面锚点功能组成；第二类只由控制平面功能组成。

DU 分布部署：DU 可以依托前传能力的不同分为支持射频处理、全部或仅部分支持物理层功能、全部或仅部分支持层 2 功能。

在用户密度高的区域，对数据单元（DU）进行密集部署，并且集中部署控制单元（CU），以达到热点大容量场景下对高吞吐量的要求。控制单元（CU）作为集中控制的信号基站，数据单元（DU）作为数据基站，这样可简化网络结构，实现即插即用，使网络大规模超集中部署成为可能。

部署模式 2（超密集网络架构网络——以虚拟化控制平面为基础）：在不能进行网络集中部署的大容量场景中，必须以分布式和超扩展式的形式统一部署具有控制平面功能和用户平面功能的基站，以进行超密集网络。在这种情况下，可利用每个基站中的部分资源来解决由控制平面缺乏统一管理带来的问题。本模式采用统一的虚拟信令来完成以控制平面虚拟化为基础的超高密度网络架构建设，并且用户平面承载的完成需要多个基站组合作为数据基站。

图 3.5 所示为基于控制平面虚拟化的超密集网络架构。虚拟小区通过其提供的虚拟信号和小区 ID 来帮助 5G 用户获得不同数据小区发送的一系列参数，如广播信息、参考信号、寻呼信号及通用控制信号。用户在接收到系统发送的寻呼信号后，可继续使用目标数据基站单元发送数据信息。虚拟小区在有效调度和管理用户的同时可以有效地对虚拟信号基站和数据基站的无线资源进行管理。这样一来，即使移动中的用户需要重新选择或切换物理小区，在虚拟小区的环境下，也不会在同一小区内产生干扰，进而提高了超密集通信网的整体性能。

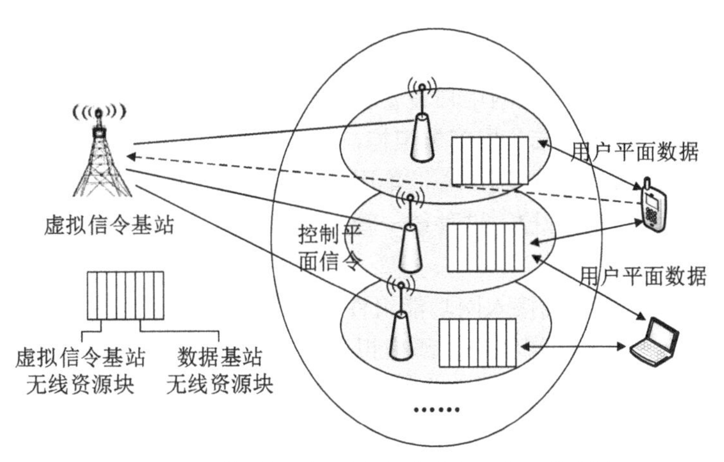

图 3.5　基于控制平面虚拟化的超密集网络架构

（2）uRLLC 场景

部署模式 3（高可靠、低时延的 5G 网络）：该部署模式主要针对的场景是高可靠、低时延，该部署模式具有以下特点。首先，将用户平面数据网关、内容缓存等功能及控制平面部署在接入网侧，通过该方式构建内容快速分发基站，使其具有智能识别、服务控制、本地路由等功能。其次，在无线接入网侧加载核心网的一些控制功能，如会话管理、移动性管理、无线网络控制平面等。这种将与特定网络服务有关的控制功能部署在接入网侧的方式，使由核心网功能部署层级偏高带来的延迟得到降低。根据不同应用场景的需求，区域移动性管理功能被转移到接入网侧，这种方式可以使用户在局域内移动时产生的与信令有关的时延降低。另外，在全功能基站中引入数据网关和内容缓存功能，并且全功能基站采用 CU+DU 的分层部署形式，设置统一的控制平面，可以更好地分析和预测用户的行为，调度资源，提高切换的成功率和通信的可靠性等。高可靠、低时延本地化网络部署如图 3.6 所示。

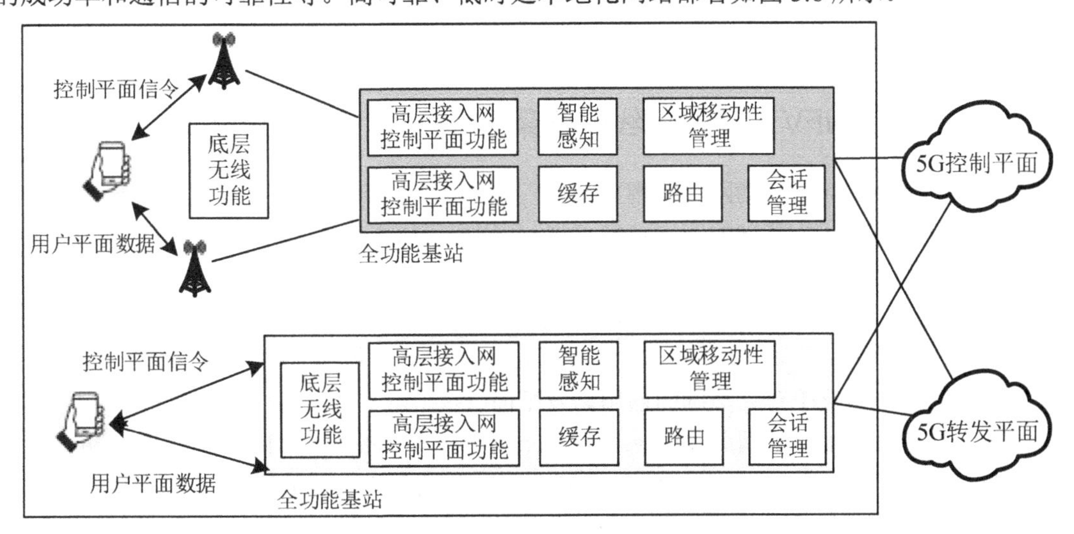

图 3.6　高可靠、低时延本地化网络部署

（3）mMTC 场景

针对低功耗大连接场景，5G 网络采用控制与承载分离的网络架构，以满足该场景中控制信令源传输方面的需求。由于物联网用户设备具有数据量小、功耗和移动速率低的特点，因此该场景采用部署模式 4，即分簇分层部署架构，设置簇集中控制中心，为局部用户提供接入控制和连接管理等服务，簇集中控制中心汇集用户数据后上传给数据基站。而所有的簇集中控制中心由上层信令基站统一管控，这种统一管控的模式可以保证调度协同簇资源。分簇分层网络部署如图 3.7 所示。

如上所述，将上述新型无线接入网功能组件化，可实现灵活组合和部署 5G 无线网元。尤其是在 5G 网络中，应用将底层物理资源虚拟化，构建虚拟机，加载高层接入网控制平面和用户平面的功能组件来构建虚拟网元功能，可在同一基站平台上同时承载多种不同类型的无线接入方案，实现实时动态调整资源和迁移功能，满足 5G 网络关于灵活与可靠部署的需求。

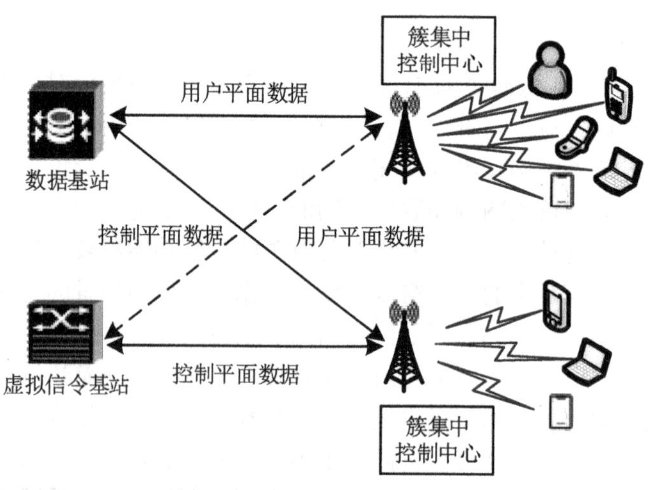

图 3.7　分簇分层网络部署

3.1.3　基于 NFV 的 5G 无线网络架构

1）基于 NFV 的新型移动网络架构设想

以网元功能软件化为基础的网络功能虚拟化（Network Functions Virtualization，NFV）技术，本质是将网元的软、硬件解耦[6]。NFV 技术可以用于任何网络架构，用来分离网元中的软件和硬件。并且，利用 NFV 的技术优势，移动网络架构的演进和发展方向将变得更加广阔。

（1）构建以虚拟化平台为基础的通用转发平面

下面介绍电源分配网络网关（Power Delivery Network GateWay，PGW）重构通用转发平面，如图 3.8 所示。从图 3.8 可以看到，PGW 在网络功能虚拟化技术的基础上，将转发功能、IP 会话功能和承载控制组件重构，变成独立的模块。其中，IP 会话功能与承载控制组件及其他功能可以进行交互，以达到对承载与会话协同统一控制的目的。通过以上模块化操作，只有转发功能的 PGW 不再是业务流量的汇聚节点，而仅仅是普通的转发节点，从而使网络变为实现接入、汇聚等功能的全局扁平化网络。

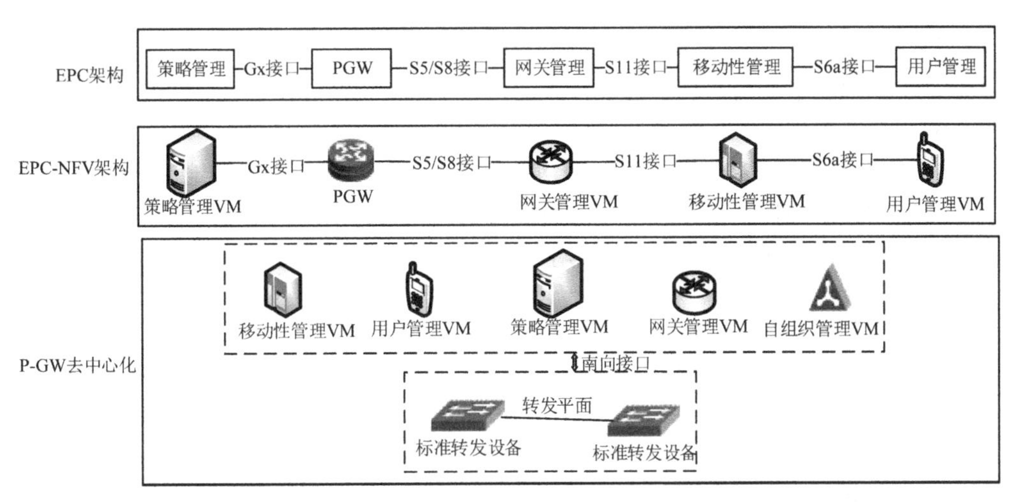

图 3.8　PGW 重构通用转发平面

（2）隐藏底层协议堆栈差异的统一控制平面

访问不同系统的小区类型（用户 ID、位置信息、无线及连接信息、QoS 等）和业务过程（鉴权/投权、业务接入请求、切换等）几乎没有区别，但使用的下层协议栈的协议不同[7]。硬件网元函数和协议栈的绑定会在不同系统之间产生复杂的信息，使协同操作变得非常复杂。通过采用网络功能虚拟化技术，可以统一消息格式和数据结构，共同处理底层协议栈的差异化问题，完成业务流程。通过这些处理，不仅可以降低控制节点间协议适配的额外处理成本，还实现了异构接入系统间的全局资源共享和协同控制，大幅提升了控制平面的处理能力。根据上述设计思想创建一种新的基于 NFV 的网络架构，如图 3.9 所示，该网络架构更清晰且具有更扁平的转发平面，能够更好地适应未来移动通信业务的需求。在新型网络架构中，为构建扁平化的传输网络，以转发平面虚拟化网络基础设施平台为基本架构，部署标准的网络设备，如交换机和具有高速率的转发设备。并且，可以根据用户服务要求灵活定制高性能的数据转发路径。将会话和承载与控制功能合并，构建集中控制平面。基于虚拟化平台，软件形式的功能组件可安装在全网的任意位置，并且通过标准化的接口和数据格式进行信息传递，实现全网信息同步、协同接入和资源调度。全网架构采用云平台，该网络架构可快速实现控制功能重构、转发平面的定义，并且运营商可根据需求进行灵活编排，使新业务的开发和部署变得更为容易。

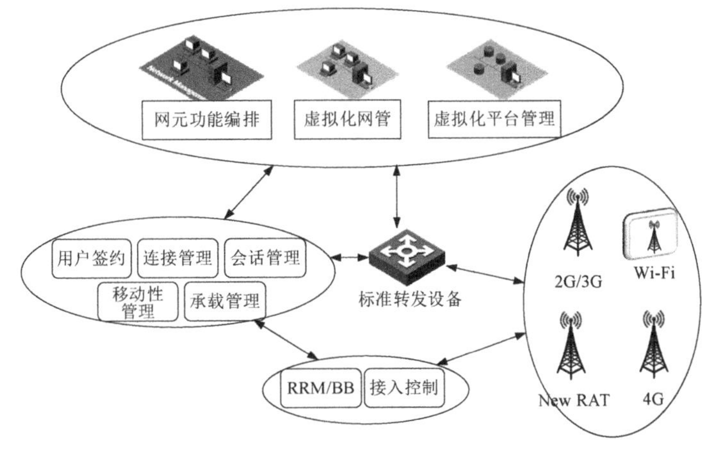

图 3.9　基于 NFV 的新型网络架构设计方案

2）基于网络功能虚拟化的新型架构的关键技术

基于上述新型网络架构，可引出多种关键网络技术。

（1）网元功能重构

图 3.10 所示为网元功能重建，核心网网关功能（会话与资源管理和地址分配等）与移动性管理等功能构成全局控制平面。转发平面设备通过被分配到业务逻辑上的控制器的控制功能实现统一控制。可以在数据中心服务器上安装并部署整个系统，而不必依靠过多的物理上的连接或专用设备。

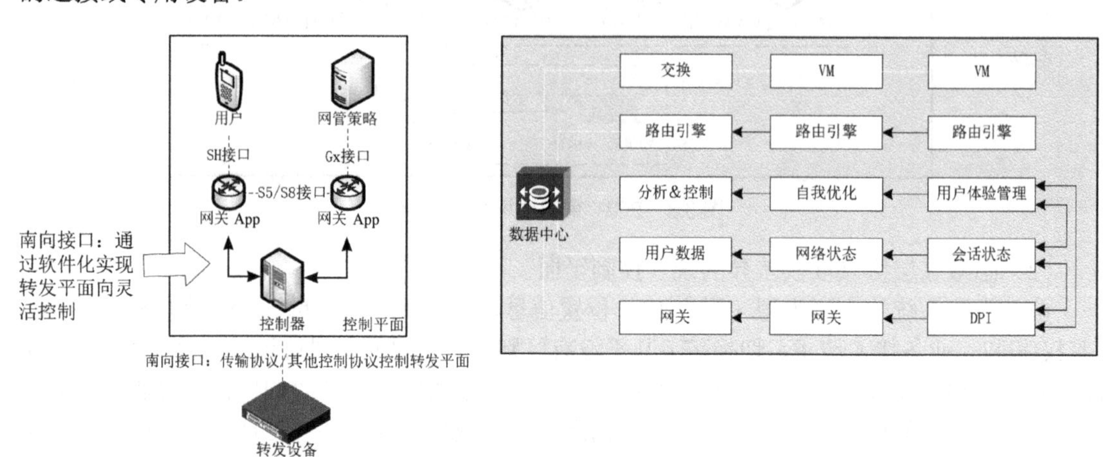

图 3.10　网元功能重建

（2）异构接入系统协同

图 3.11 所示为异构接入系统协同，相关的主要技术问题如下。

- 聚合多种无线接入方式。
- 选择最优无线接入方式。
- 无线接入系统间的无缝切换。
- 多种无线接入模式的资源管理。

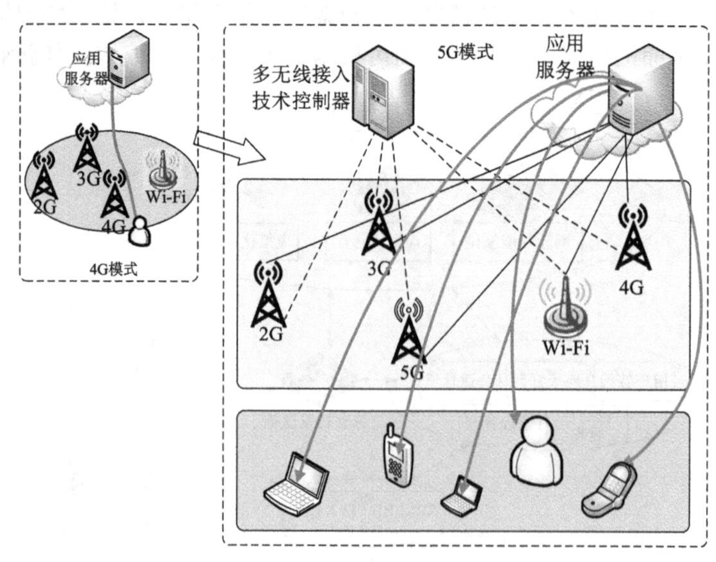

图 3.11　异构接入系统协同

（3）智能移动内容分发网络（Content Delivery Network，CDN）业务

如图 3.12 所示为智能移动 CDN 业务，智能移动 CDN 业务对降低网络负载和业务时延具有很高的价值。另外，高效分发内容、保证用户的移动性及保证各类移动终端的适配力等都是急需解决的问题。

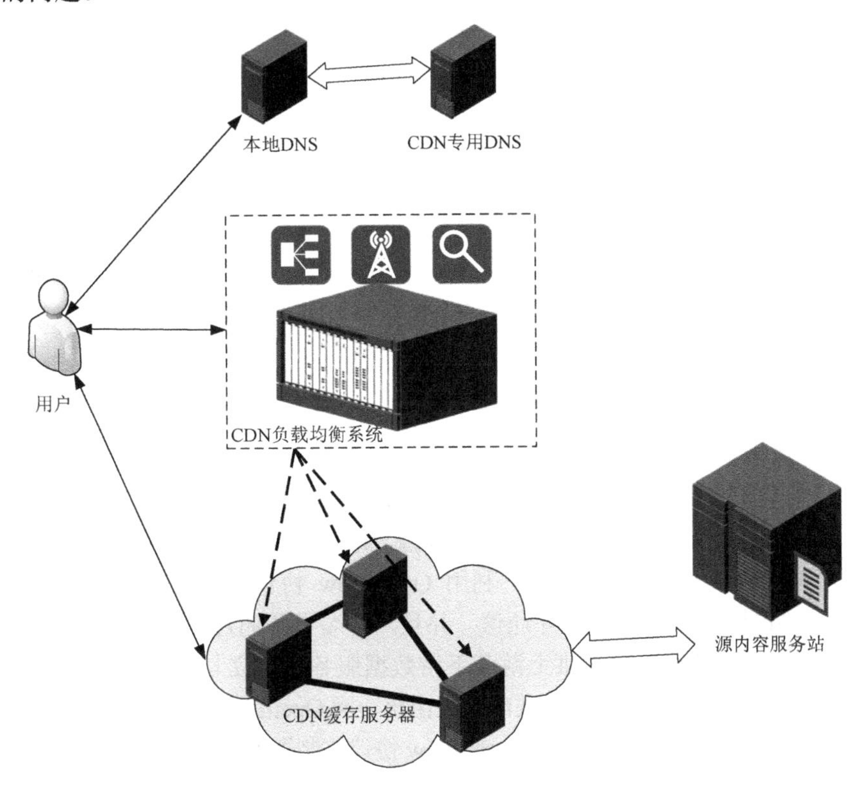

图 3.12 智能移动 CDN 业务

- 利用网络虚拟化存储设备实现高层与底层功能的紧密耦合。
- 控制平面负责完成 CDN 业务控制功能和终端功能，其中包括传输码率协商、信息提供、内容检索等方面的服务功能。
- 中央控制器负责对存在于网络边缘的存储设备进行调度，执行编码转换、内容分配、数据发放与传送等任务。

3.1.4 基于 SDN 的 5G 无线网络架构

1）基本架构

下面介绍以 OpenFlow 协议和软件定义网络（Software Defined Network，SDN）为基础的 5G 网络，如图 3.13 所示，核心网、无线接入网、移动终端是该网络的重要组成部分，另外，该网络与软件定义网络（SDN）技术结合[8]，支持 OpenFlow 协议，可实现各类异构网络的融合。

（1）核心网

核心网主要由核心网 OpenFlow 协议控制器和核心网 OpenFlow 协议网关构成。通过 OpenFlow 协议，核心网 OpenFlow 协议控制器可与核心网 OpenFlow 协议网关进行直连通信。

核心网 OpenFlow 协议网关与不同服务器连接可为网络提供应用服务。

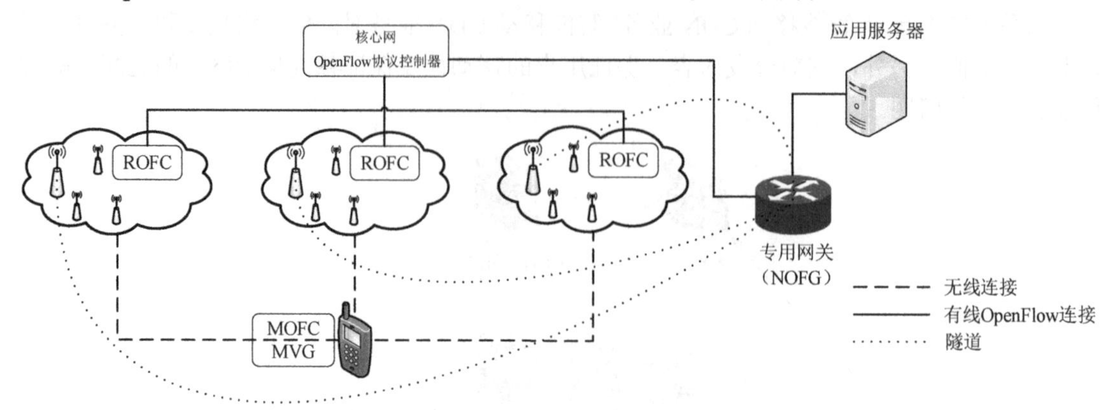

图 3.13 基于 SDN 的 5G 无线异构网络架构示意图

（2）无线接入网

本章仅对 LTE、3G、Wi-Fi 三种无线接入网进行说明。由于以 SDN 为基础的 5G 无线异构网络的关键思想是增强网络弹性，因此可以将 2G 网络、卫星通信网络等无线接入网添加到该系统中。不同无线接入网可以通过核心网 OpenFlow 协议控制器对新的网络和业务进行及时、廉价的融合，管理各自系统内的无线资源。每个无线接入网包括一个无线网 OpenFlow 协议控制器和各类网络无线接入接口。利用 OpenFlow 协议，各类网络无线接入接口与无线网 OpenFlow 协议控制器进行连接并通信。并且，终端设备通过网络无线接入接口接入网络。网络无线接入接口为终端用户提供上游和下游数据服务，建立与核心网 OpenFlow 协议网关的 IP 隧道。核心网 OpenFlow 协议网关的分配由核心网 OpenFlow 协议控制器进行控制和调度。无线网 OpenFlow 协议控制器与核心网 OpenFlow 协议控制器通过对应的协议建立控制连接。

（3）移动终端

配置不同种类的无线接入端口，可以同时连接多种不同种类与制式的移动通信网络。每个无线接入网为终端设备分别分配了独立的 IP 地址。移动终端在安卓和 IOS 系统上分别构建了移动虚拟网关和移动终端 OpenFlow 协议控制器模块，从而可以利用 CDN 获取相应的网络服务。

2）主要模块功能

（1）移动虚拟网关

移动虚拟网关模块被嵌入移动终端的 IP 协议栈网络层中，其主要功能包括：移动虚拟网关利用移动终端 OpenFlow 协议控制器为应用层分配一个虚拟 IP 地址，同时应用层将其作为上行链路 IP 地址进行通信[9]；在上行链路方向，当应用程序的首个数据包到达移动虚拟网关时，移动终端 OpenFlow 协议控制器将数据传输流表填充到移动虚拟网关流表中，由同一终端上的不同无线接口连接的相同服务将根据移动虚拟网关流表以统一的方式传送；移动虚拟网关记录终端设备的虚拟 IP 地址和真实 IP 地址之间的映射，当下行业务进入移动虚拟网关时，按照映射列表将虚拟 IP 替换为目的地 IP，并发送给应用层。

（2）移动终端 OpenFlow 协议控制器

图 3.14 所示为移动虚拟化网关和移动终端 OpenFlow 协议控制器的功能结构示意图。移动终端 OpenFlow 协议控制器记录各种应用程序的带宽需求信息。当对一个应用程序初始化

时，移动终端 OpenFlow 协议控制器向网络通知应用程序的带宽要求。同时，移动终端 OpenFlow 协议控制器为该应用程序构建 1 个数据库，在该数据库中实时更新应用程序的带宽需求变化等信息。在无线接入网上建立 IP 链接时，移动终端 OpenFlow 协议控制器通过无线网 OpenFlow 协议控制器向移动终端 OpenFlow 协议控制器通知用户数据，实现用户认证和计账等功能。移动终端 OpenFlow 协议控制器根据无线网络的负荷和网络容量，定期更换新的移动终端 OpenFlow 协议控制器配置，并根据应用层对应的业务特性和 QoS 模型选择合适的网络接口，控制移动虚拟网关的流表配置。

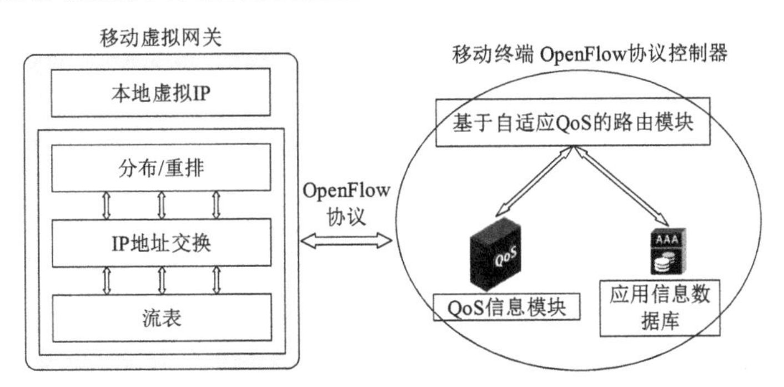

图 3.14 移动虚拟网关与移动终端 OpenFlow 协议控制器的功能结构示意图

（3）无线网 OpenFlow 协议控制器

如图 3.15 所示，无线网 OpenFlow 协议控制器的功能包括：无线网 OpenFlow 协议控制器维护无线接入网的负载、可用有效带宽等网络无线接入接口的状态信息；无线网 OpenFlow 协议控制器根据获得的上述接口状态信息控制终端完成切换；在移动终端完成鉴权与 IP 分配等初始化之后，无线网 OpenFlow 协议控制器向网络无线接入接口发送核心网 OpenFlow 协议网关信息，建立起网络无线接入接口与核心网 OpenFlow 协议网关之间的 IP 隧道，从而建立起两者之间的连接，并维护这些链路。同时，无线网 OpenFlow 协议控制器可获得终端的服务等级信息，网络无线接入接口根据这些信息为终端分配带宽等。

（4）核心网 OpenFlow 协议控制器

如图 3.15 所示，不同网络架构的核心是核心网 OpenFlow 协议控制器，负责管理整个网络的状态。核心网 OpenFlow 协议控制器的主要功能包括：收集不同无线接入网的状态信息，如可用带宽资源信息，并且以无线网 OpenFlow 协议控制器报告为参考，进行数据信息的更新，并转发给移动终端 OpenFlow 协议控制器；对核心网 OpenFlow 协议网关的负载状态进行实时跟踪，并将核心网 OpenFlow 协议网关分配给移动终端；终端用户初始化时，根据用户的定制化服务信息为移动终端 OpenFlow 协议控制器的 QoS 模块进行匹配；核心网 OpenFlow 协议控制器实时记录移动终端的状态信息，如访问无线接入用户数量和当前用户的服务等级等。

（5）核心网 OpenFlow 协议网关

核心网 OpenFlow 协议网关的作用类似于移动虚拟网关。在上行链路，源自同一终端设备的数据流量经 IP 隧道抵达核心网 OpenFlow 协议网关，核心网 OpenFlow 协议网关将隧道 IP 的目的地地址改为应用服务器的实际 IP，接着从相应的端口进行转发。同样，在下行链路，数据包到达核心网 OpenFlow 协议网关，核心网 OpenFlow 协议网关将目的地地址改为 IP 隧道的目的地地址，并将数据包转发给网络无线接入接口。

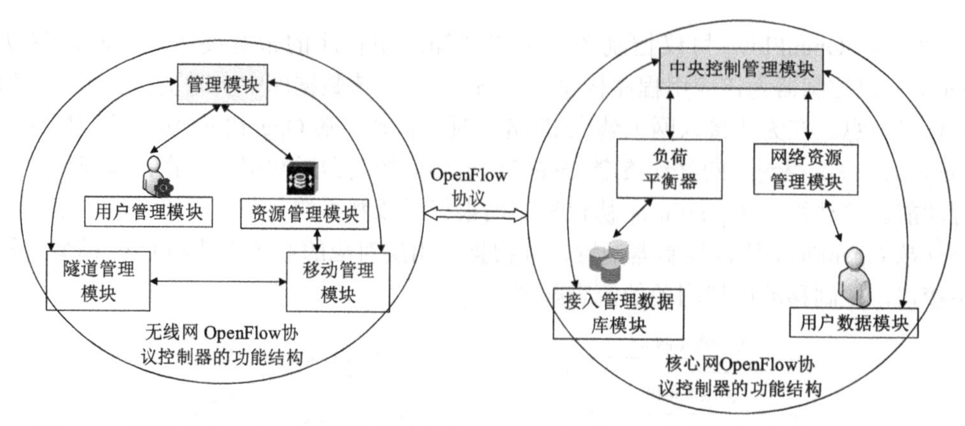

图 3.15　无线网 OpenFlow 协议控制器与核心网 OpenFlow 协议控制器的功能结构示意图

3.1.5　基于 SDN、NFV 和云计算的 5G 无线网络架构

图 3.16 所示为基于 SDN 和 NFV 的 5G 蜂窝网络架构。其中，SDN 技术的特点是将控制平面和数据平面分离，NFV 技术的特点是将软、硬件分离[10]。从 5G 蜂窝网络架构的未来技术发展特性来看，SDN 和 NFV 两者的融合可以很好地满足 5G 技术的需要，可使 5G 网络同时兼具 SND 和 NFV 的技术优点，结合云计算的大数据分析技术，可使 5G 网络具备更加智能化的业务感知能力，更好地为用户服务[4]。

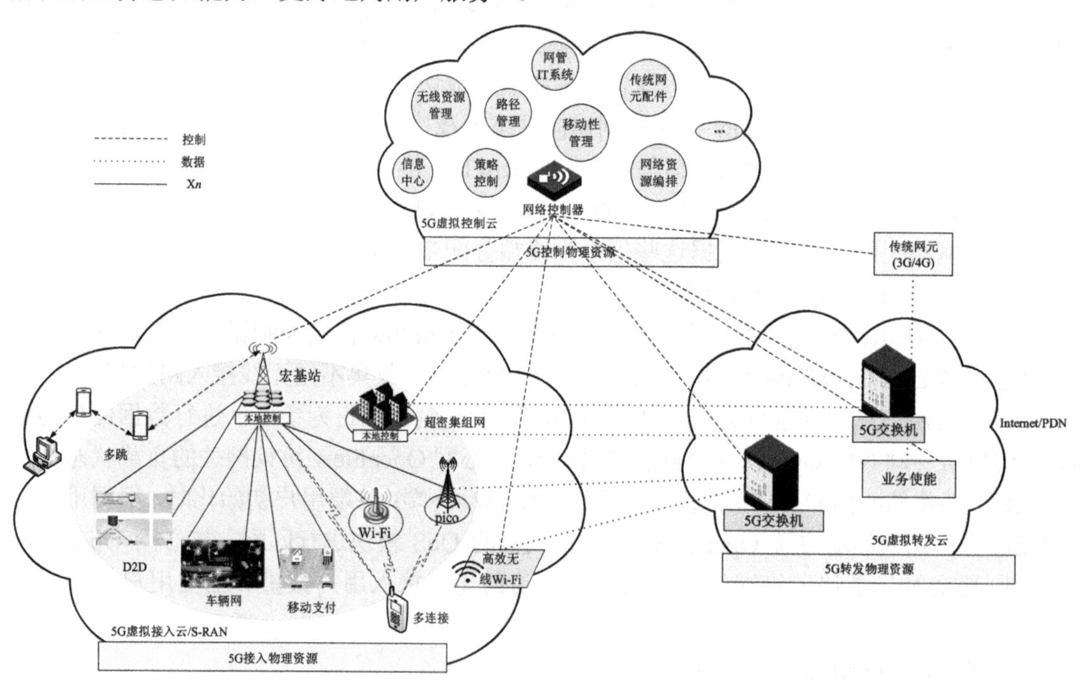

图 3.16　基于 SDN 和 NFV 的 5G 蜂窝网络架构

在接入方面借鉴 SDN 的技术特点，首先将控制平面与数据平面解耦，并分别对其进行优化和设计，以达到灵活使用控制平面和数据平面资源的目的。在此基础上，将基站的一些无线控制功能提取并进行分簇化集中控制，构建以用户为中心的虚拟小区，实现簇内小区间的

干扰管理、网络资源协同、多模网络协同等智能化管理。终端用户的灵活访问可以在簇内集中控制和簇间分布式协作下实现，为用户提供更好的服务体验。核心网的控制平面和数据平面的分离促使网络可以根据业务的发展需求实现控制平面和数据平面的独立扩容与优化部署等，并使网络配置信息的更新节奏加快，实现网络的灵活扩展。另外，虚拟化技术将网络功能的硬件与软件分离，最大限度地利用公共网络物理资源，按需编排资源。以网络虚拟化为基础，可加入第三方开放平台，并根据业务需求实现定制化服务，提高服务质量。此外，以云计算为基础的 5G 网络架构可有效提高网络系统的整体数据处理和运维能力。同时，在云计算大数据处理技术的帮助下，5G 网络将变得更加智能化，并且，业务和网络将通过用户的行动和业务特性进行深入融合。

1）控制云

控制云是 5G 网络的控制核心，由多个云计算数据中心的网络控制功能模块构成，其主要组成部分如下。

无线资源管理模块：集中管理系统内和系统外的无线资源。

移动性管理模块：负责用户状态管理，如位置跟踪、切换、寻呼等。

策略控制模块：负责检测接入网络的移动终端和选择策略、QoS 策略、计账策略等。

信息中心模块：负责信息管理，如用户信息、会话信息等。

路径管理模块：负责根据收集得到的信息规划服务流程。

网络资源编排：根据需要配置网络资源。

传统网元适配：模拟传统网元，支持对传统 3G/4G 网络的网元适配。

能力开放模块：提供可对外连接的 API 接口，配置不同的网络能力，如开放资源、增值服务、数据信息、运营支撑。

与传统的 LTE 网络相比，5G 网络控制云对分布式网络控制功能更加集中，利用 NFV 和 SDN 技术，将功能模块软件化，将网元虚拟化，并提供统一对外开放的 API 接口。并且，5G 网络控制云通过 API 接收访问云和转发云报告的网络状态信息，完成接入云和转发云的集中控制。

2）接入云

如图 3.17 所示，5G 网络接入云有多种应用场景，其中包括宏-宏覆盖、微-微覆盖、宏-微覆盖。由该图可以看出，在宏-微覆盖场景下，由于宏基站的体型和功率较大，负责微基站之间的覆盖和资源调整，微基站负责容量，在此应用场景中，覆盖和容量是分开的。根据业务发展的需要和布局特性，需要灵活部署微基站，以满足接入网络的要求。微基站之间进行接入集中控制的模块一般由宏基站充当，宏基站充当的控制模块可以对微基站间的干扰进行协调，也有助于对网络资源进行协同管理。但是，在微-微覆盖场景中，一个区域部署了相当多的微基站，微基站间的资源应分簇化集中统一控制。同时，簇内微基站充当接入集中控制模块，或在数据处理中心单独部署接入集中控制模块。同样的方法可以应用于传统的宏-宏覆盖场景中，宏基站之间的集中控制模块可以与微基站的超高密度覆盖方式相同。

图 3.18 所示为基于分簇化集中控制的 5G 无线接入网，包括资源协同管理、无线网络虚拟化及以用户为中心的虚拟小区。

（1）资源协同管理

以接入集中控制模块为基础，5G 网络通过设计合适的基站间协同机制实现充分利用与调度网络资源、提升资源利用率。总体来说，从接入集中控制模块的角度来提升网络性能可从以下几个方面入手。

干扰管理：通过各个小区间的集中控制处理可有效避免、排除各小区间的干扰。如采用多点协同（Coordinated MultiPoint，CoMP）等技术，可有效地降低超密集网络环境下的干扰。

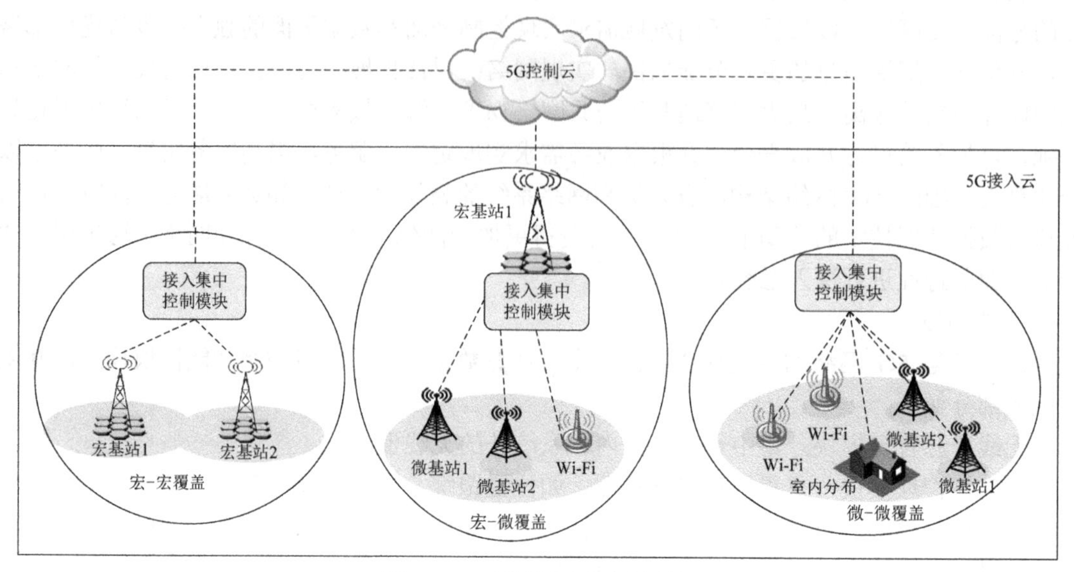

图 3.17　无线接入网覆盖场景

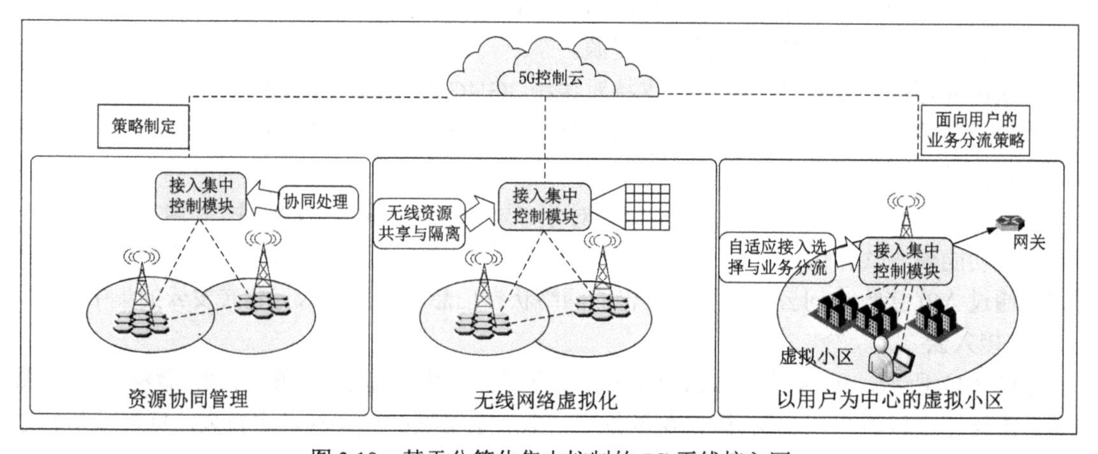

图 3.18　基于分簇化集中控制的 5G 无线接入网

网络能源效率：通过分簇化集中控制策略，以网络大数据智能分析技术为基础，实现移动终端的智能化接入，使小区资源被最大限度地利用。

多网络协作：通过接入集中控制模块，易于控制各种 RAT 系统，减少用户在系统中切换的时延。此外，基于网络负荷和用户的业务信息，接入集中控制模块可以获得同一系统和不同系统之间的负载均衡，提高网络资源的利用率。

基站缓存：接入集中控制模块以网络信息为基础，实现同系统和不同系统的基站间的协同缓存，大幅提高缓存精度，有效降低用户访问内容时所产生的时延。

（2）无线网络虚拟化

为了满足不同用户对网络资源的差异化和定制化需求，需要将物理层的时、频等资源抽象成虚拟网络资源，对这些虚拟网络资源进行切片处理，进而实现资源编排管理。

（3）以用户为中心的虚拟小区

在通信网络中，根据移动网络的覆盖和传输要求构建虚拟的无线数据承载和信息传输服务，将控制信令传输和业务承载功能分割，减少不必要的频繁切换和信令开销。同时，根据业务、终端和用户类别的不同，构建以用户为中心的虚拟小区，进一步提高网络服务质量。

3）转发云

转发云分离了核心网的控制平面与数据平面，侧重于数据的转发和处理[11]。在转发云中，运营商的使能网元部署使传统网络的链状部署变成转发网元的网状部署。并且，转发云以控制云的集中控制为基础，分析用户的服务要求，定义不同业务流量的转发路由。此外，转发云对通过控制云下发的缓存策略进行分析，找出当下的流行内容，以减少核心网的数据量。利用 API 接口，转发云向控制云转发相关网络状态信息，目的是提高传输云的数据处理效率。控制云和转发云相互传输数据时存在一定的时延，而某些事件对时延的要求较高，这时应在本地处理数据，不进行转发。

4）面临的挑战

综上，SDN 技术可以分离控制平面与数据平面，NFV 技术可以将软、硬件解耦，将这两者组合起来，可以充分利用 SDN 技术和 NFV 技术的优势，设计具有开放性、程序性、灵活性、可编程性的网络架构。利用面向云计算的大数据分析技术，实现用户行为和业务特性的智能感知，可使网络向智能化发展。但是，上述蜂窝 SDN 架构从理论到实践，仍需要解决诸多问题。

（1）无线接入集中控制模块与基站间的功能分割

无线接入集中控制模块与基站间的功能分割会影响系统性能和可扩展性。如何利用现有通用服务器的性能参数、处理能力等给出具体的基站间集中控制模块的功能划分方案是亟待解决的问题。

（2）数据平面转发性能

基于 OpenFlow 的数据平面交换机，数据包将采用流表结构处理。如果网络上的应用程序增加，数据流量随之增加，交换机的列表也会增加，那么会导致设备性能下降，数据处理速度变慢。OpenFlow 版本的持续更新可能导致流表项持续增加，不仅大大影响交换机的转发效率，也增加了交换机的复杂度。

（3）安全问题

控制云模块控制网络内的数据流量，可直接影响网络性能，如可用性、可靠性和数据安全性等，安全问题一直都是不可忽视的重要问题。控制云的主要威胁有：可伪装控制信令来影响网络配置，黑客向控制云不断发送错误的请求，当数据过多时，会导致控制云过载。

（4）内容缓存

随着互联网技术的不断发展，用户业务的需求量呈几何级增长，导致网络负载过重，增大了网络时延。为提高网络资源管理效率，减少网络负载和用户访问内容的时延，核心网和接入网分布式存储内容，以提高缓存性能。由于无线接入基站的存储空间资源有限，因此一个重要的研究方向是，利用接入集中控制模块的优势改善基站间的协同缓存性能。

3.1.6 基于软件定义的以用户为中心的 5G 无线网络架构

关于 5G 无线网络架构的研究，大多忽视了用户管理，将重点放在了各种系统基站的综合管理上。关于上述缺点，参考文献[12]提出了基于软件定义的以用户为中心的 5G 无线网络架构。该网络架构不仅统一控制了各种系统的接入网络，还考虑了未来网络的发展和用户简化的接入要求，优化了每个用户的网络资源。

图 3.19 所示为以用户为中心的网络架构。以用户为中心配置小区，用户可以与通信范围内的所有传统基站及多模式基站进行通信（可使用不同的标准通信）。该网络架构的接入层主要由用户组成，负责用户数据的无线传输，本地控制与资源层主要由本地控制器组成。控制层主要由虚拟用户控制器（Virtual User Controller，VUC）组成。虚拟用户控制器可控制本地控制器并管理无线资源。

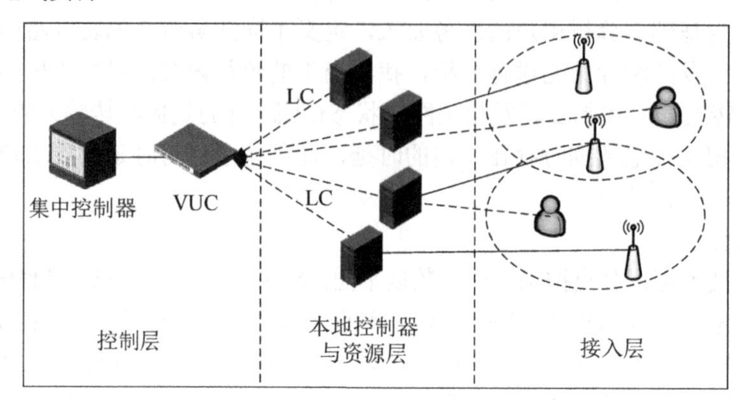

图 3.19　以用户为中心的网络架构

1）接入层

在传统通信网概念中，小区往往以基站为中心，基站可以为多个用户提供通信服务。随着移动通信技术不断发展，接入终端的数量不断增加，边缘用户性能不能得到保障，而且不同小区的负载难以平衡。用户将根据附近无线接入点的信号强度，在接入层上，构建以用户为中心的小区。与之前视基站为中心的小区进行对比可以看到，当前小区更重视每个用户的性能。换句话说，用户是小区的中心，多个基站可同时服务一个用户。因不同无线接入点的发射功率不同，以用户为中心的小区的形状变得不规则。以用户为中心的小区的建立过程包括：用户检测周围无线接入点的信号强度，并将检测到的无线信号强度与预先设置的功率阈值进行比较，如果高于阈值，则认为该无线接入点可用。由于用户在实际网络环境中的位置和通信环境总是随时间发生变化，因此需要根据基站的负荷状况和信号质量等，动态检测无线接入点，使用户可以有多个选择，并选择最优接入点。

2）本地控制器与资源层

本地控制器（Local Controller，LC）与资源层统一控制各基站的物理资源。本地控制器是模块化基带单元（Baseband Unit，BBU）结构中的一种，是集成各种通信系统协议的控制平台。与传统的 BBU 相比，本地控制器可以模块化编码形式、调制形式等物理层控制功能。通过选择模块，每个本地控制器都可灵活地选择物理层资源，进行资源协调管理，实现不同制式的通信系统之间的通信。在物理层中，不同模式的通信系统需要实现卷积、FFT、信道估计、交织等功能。通过硬件的持续开发，强大的商业 DSP 平台完全可以实现这些功能。因此，把 BBU 中的不同处理功能模块化，这样 BBU 根据上层发送的控制信息选择特定系统通信所需要的处理模块进行通信。上层控制单元可通过综合控制信令管理所有无线接入点。控制与数据架构的分离使得硬件处理与控制协议解耦，从而使控制协议的更新成本被削减。

3）控制层

控制层的集中控制器管理着资源层的本地控制器。集中控制器为每个用户虚拟化出 1 个虚拟用户控制器。虚拟用户控制器管理与该用户进行连接的所有基站，同时管理这些基站的频谱资源，通过干扰协调技术降低用户间的干扰。此外，不同虚拟用户控制器之间具有自组织功能，可通过分析当前接入终端的服务要求和通信环境及各基站的负载情况，选择合适的基站进行通信。

可将该架构的优点概括如下。

（1）一个基站可服务多个终端

根据无线接入点的信号强度构建可保证每个用户的通信质量的以用户为中心的小区网络架构。不同用户对业务服务的要求不一样，在复杂的网络环境中，小区内的基站为用户提供良好的通信服务质量，提高用户体验，还可以依据多样化的用户要求，提供个性化服务。

（2）接入层的基站和用户协同感知网络环境

接入层的基站和用户协同感知网络环境有助于在高密集异构网络下合理管理和充分利用网络间的资源。此外，通过无线资源的协调管理，可以减少网络间的干扰，实现各种网络之间的负载均衡。物理层控制功能的模块化使得异构网络的所有无线接入点得到统一控制，打破了原有异构网络的隔离限制，大大降低了网络维护和通信成本，有效保证网络公平性。虚拟用户控制器的自组织功能可将网络资源分配给多个用户，提升网络性能。该网络架构具有足够强的灵活性，可与特定系统通信所需的处理模块进行通信，解决不同网络的分离问题。此外，该架构将控制协议与处理硬件分离，降低了控制协议更新的成本。

3.1.7 基于 C-RAN 的 5G 无线网络架构

1）C-RAN 架构

5G 网络的重要特征是多技术融合[13]。如何在异构网络中向用户提供更好的体验是运营商一直关注并研究的问题。因此，无线接入网应满足以下要求：高速率，低延迟，高频谱利用率；在开放平台上，嵌入和操作简单，可支持多个标准；网络融合，5G 网络会集成多种网络架构和技术，网络融合是必然趋势；低能量消耗，基站的能耗在通信系统消耗中的占比较大，在未来的网络架构中，从可持续发展的角度来说，这是一个必须要考虑的问题。

为满足以上要求，集中式无线网络架构受到越来越多的学者的关注。集中式无线网络架构将射频单元、基带单元及算力资源等池化，使网络统一管控和调配这些网络和计算资源，实现异构网络融合。

云无线接入网（Cloud-Radio Access Network，C-RAN）架构如图 3.20 所示。C-RAN 是对传统无线接入网的一次重大革命。5G 将采用 C-RAN 架构。长期以来，C-RAN 不仅可以让用户享受高质量的服务体验，如高品质服务等，还为运营商提供高性能、低成本的绿色网络架构。C-RAN 是一种“干净”“绿色”的无线接入网架构，利用低成本的光纤回程链路，在远端天线和中央处理器节点间传输无线信号，构筑大范围的可接入无线服务区域[5]。C-RAN 主要由 BBU 和射频拉远单元（Remote Radio Unit，RRU）构成。其数字基带处理功能由 BBU 承担，数字/模拟转换射频收发器由 RRU 充当。BBU 形成的虚拟基带池模糊了小区的概念。BBU 基带池内的虚拟基带处理单元可以处理任意 RRU 收发的信号。C-RAN 通过实时云计算使物理资源得到最大化利用，可有效地解决“潮汐效应”造成的资源浪费。此外，C-RAN 架构通过协作技术减少干扰和功耗，提高频谱利用率，其集中化处理策略有利于降低成本，且方便维护。

2）基于 C-RAN 的演进型无线接入网架构

如图 3.21 所示，基于 C-RAN 的演进型无线接入网架构主要由三部分组成，分别是 RRU、BBU 和后端云服务器。集中式 C-RAN 架构的控制统一，不能对信道环境和用户变动智能调整，所以取得无线链路的自适应性能增益并不容易。在实际情况下，完全集中型的网络架构不能完成实时计算等功能。由于无线网络环境、用户行动、基站负载等的变化总是与相对静态的无线接入网计算终端和动态可变的无线接入终端不匹配，因此集中处理的全局资源无法得到最大化利用，这些共同导致回程链路的开销进一步扩大，使无线接入网的性能大幅下降。

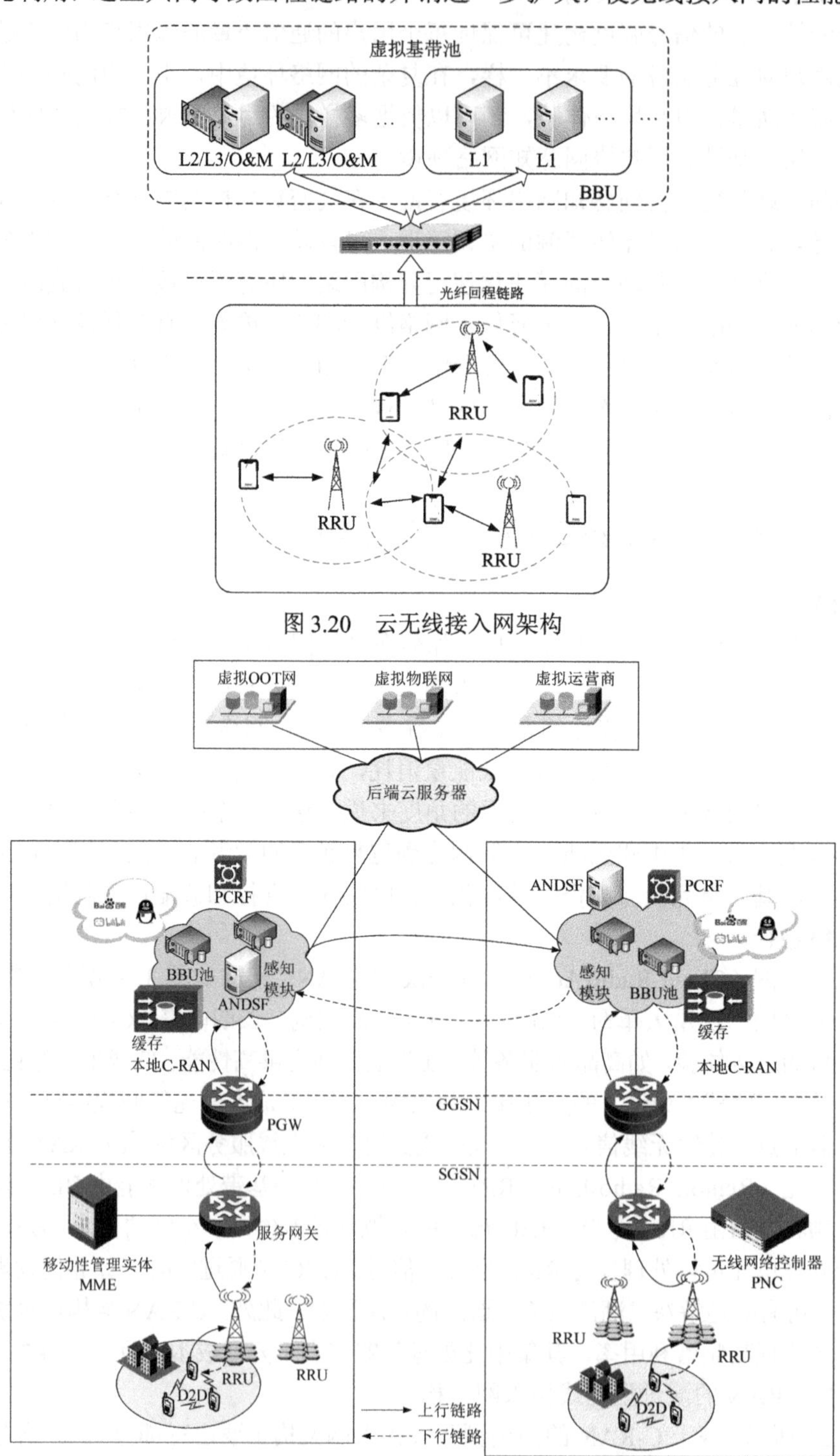

图 3.20　云无线接入网架构

图 3.21　基于 C-RAN 的演进型无线接入网架构

（1）RRU 部署

图 3.22 所示为智能适配的 RRU 部署方案，能够适应网络状态的特性。在实现网络无缝覆盖时，RRU 一直扮演着重要角色，因此对 RRU 的研究从未中断。在实际无线接入网中，由于各个区域的业务密度不同，eRRU 作为一种新的部署方式可被 RRU 采用。eRRU 基于常规 RRU，但添加了一部分无线信号处理功能。在某些网络环境复杂的区域，预先部署一些 eRRU 和 RRU，可以缓解由网络环境变化快及用户业务需求量大导致的网络处理。

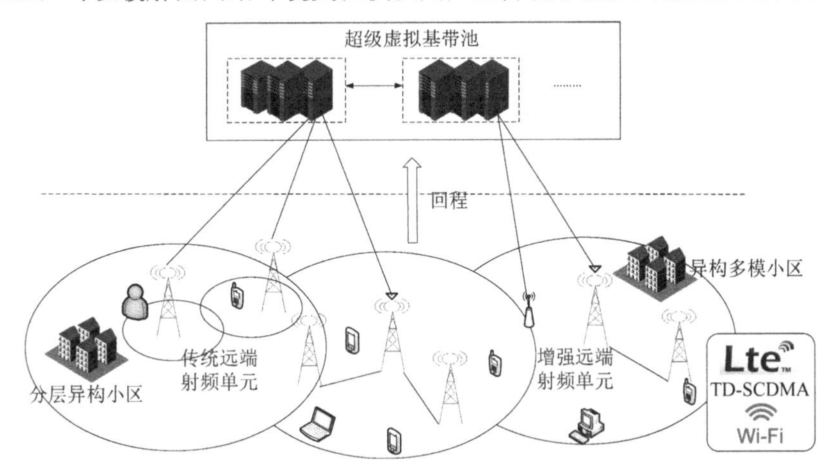

图 3.22　智能适配的 RRU 部署方案

在用户聚集的区域中，本地云平台的基带池未连接 RRU，而连接 eRRU。在通常的区域中，RRU 是均等部署的[14]。当覆盖需求、业务需求、网络负荷增加，网络性能无法满足需求时，无线网络架构的智能适配性将被触发。在本地云平台的控制下，潜在的 RRU 已被预先部署，将提高一些无线信号的处理能力。此时，本地云平台仍然统一管理无线资源。若网络性能满足需求，则在潜在的 eRRU 部署区域内，不需要再添加 eRRU 的无线信号处理功能。本地云平台统一控制 RRU 资源。为避免 eRRU 到虚拟基带池的回程链路容量超限，会将无线信号压缩处理，以智能适配网络容量要求。

（2）本地云平台

本地云平台是 RRU 和后端云服务器之间的网络单元，负责管理调度部分 RRU 组成的“小区簇（Cell Cluster，CC）”，以降低 C-RAN 架构的复杂度。本地云平台主要包含以下模块实体。

① 感知模块，随着网络技术日新月异，终端用户数量不断增长，网络将来会是一个相对复杂的环境。保存用户和网络的状态信息是很有必要的。例如，可通过取得诸如访问模式、优先级、应用类型、用户位置等信息，分析用户的行为习惯，智能分配网络资源。尤其是在 2020 年以后，越来越多的终端加入网络，促进了万物互联时代的到来。物联网是未来移动通信技术研发的主要推动力之一，在资源有限的情况下，如何对如此多的设备进行资源协调，是一个需要研究的大课题。希望不是直接进行通信，而是通过共享信息来实现状况识别的。感知模块对本地保存的用户数据进行分析，向用户推荐合适的内容，并根据用户的上网行为动态调整。

② 缓存模块，为了提高用户体验，同时减少网络业务流量，应将互联网资源放置在网络边缘的移动用户附近。有很多网络流量实际上是因数据的重复下载产生的，因此可尝试缓存

和交付技术，即在中间服务器提前部署好受用户欢迎的内容。这样一来，在不向远程服务器反复发送请求的情况下，就能满足请求相同内容的不同用户的需求，减轻核心网的负荷。同时，可以在相邻的本地云平台之间共享和交换缓存内容。

视频业务冗余可达一半以上，通过引入缓存服务器可减少用户发送内容所需要的延时，降低成本。但是，需要注意，有些内容不需要保存在多个副本中，有很多内容不一定总是适合缓存。由于缓存策略相当重要，因此需要注意，网络流行内容不断更新，用户的需求也不断变化，需要随时选择合适的内容进行缓存。例如，D2D 就是重要的新兴技术之一。将缓存部署在用户侧，终端用户可以从距离最近的终端获取感兴趣的缓存内容。这样可以提高缓存效率，降低运营中带来的成本压力，降低网络间的流量损失。

③ 多网络融合控制实体，图 3.23 所示为多网络融合控制实体框架。5G 网络融合了多种网络架构和技术，其中，一个重要研究点就是多网络融合。多网络融合提高了运营商管理和维护多个网络的能力，提高了用户资源利用率和网络性能。可将多网络融合控制实体添加到本地云平台，管理异构网络。

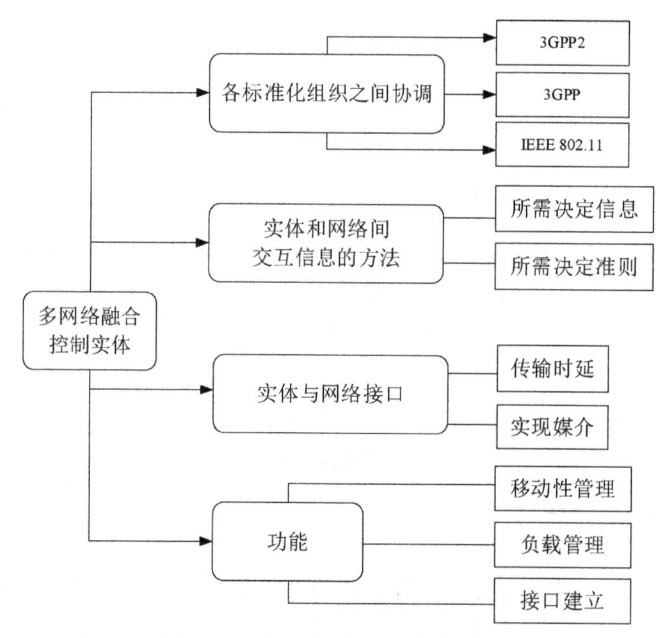

图 3.23　多网络融合控制实体框架

（3）后端云服务器

后端云服务器不是单独的设备，实际上，它是由多个服务器构成的数据中心的一种统称。后端云服务器被分割成各种各样的虚拟网络，负责特殊业务。这样有助于使用服务功能开发各种管理系统，以满足不同业务的要求。未来在 5G 网络中，物联网的部分应用程序可能对延时有着严格的要求，因此，虚拟物联网对相应服务器的本地云平台数据进行管理和处理时对延时和错误率的要求非常严格。该网络系统内所有算法的目标都是减少延时，降低能量消耗和频谱利用率的权重。采用具有高配置、高处理能力的后端云服务器计算和管理，可以满足以上需求。

3.1.8　基于 H-CRAN 的 5G 无线网络架构

1）H-CRAN 的概念

在移动通信发展的历史中，基于数学计算，为实现无缝覆盖，提出了正六边形蜂窝组网架构[15]。但是，规则的蜂窝网络在简化网络设计的同时，阻碍了网络性能的提高。在后 4G 时代，为达到更高的网络性能，提出了密集分层异构网络（Heterogeneous Network，HetNet）。在热点密集区域，可增加低功率节点。理论上，部署的低功率节点越多，网络的频谱利用率越高。低功率节点因实际情况不同随机部署，但这样会与同一区域的高功率节点的覆盖范围重合，使相邻的高功率节点的性能受到影响，此问题在学术界一直都难以得到解决。多点协作（Coordinated Multi-Point，CoMP）传输和接收技术，是用于抑制干扰的技术，但网络性能主要由回程链路的传输容量决定。当回程链路条件一般时，HetNet 实际的 CoMP 性能仅提高 20%。随后，C-RAN 被提出，但它和目前已有的高功率节点无法兼容。因此，异构云无线接入网（Helerogeneous Cloud Radio Access Network，H-CAN）方案被提出。

2）H-CRAN 系统的架构和组成

H-CAN 系统的架构和组成如图 3.24 所示。在 H-CAN 中，低能耗 RRU 相互协作，在集中式 BBU 池进行大规模的协作信号处理。RRU 有天线模块，是前端射频单元。传统 C-RAN 的 BBU 池集成了多种功能，使 C-RAN 的控制和管理变得复杂。大规模无缝 C-RAN 组网操作是困难的，并且解决突发小数据的业务能力不强，与 3G 和 4G 蜂窝网络不兼容。与 C-RAN 不同，在 H-CAN 中，BBU 池执行大规模的协调信号处理来抑制 RRH 之间的干扰，HetNet 的 CoMP 执行分布式协作来减少 RRU 和 HPN 之间的干扰。H-CRAN 可以利用现有的 HPN 和 H-CRAN 的 BBU 池进行连接，可充分与 3G 和 4G 蜂窝网络的服务站进行融合。同时，HPN 将控制信息分散到整个网络上，从 BBU 池中删除集中控制云功能模块。

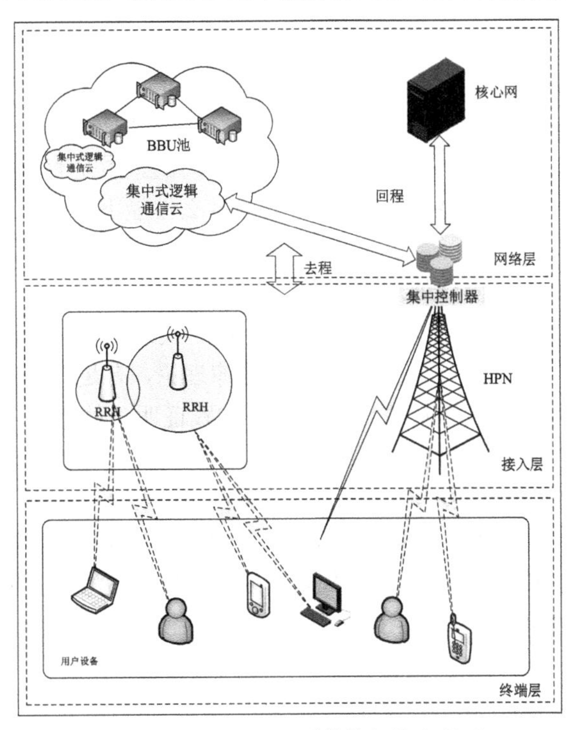

图 3.24　H-CRAN 系统的架构和组成

在传统 C-RAN 系统架构中，回程链路的容量受限，H-CRAN 架构中添加了高功率节点，避免了控制信令的传输开销，有效地缓解了网络对回程链路容量的需求问题。RRU 对用户是透明的，不需要将小区标识号分配给 RRU，简化了网络设计和规划。高功率节点负责将信息发送给用户。这样一来，RRU 将根据用户的业务要求自我调整至休眠，节省能量消耗，实现以用户为中心的绿色节能通信。RRU 和用户之间的无线传输包括毫米波、可见光、IEEE 802.11AC/AD 等，可以应用各种空口技术。RRU 的开关可以根据业务的数据量相应调整，提高 H-CRAN 的网络能源效率。如果流量较大，即使 RRU 处于休眠模式，也可相应激活。如果流量相对较少，一些 RRU 将在 BBU 池的集中自优化下进入休眠模式。随着用户信道质量和承载业务需求的变化，多个用户可一起使用同一 RRU。用户 HPN 在拥有不同服务范围的 RRU 之间移动时，并不需要进行额外的切换，这使掉话率等指标大幅降低，而这种优势的发挥只涉及资源调度的变化。

3）H-CRAN 关键技术

为了最大限度地发挥 H-CRAN 的性能优势，需要充分探索物理层、接入层和网络层，以及大规模云计算的性质[16]。对物理层，以云计算为基础的 CoMP（CC-CoMP）技术可抑制同层 RRU 和跨层 RRU 与 HPN 之间的干扰。自组织化（CC-SON）技术可实现自我优化调整，减少网络维护成本。基于云计算的协作无线资源管理（CC-CRRM）技术可抑制 HPN 和 RRU 之间的干扰。大规模协作多天线技术使用 HPN 内天线的大规模集中阵列，获得天线分集和复用增益。

（1）基于云计算的大规模多点协作

H-CBAN 为充分利用 BBU 池，大规模协作处理 RRU 的无线信号，降低 RRU 间的干扰，这被称为同层 CC-CoMP。理想的信道状态信息（Channel State Information，CSI）几乎不存在，因为 BBU 池和 HPN 之间的回程链路容量受限和对信号的压缩处理，所以同层 CC-CoMP 的性能有一定损失。跨层 CC-CoMP 的性能与 HetNet 的 CoMP 的性能差不多。RRU 和 HPN 之间的干扰通过跨层 CC-CoMP 技术被抑制。因为 RRU 和 BBU 池之间的回程链路容量有限，所以要将 BBU 池内的无线信号压缩成有损信号，信号压缩处理技术是必要的，但这样会使 CC-CoMP 丢失一部分性能。对于每个用户，如果相邻 RRU 的数量是有限的，就会影响同一层的 CC-CoMP 的性能。BBU 使用稀疏编码，在几乎没有什么性能下降的情况下，可以大大降低同层 CC-CoMP 计算的复杂度。

（2）大规模集中式多天线协作处理

对于被称为大规模多输入多输出（Massive MIMO）天线的 LS-CMA，为了提高覆盖和传输容量，在 HPN 上安装了数百条天线。参考大数定律理论，有足够多的天线数量，就能强化无线信道传播，发送容量与天线数量成比例增加。实践证明，如果 HPN 上的天线数量达到 100，与天线数量为 1 相比，其容量至少是之前的 10 倍，能量效率可提高 100 倍。

若 LS-CMA 的天线数量继续增加，将会让更多的终端接入 HPN，则 CoMP 的性能增益将会受到影响。若 HPN 被所有用户接入，则 H-CRAN 会变为传统的蜂窝无线网络。若访问 HPN 的用户少，则 LS-CMA 的性能就会丢失。如果 RRU 提供所有业务，就将 H-CRAN 降级为 C-RAN。因此，为了最大化 H-CRAN 的网络性能增益，需要在 LS-CMA 和 CC-CoMP 之间取得性能增益的平衡。

（3）基于云计算的协作无线资源管理

H-CRAN 与原来的 C-RAN 相比增加了 HPN 部分，可进一步完成资源分配和网络负载均衡等复杂操作。此外，为使 RRU 和 HPN 间的干扰降低，当网络负荷增加时，只有部分频谱资源被分配给 RRU 和 HPN 共享，来完成无缝覆盖，其余的非共享频谱资源有特殊用途，如 RRU 之间的高速业务传输。与此相对应的是，当网络负载降低时，为 RRU 和 HPN 分配正交频谱资源。为持续优化频谱资源分配，需要共同设计用户访问、优化目标和资源分配策略等。H-CRAN 支持延时感知的 CC-CRRM，H-CRAN 系统支持具有不同时延需求的多媒体分组数据服务。

（4）基于云计算的网络自组织

H-CRAN 在局部区域内部署了大量随机的接入节点，使其网络规划和优化变得尤为复杂，仅仅依靠人工进行网络优化是不现实的，亟须采用网络自组织技术提高 H-CRAN 网络性能[17]。H-CAN 中每个 RRU 的无线资源管理、移动性管理等相关参数都需要优化和配置，并且网络拓扑结构会随着 RRU 的相关参数的变化而变化，所以网络自组织技术是 H-CRAN 的智能网络的关键点。云计算网络自组织技术集中式架构可最大化发挥 H-CRAN 的 BBU 池作用，进行大数据挖掘，智能化完成各 RRU 的自配置、自优化和自我修复。

4）H-CRAN 未来的技术挑战

虽然 H-CRAN 是 HetNet 和 C-RAN 的增强演进，但现有的系统架构和相关技术还有必须要克服的技术问题。

（1）理论组网性能限制

理论上，H-CRAN 的组网性能类似于 C-RAN、HetNet，需要刻画 RRU 的随机分布，来挖掘回程链路容量和大规模集中信号处理性能之间的关系。可利用泊松点（PPP）分布，通过数学上的随机几何推断单一用户的覆盖成功率。找出对性能影响最大的因素，以此来优化资源分配和网络性能配置。

（2）对回程链路容量受限的性能优化

由于 RRU 和 BBU 之间的回程链路容量受限，H-CRAN 性能也会随之降低。通常会压缩来自 RRU 的无线符号，使对回程链路的业务传输带宽的要求降低。如何减少压缩的影响是将来应该解决的重要问题。经典的集中型网络架构被打破后，可以充分使用分布式存储和信号处理功能，所以可以在本地完成传输服务的一部分，而不上传到 BBU 池，以减少回程链路的开销。

（3）H-CRAN 未来的标准化工作

在 3GPP 制定的 R12 版本中，已经对 H-CRAN 的相关技术进行了标准化，如几乎空白帧、SON、非理想的回程 CoMP 等技术。在 5G 网络的标准框架下，H-CRAN 的标准化工作将继续推进。

3.1.9　5G 无线接入网组网方案

1）5G 无线接入网组网场景

5G 网络需要具备与 LTE 等现有的无线通信网络制式共同存在和融合的能力。5G 网络具有以下 4 个典型的部署方案。

（1）方案一：独立部署

下一代基站（gNB）、LTE 及其进化型基站（LTE/eLTE eNB）都可以独立部署并与核心网相连，但是宏基站或室内热点可以进行 eNB 部署。通过 RAN-CN 接口，核心网可与 gNB、

LTE 或 eLTE eNB 连接。基站之间的接口必须定义在 gNB 和 gNB 之间。gNB 拥有完整的协议栈功能，因此在此方案中可独立组网。

（2）方案二：与 LTE 共站部署

LTE 基站和 5G 基站是在同一个站址或使用同一基站设备展开部署的。二者通过多系统连接，共同均衡网络负载和提高频谱利用率。

（3）方案三：集中式部署

如图 3.25 所示，在集中式部署场景中，中心单元和分布单元分布有高层功能和底层功能，在此方案中可考虑将高层协议栈分离和将底层协议栈分离等不同方式。

当 CU 和 DU 之间的传输延迟较大时，可考虑将高层协议栈分离；当传输延迟较小时，可通过应用 CoMP 等优化调度算法，改善系统容量。

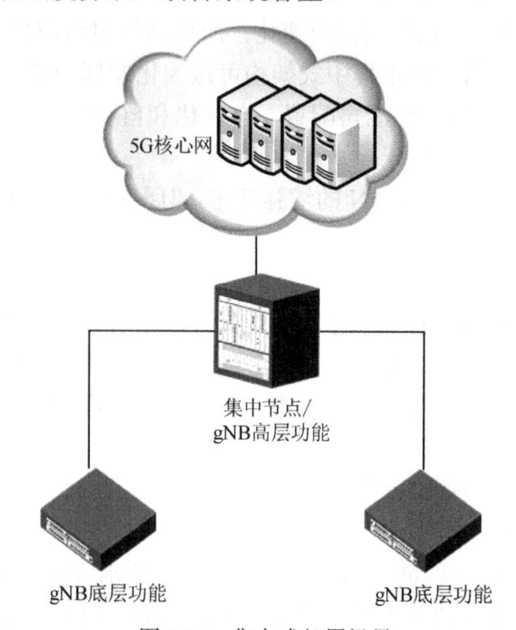

图 3.25　集中式部署场景

（4）场景四：共建共享部署

运营商不但可以建立独有的核心网，还可以共享 RAN 基站。共享基站可以允许不同运营商共享频谱资源。在协同建设和共享部署基站的情况下，5G 基站必须拥有同时接入不同厂商的核心网的能力。若 gNB 独立部署，则可以连接到核心网和相邻基站。若 gNB 与 LTE 部署在同一个基站，也可共享硬件和光纤等资源。但是，集中式部署方案与现有的 LTE 单元的功能完全不同。这对现有网络架构和基站设备，尤其是切分无线接入网的协议栈功能有一定影响。

2）5G 无线接入网功能和协议栈架构

5G 核心网的关键技术不仅要以 LTE 的系统设计为考量指标，还要纳入对 5G 核心网关键技术的考量[18]。与 LTE 系统相同的功能主要有信道保密性、用户数据收发及完整性保护等方面。新 5G 可支持网络切片、与 E-UTRAN 系统结合、与非 3GPP 系统结合等。此外，多连接、终端非激活状态等其他功能仍在探讨中。关于 RAN 的控制平面和用户平面的协议堆栈设计方面，5G 系统参考 4G 协议堆栈的设计结构，控制平面沿用 IP 层和 SCTP 协议，用户平面协议被设计成支持 PDU 分段隧道功能。用户平面协议栈包括 GTP-U/UDP/IP、CRE/IP 和协议封装（POE）。在5G网络中，需要将5G基站和LTE基站的接口标准化，以便两者融合部署。5G基站与LTE基站是紧密连接的，其主要遵循3GPP R12中LTE双连接的准则，这称为紧耦合。其中，核心网包含4G网络中的LTE基站的EPC或5G网络中的NR基站的NR核心。

3）5G网络与E-UTRAN网络组网演进方案

要制定5G标准，必须研究和E-UTRAN系统的融合度问题。3GPP定义了以下8种可能的组网方案。

（1）LTE和5G基站独立组网方案

方案一是将LTE基站连接到EPC核心网，此方案是LTE现有的部署模式，是4G网络进化到5G网络最开始的一种模式。方案二是将5G网络进行独立部署，核心网可直接和基站相连。方案三是将核心网和LTE基站相连。方案四是将EPC核心网和5G基站相连。

（2）LTE和5G基站紧耦合组网方案

LTE和5G基站紧耦合网络方案包括：图3.26中的方案一（Option 3/3a）和图3.27中的方案二（Option 7/7a），是将LTE基站紧耦合为锚点的部署模式，其中，核心网与5G核心网或LTE核心网相连，所有的控制平面信号都通过LTE基站传送，用户平面也可通过LTE基站将数据转发至5G基站。或者，可以在核心网中承载分离LTE基站和5G基站。将图3.26和图3.27的锚点变更为5G基站后，分别对应方案三（Option 4/4a）和方案四（Option 8/8a）。

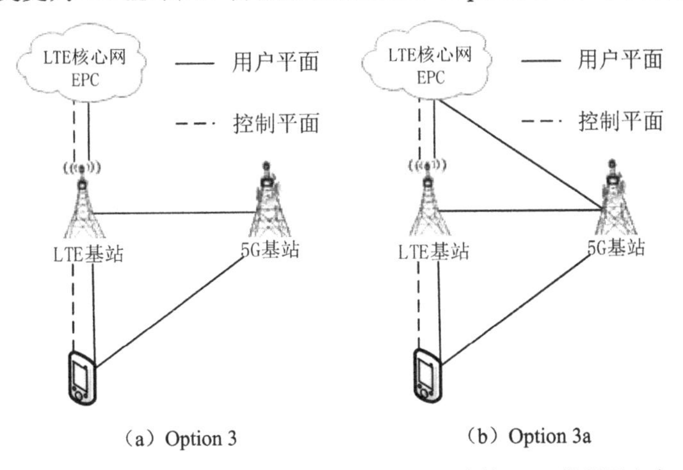

（a）Option 3　　（b）Option 3a

图3.26 LTE辅助接入，非独立部署NR，连接EPC的组网方案

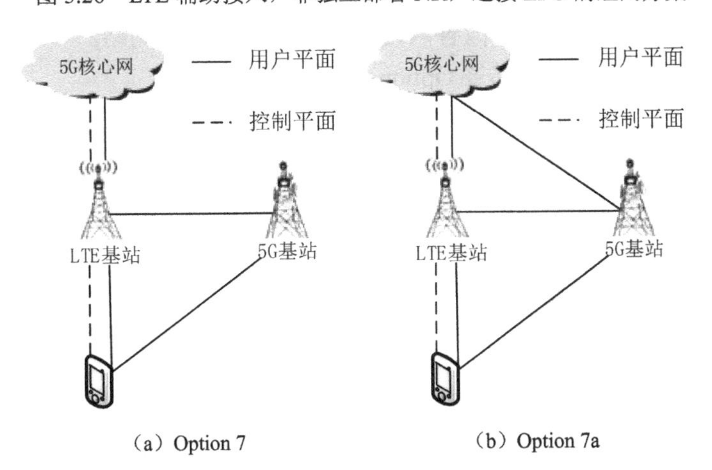

（a）Option 7　　（b）Option 7a

图3.27 LTE辅助接入，非独立部署NR，连接NR Core的组网方案

4）5G 网络部署方案的相关探讨

根据全球网络状况，5G 网络部署演化出多个路径。根据无线接入网和核心网的发展，不同部署方案如下。

（1）优先部署无线接入网，核心网升级排在后续

① 阶段一对应的组网建议：升级至 Option 3/3a。

在市场竞争压力下，运营商使用现有的 LTE EPC 核心网设备和无线双连接网络架构。不同的方案需要考虑不同的方向，如需要考虑 LTE 基站升级选项 Option 3/3a 所需要的成本。Option 3/3a 需要考虑 LTE 基站节点升级，支持包含大数据的 5G 用户平面转发功能。

② 阶段二对应的组网建议：升级至 Option7/7a。

在这个阶段，5G 无线网络的覆盖规模将逐步扩大，而原有的 4G 通信核心网也将被相应的 5G 网络取代。另一方面，网络架构是图 3.27（Option7/7a）中的演化架构。4G 和 5G 基站同时连接 5G 核心网，升级时它们将同时存在。

③ 阶段三对应的组网建议：升级至 Option 2 和 Option 5。

5G 网络将逐渐扩展到整个网络。在部署的第三阶段，采用 5G 基站独立部署模式，将在无线双连接网络架构的基础上逐渐改变。Option 2 和 Option 5 会是主要的组网模式。5G 网络的布局和扩展将导致 4G 网络的频率和部署规模逐渐缩小。

（2）无线接入网和核心网同时部署

在这种部署模式下，在核心网上，首先从 4G 网络升级至能够支持 5G 网络。随着核心网不断完善，可以逐步构建 5G 基站，并采用以下组网策略。

① 阶段一对应的组网建议：先部署 Option 5 和 Option 7/7a。

为完成 5G 基站与 5G 核心网连接的任务，需要全面升级 4G 基站。此方案有着核心网及无线侧软件和硬件需要同时升级的考验。

② 阶段二对应的组网建议：对全部网络进行升级部署，用来支持 Option 2。

全网升级后，4G 网络将逐渐退出，以 5G 网络为主。

（3）基于 LTE EPC 架构的 5G 网络部署策略

为将部署 5G 网络的时间缩短，提出了以 4G 网络的 LTE EPC 架构为基础的快速部署方案，将沿用 LTE 协议栈。

① 阶段一对应的组网建议：部署 Option 3/3a。

在初始阶段，5G 基站主要用于改善网络容量，仅负责 LTE 网络。

② 阶段二对应的组网建议：部署 Option 6。

5G 基站可提供独立的组网功能并能连接到 LTE EPC 核心网。在 LTE EPC 核心网组网方案中，该方案初期相对简单，可迅速部署。但是，随着 5G 网络持续部署，LTE EPC 核心网在支持新的应用与服务方面的能力将存在欠缺。

3.2 5G 核心网网络架构

5G 核心网结构

移动互联网涉及信息的产生、传输和收发过程等，并且已经进入智能制导领域，成为未来 IT 领域的开发热点[19]。对于中国移动互联网技术的发展，5G 网络架构的迫切问题是，终端数量的爆炸式增长难以保障移动互联网的通信质量及安全性等。网络架构与网络技术的开

发有着不可分割的关系，两者在信息技术的发展中都有非常重要的地位。为应对用户日益多样化的业务需求，对网络技术的要求会越来越严格。根据当前的开发状况，硬件、技术的升级及随后的维护成本等压力将逐渐增大，因此，多网络共存下的虚拟化网络环境、灵活的带宽配置、低延迟等情况都需要考虑。随着 5G 通信技术的不断发展，需要充分利用 NFV 和 SDN 技术优势，实现网络和算力资源的灵活控制和传输，融合网络架构，降低网络资源的配置成本。

3.2.1　5G 核心网的标准化

3GPP 制定了 5G 网络的大部分标准化工作。在 5G 网络架构下，3GPP 已进行 4 个方面的标准化工作：新空口；演进的 LTE 空口；新型核心网；演进的 LTE 核网。5G 网络将改善现有 EPC 性能，利用虚拟化和网络切片技术，根据用户业务需求，以功能为单位将网络分解，这同样是 5G 标准化的主要工作之一。在 R15 的调查阶段，以基础设施和关键技术为重点的网络架构的标准化工作已经结束。R15 阶段包含总体功能系列、特性系列、边缘计算系列、能力开放系列，发布了《5G 移动通信网　核心网总体技术要求》《5G 移动通信网　核心网网络功能技术要求》《5G 移动通信网　核心网网络功能测试方法》，这三项行业标准定义了 5G 网络架构、基础业务功能、设备功能及相应的测试方法，是 5G 核心网的基础标准。从总体上给出了 5G 网络架构、网络功能、业务能力的技术要求和测试方法，具备基础完备性，在指导我国 5G 核心网设备研发、促进 5G 网络产业成熟上发挥着重要作用。

3.2.2　5G 核心网的关键技术

图 3.28 所示为 3GPP 23.799 NextGen 系统架构示意图。

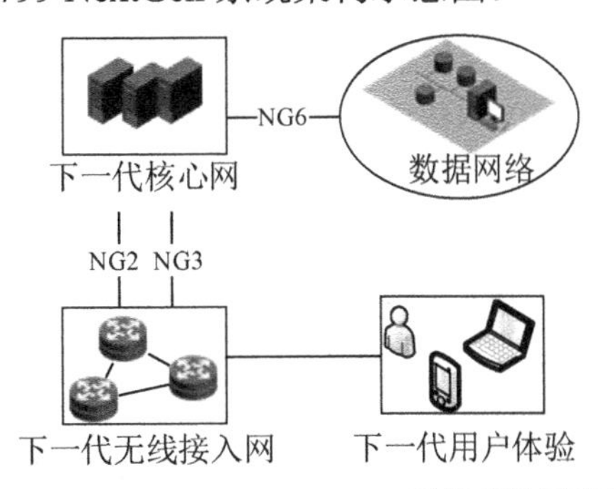

图 3.28　3GPP 23.799 NextGen 系统架构示意图

1）网关的控制、转发、分离

图 3.29 所示为 3GPP 23.799 NextGen 的控制平面和用户平面分离架构示意图。现有 EPC 移动核心网网关除了对信令和业务进行处理，还可以对路由进行转发。在原有基础上，5G 核心网正在朝着集中控制功能和分布转发功能的方向发展。

转发平面和控制平面分离后，将以数据的路由转发为主，这样可以更好地满足大数据流量的转发需求，如海量物联网终端的数据流量。控制平面的策略使用逻辑集中的方法进行融合。通过控制接口，控制平面对转发平面进行编程操作。分布式部署网关设备，可将数据传输时延大大降低。控制平面和转发平面分离以后，在未来会按照不同方向各自进化，进一步提升网络系统的性能。

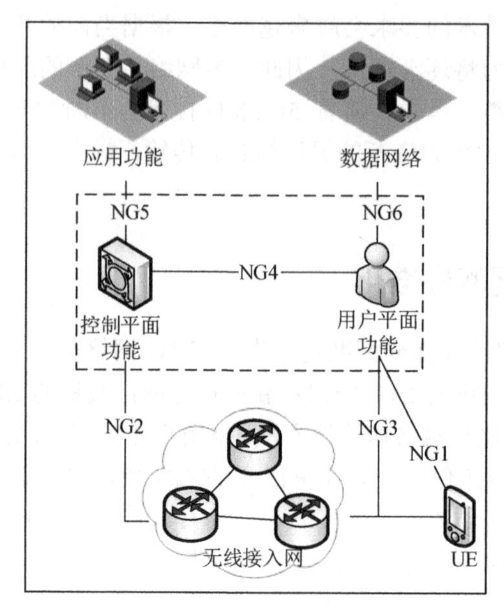

图 3.29　3GPP 23.799 NextGen 的控制平面和用户平面分离架构示意图

2）控制平面功能重构

5G 网络需要根据不同的应用场景采取相应的网络方案，以便更好地满足用户需求。网络架构需要满足以下要求。

尽可能利用 SDN 技术，允许分离的用户平面和控制平面进行独立扩展。

使用分布式架构和集中式架构，根据需要灵活安装控制平面和用户平面。

对相关功能进行模块化设计，用户可以同时连接到多个网络切片；可统一进行 ID 认证；将会话管理和接入移动性管理按功能模块分离，可支持各模块的功能独立进化。

图 3.30 所示为 3GPP TR 23.799 NextGen 建议的网络参考架构示意图。此架构支持按需调用与功能重构，且每个网络功能之间的数据可以进行交互。支持 IP 和以太网等各种 PDU。可支持用户上网行为管理，以确保服务质量。支持用不同网络切片配置各种网络。5G 核心网的控制平面功能重构将与 MME、PCRF、SAE-GW、HSS 及传统 EPC 网络的其他网络元件的网络功能模块解耦。

3）新型移动性管理和会话管理

保持激活状态的可持续会话和空闲状态的可接入构成了移动性管理。通过将两种状态的功能分类组合，将合适的移动性管理机制根据移动模型和服务特性提供给终端，可达到不同层级的移动性要求[20]。有些接入终端不会一直联网，如低功率和低移动性的设备终端。这就使得对移动性状态和流程的管理要求更高，需要特别的设计与机制，在 RRC 连接状态和 RRC 闲置状态，导入非活动状态或省电状态。这种设计与一些大规模连接服务或低功耗物联网（IoT）业务方案相似。根据外界情况的变化，网络可适当对接入终端的移动性管理级别进行调整。为确保服务的可持续和快速响应，可对移动性管理级别进行适当调整，这样可以充分利用网络资源，提升用户体验。新一代会话管理，可按需建立会话，不用像以前一样总是在线，以 SDN 为设计理念，引入了无连接型数据承载模式和无隧道/简易隧道传输模式，可使用户平面灵活地进行选择和再选择。

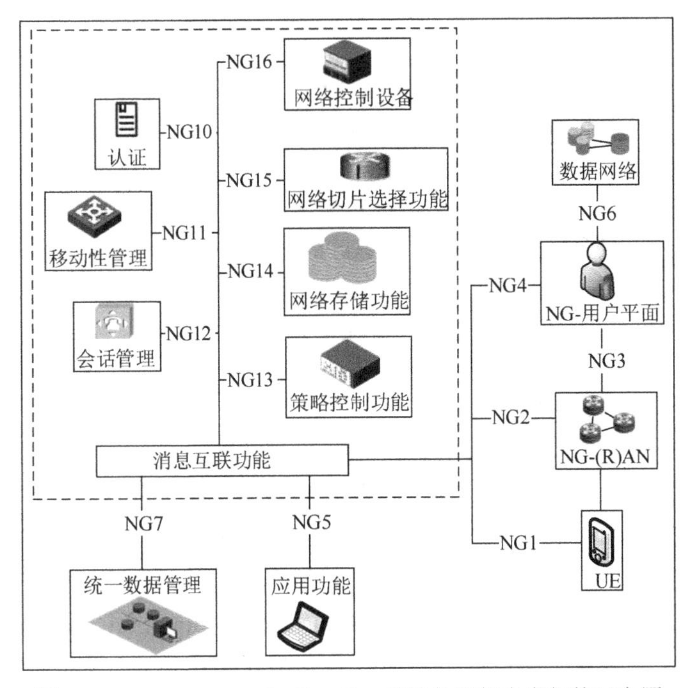

图 3.30　3GPP TR 23.799 NextGen 建议的网络参考架构示意图

4）网络切片

利用虚拟化技术（如网络功能虚拟化）将软、硬件解耦，网络切片将底层的物理基础资源按需组网，虚拟化出多个互不影响的独立的网络切片，对每个网络切片按照场景需要进行定制配置，灵活组网，以满足各种类型的应用的要求，每个网络切片都可看作一个实体的 5G 核心网架构，服务提供者可以在网络切片内对虚拟资源进行灵活租用，为个性化的服务按需创建子网络[7]。

图 3.31 所示为网络切片典型架构示意图。

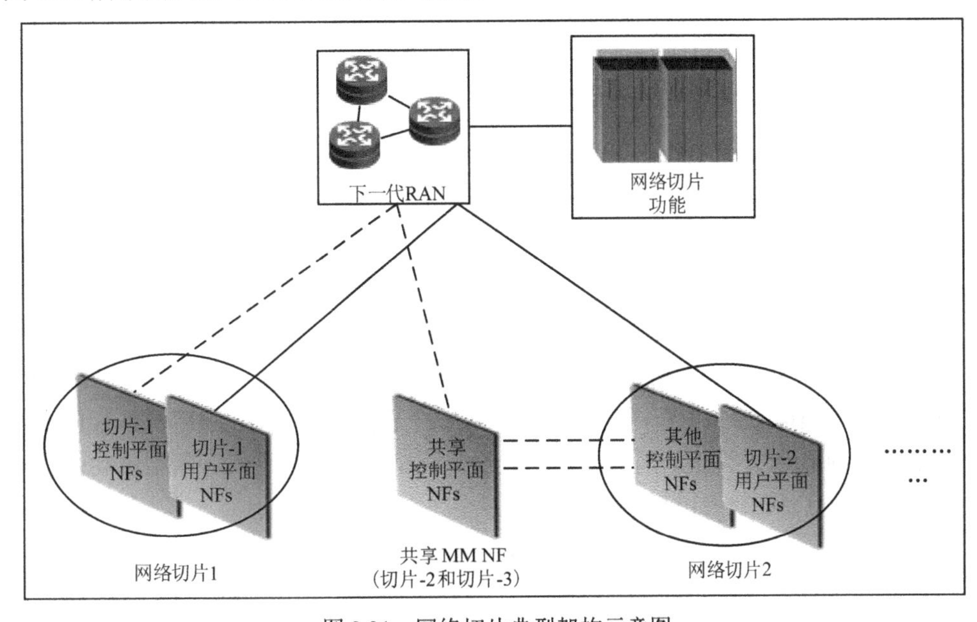

图 3.31　网络切片典型架构示意图

网络切片有 3 种部署模式。

（1）模式 1：在物理设备上，基础资源是共享的，但是在逻辑分区上，网络切片是相互分离的。任意一个网络切片都拥有完整的平面功能和协议。多个相互独立的网络切片可与同一用户终端连接，进行独立的网络配置。

（2）模式 2：鉴于接入的用户终端的情况可能较为复杂，因此允许控制平面功能被多个网络切片共同使用，为达到某些服务要求，可共享终端颗粒度等级的控制平面功能，独立使用业务颗粒度等级的转发和控制功能。

（3）模式 3：如图 3.31 所示，网络切片独享用户平面功能，控制平面功能被所有切片共享。

目前对网络切片的共识有如下几条。

（1）网络切片的组成部分有接入网和核心网，在逻辑上是一套完整的网络，可以对外提供相关的通信服务。RAN 工作组将进一步讨论是否对接入网进行切片化，多个网络切片可共享接入网，为满足特殊用户的服务要求，可部署多个网络切片提供一样的功能。

（2）选择 RAN 和核心网网络切片实例时，可能会参考其他数据，如由参数集合构成的网络切片选择辅助信息（Network Slice Selection Assistance Information，NSSAI）。如果需要在网络中部署网络切片，在部署时就可以参考使用 NSSAI、用户数据、用户能力等参数。

（3）通过 RAN，UE 可以同时访问多个网络切片。此时，局部控制平面功能被网络切片共享。核心网选择核心网的部分网络切片实例。

（4）不用一一映射，当 NGC 网络切片到 DCN 进行切换时，在多个并行 PDU 会话中，UE 可以将应用与其中一个相关联。一个网络切片中可能包含一个 PDU 会话，也可能包含多个 PDU 会话。在移动性管理中，可根据不同的网络切片选择辅助信息。

（5）网络中 UE 接入切片所产生的信息也应划入用户数据。在首个连接过程中，若使用公共控制网络功能，则需要重定向 UE 选择的网络切片。

（6）服务提供商可提供网络切片策略（Network Slice Selection Policy，NSSP）服务。网络切片策略至少有一个网络切片策略规则，通过 SM NSSAI，每个规划与一个应用相关联。在默认规则中，所有应用都可进行适配，通过 NSSP 服务，应用的 SM NSSAI 参数可与用户关联。在漫游时，以 SM NSSAI 为基础完成网络切片的选择。

3.3 小结

本章主要讲述了 5G 系统网络架构。分别介绍了 5G 接入网网络架构和 5G 核心网网络架构。其中，介绍了 5G 无线网络架构的设计思路、功能逻辑架构、功能部署与组网的灵活性。同时介绍了分别基于 NFV（网络功能虚拟化）、SDN（软件定义网络）、云计算、C-RAN——（云无线接入网）和 H-CRAN（异构云无线接入网）的无线网络架构。随后，提出 R15 阶段发布的三项行业标准，定义了 5G 网络架构。最后从控制平面功能重构、新型移动性管理和会话管理等方面介绍了 5G 核心网的关键技术。

参考文献

[1] 宗佳颖，刘洋，刘海涛，等. 面向 6G 的微服务化无线网架构研究[J]. 电子技术应用，2021，47（12）：1-4.

[2] 郑忠斌，阮大治，熊增薪. 5G以用户为中心的无线接入网方案设计[J]. 自动化技术与应用，2021，40（07）：62-66.

[3] 陈辽. 云无线接入网中协作传输下资源调度策略研究[D]. 重庆：重庆邮电大学，2021.

[4] 牟林，杨立，李志军，等. 6G无线侧相关新承载和新传输的愿景需求分析[J]. 信息通信技术，2021，15（03）：62-68.

[5] 徐海东，王江，易辉跃. 软件定义无线接入网的组件化研究[J]. 电子与信息学报，2021，43（04）：1064-1071.

[6] 徐晖，孙韶辉. 面向6G的天地一体化信息网络架构研究[J]. 天地一体化信息网络，2021，2（04）：2-9.

[7] 陶志勇，张锦，阳王东，等. 基于双层虚拟思想的边缘设备性能优化研究[J]. 计算机科学，2021，48（11）：372-377.

[8] 陈铭师，孟月昊，郭小玲. 基于虚拟化技术的网络管理系统应用研究[J]. 网络安全和信息化，2021（11）：98-101.

[9] 郑爱媛. 虚拟光网络中NFV资源分布式调度设计[J]. 齐齐哈尔大学学报（自然科学版），2021，37（06）：42-46.

[10] 郭胜，孙立. SDN与NFV技术在延时敏感业务场景中的应用[J]. 电子技术与软件工程，2020（03）：16-18.

[11] Ray Partha Pratim, Kumar Neeraj. SDN/NFV architectures for edge-cloud oriented IoT: A systematic review[J]. Computer Communications, 2021, 169: 129-153.

[12] Prabhakar Krishnan, Subhasri Duttagupta, Krishnashree Achuthan. SDNFV Based Threat Monitoring and Security Framework for Multi-Access Edge Computing Infrastructure[J]. Mobile Networks and Applications: The Journal of SPECIAL ISSUES on Mobility of Systems, Users, Data and Computing, 2019, 24(4): 1896-1923.

[13] Carlos MANSO, Pol ALEMANY, Ricard VILALTA, Raul MUÑOZ, Ramon CASELLAS, Ricardo MARTÍNEZ. End-to-End SDN/NFV Orchestration of Multi-Domain Transport Networks and Distributed Computing Infrastructure for Beyond-5G Services:Special Section on Fusion of Network Virtualization/ Softwarization and Artificial Intelligence towards Beyond-5G Innovative IoT Services[J]. IEICE Transactions on Communications, 2021, E104. B(3): 188-198.

[14] Alejandro Molina Zarca, Jorge Bernal Bernabe, Antonio Skarmeta, et al. Virtual IoT HoneyNets to Mitigate Cyberattacks in SDN/NFV-Enabled IoT Networks[J]. IEEE Journal on Selected Areas in Communications, 2020, 38(6): 1262-1277.

[15] Yaser Jararweh,Constandinos Mavromoustakis, Danda B. Rawat, Mubashir Husain Rehmani. SDN, NFV, and Mobile Edge Computing with QoE Support for 5G[J]. Transactions on Emerging Telecommunications Technologies, 2018, 29(11).

[16] XIE F, WEI D X, WANG ZH CH. Traffic analysis for 5G network slice based on machine learning[J]. EURASIP Journal on Wireless Communications and Networking, 2021, 2021(1): 1-1.

[17] Hsiao ChiuHan, Lin Frank YeongSung, Fang Evana SzuHan, Chen YuFang, Wen YeanFu, Huang Yennun, Su YangChe, Wu YaSyuan, Kuo HsinYi. Optimization-Based Resource Management Algorithms with Considerations of Client Satisfaction and High Availability in Elastic 5G Network Slices[J]. Sensors, 2021, 21(5): 1882-1883.

[18] Alotaibi Daifallah. Survey on Network Slice Isolation in 5G Networks: Fundamental Challenges[J]. Procedia Computer Science, 2021, 182: 38-45.

[19] 王井龙. 网络切片下基于遗传算法的虚拟网资源分配算法[J]. 江苏通信，2021，37（06）：22-25.

[20] 周晶，王德政，洪科. 5G网络智能运维AI应用研究[J]. 邮电设计技术，2021（11）：83-87.

第 4 章

5G 网络关键技术

5G 网络中的关键技术主要包括超密集网络、无线网络虚拟化、内容分发网络、5G 网络切片、绿色通信、移动边缘计算，采用这些关键技术可以提升 5G 网络的通信效率，并提高用户的体验质量。本章从网络架构、应用场景等方面对 5G 网络中的不同关键技术进行详细阐述。

4.1 超密集网络

超密集无线组网

随着通信网络的不断发展，人们使用的接入网络终端越来越多。在一些热点地区，流量需求问题一直困扰着各大运营商，尤其是在 5G 网络中，频谱资源匮乏。为了满足迅速增长的流量需求，宏微异构的超密集网络（Ultra-Dense Network，UDN）逐渐被学者重视，用来实现网络的高性能需求。

4.1.1 UDN 的概念

据预测，未来网络中各种终端的接入数量将达到千亿数量级，这将迫使现有的移动无线网络快速演进。超密集网络被用于解决热点地区的流量需求问题，首先考虑的两种方法是增加频谱带宽和提高频谱利用率。除此之外，为完成宏微异构的超密集网络架构，还可综合多种不同类型的无线接入方式和不同的基站，以缩短基站（低功率接入点）间的距离。在超密集网络中，应将相邻接入点间的距离控制在 10m 左右，并且需要保持激活用户数和接入点数基本持平。在室外，每平方千米至少要部署上百个小基站，密度将是现有站点的 10 倍以上。即使未来的网络数据增加一千倍，速度提升几十倍，甚至上百倍，也可以满足相应的需求。

超密集网络是 5G 网络的重点研究方向之一，如图 4.1 所示。在热点高容量场景下，通过增加低功率接入点的数量，使用户终端和接入点的差距缩小，从而消除网络盲点，改善系统容量，完成网络的无缝覆盖。未来，网络将朝着低功率接入点的数量逐年增加的趋势不断发展，从而构成超密集异构网络。

在热点高容量场景中，使用超密集网络也会有一些弊端。在超密集网络中，小功率基站密度大且覆盖范围小，如果用户在网络中快速移动，将不可避免地频繁切换网络，以至于降低用户体验。此外，在利用超密集网络提升网络性能的同时，干扰信号同步增大。因此，消除干扰问题将是学者面临的一个难题。

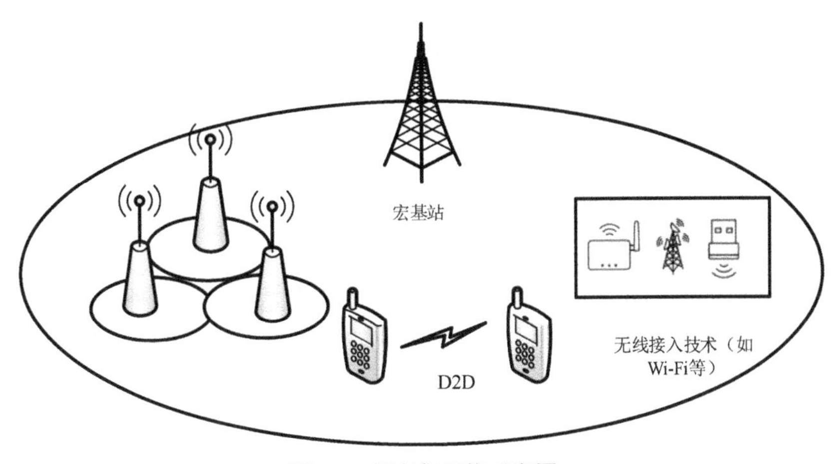

图 4.1 超密集网络示意图

4.1.2 UDN 应用场景

数据流量大的区域是超密集网络的主要应用场景之一。5G 三大场景中的增强移动宽带（Enhanced Mobile Broadband，eMBB）场景，包括 VR/AR、远程医疗、高清视频等，都具有高可靠性和高数据流量的特点。室内、室外场景都会出现数据热点，如表 4.1 和图 4.2 所示，地铁、办公室、学校、体育馆等场景都是超密集网络的应用场景[1]。

表 4.1 UND 的主要应用场景

主要应用场景	室内、室外场景的属性	
	站点位置	覆盖用户位置
地铁场景	室内	室内
大型集会场景	室外	室外
体育馆场景	室内、室外	室内、室外
办公室场景	室内	室内
密集住宅场景	室外	室内、室外
密集街区场景	室内、室外	室内、室外
学校场景	室内、室外	室内、室外
高速收费站场景	室外	室外

图 4.2 UDN 的主要应用场景

下面分别介绍其中几种 UDN 的主要应用场景的特点。

（1）应用场景 1：大型集会

对上行流量密度的要求较高是大型集会场景的主要特点之一。在室外环境中，可通过部署微基站来完成对室外用户的覆盖。在此场景中，小区间没有阻隔，因此小区间的干扰较为严重。

（2）应用场景 2：体育馆

对上行流量密度的要求较高是体育馆场景的主要特点之一。在室外部署微基站，实现对室外用户的网络覆盖。在此场景中，小区间的干扰较为严重。

（3）应用场景 3：密集住宅

对下行流量密度的要求较高是密集住宅场景的主要特点之一。在室外部署微基站，完成对室内、室外用户的网络覆盖。

（4）应用场景 4：高速收费站

高峰时期上下行流量密度较高是高速收费站场景的主要特点之一。可以在室外部署微基站，完成对用户的网络覆盖。

（5）应用场景 5：密集街区

对上下行流量密度的要求很高是密集街区场景的主要特点之一。在室外或室内都可以部署微基站，完成对室内、室外用户的网络覆盖。

4.1.3 面临的挑战及解决方案

4.1.3.1 UDN 面临的挑战

（1）干扰更加严重和复杂

从传统网络到现在的网络，小区干扰一直是通信系统所面临的问题。在超密集网络中，低功率无线接入点密集分布，接入点与用户间距离的减小使得小区间的干扰问题更加严重。

此外，超密集网络是多种无线接入技术同时存在的异构网络，所以网络中存在各种干扰，而这些干扰也会对网络性能造成一定程度的影响。传统的干扰抑制技术对于超密集网络来说并不是很有效，如何消除由异构网络复杂化带来的干扰问题，是超密集网络需要解决的难题之一。

（2）移动性管理更加复杂

在移动性管理上，超密集网络中也在传统网络的基础上进行了革新。超密集网络的接入点密集且覆盖范围不大，若仍采用传统的移动性管理，会造成网络中的移动用户频繁切换，从而影响用户体验。此外，频繁切换会导致网络信令开销增长，造成信道资源浪费。在传统网络中，移动性管理是按区域划分的，但在超密集网络中，低功率接入点的数量较多，因此网络覆盖边界多且呈不规则形状，显然传统的移动性管理不再适用。与此同时，超密集网络中的接入点数量和激活用户数量基本持平，如何在此网络场景中完成高效率的用户切换，是未来需要重点研究的问题之一。

（3）能效问题更加突出

在超密集网络中，虽然无线网络的频谱利用率有所提升，但是系统的能量消耗也大大增加了。即使低功率接入点的能量消耗很小，在没有用户接入时，系统工作仍会造成能量消耗，从而使整个系统的能量消耗根据接入点部署密度按比例增长。同时，接入用户的数量随时间而变化，周期末的用户接入量可能只有峰值的一半。由此可以推测，大部分超密集网络中的接入点都没有被利用。即使网络处于低负荷状态，接入点的密集部署也会导致系统消耗大部分能量，从而造成资源浪费。因此，在超密集网络中，改善网络能量效率，也是亟待解决的重要问题之一。

4.1.3.2　UDN 的解决方案

（1）干扰管理解决方案

关于无线网络中的重叠信道干扰问题，可以优先考虑使用干扰管理方案来解决，合适的干扰管理解决方案在消除部分干扰的同时还能提升无线资源的使用率。多点协作（Coordinated Multiple Points，CoMP）技术是指网络中的多个接入点间，通过相互协作调度、协作预编码和联合传输等方式进行数据传输，该技术在解决小区间的干扰问题上可以发挥重要作用。

如图 4.3 所示，CoMP 技术的主要实现方式有以下 3 种。

图 4.3（a）所示为联合传输，在传输点共享协作调度信息和用户数据，有较好的性能，但是采用多点传输进行数据交换对网络时延的要求较高，因此导致回程带宽较宽。

图 4.3（b）所示为动态选择基站，在这种方式中，用户数据从一个传输点出发，根据资源可用性和信道条件，中间服务的传输点在每个子帧中动态变化，在每个子帧中，对信道衰落情况进行分析，灵活选择最佳服务小区。

图 4.3（c）所示为协作调度/波束赋形，在这种方式中，可以共享传输点，但不能共享用户数据，所以用户数据只能在某一个传输点中，但是可以协作传输点的调度和波束赋形。通过控制波束赋形的向量，使传输点转向无干扰的空间，以此来使干扰降到最低。此方案需要的回程带宽较低，这是因为数据间的交换减少了。

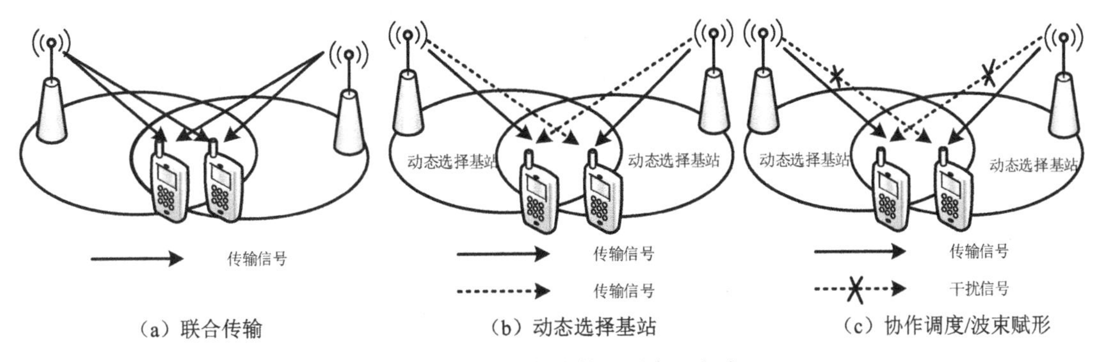

图 4.3　CoMP 技术的主要实现方式

（2）移动性管理解决方案

如图 4.4 所示，无线接入网中的用户平面和控制平面被分离，以此来实现超密集网络中的移动性管理。数据的转发由控制平面负责，无线资源管理、移动性管理等控制信令交互工作由用户平面负责。宏基站功能强大，可以实现基本覆盖，能够处理控制平面的无线资源控制（Radio Resource Control，RRC）消息；微基站功能较弱，但部署密集，可以完成局部覆盖。用户接入终端可以在宏基站和微基站两者之间同时保持连接。

用户与宏基站连接时，与 RRC 的连接会一直保持，从而减少切换次数；微基站只提供用户平面的连接服务和时频资源，用户接入终端在微基站间的切换过程会被简化，这样可以减少切换时的网络信令开销。频繁切换会造成用户的业务体验变差，为避免此问题，宏基站仍为移动用户提供服务。

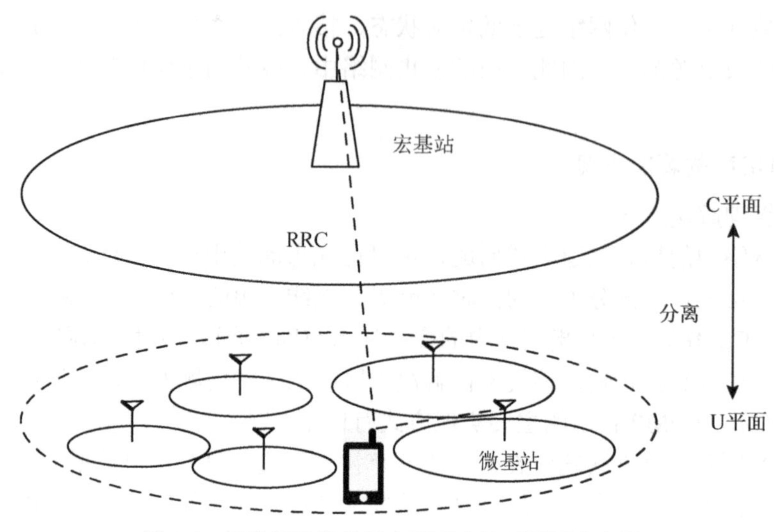

图 4.4 超密集网络的用户平面和控制平面分离图

（3）能效管理解决方案

低功率接入点部署密集、覆盖范围小，而且受时间的影响较大，因此，低功率接入点的利用率不高，在用户接入终端数量较少时，还会使网络系统的能量消耗进一步增加。基站休眠和小区缩放是现阶段主要的能量效率管理技术。

自组织网络技术是基站休眠时使用的主要技术，当用户接入终端较少时，让低功率接入点进入休眠状态或直接关闭；当用户接入终端较多时，唤醒该低功率接入点，该方法可以减少系统的能量消耗。处于关闭或休眠状态的低功率接入点，其覆盖范围内的用户接入终端可以由相邻的低功率接入点或宏基站完成连接，从而在保障用户体验的情况下完成资源的最适分配。

当用户接入终端的数量增减引起业务负载变化时，对相关参数进行调整，以灵活动态地改变小区覆盖范围，这就是小区缩放技术。当用户接入终端的数量增加时，将此小区的覆盖范围调小，扩大附近用户接入终端数少的小区覆盖范围，消除可能存在的网络盲点，同时将用户数据流量转移到附近业务负载小的小区中，以此达到业务负载均衡。此外，还有一种方式，即当该小区内的用户接入终端数量几乎为零时，使低功率接入点休眠，扩大附近小区的覆盖范围，以保障通信，将网络系统的能量消耗降低。

4.1.4 面向未来 UDN 的网络架构演进

随着通信技术的不断发展，接入网络的业务也越来越多元化，在满足网络基本条件的同时，还需要考虑用户的个性化和定制化需求。传统网络架构可能因业务请求的连接时间等参数不同而发生业务负载不均衡等问题。除此之外，传统移动网络架构也无法满足超密集无线网络中小基站间的协作需求，需要出现一种新的无线网络架构来解决此问题。总体而言，面对未来业务的多元需求，当前的网络架构需要革新，需要向能够动态灵活配置和部署的方向发展。

在结合云计算、虚拟化等技术后，云无线接入网（Cloud Radio Access Network，C-RAN）成为超密集网络的主要发展方向之一。当网络出现资源、能耗管理等问题时，利用基带资源集中处理、协作式无线电等方式，可以很好地解决此类问题。C-RAN 网络架构图如图 4.5 所示，基带处理单元（Base Band Unite，BBU）、射频拉远头（Remote Radio Head，RRH）和前传链路 3 部分共同组成了 C-RAN。以云计算技术为基础构建的基带处理单元资源池（简称 BBU 池）汇集了 C-RAN 的基带处理功能。可根据用户接入终端数量的变化，将资源灵活分配，同时可在 RRH 之间完成共享资源和协同处理，进一步提高资源利用率和频谱利用率。在 C-RAN 中，即使用户接入终端的业务需求不同，数据流量负载不同，也可以动态灵活地完成对接入点的超密集部署。

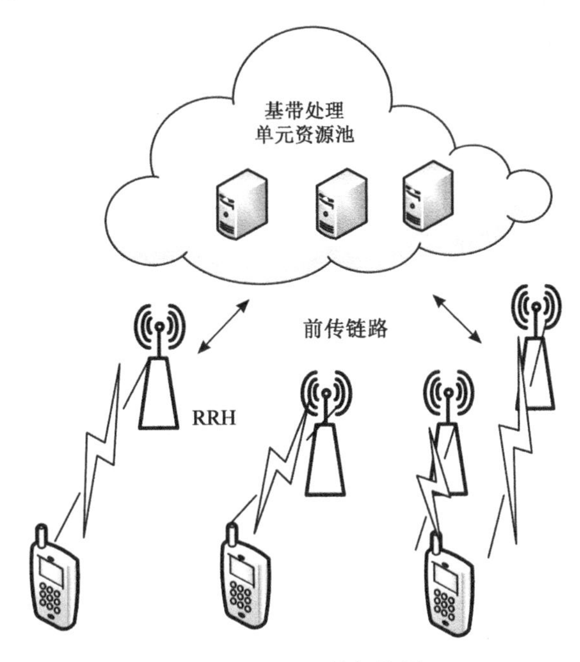

图 4.5　C-RAN 网络架构图

基于 C-RAN，异构云无线接入网（Heterogeneous Cloud Radio Access Networks，H-CRAN）技术诞生了。H-CRAN 可兼容新、旧无线网络，在部署方式上，H-CRAN 拥有传统异构网络的层叠式结构，同时传承了 C-RAN 和异构网络各自的优点。在异构云无线接入网中，无论是 C-RAN 的集中式处理和分布式部署，还是异构网络的业务平面与控制平面分离，这些优点都被保留了下来，结合宏基站，可以完成无缝覆盖。为提高网络的灵活性，需要将 BBU 池中的集中控制云功能模块转移，如转移到宏基站处，将业务通信和分发的控制信令分离开来。H-CRAN 可根据用户接入终端的不同需求，灵活动态地进行资源配置，有效改善能量和频谱利用率。

4.2　无线网络虚拟化

网络虚拟化

现有的网络体系架构需要结合一些新的技术进行革新，然而，互联网规模庞大，升级改造费用高昂，在部署实际新型网络架构时将会困难重重。目前有研究人员提出，通过无线网络虚拟化的思路来解决网络系统架构的演进问题，主要采用以下两种技术。

4.2.1 软件定义网络

软件定义网络（Software Defined Network，SDN）是一种新型网络架构，如图 4.6 所示。SDN 架构主要由应用层、控制层及转发层构成。其中，应用层包含不同种类的 SDN 应用和商业应用；控制层对转发层中的网络资源与设备进行统一调配与管理；转发层由各种网络设备构成。在 SDN 架构中，网络设备与控制层通过该体系架构中的南向接口进行连接[2]。控制层与应用层之间的信息交互是通过 API 接口和北向接口完成的[3]。转发层抽象出来的网络设备由应用层向控制层进行取用，同时，网络管理和应用开发人员在应用层使用可编程接口就可以满足业务需求，不需要手工操作就能完成相应配置。

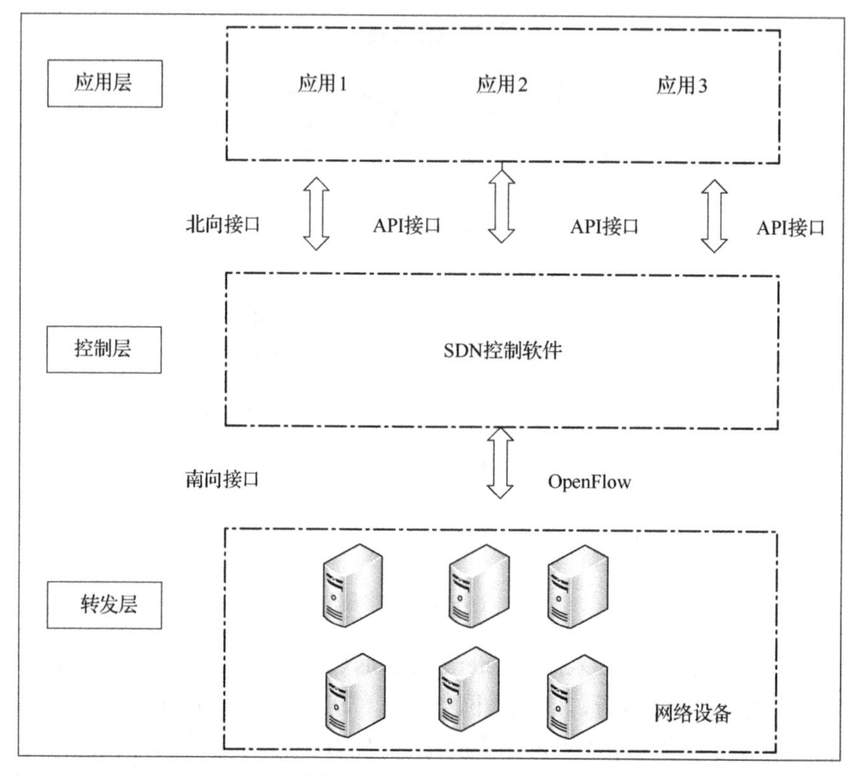

图 4.6　SDN 架构示意图

SDN 架构中的南北向信息交互所采用的协议是 OpenFlow。网络设备中的流表控制和上报数据是利用 OpenFlow 完成的。OpenFlow 通过将网络设备的控制平面与数据平面分离开来，实现了对网络流量的灵活控制，使网络作为管道变得更加智能，为核心网及应用的创新提供了良好的平台。在传统网络中，软、硬件是一体化的，当 SDN 架构出现后，网络架构慢慢转变为底层高性能存储/转发和上层高智能灵活调度的架构，在此架构中，要求传统网络设备更加简单且具有高性能，以软件方式为上层提供智能化的策略和功能。SDN 作为无线网络未来演进的一项重要技术，目前已被学者接受，并被进一步研究。随着无线接入网的不断发展，未来网络会遇到各种不同情况，可使用 SDN 预留的标准化提升异构网络间的互操作性，提升网络系统性能。2015 年，SDN 技术推动了我国对网络的进一步研究，SDN 的网络架构协议进入商业化阶段，而运营商主导的 Opendaylight 已经处于商业初步探索阶段，发展前景十分广阔。

4.2.2 网络功能虚拟化

网络功能虚拟化（Network Functions Virtualization，NFV）的主要作用是将网络的硬件和软件分离，以提升网络的灵活性和可扩展性。NFV 技术可使网络根据时间、区域、场景按需部署，有效降低网络组网和运维成本。5G 网络架构的标准化不仅要求提升网络资源利用率，而且要降低硬件成本，但这对于研究人员和当前的互联网协议架构来说具有挑战性。在传统网络中，与硬件相关的配置和维护成本都比较高，导致和硬件有关的升级工作时间会很长。但采用 NFV 技术可使软件和硬件解耦，从本质上解决了网络资源架构发展缓慢的状态。对于 NFV 的诞生和发展，云计算和虚拟化技术功不可没，在未来的标准化进程中，需要不断对技术进行迭代更新，优化网络配置，对不同功能模块间的资源进行合理配置，以此来进一步提升网络性能。

NFV 的网络架构图如图 4.7 所示，该架构主要由业务运营支持系统、虚拟网络功能、虚拟化层、NFV 编排器、NFV 管理器、虚拟化基础设施管理器及 NFV 管理与编排器构成。其中，虚拟化层包含了被虚拟化的计算资源、网络资源和存储资源等；虚拟网络功能是指对网络功能进行虚拟化；NFV 管理与编排器主要对物理、软件及虚拟化资源进行编排与管理。

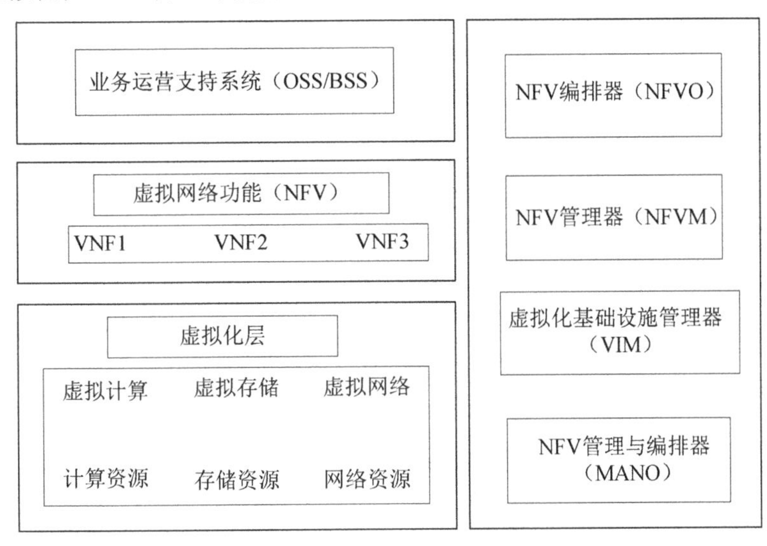

图 4.7 NFV 的网络架构图

4.3 内容分发网络

内容分发网络（Content Delivery Network，CDN）是指将面向业务或内容的 Overlay 网络叠加到当前网络，将服务器部署在用户终端数量较多的区域，并根据用户连接情况、负载情况等信息，将用户的访问请求重新定向到距离用户最短的服务节点上，从而提高网络响应速度，改善用户的服务质量[4]。

4.3.1 CDN 的网络架构

CDN 的网络架构如图 4.8 所示，当用户进行内容访问时，用户的域名首先被本地 DNS 服务器接收，然后将用户的域名发送到 CDN 全球负载均衡集群进行解析，最后将 CDN 边缘集群中响应速度最快的地址返回给本地 DNS 服务器。在用户获得该网络协议地址后，CDN 边缘集群进行与用户的映射。

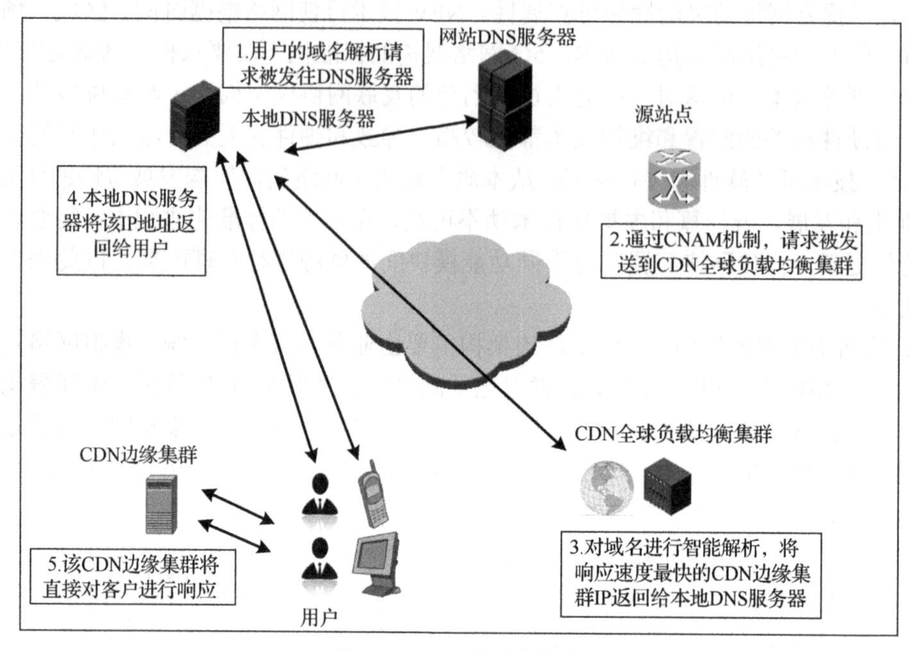

图 4.8　CDN 的网络架构

典型的 CDN 网络示意图如图 4.9 所示，其主要组成部分如下。

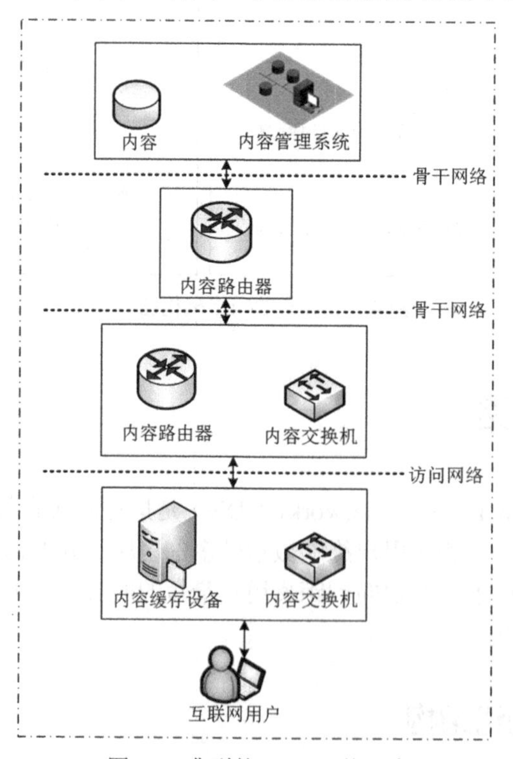

图 4.9　典型的 CDN 网络示意图

- 内容缓存设备，给用户提供访问内容，也称为 CDN 网络节点。通常在用户较为集中的地方进行部署，将网页或音视频内容缓存，使用户即使在网络边缘也可以就近访问，从而改善用户体验。
- 内容交换机，负载均衡多个内容缓存设备。内容交换机负责控制访问内容和负载均衡缓存内容。在通常的网络配置中，内容交换机与内容缓存设备为同一设备。
- 内容路由器，负责用户请求的调度工作。一般情况下由负载均衡系统来完成内容路由，通过对内容缓存站点的负载进行合理分配，使用户可访问最佳服务节点。另外，根据用户、网络和设备的不同情况，内容路由器还可以进行定制路由。
- 内容管理系统，负责 CDN 系统的内容分发与审核，以及管理设备状态等工作。

4.3.2　CDN 的关键技术

（1）内容路由技术

CDN 利用负载均衡和内容分发等技术降低网络拥塞概率，提升用户体验[5]。该网络架构通过计算和负载均衡系统找出整个网络中的最佳节点，将用户的数据发送到该节点进行计算。

负载均衡分为两种类型：全局负载均衡和本地负载均衡。全局负载均衡的主要功能之一是就近判断，即在全网内将用户的数据请求发送到最近的节点进行计算。本地负载均衡即在网络的一定范围内，寻找最佳节点。综合来说，实现负载均衡的方法有很多，如何实现最好的负载均衡是国内外一直研究的问题之一。全局负载均衡一般使用静态配置和动态检测两种方式实行就近判断，通常是将两种方式结合使用，找出最佳服务节点。根据 IP 配置表，找出 IP 和 CDN 节点之间的映射关系，这称为静态配置；随时检测用户终端 IP 的距离称为动态检测。

本地负载均衡需要随时了解内容存储设备的状态信息，以此为基础进行分析，才能更好地完成分配方案，减少网络负载。获取内容存储设备的相关信息主要有两种方式，分别是主动探测和协议交互。假如内容存储设备与本地负载均衡设备之间没有协议交互接口，则采用 ping 实现方式来进行主动探测，以主动获取设备的信息等[6]。当本地负载均衡设备和内容存储设备有协议交互接口，并根据协议进行数据交互时，这种方式称为协议交互。相对来说，使用协议交互的方式获取的设备状态信息更加稳定和准确，但现阶段各个设备厂商之间的协议没有统一标准，所以通过协议进行数据交互时存在困难。

（2）内容分发技术

内容分发技术主要有以下两种。一种是由内容管理器发起的主动式分发技术 PUSH[7]。该技术利用内容分发协议把资源库中流行度高的内容预存储在边缘节点中。同时，需要考虑分发的时间和内容，提前定制好分发策略。可利用大数据分析，对当前访问最多的内容进行统计；也可根据管理人员或其他分发规则来决定要分发的内容。另一种是由用户侧主动发起请求的被动内容分发方式 PULL[8]。这种方式是在用户在 CDN 网络边缘的节点上找不到要访问的内容的情况下采用的，具体而言，PULL 会根据用户的需求情况，从其他节点获取访问内容，来满足用户的访问需求。在实际应用中，PUSH 和 PULL 两种方式都会被使用。在内容分发过程中，构建源、内容发布和用户访问的统一资源定位系统，与用户请求的内容在存储设备的位置之间的映射关系是需要特别重视的[9]。

（3）内容存储技术

内容存储技术主要考虑内容缓存和缓存设备存储内容。在进行内容存储策略设计时，需要考虑内容的格式等对存储设备缓存容量、稳定性及可靠性等的影响。因为用户会随机访问不同内容，所以产生了部分缓存需求，而且用户会在较短时间内不完全地访问音视频等内容。鉴于此，部分缓存功能随之诞生，此功能可有效提升存储空间的利用率，降低用户请求响应时延，但需要考虑由此带来的缓存内容碎片化问题。可靠性是缓存设备缓存内容策略设计中的一个重要指标。为提升内容存储的可靠性，往往采用 RAID 技术。目前多采用 RAID 5 技术，当然，根据设备和需求的不同也可采用 RAID 0、RAID 1 技术，或者将它们相互结合。

（4）内容管理技术

内容管理技术主要是指本地内容管理，即当将内容存储在 CDN 设备后，对内容进行分发、调整等操作，并且采用内容感知调度策略，将用户设备重新定向到已完成内容更新的 CDN 节点上，完成该节点上的内容共享，提升缓存空间的利用率[10]。

本地内容管理主要包括以下 3 个方面。

本地内容索引：需要先对本地内容（如名称、更新时间等）进行透彻了解，才能更好地使用内容感知调度功能[11]。

本地内容拷贝：一般来说，在特定的 CDN 节点上，相同内容只存储一份。当对此内容的访问大于此 CDN 节点的服务能力时，就在本地完成内容分发，可显著提升效率[11]。

本地内容访问状态信息收集：对每个缓存设备的相关信息进行收集，包括但不限于访问内容、设备的更新内容等[12]。

综上所述，本地内容管理技术提升了 CDN 节点的综合服务能力，并且增强了内容分发网络的可扩展性。

4.3.3 CDN 在 5G 中的应用

内容存储成本相对较低，通过利用内容缓存技术，用户在从距离用户较近的网络节点获取内容时，网络时延将大大降低。随着 CDN 和核心网的融合、5G 网络扁平化，以及未来的用户业务对传输速率和网络时延的要求会越来越高，CDN 在 5G 通信技术中将被优先选择。因此，如何将 CDN 与 5G 完美地融合在一起，最大化利用网络资源，以提升网络通信效率，是当今面临的一个挑战。

在 5G 网络中，CDN 需要重点关注的方面如下。

（1）智能推荐

在合适的时间将流行内容部署到边缘节点，这种技术称为智能推荐，如当访问网络的用户数量较少时，提前将流行内容发送到 CDN 节点。当访问网络的用户数量较多时，提前部署的流行内容便可提高用户命中率，减少网络压力。智能推荐将闲时带宽资源调动起来，提高了用户服务质量，在 5G 中，提前将内容部署到 CDN 节点是被允许的，因为这样可以在网络繁忙期间减少网络压力，大大提高网络速度，提升用户的网络体验。

（2）音频码流自适应

当网络繁忙、访问网络的用户数量增加时，因用户的网络条件不同和外界环境的影响，访问音/视频时可能会出现卡顿的情况，利用 CDN 的音频码流自适应技术，系统会根据用户空口资源等网络情况的变化动态调整相关参数，如调整发送速率，避免用户访问音/视频时发生掉帧、卡顿等情况，进一步提升服务质量。

（3）无缝切换

当用户在不同基站间移动并进行切换时，利用用户识别会话保存技术，可避免用户在访问音视频时出现中断，改善用户的网络体验。传统的CDN网络不能跨区域调度底层资源，所以无法以最高效率进行内容调度。但在结合SDN技术后，将控制平面和转发平面分离，可以使传统的CDN性能大幅提升。

基于SDN的CDN架构如图4.10所示，该架构将CDN和SDN两者结合后，可根据整个网络的拓扑情况进行对内容调度的优化，对网络进行精准控制，具有应用加速、全局负载均衡、内容资源统一管控等能力。

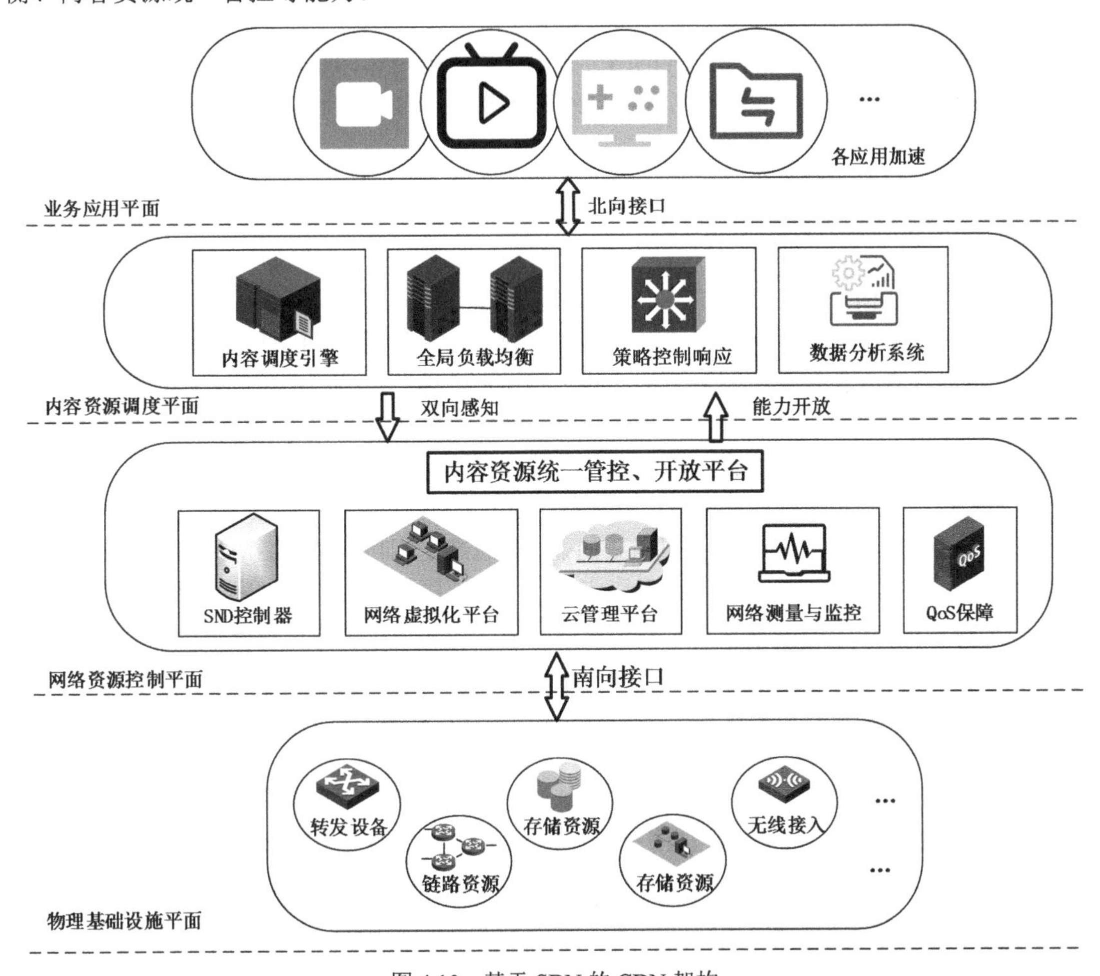

图4.10 基于SDN的CDN架构

如图4.10所示，该架构由物理基础设施平面、网络资源控制平面、内容资源调度平面和业务应用平面构成。其中，转发设备、存储资源、链路资源等组成了物理基础设施平面；而CDN中心调度系统被内容资源调度平面替代，与网络资源控制平面双向感知，完成整个网络的全局负载均衡；上层的业务应用平面完成各种应用的加速服务，如游戏加速、直播加速等，下层的分布式节点与全局负载均衡相连，以SDN为基础统一调度。利用SDN的控制与转发分离的特点，可以将CDN的加速系统的扩展性显著提升。

（4）TCP 改进

以前，网络大多是有线网络且数据错误率较小，因此设计了 TCP 协议，TCP 协议的原理是利用数据分组重传机制来处理数据丢包，如处理由网络拥塞导致的分组数据丢失的问题。但在网络条件较差时，数据重传的简单性反而使网络恶化更严重。因此，当 TCP 遇到无线网络的误码率高、移动性强等情况时，其起到的效果甚微。而 CDN 优化了 TCP 的重传机制，将慢启动门限值和拥塞窗口调整在合理范围内。

4.4 5G 网络切片

网络切片技术是一种将一个物理网络分成多个独立的逻辑网络的技术，这样可以满足不同业务的不同网络需求，最大化提高网络对外部环境变化的适应能力，提高网络资源利用率，使 5G 网络更加智能化[13]。

4.4.1 5G 网络切片的概念

从古至今，通信方式在不断革新，由此出现了各式各样的应用场景，而单一网络在为不同业务服务时，可能会导致网络结构复杂化，使网络资源的利用率降低。因此 5G 网络需要成为一个可以融合其他技术的网络架构，同时满足各种场景的不同需求。目前，电信标准化组织已提出结合网络切片技术的 5G 网络架构，网络切片技术[14]可以将物理平台虚拟化为多个逻辑网络，各网络之间互不影响，每个独立的虚拟网络分别服务于不同的场景。一组网络功能和部分资源结合构成了网络切片，这一组网络功能在逻辑上构建了一个完整的网络，此网络根据网络的特殊特征来应对不同场景的需求，通过定制协议，网络切片将网络功能和不同场景适配。每个网络切片可以根据网络应用动态调整网络切片内的资源和功能。在网络切片中，由于将物理平台虚拟成相互隔离的逻辑网络，因此整个网络的可靠性和健壮性都显著提高。此外，运营商的网络需要具有可支持第三方应用接入的能力，因此需要将网络切片的结构、开放接口、配置等信息提供给第三方。实际应用网络切片时，应为服务分配合适的资源并激活相应的网络功能。

运营商提供给第三方的所有网络切片信息可以称为蓝图，在蓝图中，会引用部分物理资源和逻辑资源的子单元，子单元之间协调复杂，而且子单元蓝图会出现互相嵌套，进一步增加了复杂性。多个网络切片可以被部分网络功能和资源共同使用。根据业务的不同需求进行网络功能定义时，颗粒度的选择同样重要，颗粒度越少，网络越灵活，但复杂性也越高。对不同的网络功能需要进行复杂测试，以确定合适的颗粒度，均衡灵活性和复杂性。因此，当第三方应用接入时，需要一个安全且灵活的 API 接口，对网络切片的部分功能进行控制，以此保障业务的定制化要求。

4.4.2 5G 网络切片的架构

5G 网络切片在向网络云化和软件组件化的方向不断发展，每个网络切片中包括一组根据需求进行编排的网络功能，而且功能模块不再像传统方式一样与硬件耦合在一起，而是以“分开打包”的形式一起被存储在物理硬件中，可根据业务需求以最合适的方式输出。图 4.11 所示为网络切片的基本架构，网络切片主要由两部分组成，分别是接入网切片和核心网切片。网络切片架构是在传统网络架构上添加了切片管理器、网络切片选择功能等模块演进而来的。将无线电资源和物理硬件资源抽象处理，以实现接入网切片。当为业务进行定制化服务时，可根据需求灵活使用虚拟网络资源进行配置。

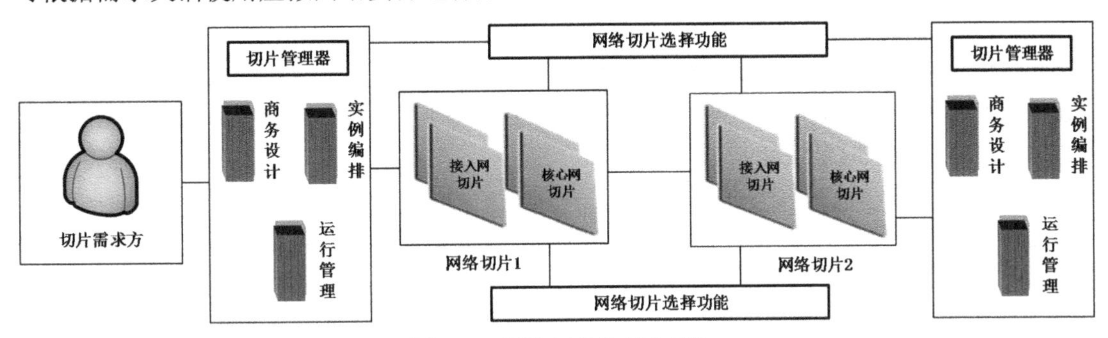

图 4.11　网络切片的基本架构

运营商进行商务设计时，收到来自切片需求方关于网络切片的相关参数要求，并按照参数进行实例编排，然后在实例编排中，将切片模板发送至虚拟化管理编排器，并将切片实例化[15]。进行切片实例化时，网络切片选择功能会根据用户的信息选择合适的网络切片，并根据实际业务需求和网络资源情况将虚拟化资源分配给用户。虚拟化管理编排器在物理平台创建用户需要的虚拟网络功能，完成实例编排[15]。不同切片在虚拟化的资源逻辑上相互隔离，使安全性有所提高。

在 5G 网络架构中，将控制平面与用户平面分离，创建分布式核心云，可提升网络的灵活性和可编程性[16]。用户平面分散在基站中，联合移动边缘计算技术形成边缘云，可显著降低网络延时，提升用户服务质量。结合软件定义网络技术，将边缘云和核心云中的虚拟机相连。根据实际网络业务需求，可灵活配置网络切片，独立拥有或共享控制平面功能，部分控制平面和用户平面功能网络切片可独立拥有，表 4.2 所示为不同控制平面配置方式的特点。

表 4.2　不同控制平面配置方式的特点

配置方式	隔离性	特点
独立拥有控制平面	高	相同时间内，用户只能接入一个网络切片
共享部分控制平面	中	相同时间内，用户可以接入多个网络切片并共享部分控制平面功能
控制平面完全共享	低	仅在用户平面完成隔离，用户可同时接入多个网络切片并完全共享控制平面功能

4.4.3　5G 网络切片的应用场景

未来网络的业务越来越多且越来越复杂，基于网络切片的特点，其可以在 5G 网络中被广泛应用。无论是在高清视频中，还是在自动驾驶中，网络切片都可以发挥作用。以下为部分网络切片的应用场景的简单概述。

（1）虚拟现实

虚拟现实技术是一种伴随着多媒体技术发展的计算机新技术，利用虚拟现实技术，可以实现形式逼真的虚拟环境。通过网络切片技术，可实现以低时延传输与虚拟现实业务相关的高清视频。

（2）增强现实

作为与虚拟现实共生的技术，增强现实同样被应用在诸多虚拟游戏中，让用户获得沉浸式的游戏体验。低时延和高带宽是保障游戏体验的重要因素，利用网络切片技术可以满足 AR 游戏的大部分网络要求。

（3）自动驾驶汽车

网络切片可提供始终如一的低时延和高速率服务保障，这对于对安全性要求极高的自动驾驶领域尤为关键。例如，当汽车行驶于网络拥塞区域时，网络切片技术仍然能优先保障汽车通信的高速率和低时延性能。

（4）智能电网

运营商使用网络切片技术将网络资源虚拟化，形成相互独立且互不干扰的逻辑区域，根据实际业务需求灵活分配资源，满足电网在面对不同业务时对网络的不同要求。

（5）远程医疗

远程医疗同样可以利用网络切片技术，当医生和病人相隔两地时，医生需要远程操作设备对病人进行手术，两端需要高速率、低时延地传输信息，网络切片技术可以保障远程手术正常进行。

4.5 绿色通信

绿色通信主要是指采取先进通信技术，对通信系统的软、硬件进行改进，从而减少资源浪费，实现可持续发展。

4.5.1 绿色通信的必要性

在 5G 时代，移动终端将会海量增加，数据流量也会爆发式增长，当前的网络很难满足广泛的业务需求。因此，为了提高网络容量和频谱利用率，满足用户的体验需求，需要研究新的通信技术来缓解有限的频谱资源与激增的高质量通信需求的矛盾。

超密集无线异构网络技术被认为具有广阔的前景，融合 4G、5G 等多种无线技术，同时包含宏基站、微基站，可进行多层覆盖，从而大大提升频谱利用率，满足各种需求。在 5G 时代，虽然通过超密集网络部署能有效满足各种需求，但是会突显能耗问题，因此实现绿色通信、降低能耗是非常有必要的。

4.5.2 5G 绿色通信关键技术

（1）网络架构

在 5G 网络中，采用分布式的 IP 网络将会使资源管理更加灵活高效，同时能降低能量损耗及运营成本。5G 网络架构将网络资源云化，主要包括接入云、控制云和转发云，从而实现资源管理，同时分离控制和转发功能，让设备控制更加方便和简单[17]。

（2）网络部署

5G 网络通过部署宏基站、家庭基站、微蜂窝、中继等多种低功率节点实现基站分层部署，能够提高能效及系统容量。通过分层部署策略，各种节点的部署密度将大大提高，每平方米可支持上万用户，最终形成超密集网络。

（3）资源调度

在现实生活中，网络流量会随着时间变化而发生改变，形成“潮汐效应”，当网络流量降低时，就会导致基站能量浪费。小区开关技术可以有效解决“潮汐效应”问题，类似的资源控制能大大提高能量利用率。

（4）链路级技术

大规模 MIMO 技术能够有效消除用户间的干扰，同时能降低基站成本。设备与设备间不需要基站就可以直接通信，从而提高资源利用率，使通信链路更加灵活和可靠。

4.5.3 可见光绿色通信技术

当前阶段主要应用射频频段无线通信技术，随着无线通信需求不断增加，射频频谱资源已经十分短缺。可见光绿色通信技术具有广阔的前景，可见光绿色通信技术的可用带宽是微波射频频段的 10000 倍，如果加以利用，就可以在很大程度上缓解频谱危机。此外，传统照明设备已经广泛应用可见光绿色通信技术，各国政府都在倡导使用 LED，为可见光绿色通信技术的发展提供支持。相比传统通信，可见光绿色通信技术还具有传输速率高、安全性高、绿色无污染等优点。要想发展绿色通信，可见光绿色通信技术毫无疑问具有巨大的优势。

在 5G 网络的实际应用中，如在飞机的导航和通信过程中利用可见光绿色通信技术，飞机通过中央控制器接收卫星信号，然后将信号传输到 LED 上，LED 能够利用可见光与移动设备建立连接，有效避免信号干扰。高铁的速度高达 300～400km/h，在通行中需要频繁切换网络，如果采用可见光绿色通信技术，那么高铁可以把网络信号通过车厢的 LED 灯发送给用户，解决了用户频繁切换网络的问题。汽车通信是 5G 网络的重要应用场景之一，也可以使用可见光绿色通信技术来实现。由于汽车车灯系统和交通灯系统天然具有发光的特性，通过改造可以让交通灯和汽车，汽车和汽车之间实现交通位置信息共享，构建智能交通通信系统。除了这些，可见光绿色通信技术还可应用在室内定位、智能推荐、智能家居等领域，进一步满足人们对未来多样化业务的需求。尽管可见光绿色通信技术还处于萌芽阶段，但可见光绿色通信技术作为可持续发展的绿色通信技术之一，有望解决频谱资源短缺及通信网络能耗过高等问题。

4.6 移动边缘计算

边缘计算

4.6.1 MEC 概述

在 5G 网络中，移动互联网涌现出很多新应用，同时出现了高带宽、低时延等需求。为应对以上应用需求，移动边缘计算（Mobile Edge Computing，MEC）技术应运而生。移动边缘计算技术是 5G 网络的核心技术之一，具有本地化、近距离、低时延等特点[18]。利用移动边缘计算技术，可以将无线网络和物联网深入融合，为移动用户提供网络服务和云计算功能。在虚拟现实、高清视频、物联网、自动化、工业控制等日益发展的应用环境下，移动边缘计算将会起到关键性作用。

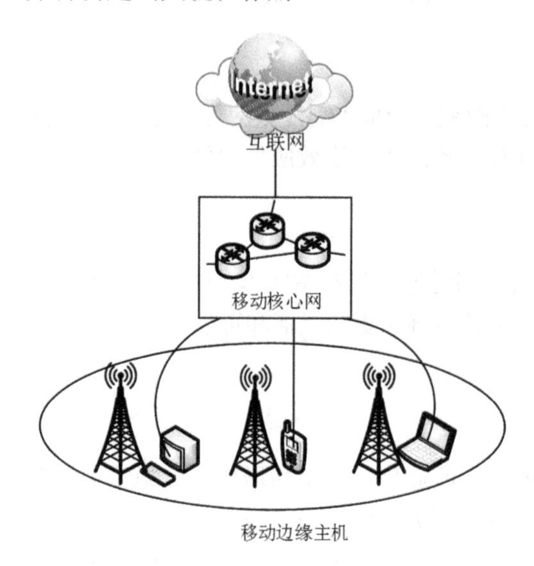

图 4.12　MEC 系统的说明

除了具有本地化、近距离、低时延的优势，移动边缘计算还具备感知和处理能力。和传统的实时获取小区的各项信息相比，移动边缘网可以根据上下文信息，进一步提供其他相关的业务和应用。运营商可将无线网络的边缘对第三方开放，授权第三方进行创新业务和应用部署的权利，为移动用户、企业及其他行业更好地服务。

ETSI 所定义的 MEC 指的是在 RAN 中接近互联网的移动设备端处安装计算资源的分布式移动云计算（Mobile Cloud Communication，MCC）系统。图 4.12 所示为 MEC 系统的说明，其中，移动边缘主机安装在基站或基站附近的计算设备上。与集中式云服务器或点对点移动设备不同，MEC 由运营商在本地进行管理。而移动边缘主机中的通用计算资源是虚拟化的，并通过应用程序接口公开，因此，用户和运营商都可以访问它们。

4.6.2　MEC 参考体系结构

图 4.13 所示为简化的 ETSI MEC 参考体系结构。MEC 系统位于用户设备和移动核心网之间，主要包括移动边缘主机层、移动边缘系统层的管理和功能模块[19]。

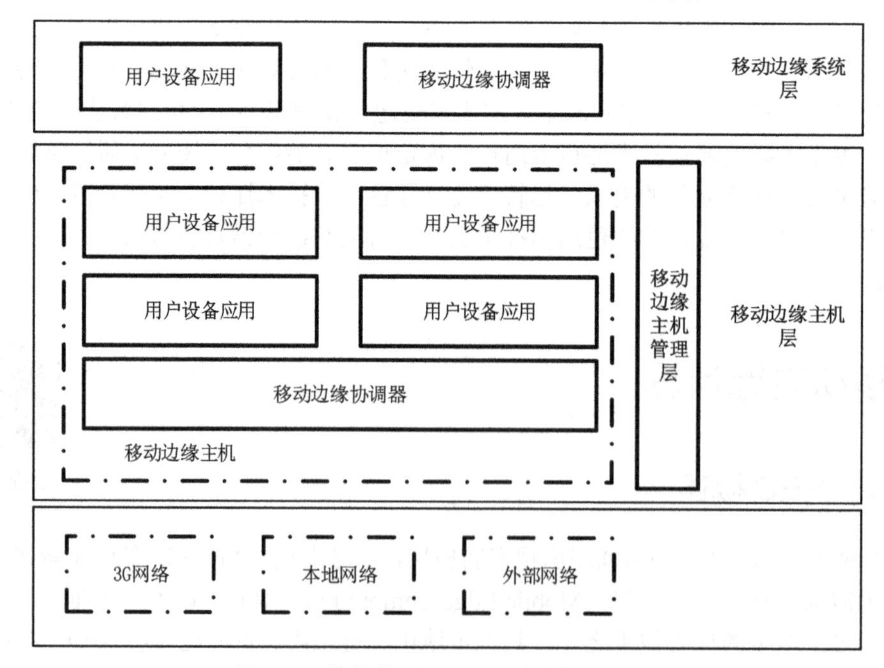

图 4.13　简化的 ETSI MEC 参考体系结构

在 ETSI 定义的 MEC 架构中，移动边缘主机层利用虚拟机能够提供带宽管理、计算执行和无线网络信息等服务。移动边缘平台主要负责提供服务和交互功能。移动边缘平台管理器主要对模块进行管理。

在移动边缘系统层，移动边缘协调器能够协调用户设备应用、移动边缘主机和网络运营商，记录主机部署、可用资源和拓扑信息。移动边缘协调器与虚拟化基础设施连接，主要负责对应用程序包的身份验证和确认，还负责触发型应用程序的实例化及用户设备切换。

4.6.3　MEC 典型应用场景

（1）面向用户的用例

应用程序计算分流。类似的工作包括高速浏览、3D 渲染、视频分析、传感器数据处理及语言翻译。这些工作需要许多 CPU 周期，并且本身是移动安装电池的主要排放源。由于能够选择大量的计算任务，可利用分流到附近的移动边缘主机来加速处理过程，因此移动设备的计算能力和能源消耗将不再是提供丰富应用的瓶颈。这在物联网环境中非常具有吸引力，在这种环境下，移动设备可能主要由小型传感器和其他设备组成，这些设备的处理器非常小，因此能源供应有限。

虚拟现实、自动驾驶、远程医疗等业务均需要低延时。一方面，用户可以在移动设备本身上实现渲染路径，但物理仿真和人工智能等工作的繁重计算需求可能会超过移动设备有限的处理能力。另一方面，如果把计算任务分配给云服务器处理会有较高的延时。与 MEC 相反，部分计算负载可以分流到移动边缘应用上，以在移动边缘主机上运行。因此，MEC 在计算能力和距离之间保持了适当的平衡。

车辆对基础设施的通信服务，如汽车和路边单元之间的通信服务，运输系统的安全和效率是很重要的。对比专用短程通信（Dedicated Short-Range Communications，DSRC），MEC 更容易实现全球覆盖，从而可以应用 5G 无线技术来服务通信功能。提供这些功能的应用程序可以被加载到移动边缘主机上，这些主机则安装在链路上的 RAN 中。由于它们靠近车辆和路边设备，危险警告和其他敏感信息可以在极其严格的时间尺度内被传送到目标车辆。

边缘视频编制。在一个有大量观众的本地活动中，如体育比赛或音乐会，大量的移动用户同时访问相同时间的视频。因为这些视频包含实时和不同视角的需求，因此它们通常内容丰富。然而，这些视频都是本地生成的，并不是通过移动核心网和互联网往返于视频内容服务器上的，因此它们可以被移动边缘主机处理和传送。

（2）面向运营商的用例

数据汇总和分析。运营商或第三方供应商会提供许多服务，如安全监控及对依赖于传感器和移动设备收集的数据的信息处理。若把每个传感器和移动设备收集的数据发送到后端服务器再进行处理，则效率非常低。运行在多个移动边缘主机上的分布式移动边缘应用程序首先提取感兴趣的元数据，然后将元数据转发到后端服务器。

移动边缘的本地内容缓存。在社交媒体上，官方共享流行的大文件，如高清视频，这就强调了回程网络容量的重要性。这种流行性的内容常常会被相同地理区域的许多用户同时使用，因此可以在移动边缘主机的本地缓存这些内容，从而大幅减少回程的流量需求。除此之外，在移动边缘应用程序中，利用基于用户移动的预测，主动地将缓存内容发送到移动边缘主机，可以提高服务质量。

移动边缘计算能够提供两种有效的基于位置的服务方式。首先，它允许使用高级的分析技术对用户位置进行跟踪，而不是测量接收到的信号强度。其次，移动边缘应用程序能够根据位置来推荐更合适的业务。移动边缘应用程序也可以根据用户所处位置周围的情况，如工务中心或博物馆，还有用户的行为模型，综合提供推荐服务。它还可以利用先进的机器学习技术和后端服务器上的大数据分析接口技术，进一步提高其推荐的准确性和实用性[20]。

4.6.4 ZTE MEC 的解决方案

ZTE MEC 融合多种技术，具有很强的计算和存储能力，从而节省传输资源并减少延时，达到面向对象、近距离及差异化的用户体验，为用户提供超高质量的服务。ZTE MEC 解决方案融合了多种物联网技术，采用 4G/5G 演进部署模式，将基于 LTE 网络的边缘计算技术逐渐向 4G/5G 融合 MEC 演进。中兴所采取的解决方案利用多样化能力，将人和物充分结合，为具有差异化的多种场景提供定制化的解决方案。

如图 4.14 所示，中兴标准组织基于对 MEC 的研究，不断推进关键技术研究和产业标准化进程，在业界推出极简边缘云平台 Common Edge。该平台采用虚拟机和容器的双核技术，使用多种自适应加速硬件和高集成硬件，为 5G 全场景需求提供服务。

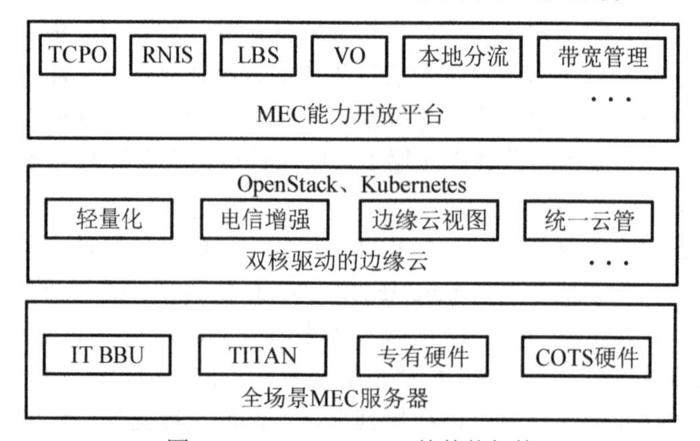

图 4.14　Common Edge 的整体架构

在 MEC 能力开放平台，Common Edge 方案能够提供 LBS（高精度位置服务）、RNIS（无线网络信息服务）、TCPO（TCP 优化服务）、VO（视频优化服务）等 100 多种边缘网络信息服务，加速业务创新。另外，在应用使能方面提供了视频识别服务、低时延视频服务、LOT 设备管理服务等，同时支持第三方业务集成。Common Edge 方案融合多种制式，允许无线网络与固定网络融合连接，支持 4G/5G/Wi-Fi 等多种制式。Common Edge 还通过 OpenStack 和 Kubernetes 的深度融合，为运营商提供了统一的边缘云视图、轻量化、电信增强、统一云管等成熟的资源管理方案，管理效率和资源利用率得到大大提高。除了这些，Common Edge 中还包含众多专用嵌入式硬件，如 IT BBB、TITAN，无须额外空间，增加单板即可为 MEC 业务提供计算力，实现业务下沉。

Common Edge 作为一个将资源计算和无线网络能力深度融合的平台，能够大幅提高用户体验，同时能够有效提高网络性能。Common Edge 除具有较低的传输时延和较强的数据转发能力外，还具备如下多方面优势。第一，所提方案靠近用户，在边缘设备之中按需部署 MEC，部署方便，同时能够满足极低时延的业务需求。第二，在部署大量边缘 MEC 后，平台能够进行统一管理，大大降低运维复杂度。第三，中兴与运营商和其他第三方深度合作，为边缘能力开放和硬件加速提供了多种接口，实现了灵活部署和性能提升。

4.7　小结

本章主要讲述了 5G 关键技术，包括超密集网络（UDN）、无线网络虚拟化、内容分发网络、5G 网络切片、绿色通信和移动边缘计算。首先介绍了 UDN 的概念和应用场景，随后对于更复杂的干扰、更复杂的移动性管理和更突出的能效问题这 3 点提出 UDN 面临的挑战。其次介绍了无线网络虚拟化和内容分发网络（CDN），重点介绍了 CDN 在 5G 中的应用。与此同时，从基本概念、基础架构和应用场景 3 个方面讲解了 5G 网络切片和绿色通信。最后为了满足用户高带宽、低时延等要求，引入移动边缘计算技术，并给出中兴标准组织部署 MEC 时的架构体系。

参考文献

[1] 陈林，杨波，刘重军. 基于 C-RAN 架构的 5G 超密集网络技术研究[J]. 通信技术，2021，54（06）：1400-1405.

[2] 贾雪松. 面向 SDN 的入侵防御与取证方法研究[D]. 南京：南京邮电大学，2017.

[3] 魏占祯，王守融，李兆斌，等. 基于 OpenFlow 的 SDN 终端接入控制研究[J]. 信息网络安全，2018（04）：23-31.

[4] 林可. 基于应用层协议的 P2P 实时流媒体性能优化[D]. 上海：复旦大学，2010.

[5] 周勇. 5G 移动通信网络发展下的内容分发网络[J]. 信息与电脑（理论版），2019（13）：156-157.

[6] 朱文剑. 三网融合背景下 IPTV 组网方案的设计与实施[D]. 南京：南京邮电大学，2015.

[7] 郭晓霞，张乃光，丁森华. 基于有线网的媒体定向分发技术实现初探[J]. 广播与电视技术，2009，36（09）：81-99.

[8] 王峰，王高才，易向阳. 基于随机 Petri 网的内容分发网络能效分析[J]. 计算机应用与软件，2013，30（01）：29-33.

[9] 张淼. CDN 系统中基于层次策略的负载均衡算法的研究与性能仿真[D]. 沈阳：东北大学，2010.

[10] 田臣. 互联网内容分发优化问题研究[D]. 武汉：华中科技大学，2008.

[11] 杨明川. 内容分发网络关键技术分析[J]. 电信科学，2005（08）：13-17.

[12] 刘勇，张国平. CDN 网络在 IPTV 系统中的应用[J]. 有线电视技术，2007（11）：52-55.

[13] 李红祎，赵一荣，李金艳，等. 基于能力开放的 5G 网络切片管理研究[J]. 电子技术应用，2020，46（01）：1-16.

[14] 鲁艺. 浅谈 5G 移动通信网络技术与应用[J]. 科学技术创新，2018（26）：82-83.

[15] 王睿，张克落. 5G 网络切片综述[J]. 南京邮电大学学报（自然科学版），2018，38（05）：19-27.

[16] 吴琼，任驰. 网络切片的演进及应用研究[J]. 邮电设计技术，2021（09）：961-965.

[17] 李作洲，庞二强，李新宇. 基于绿色通信的大规模多输入多输出天线选择算法[J]. 科学技术与工程，2020，20（19）：7718-7723.

[18] Liyanage Madhusanka, Porambage Pawani, Ding Aaron Yi, et al. Driving forces for Multi-Access Edge Computing (MEC) IoT integration in 5G[J]. ICT Express, 2021, 7(2): 127-137.

[19] Virdis Antonio, Nardini Giovanni, Stea Giovanni, et al. End-to-End Performance Evaluation of MEC Deployments in 5G Scenarios[J]. Journal of Sensor and Actuator Networks, 2020, 9(4): 57-61.

[20] FENG S L, CHEN Y J, ZHAI Q H, et al. Optimizing computation offloading strategy in mobile edge computing based on swarm intelligence algorithms[J]. EURASIP Journal on Advances in Signal Processing, 2021, 2021(1): 1-10.

第5章

物理层技术

随着移动互联网的发展，新型应用场景和需求不断出现，对 5G 物理层技术提出了很大挑战，5G 物理层技术的不断革新和发展已经迫在眉睫。本章着眼于 5G 物理层技术的演进，在介绍物理层帧结构的基础上，重点阐述了物理信道、物理层过程、大规模 MIMO、非正交多址、全双工、信道编码、链路自适应、毫米波通信等关键的物理层技术。

5.1 物理层帧结构

LTE 帧结构

在 5G 应用场景中，微时隙被广泛应用在传输中，一个微时隙包含 2 个、4 个或 7 个 OFDM 符号。与 LTE 的帧结构不同，5G NR 帧结构更灵活，为了应对不同 5G 应用场景的需求，子载波间隔、有用符号长度等一系列参数采取了更广泛的取值区间[1]。针对 LTE 的网络部署，应用场景所需的载波频率主要在 3GHz 以下，可用于建造室外蜂窝小区的部署架构。所以 LTE 标配是 15kHz 的子载波间隔和近似 4.7μs 的循环前缀。但如果配置单一，那么对于复杂多变的组网场景来说是远远不够的。因为传播特性，对于高频毫米波载波来说，小区半径和时延扩展相对较小，应采用更高的子载波间隔和更短的循环前缀[2]。

5G NR 的子载波间隔在 3GPP 制定的 R16 版本中有所改变，可支持从 15kHz 扩展到 240kHz，而循环前缀的长度等比例下降，如表 5.1 所示。需要注意，同步信号块（Synchronization Signal Block，SSB）需要配置 240kHz，不能用于常规的数据传输。NR 对不同的频段仅要求终端支持参数集的一个子集。

表 5.1 物理层支持子载波间隔列表

子载波间隔/kHz	有用符号长度 T_U/μs	循环前缀 T_{CP}/μs
15	66.7	4.7
30	33.3	2.3
60	16.7	1.2
120	8.33	0.59
240	4.17	0.29

5G NR 物理层由持续 $T_f = (\Delta f_{max} N_f / 100) T_c = 10\text{ms}$ 的无线帧组成，划分 10 个 $T_{sf} = (\Delta f_{max} N_f / 1000) T_c = 1\text{ms}$ 的子帧。每个子帧可以再次被分割成几个时隙（根据子载波间隔进一步区分），14 个 OFDM 符号将形成一个时隙。如图 5.1 所示，终端参数集决定时隙长度。

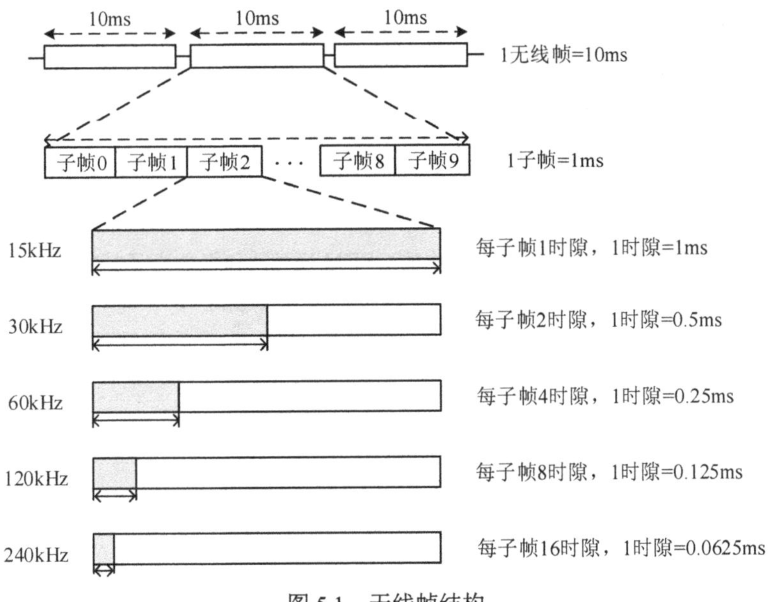

图 5.1 无线帧结构

每个子帧对于子载波间隔的 OFDM 符号的数目是 $N_{\text{symb}}^{\text{subframe}\cdot\mu}=N_{\text{symb}}^{\text{slot}}N_{\text{slot}}^{\text{subframe}\cdot\mu}$，一个时隙的 OFDM 数目是 $N_{\text{symb}}^{\text{slot}}$，一个子帧的时隙数是 $N_{\text{slot}}^{\text{subframe}\cdot\mu}$。根据协议，一个系统帧号（System Frame Number，SFN）标识一个对应的帧。SFN 标识一些较长周期（超过一个帧）的传输，如寻呼休眠模式周期的 SFN 是一个以 1024 为模的循环计数器，即循环周期为 1024 帧或 10.24s。对 15kHz 的子载波间隔来说，NR 与 LTE（配置常规循环前缀的前提下）在时隙结构和长度上相同，对两者的共存十分有效。需要关注，NR 无论是哪种参数集，子帧长度都是 1ms。这样在同一个载波上，可以混合配置多种参数集。上行-下行时间关系如图 5.2 所示。

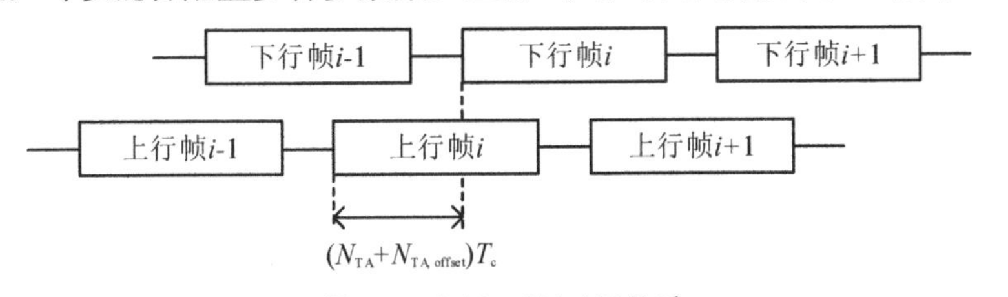

图 5.2 上行-下行时间关系

固定数量的 OFDM 符号构成时隙，时隙是调度的基本单元。为确保循环前缀开销不会过大，随着子载波间隔增加，循环前缀会同步减小，原则上可用于支持低时延传输。对此，在保留循环前缀和 15kHz 配置的循环前缀的长度相似的同时，NR 标准引入了一种特殊的配置，即子载波间隔配置为 60kHz。换言之，在 60kHz 子载波间隔的配置下加入了扩展循环前缀，用增加循环前缀的传输开销的方式达到传输时延的要求。因此，应全面考虑载波频率、空口传输带来的时延扩展、是否要和 LTE 在同一个载波上同时存在，尤其是在给特定的部署场景选择子载波间隔的时候。除此之外，还有一个完成时延敏感业务的方式，就是解耦传输的持续时间和时隙的长度。针对时延敏感业务，与通过调整子载波间隔来控制时隙长度的方法不同，解耦可以依据业务量的大小，选择占用任意个数的 OFDM 符号进行传输。换言之，我们平时所说的微时隙（Mini-Slot）传输，就是 NR 可以使用一个时隙的一部分来传输数据。

当将子载波间隔配置为μ时，在一个子帧内，时隙以$n_s^\mu \in \{0,\cdots,N_{\text{slot}}^{\text{subframe}\cdot\mu}-1\}$进行递增编号，并在一个帧内，时隙以$n_{s,f}^\mu \in \{0,\cdots,N_{\text{slot}}^{\text{subframe}\cdot\mu}-1\}$为递增编号。一个时隙内，有$N_{\text{symb}}^{\text{slot}}$个连续的 OFDM 符号，$N_{\text{symb}}^{\text{slot}}$由不同的循环前缀决定。普通循环前缀单个时隙中的 OFDM 符号数和每个帧/子帧的时隙数如表 5.2 所示，扩展循环前缀单个时隙中的 OFDM 符号数和每个帧/子帧的时隙数如表 5.3 所示。

表 5.2 普通循环前缀单个时隙中的 OFDM 符号数和每个帧/子帧的时隙数

μ	$N_{\text{symb}}^{\text{slot}}$	$N_{\text{slot}}^{\text{frame}\cdot\mu}$	$N_{\text{slot}}^{\text{subframe}\cdot\mu}$
0	14	10	1
1	14	20	2
2	14	40	4
3	14	80	8
4	14	160	16
5	14	320	32

表 5.3 扩展循环前缀单个时隙中的 OFDM 符号数和每个帧/子帧的时隙数

μ	$N_{\text{symb}}^{\text{slot}}$	$N_{\text{slot}}^{\text{frame}\cdot\mu}$	$N_{\text{slot}}^{\text{subframe}\cdot\mu}$
2	12	40	4

5.2 物理信道

物理信道

物理信道的含义就是传输信号的通道。物理层主要负责编码、混合自动重传请求（Hybrid Automatic Repeat Request，HARR）等，而且上行链路和下行链路的传输信道的类型不同[3]。下行链路使用 DL-SCH，上行链路使用 UL-SCH。根据链路不同，定义了三种物理信道，分别是下行链路中定义的物理信道、上行链路中定义的物理信道及直通链路中定义的物理信道。其中，下行链路物理信道包括物理下行共享信道（Physical Downlink Shared CHannel，PDSCH）、物理下行控制信道（Physical Downlink Control CHannel，PDCCH）和物理广播信道（Physical Broadcast CHannel，PBCH），上行链路物理信道包括物理上行共享信道（Physical Uplink Shared CHannel，PUSCH）、物理上行控制信道（Physical Uplink Control CHannel，PUCCH）和物理随机接入信道（Physical Random Access CHannel，PRACH），直通链路物理信道包括物理直通控制信道（Physical Sidelink Control CHannel，PSCCH）、物理直通反馈信道（Physical Sidelink Feedback CHannel，PSFCH）和物理直通共享信道（Physical Sidelink Shared CHannel，PSSCH）。

如图 5.3 所示，物理信道与部分传输信道对应，每个传输信道映射到相应的物理信道上。其中，若物理信道没有对应的传输信道，则称为 L1/L2 控制信道，用于发送下行链路控制信息（Downlink Control Information，DCI）和上行链路控制信息（Uplink Control Information，UCI）。

在上行链路数据传输上，UE 对待传数据向 gNB 请求物理时频资源（称为调度请求），然后通过 PUCCH 发送，gNB 发送调度授权来回复，该授权允许 UE 传输特殊的时频资源。授权调度时通过 PUSCH、UE 对数据进行传输。gNB 通过发送 HARQ 确认数据是否解码成功。

若解码失败，则需要重传调度。在下行链路数据传输上，UE 对 PDCCH 进行监听。当检测到有效的 PDCCH 时，UE 接收一个数据单位。然后 UE 发送 HARQ 确认数据是否成功解码。同样，若解码失败，则需要重传调度。

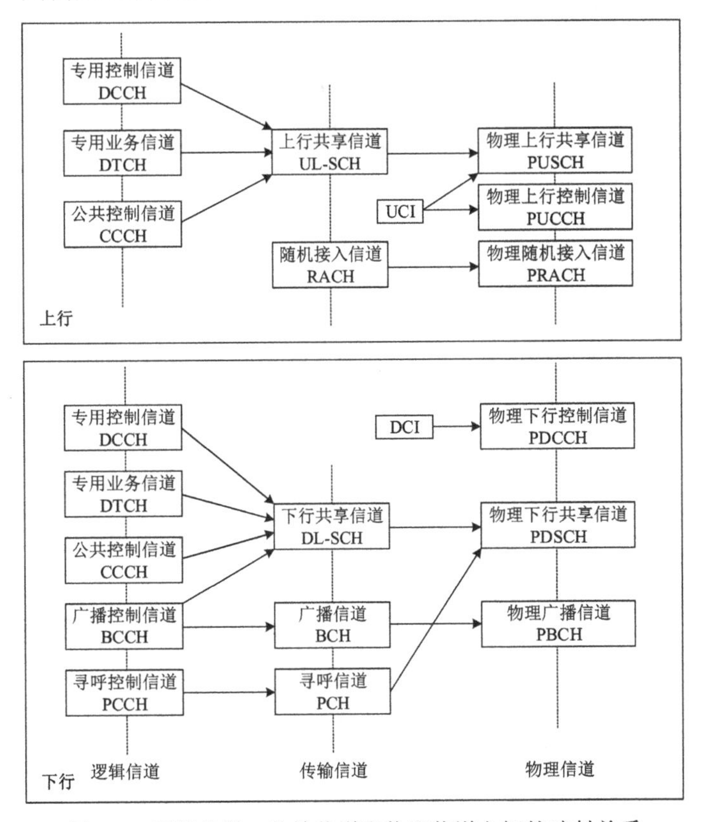

图 5.3　逻辑信道、传输信道和物理信道之间的映射关系

5.3　物理层过程

物理层过程

在 3GPP 的规范中，定义了许多物理层过程，如波束管理、上行功率控制和上行定时控制、小区搜索、随机接入等[4-7]。

（1）波束管理

建立和维护一个合适的波束对（Beam Pair，BP）是波束管理的终极目标。在接收机端选取合适的接收波束，在发射机端选取合适的发射波束，将两者联合，以保持状态良好的无线连接。通常在高频场景下，海量密集分布的天线单元会引导设备在模拟域进行波束赋形。在模拟域内，只能针对整个载波进行多天线处理的粒度，即在特定的时刻，波束只能指向一个方向。若接收机采用模拟波束进行通信，则接收光束只能在同一时刻对准一个方向。

如图 5.4 所示，发射机和接收机的波束恰好对准对端的方向不一定是最优波束方向。当在发送端和接收端之间不存在直射径的场景下，因为空中传播可能存在障碍物，所以一些反射路径意外地会提供相对较好的性能。如图 5.4 所示，在右半部分，尤其是在高频下，波束管理必须建立并保证最优的波束对，以便能够应对这些情况。

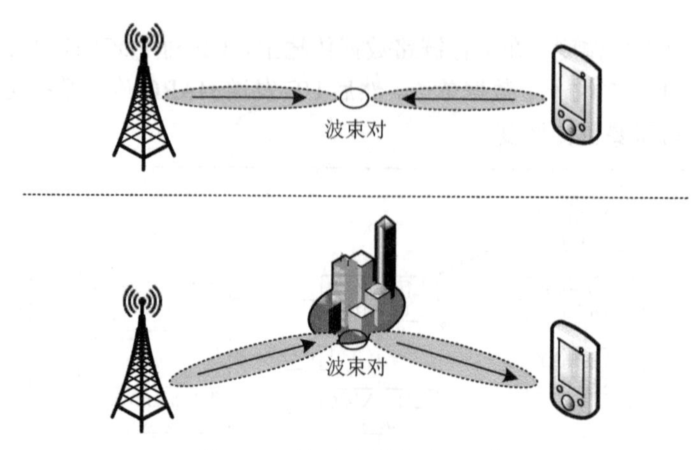

图 5.4　下行方向的波束对示例

图 5.4 所示为下行方向的波束对示例，包含直射（左）和反射（右），通过选择合适的波束，网络发送信号，终端接收信号。鉴于波束赋形对上行传输亦有效，所以终端和网络也可以选择合适的波束发送和接收信号。这种上下行的一致性在 3GPP 协议中被称为波束一致性。波束一致性表明：如果在传输方向上选出了合适的波束对，那么在相反的方向上也可以直接使用该波束对。通常，一个下行传输的最优波束对，对上行传输而言也是最优波束对，反过来也可以执行。

波束一致性不局限于同个载波上的上下行传输，可以用于对称频谱，如 FDD 的场景。一般可分为以下几个步骤。

- 初始波束建立，为上下行方向初始建立波束对的功能和过程。
- 波束调整，通常用来适应终端的移动和旋转等环境中的缓慢变化。
- 波束恢复，解决快速变化的环境破坏当前波束对的问题。

（2）上行功率控制和上行定时控制

功率控制是为了控制其他小区的干扰。保证不同传输之间正交性的前提是定时控制，确保不同终端在相同的时刻接收。下面，介绍上行功率控制。

NR 的上行功率控制与 LTE 功率控制类似，都是基于两个方面的结合：其一，开环功率控制，包括对部分路损补偿（Fractional Path-loss Compensation，FPC）的支持，终端基于下行测量来评估上行路损，同时对应设置发射功率。其二，闭环功率控制，以网络配置的显式功率控制命令为基础。实际上，"闭环"就是这些功控命令以网络先前测量的上行接收功率为基础。

本质上，一套算法和工具控制着 NR 的上行功率，用于控制不同上行物理信道和信号的发射功率，在最大限度上确保网络具有合适的接收功率。简言之，对于上行物理信道来说，合适的功率就是物理信道所承载的信息能够被正确解码所需要的接收功率。但是，发射功率不能过高，不然会对其他的上行传输带来困扰。合适的发射功率依赖于信道特性，其中，信道衰减和接收端的噪声及干扰水平都对其有所影响。此外，基站的接收功率和数据传输速率有密切关系，需要适当调整功率和数据传输速率的大小。

下面，介绍上行定时控制。

为保障接收端时间对齐，NR 标准引入了发送定时提前（Transmit-Timingadvance）机制。该机制与 LTE 定时提前机制相似，主要区别为 NR 对于不同参数集使用不同的定时提前步长。一方面，在 NR 小区内，上行是正交的，也就是说，在同一小区内接收不同终端的上行传输时不会互相产生干扰。在给定参数集的情况下，上行正交性（Uplink Orthogonality）需要满足上行时隙边界在基站侧（近似）对齐。另一方面，接收信号时间上的不对齐应当落在循环前缀内。

如图 5.5 所示，示例中，用户 1 距离基站更近，传播时延 $T_{P,1}$ 相对更小。所以针对此用户，只需要较小的上行定时提前偏移 $T_{A,1}$ 便可充分解决传播延迟，完成基站侧的准确定时。然而，用户 2 距离基站很远，相对传播延迟较大，上行定时提前偏移应更大。在用户观测到的下行时隙起点和上行时隙起点之间，用户的上行定时提前介入通常情况下为负的偏移量。通过将每个用户的偏移量调整在合适的范围内，网络完成基站接收各个用户的信号定时。与基站附近的用户相比，与基站相距较远的用户的传播延迟较大，所以应提前发送上行数据。

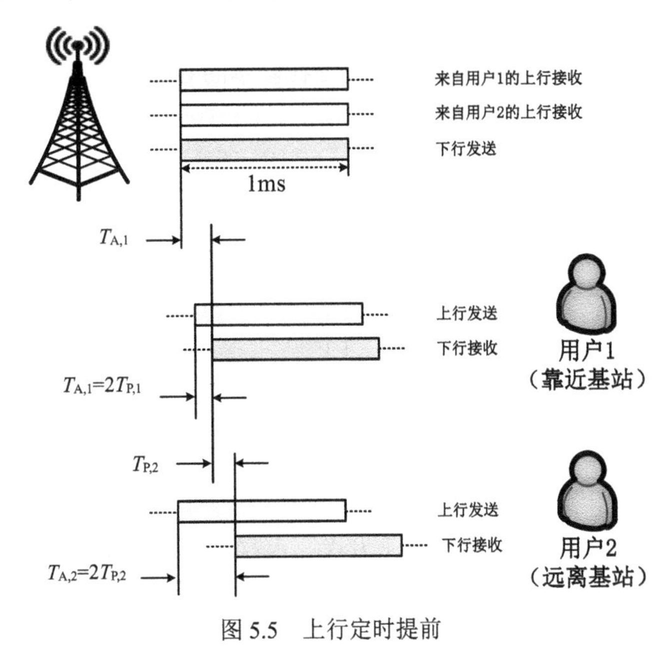

图 5.5　上行定时提前

网络对每个用户的上行传输进行测量，以计算每个用户的定时提前量。当用户发送上行数据时，基站就可以用其估计上行接收定时，并发送上行定时提前命令。探测参考信号用来作为常规的测量信号，理论上，基站可测量用户发送的任何信号。用上行测量作为基础，网络计算每个用户所需要的定时校正。在校正特定用户的定时时，网络会向用户发出上行定时提前命令，表明用户对当前上行定时的延迟或提前。用户专用的上行定时提前命令作为 MAC 控制信元在 DL-SCH 上发送。一般情况下，频率的高低直接依赖于用户的移动速度，上行定时提前命令不会太密集，通常为每秒一至几次。

至此，已说明的上行定时过程与 LTE 的上行定时过程相差不大。总体而言，上行定时提前是为了将时间上的不对齐保持在循环前缀的长度内，所以，将系统选择循环前缀的一部分作为上行定时提前的步长。然而因为 NR 可以支持多个参数集，所以子载波间隔越大，循环前缀越短，上行定时提前的步长要根据激活的上行部分带宽所给定的子载波间隔与循环前缀长度按比例进行缩放。

（3）小区搜索

小区搜索包含终端查找新小区的功能和过程。当终端位于系统覆盖范围内时，便执行小区搜索。为达成移动性，不管终端连接到网络还是处于空闲态/去激活态，终端在系统内移动时都要持续地进行小区搜索。以 SSB 的小区搜索为基础，用于初始化小区的搜索、空闲等状态，对于连接的终端，CSI-RS 是以执行小区搜索的明确配置为基础的，也可用基于 SSB 的小区搜索，以管理连接态的终端。

为保障在终端开机时能够定位小区，终端在系统内移动时能够定位新小区，每个 NR 的小区会在下行周期发送同步信号，包括主同步信号（Primary Synchronization Signal，PSS）和辅同步信号（Secondary Synchronization Signal，SSS）。同步信号块（Synchronization Signal Block）由主同步信号/辅同步信号和物理广播信道（Physical Broadcast CHannel，PBCH）构成。

SSB 与 LTE 的 PSS/SSS/PBCH 仍有差别，虽然它们的用途及结构比较相似。不同部分的起源可追溯到 NR 某些特定的需求和特性，其中包括减少“常开”信号数量、初始接入时进行波束赋形的可能性。如图 5.6 所示，一个 SSB 在时域占有 4 个 OFDM 符号，在频域占有 240 个子载波（20 个 PRB）。也就是说，SSB 是在基本的 OFDM 网格上传输的一组时频资源（资源单元）。

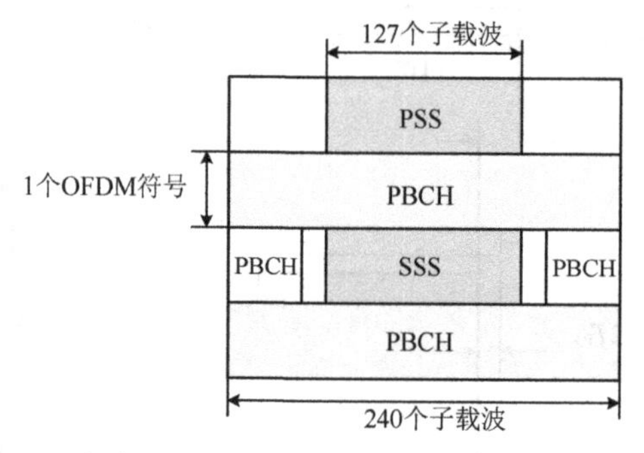

图 5.6　包含 PSS、SSS 和 PBCH 的 SSB 的时频结构

- PSS 在 SSB 的第一个 OFDM 符号上发送，占有 127 个子载波，其他子载波为空。
- SSS 在 SSB 的第三个 OFDM 符号上发送，同样占有 127 个子载波。SSS 两端分别空出 8 个子载波和 9 个子载波。
- PBCH 在 SSB 的第二个 OFDM 符号和第四个 OFDM 符号上发送。另外，PBCH 还使用 SSS 两端各 48 个子载波发送。

综上所述，每个 SSB 占用的 PBCH 传输的资源单元总数为 576 个。需要特别注意，这些资源单元还包含用于 PBCH 相干解调的解调参考信号 DM-RS。SSB 可用作不同参数集发送。然而为防止终端需要同时搜索不同的参数集，通常对于给定的频段只定义一套 SSB 参数集。

（4）随机接入

如图 5.7 所示，依靠随机接入过程，若终端发现一个小区，就可能接入该小区。与 LTE 相似，NR 的随机接入过程分为四步。

第一步：发送前导码，称为物理随机接入信道。

第二步：网络发送随机接入响应，以表明接收到了前导码，并依据接收到的前导码的定时，发送定时对齐命令，对终端的发送定时进行调整。

第三步和第四步：终端和网络交换消息（上行“消息 3”及随后的下行“消息 4”），为了解决由小区内多个终端同时发送相同的前导码导致的冲突。若成功，则消息 4 也将由终端迁移到连接态。

当随机接入过程完成时，终端处于连接态，网络和终端之间可以使用正常的专用传输信道继续进行通信。

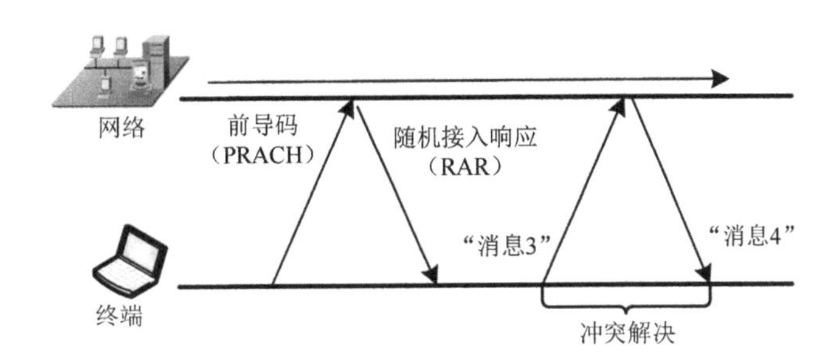

图 5.7　随机接入过程

NR 中的随机接入过程在其他场景中也可以应用。

- 切换时需要与新小区建立同步。
- 若终端因为长时间没有上行传输而导致失步，则需要在当前小区重新建立上行同步。
- 没有配置专用调度请求资源的终端要请求上行调度。

此外，部分随机接入的基本过程也被用于波束恢复（Beam Recovery）过程。

5.4　大规模 MIMO

多输入多输出（Multiple-Input Multiple-Output，MIMO）系统是指收发端利用多根天线进行信号传输，从而提高通信能力和质量[8]。MIMO 系统能够充分利用空间资源，相比传统的天线发射信号，能够提高数倍系统容量。大规模 MIMO（Massive MIMO）系统是多用户 MIMO 系统进一步发展的结果，是基于多用户 MIMO 针对基站端的天线数量要远远多于小区用户数的情况提出的。大规模 MIMO 最早是在 2009 年由美国著名的贝尔实验室提出的，是指收发两端安装多根天线的技术，虽然增加了系统复杂度，但大大提高了信道容量。在大规模 MIMO 系统中，相同时频资源能为多个用户提供服务，可以大幅提高利用率。在大规模 MIMO 系统中，基站接收用户发送的训练序列后，对上行链路进行信道估计，同时根据信道互易性，对下行链路的信道状态信息进行信道估计，然后联合预编码方案完成系统收发两端的高速率可靠数据传输[9]。在该系统中，上行、下行方向都有大量的高增益天线阵列，从系统的角度看，就是大量收发信机，最大限度地利用空间自由度，满足多用户间的空间复用需求。

大规模 MIMO 最初是作为让基站天线数量增长到无穷大的渐近概念被引入的。进而产生了一些有趣的理论结果，如使用 MRT 的简单线性预编码是最优的，并且在无限数量的天线上进行平均，快衰落、噪声、某些类型的干扰及硬件损伤的影响将消失。为了避免在整个无线资源网格中插满导频，通常假设信道具有互易性，以便从上行测量推断出下行信道状态。从理论上讲，可以通过简单的收发机和调度策略实现非常高的容量。当然，在任何实际实现中，天线单元的数量必定是有限的。然而，大规模 MIMO 理念的提出意味着，传统基站中使用少数高端无线收发机的模式在向使用大量收发机且每个收发机的质量要求宽松的模式转变。但在实际场景使用时，肯定不能无限部署天线单元。

大规模 MIMO 在近些年的学术研究和无线产业界受到了重视，尤其是 NR 和 LTE 演进的 5G 关键技术组件。在无线产业界中，术语"大规模 MIMO"通常用于单元数量略少的大型天线阵列。无线产业界偶尔用毫米波频率下有许多天线单元的模拟波束赋形描述术语“大规模MIMO”。在学术上，大规模 MIMO 一般用于有相当多数量（数百个）的天线单元的数字阵列。由于天线单元数量较多，在 FDD 系统中获得 CSIT 很困难，所以一般情况下，认为它仅限于 TDD。在无线产业界中，术语“大规模 MIMO”通常用于单元数量略少的大型天线阵列。大规模 MIMO 应用于 5G 的三大场景（不同帧结构需求）如表 5.4 所示。

表 5.4　大规模 MIMO 应用于 5G 的三大场景（不同帧结构需求）

	eMBB	uRLLC	mMTC
典型部署场景	室外连续覆盖或室内热点覆盖	垂直行业、局域网	室外连续广域覆盖、垂直行业、局域网
业务模型	下行>上行	上下行业务相对平衡	上行>下行
吞吐量	5～10Gbit/s	<20Mbit/s	<1Mbit/s
MIMO 流数	16 layer	1～2 layer	1 layer
典型频段	TDD 中频段或高频段（3.5GHz、4.9GHz、28GHz、39GHz）	FDD 频段（band8、band1、band3），或 TDD 低频段	FDD 频段（band8、band1、band3）或 TDD 低频段
典型参数集	大带宽 30kHz～100MHz	10～20MHz，30～60kHz	小带宽 3.75～15kHz
空口时延	<4ms	<0.5ms	10～100ms

大规模 MIMO 技术的应用场景如图 5.8 所示。

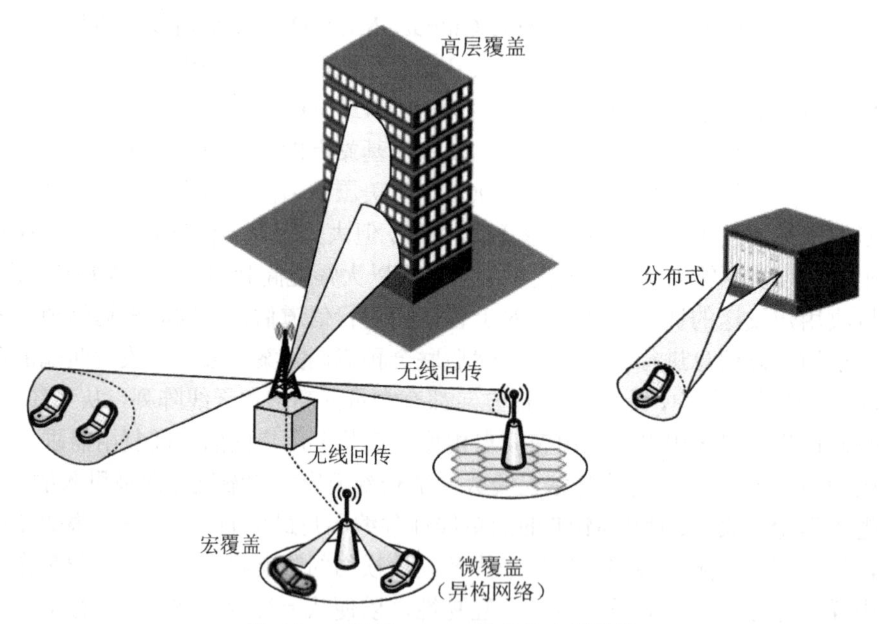

图 5.8　大规模 MIMO 技术的应用场景

大规模 MIMO 技术可以应用到宏覆盖、广域覆盖、高层覆盖、异构网络等多种覆盖场景中。而高频段可以用在热点覆盖或无线回传等应用场景。在上述应用场景下，需要根据大规模天线信道的测量结果，对一系列信道参数的分布特性和相关性进行建模，最后反映出三维空间中信号的传播特性[10]。

在实际信道模型中，在适度的约束条件下，如导频开销和实现的复杂性等，需要找到与典型的实际应用情况匹配的信道模型，以最大化 MIMO 技术的优势，对可达的频谱利用率和功率效率进行分析，进一步研究，以获取更先进的传输技术。在大规模 MIMO 领域，高速移动性解决方案、传输及检测、资源管理、覆盖增强等技术也是需要研究的课题。MIMO 技术的应用离不开信道状态信息，通过信道互易性及基于码本的隐式反馈等，能够有效减少信道状态信息的测量成本[11]。

对于由多天线阵元形成的用户通道，其准正交特性保证了大规模天线的性能增益。但在实际情况下，不存在理想条件，在设备和信号的传播环境中，存在诸多不理想因素，为保障增益的稳定性，还需要结合适当的上下行算法来抑制用户和小区间的干扰。

5.5 非正交多址

4G 以正交频分多址（Orthogonal Frequency Division Multiple Access，OFDMA）技术为基础，能够满足一定程度上的应用需求，但随着移动通信技术飞速发展，接入的终端越来越多，与之相应的网络需求也在急剧增加。5G 将面临数据业务激增、大量设备连接、多元化服务等巨大困难。功率域中的非正交多址接入（Non-Orthogonal Multiple Access，NOMA）因出色的频谱利用率、能量效率、容量性能而受到研究人员的重点关注[12]。

NOMA 是将多个维度的资源组合起来的多址接入方案。其功率域是基于 OFDM 开拓的。频域继续使用子载波作为最小单位，时域继续使用 OFDM 符作为最小单位。为提高资源利用率，每个时间频率资源块的相关算法被分配给多个用户共享，此方法使 NOMA 系统的传输能力大幅提高。

在 NOMA 中采用的关键技术如下。

（1）串行干扰删除

在发送端，与 CDMA 系统相似，通过引入干扰信息，获取更高的频谱利用率，然而同时会有多址干扰（MAI）的难题出现。NOMA 在接收端使用串行干扰删除技术进行多用户检测，同时对用户逐个判决，恢复幅度，从接收信号中减去该用户信号产生的多址干扰。

（2）功率复用

在 NOMA 发送端，共享同一时间频率资源的多个用户通过叠加编码技术，以不同功率叠加方式传输完成了功率域的复用。同一时间频率资源上的用户是非正交的，所以存在用户间的干扰，NOMA 使用串行干扰删除技术在接收端处理接收到的多用户信号，以处理多址干扰的问题，保障通信质量。在发送阶段叠加编码时，信号经 Turbo 码或低密度奇偶校验等编码技术进行编码，再利用信道状态信息对信号进行编码。但是，基站根据不同的信道状态信息向用户分配功率。信号被功率加权后，会通过线性叠加将多个用户信号叠加发出。以叠加编码思想为基础，一般情况下，会选择具有较大信道状态信息差异的用户，重新利用同一时频资源，并且利用用户之间的信道状态信息差异获得非正交传输增益。对于信道条件差的用户，基站会分配更大的发送功率。对于信道条件较好的用户，基站将分配较小的传输功率。图 5.9 所示为上下行链路 NOMA 的技术原理图。

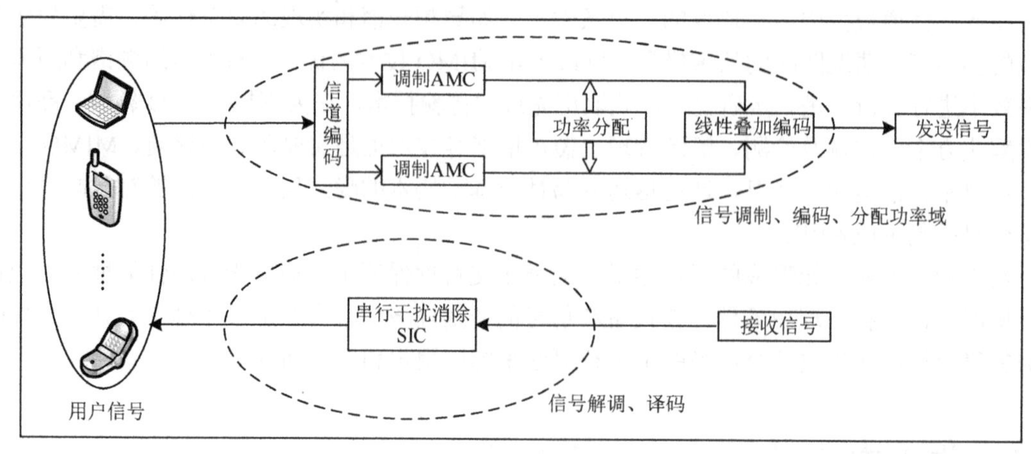

图 5.9 上下行链路 NOMA 的技术原理图

因为 NOMA 接收端的用户使用串行干扰消除算法处理接收的叠加信号，信道条件好的用户被分配的功率较小，需要先解调出功率更大的信号，然后从总接收信号中滤除，这时接收信号中就消除了干扰信号，只包含信道噪声和该用户自身信号，对剩余信号解调便可获得该用户自身信号[13]。对于信道条件不好的用户，可直接解调。因为该用户信号的功率高，有用信号强，其他用户信号在解调过程中作为噪音被直接过滤。根据不同的复用域，NOMA 可以划分为功率域复用多址接入技术、编码域复用多址接入技术和多域复用多址接入技术。

（1）功率域复用多址接入技术

在发射端，不同用户的多个信号线性相加，提升系统的吞吐量，以确保不同用户之间的信息速率的公平性。

在接收端，为完成多用户信号检测，一般情况下，使用串行干扰消除（SIC）技术解码出各个用户本身的信息。鉴于远近效应，不同用户之间的信道条件会出现较大的差异。在信噪比（Signal to Interference plus Noise Ratio，SINR）比较高的用户处使用串行干扰消除技术。同时，检测应依据信号所属用户信道 SINR 升序（下行链路）或降序（上行链路）进行。串行干扰消除接收机的功率域复用多址接入技术（NOMA）的依据可能来自自然的远近效应，或由发射机的功率分配不均匀导致的差异，而这些差异称为用户间的 SINR 差异。

（2）编码域复用多址接入技术

多用户共享多址接入（Multiple User Sharing Access，MUSA）也是基于 NOMA 的一种技术。MUSA 与 SCMA 相似，通过编码域的复用提高系统的吞吐量。在接收端，SIC 使用接收到的 SINR 之差来区分重叠符号。在发送侧，使用低相关频谱扩频序列进行 MUSA 复用。在接收侧，SIC 使用接收到的 SINR 差异来区分重叠符号。与基于 LDS-OFDM 的 SCMA 不同，MUSA 被认为是一种基于 CDMA 的改进方案。

稀疏码多址接入（Sparse Code Multiple Access，SCMA）是一种 5G 无线空口技术，是以低密度扩频正交频分复用（Low Density Spreading OFDM，LDS-OFDM）为基础的改进方案，运用扩频序列的稀疏性实现较高的系统吞吐量。稀疏码多址接入将比特流直接映射到不同的稀疏码上。不同用户的码字来源于不同码本，而多维星座会产生这些码本。通过最大化使用码字的稀疏性特点，在接收端使用以 MPA 技术为基础的 MUD，可解析出具有可接受复杂度的用户符号。

（3）多域复用多址接入技术

图样分割多址接入（PDMA）技术是多域复用多址接入技术的一种，可以达到用户重叠最小化和多样性最大化的非正交图样。复用可以在编码域、功率域、空间域或是以上各域结合的域实现。①若使用功率域，则在发射端需要着重考虑各个用户的功率分配问题。在接收端，SIC 利用接收到的 SINR 差异区分叠加符号。②若使用编码域，就类似于 SCMA 的情况，但在因子图中连接到同一个符号的子载波数量可以不同。在接收端，用 MPA 来消除干扰。③若使用空间域，图样分割多址接入技术可结合 MIMO 技术。与多 MU-MIMO 相比，图样分割多址接入技术不需要使用联合预编码，因此系统设计不需要特别复杂。④若使用由多个域结合的域，则图样分割多址接入技术可最大化利用各个域的无线资源。

5.6 全双工

因为传统网络无法同时与 TDD 和 FDD 进行双向通信，所以理论上无线资源的一半（频率和时间）是无用的。同时，同频全双工（Co-time Co-frequency Full-Duplex，CCFD）根据需要而生，同频全双工是指通过在同一时间、同一频段下同时传输数据，最终提高通信资源的利用率[14]。因为同频全双工可用的频率资源是传统半双工的两倍，因此理论上，其传输速率也是传统半双工的两倍。CCFD 是 5G 网络及未来通信中非常值得研究的技术。硬件和信号处理技术的发展有望实现同频同时的全双工技术，同时，最大化使用频谱资源也是 5G 网络的一个重点研究课题。

现阶段，全双工系统的研究以全双工基站与半双工用户混合组网的架构设计为主，如图 5.10 所示，在时隙 1 中，基站向用户 1 发送信号，并从用户 2 接收信号。在时隙 2 中，基站从用户 1 接收信号，向用户 2 发送信号，在两个时隙内完成用户之间的双工通信。而传统 TDD 系统至少需要 4 个时隙，因此全双工系统的频谱利用率是传统 TDD 系统的 2 倍。

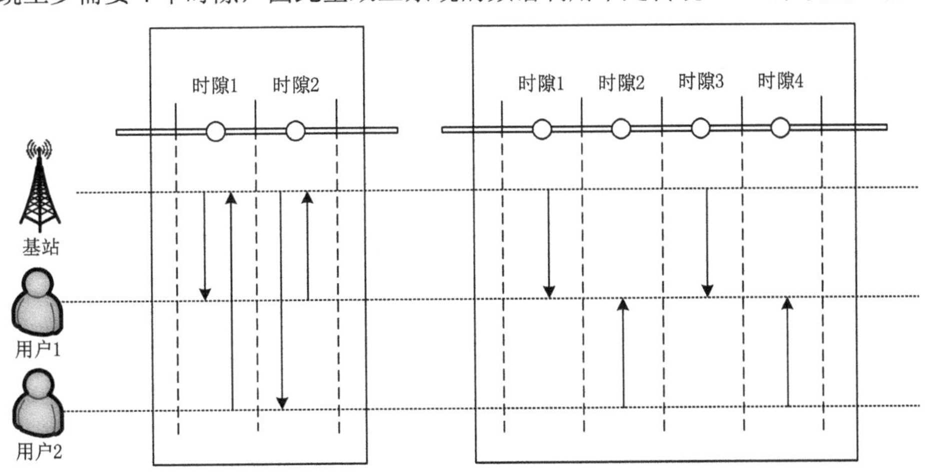

图 5.10　全双工系统与传统 TDD 系统的时隙图

全双工可以在两个方向上使用相同频率持续传输，理论上可使链路吞吐量翻倍，然而，两者同时进行传输，会增加对其他传输的干扰，给整个系统的增益带来负面效果。可想而知，在无线链路相对隔离的场景下才能得到全双工的最大增益。为让其在未来的无线通信中扩大使用范围，通过对国内外研究调查可知，还有以下几个关键问题亟待解决：①消除高效自干扰；②优化较低复杂度的软、硬件全双工系统设计和全双工信道容量；③MAC 层的协议设计等。如图 5.11 所示，全双工在相同时刻、相同频点上发送和接收，也许会导致发射机到接收机间极强的“自”干扰，需要在真正的目标信号被检测到之前抑制甚至将干扰完全消除。

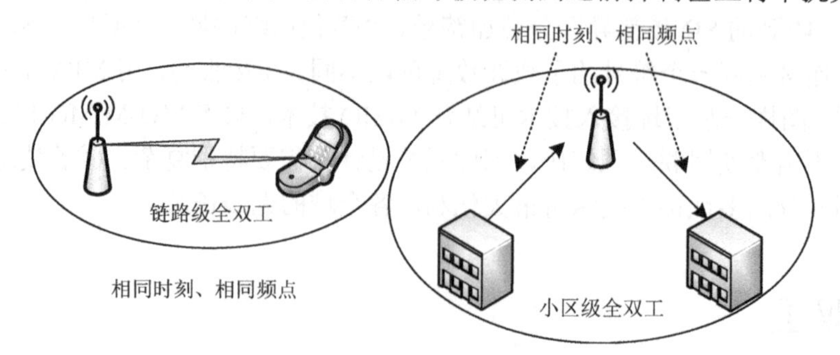

图 5.11　链路级全双工和小区级全双工

理论上，接收机完全了解干扰信号，可以很简单地消除或抑制干扰。但事实上，因目标信号和干扰信号的接收功率差异巨大，实现消除或抑制干扰较为困难。如今，对于全双工的演示依赖于对空间隔离（发射天线和接收天线隔离）模拟抑制及数字消除的综合应用。在很大程度上，技术仍处于研究水平，距离实现大规模部署仍较为遥远。因为网络侧接收天线和发射天线的空间隔离度较大，如图 5.11 中的右半部分所示，用户侧实现的复杂度应高于网络侧。

全双工对比半双工有如下优点：①降低端到端延迟；②避免无线接入冲突；③在认知无线电环境下提高主用户检测性；④信道容量倍增；⑤有效解决隐藏用户问题等。现在，全双工技术的适用场景非常广泛。将来，在通信系统中，可以将全双工技术应用于蜂窝通信、中继通信、设备间通信（D2D）等多种情景。

图 5.12 所示为全双工通信拓扑图。在一对多通信中可用于蜂窝通信（如 Wi-Fi）接入点；在远距离通信中，可作为中继设备；在点对点通信中可进行双向通信。

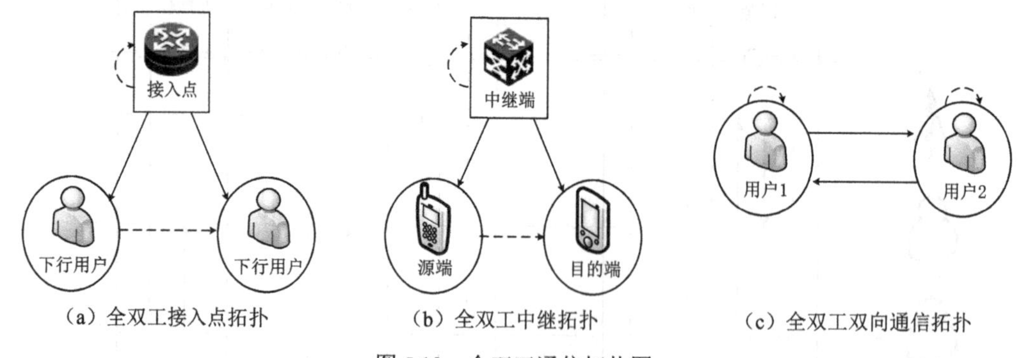

（a）全双工接入点拓扑　（b）全双工中继拓扑　（c）全双工双向通信拓扑

图 5.12　全双工通信拓扑图

图 5.12（a）所示为全双工接入点拓扑：适用于蜂窝通信，运用全双工技术的基站作为接入点引入小区通信，扩大了传统蜂窝通信系统的覆盖范围，加大了系统容量。接入点拓扑有 4 种应用模式：①接入点采用全双工模式，用户设备采用半双工模式。②一个用户和接入点采用全双工模式，另一个用户采用半双工模式。③接入点和用户采用全双工模式。④将上述三种全双工模式与半双工模式组合。

图 5.12（b）所示为全双工中继拓扑：在全双工中继通信中使用。中继端运用全双工模式作为整个通信的中间设备，将源端的信息转发至目的端，实现信号的协作发送。因此，该模式属于一种协作通信。通常中继设备会采用放大转发或解码转发来完成信息在源端和目的端的传送，最终提高系统的可靠性，降低误码率并将信号覆盖范围显著扩大。全双工中继拓扑有 4 种：①连续中继，两个半双工中继之间进行信息交换来模拟全双工通信模式；②缓存中继，根据源端到中继端和中继端到目的端的信道状态信息，动态地选择一个时间段，实现信号的同时发送与接收；③双向中继，源端与目的端双向通信，通过中继端完成信息交换；④基于帧结构的全双工中继，利用同一个帧结构的不同时隙，中继节点可同时进行发送和接收信号的任务。

如图 5.12（c）所示为全双工双向通信拓扑：主要在 D2D 通信场景中使用。由于对全双工技术的研究不断深入，同时推动了全双工用户设备的发展。用户 1 和用户 2 均工作在全双工模式下，所以每个用户侧都存在自干扰。相比于用户设备均工作在半双工模式下，图 5.12（c）所示的用户 1 和用户 2 可以同时同频进行双向通信，减小了端到端的传输时延，这也是全双工双向通信的优势之一。

5.7　信道编码

传输信道的编码方案如表 5.5 所示，控制信道的编码方案如表 5.6 所示。

表 5.5　传输信道的编码方案

传输信道	编码方案
UL-SCH	LDPC
UL-SCH	
PCH	
BCH	极化码

表 5.6　控制信道的编码方案

控制信道	编码方案
DCI	极化码
	块码
UCI	极化码

极化码（Polar Code）作为一种线性分组码，是一种更正前向错误的编码方式，在理论上被证明可以达到香农极限，且编码和译码相对简单。利用列表连续消去译码算法，极化码与 Turbo 码和 LDPC 相比，复杂度较低，性能较高。

低密度奇偶校验码（Low Density Parity Check Codes，LDPC）也是一种线性分组码，而且是 5G 网络的 eMBB 场景的数据信道编码方案，其信道编码流程与 LTE 数据信道的编码流程类似[15]。LDPC 由于校验矩阵稀疏的特性，在纠错和检错能力上很强。长码使用 LDPC，在性能上更加优异，可以达到大数据量传输的要求。

图 5.13 所示为信道编码的基本流程。首先将循环冗余校验（Cyclical Redundancy Checks,

CRC）码添加到每个传输块中，用来检查错误，然后将码块分段。每个码块会分别进行 LDPC 编码和速率匹配，其中，速率匹配需要支持物理层 HARQ 处理。然后将编码的数据级联起来，形成一个编码传输块的比特序列。在下行链路方向，发送端从 MAC 层接收到下行数据信息，对数据传输块进行下列操作。

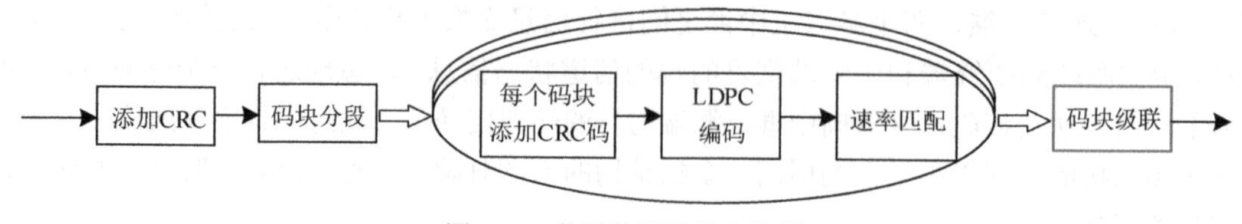

图 5.13　信道编码的基本流程

第一步：在接收端对数据传输块进行错误侦测，对数据传输块添加循环冗余校验码。

第二步：鉴于信道编码有限的长度，且研究表明，对 LDPC 来说，超过一定长度的码字带来的增益效果不大（标准规定 LDPC 的码长最大为 8448），所以需要分割已添加循环冗余校验码的数据传输块进行码块分段。

第三步：对分割后得到的码块再次添加循环冗余校验码。

第四步：对每个码块进行低密度奇偶校验信道编码。

第五步：鉴于信道编码得到的码率可能与需要的码率不匹配，因此有可能进行打孔、重复等，以进行速率匹配。

第六步：进行码块级联。

第七步：在位交织、调制之后产生复数调制符号，再将其映射到传输层，在每一层上进行能匹配天线端口传输的预编码，处理之后再映射到物理资源。经一系列操作之后，将 MAC 层的数据信息映射到相应的物理信道，在接收端进行与此对应的操作，并加以控制信令来获得数据信息。

LDPC 的纠错能力和 LTE 中的 Turbo 编码性能相似，鉴于 LDPC 的实现复杂度低，且在高码率时有显著优势，因此 NR 标准使用 LDPC 编码。LDPC 以一个稀疏（低密度）奇偶校验（Sparse Parity Check）矩阵 $\boldsymbol{H}$ 为基础，所生成的每个码字 c 都满足 $\boldsymbol{H}_c^{\mathrm{T}}=0$。某种程度上，设计一个好的 LDPC 就是找到一个好的稀疏奇偶校验矩阵 $\boldsymbol{H}$，这里，“稀疏”是指相对简单的解码。通常情况下，通过一张连接顶部 n 个变量节点和底部 $n-k$ 个限制节点的图，来表示稀疏奇偶校验矩阵，这种标记方法便于分析（n,k）LDPC。这也是在 NR 标准里使用基图来描述 LDPC 的原因。

NR 标准采用稀疏奇偶校验矩阵的核心部分具有双对角（Dual-Diagonal）结构的准循环（Quasi-Cyclic）LDPC。这种 LDPC 编码的过程不难，其解码复杂度与码字长度成正比。BG1 和 BG2 两个基图由 NR 定义，每个基图代表一个基矩阵。NR 设计两个基图，而非统一为单个基图，从而有效处理不同的净荷长度和编码速率。当编码器以中、高编码速率支持非常大的净荷长度（意味着高速上传或下载）的时候，使用适用于低编码速率的 LDPC 效率会很低。但是 NR 标准为应对某些恶劣的空口环境，又必须支持非常低的编码速率。因此最终 NR 标准采用 BG1，同时采用 BG2。经过速率匹配，最高的编码速率可以增加至 0.95bit/symbol，超出该最高速率，终端就无法解码。用 BG1 还是 BG2，取决于 NR 传输块的大小及初始编码速率，如图 5.14 所示。

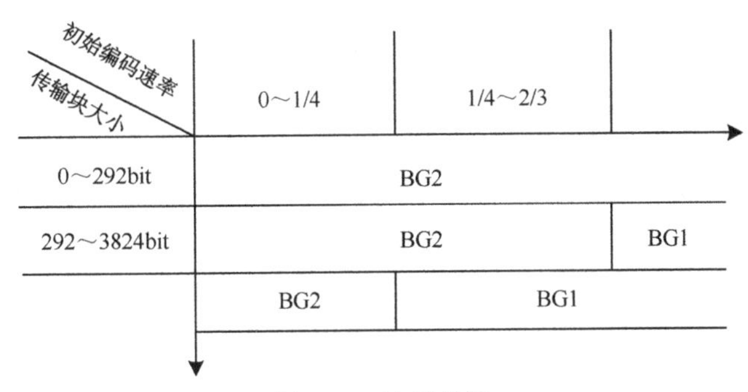

图 5.14 选择基图

基图或该基图对应的基矩阵定义了 LPDC 的编码结构。为支持可变的净荷长度，NR 标准定义基矩阵可以使用 51 种不同的扩充尺寸（Lifting Size）和移位因子（Shift Coefficient）。对于一个任意的扩充尺寸 Z：基矩阵中的“1”都可以被替换为一个维度为 $Z \times Z$ 的矩阵，该矩阵由一个单位矩阵经过“移位因子”个循环移位产生；而基矩阵中的“0”被一个 $Z \times Z$ 的全零矩阵替换。因此，在保持 LDPC 结构基本不变的基础下，可根据不同的净荷大小，灵活生成不同大小的奇偶校验矩阵。NR 标准定义了 51 种奇偶校验矩阵，为支持除 51 种矩阵支持长度外的净荷，可在编码前添加已知的填充比特，以达到奇偶校验矩阵的要求。因为 NR 的 LDPC 是系统码，所以在传输之前可将填充比特删除。

5.8 链路自适应

由于信号传输时的信道比较复杂，信号在传输过程中会不断衰落，而链路自适应技术（Link Adaptation，LA）可以很好地解决信道衰落问题[16]。链路自适应技术的系统框图如图 5.15 所示。链路自适应技术通常包括以下三部分：确定信道质量指标；确定自适应发送参数；自适应发送参数调整。链路自适应技术是指信号发射端和接收端根据信道状态信息（时间、频率等）动态调整参数，提升频谱利用率，保障通信服务质量。在上行和下行链路中都可以使用链路自适应技术。链路自适应传输可以采用各种不同的调制方式和信道编码方式。

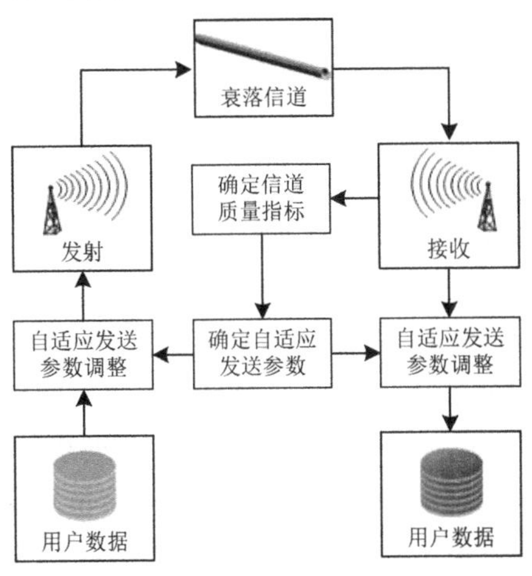

图 5.15 链路自适应技术的系统框图

链路自适应技术主要包括获取精确的信道信息和调整传输参数两个方面。链路自适应技术的主要技术如下。

（1）自适应调制与编码技术

自适应调制与编码技术可以根据信道变化调整编码方式和速率。在不断变化的信道环境中，发射端信号调制编码模块的设计标准也不完全相同，以此来满足信道的传输质量要求。如果系统设计以最佳信道质量为准，那么可使用高阶调制模式和少冗余的纠错编码。若信道质量下降，信息传输速率变大，则会发生严重的码间干扰。需要通过尝试低阶调制、插入大量冗余的纠错编码方案来降低传输速率，减少接收机的错误码数量，提高总吞吐量。

根据不同业务要求，也会有不同的编码方式，如视频通话对时延的要求较高，此时将重点放在传输速率上；如网页浏览对时延的要求较低，此时将重点在误码率上。

简而言之，自适应调制与编码技术的设计，其目的是实现高效可靠的传输机制，并根据业务要求和信道条件的不同，在发射机上自动调整编码模式，以保证链路的整体传输质量。

（2）自适应功率控制技术

从根本上来说，自适应功率控制技术是用来改变传输功率的。当发射端从反馈信道接收信道状态信息时（如信噪比），若信噪比降低，则发送功率相应增加，从而使接收端能接收到理想范围内的信噪比。但是，该技术存在“远近效应”和“噪声提升效应”，通常与其他技术结合使用，如自适应调制与编码技术，可以使传输功率提升至一个新的台阶。自适应功率控制技术出现得较早，主要通过预测信道质量调整发射功率。

此外，从通信质量的角度考虑，手机终端的发射功率越大，信号被解调正确的概率越大，与此同时，发射功率足够大不仅可以解决信号经过多次的反射、折射及长距离传输的衰减问题，还能克服噪声干扰的问题。

（3）混合自动重传技术

混合自动重传技术（HARQ）结合前向纠错码和自动重传请求技术，通过调整数据冗余信息，能够减少时延，提高传输速率。链路的吞吐量可以通过前向纠错码技术和自动重传请求技术组合的方式来提升。HARQ 的方案有增量冗余 HARQ 和合并 HARQ 两种。增量冗余 HARQ 是指发送端利用不同的信道编码，接收端组合所有接收信号，再进行译码。合并 HARQ 是指发送端均发送相同码字，接收端对所有信号采取软合并方式，再进行译码。

在自适应传输中，非常关键的一点是发射端已经知道信道状态信息（Channel State Information at Transmitter，CSIT）。理论上，如果发射端能够根据 CSIT 动态调整发送参数，便可以提高系统的可靠性和有效性[17]。但是，直接取得 CSIT 在通常情况下是很困难的。特别是在与 OFDM 技术相结合的 MIMO-OFDM 系统中，各个子载波的信道不同，时变特性会导致信道环境复杂，信息反馈的成本巨大。因此，链路自适应传输中经常使用有限反馈方式。有限反馈方式只利用一套码本，可以有效降低反馈数据量。

大规模 MIMO 技术和之前的通信系统的技术不同，通过在基站侧安装海量天线的方式，增加射频链路的数量，但天线的数量是不可以无限增加的，增加天线同样加大了能量和硬件的消耗。通过链路自适应技术，选择信道状况较好的部分天线，与对应的射频链路进行匹配，最终不仅能提升频谱利用率，还能降低硬件成本，并且结合链路自适应与大规模 MIMO 技术，可将系统的频谱利用率进一步提升。

5.9　毫米波通信

随着时代的不断发展，技术不断成熟，毫米波（波长为1nm～10mm、频率为30～300GHz的电磁波）通信的优点不断显现。毫米波波长较短，因此在利用毫米波通信时，需要考虑大气对电磁波的影响。

通过引入6GHz以上的高频空口，5G移动通信系统可支持毫米波段的无线传输。与6GHz以下的低频段相比，毫米波具有丰富的空闲频谱资源，能够应对热点高容量场景的极高传输速率的需求[18]。但在实际情况下，毫米波还有很多需要挑战的难题：毫米波在传播过程中的路径损耗大，覆盖范围比6GHz以下的频段小。此外，在毫米波通信中可能出现长至几千毫秒的深衰落，大大削减毫米波通信的性能。

相比低频段的无线电信号传播，毫米波（MMW）在频率选择性吸收方面的性能较差，更适合短距离通信。5G毫米波主要采取“混合波束赋形”技术，通过将数字域和模拟域的波束联合解决传输距离短的问题。获取信道信息是混合波束赋形的关键问题，但是MMW的信道建模仍需要进一步研究。文献中大多采用S-V信道模型，但是这种模型可能不适用于混合波束赋形通信系统。因此，如何根据毫米波的特性设计通信系统并使其优势被最大限度利用，一直都是学者的一个重要研究方向[19]。

针对高频段路径损耗大的特点，一般会使用大规模天线，通过高方向性模拟波束赋形技术，对路径损耗带来的负面影响进行补偿；同时可利用空间复用技术来支持更多用户，并开发多用户波束搜索算法，扩大系统容量[20]。在无线通信中使用毫米波频谱可以有效地解决微波频谱资源不足的问题。对于帧结构方面，为达到超大带宽的网络要求，于LTE相比，毫米波通信时的帧长大幅缩短，子载波间隔可增大10倍以上；在波形方面，上行链路和下行链路可使用相同的波形进行设计。OFDM仍是主要使用的波形。鉴于设备和高频信道传播特性的影响，也可以考虑使用单载波。在双工方面，TDD模式可进一步支持高频段通信和大规模天线的应用；在编码技术方面，由于高速率、大容量的传输特点，需要选取可支持快速译码、对存储需求量小的信道编码，来满足高速数据通信的要求。

此外，毫米波通信的优势大致可分为以下5个方面。

① 带宽极宽。其带宽是直流到微波全部带宽的10倍以上。在大气吸收的影响下，可以在大气中传输的主窗口只有4个，这4个窗口的总带宽是135GHz，是微波以下所有带宽之和的5倍。可与各种多址复用技术相结合，可大幅扩大信道容量，为高速多媒体传输服务。

② 波束窄。相比微波，在同样的天线下，毫米波的波束会窄很多。

③ 高可靠性。高频不易被干扰，能够很好地应对阴雨天气，提供稳定的传输信道，与激光相比，毫米波（MMW）受气候的影响很小。

④ 方向性好。由于毫米波波束窄，因此适合点对点通信。

⑤ 波长极短，易于小型化，所需的天线尺寸非常小，很容易将多个天线集成到小空间里。

5G毫米波通信系统可分为以毫米波为基础的小基站和毫米波无线回传链路两类。采取以毫米波为基础的小基站主要是为了向微小区提供兆比特每秒级的数据传输速率；而采取毫米波无线回传链路是为了提高网络部署的灵活性。

在5G网络中，微小基站的数量非常多，采用有线方式的回传链路伴随着很多困难。因此，通过使用毫米波无线回传链路，可以根据数据业务增加的需求动态部署新的小基站，同时可以灵活调整小基站的开关。由于高频段覆盖能力弱，很难覆盖整个网络，所以在组网时必须与低频段相结合。在共同组网模式下，可以分离控制平面和用户平面，由低频段承担控制平面的功能，高频段主要用于用户平面上的高速数据传输。低频段与高频段的用户平面可实现双连接，并支持动态负载均衡。

如图 5.16 所示，在 Sub-6GHz 中运行的宏基站提供广域覆盖，同时可实现与毫米波频段兆比特每秒的传输速率的微小基站的无缝移动连接。用户设备使用双模连接方案，建立与毫米波小基站的高速数据链路，并通过传统的无线接入技术连接宏基站和控制平面。这些双模式连接需要完成高速切换，以提高 MMW 链路的可靠性。微-宏基站间的链路可以是光纤、微波或毫米波。5G 毫米波通信系统可以分为以下 3 个方面。

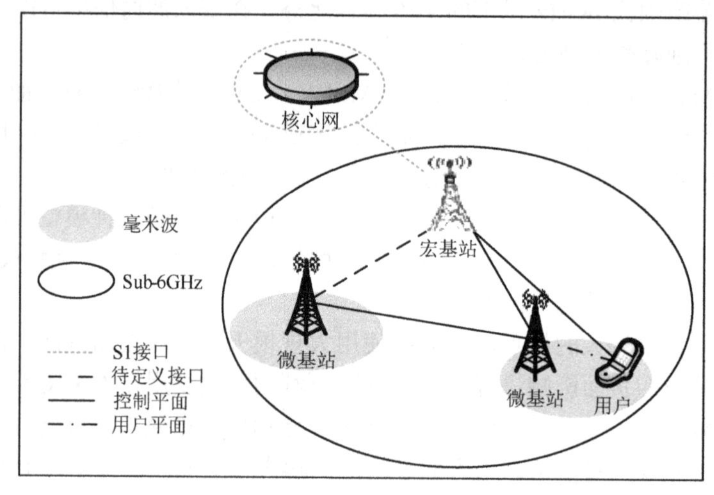

图 5.16　毫米波组网示意图

① 5G 高低频混合网络：新一代网络将从核心城市到乡村逐渐覆盖，在刚开始部署时，5G 和 LTE 系统结合部署。引入毫米波系统后，将 Sub-6GHz 频段的系统组合起来，形成 5G 系统的高频网络和低频网络组网的方式，提高网络覆盖范围和传输速率。宏基站利用低频段实现基本覆盖，低功率节点利用高频段实现热点覆盖，最终达到 5G 系统的性能需求。5G 毫米波利用系统及频段的各项功能，根据现场的实际情况（如交通运输枢纽、十字路口、火车站、广场等），共同使用毫米波宏基站和毫米波设备。

② 业务专网：为大众用户提供高速率、大宽带的服务，不仅要使用高频段和低频段联合组网的方式，毫米波（MMW）还应独立规划频率点，为智慧工厂、重保安防、智慧办公等提供商业私有化网络服务。5G 毫米波系统具有大带宽和低延迟的优点。如与移动边缘计算（Mobile Edge Computing，MEC）结合，可以进一步发挥 MEC 的技术优点。如果将人工智能技术导入 MEC 平台并组合使用，那么可以满足业务的低延迟、大宽带和安全隔离的要求，使网络向智能化进一步发展。

③ 大宽带回传：毫米波系统在组网时，利用宏基站实现距离覆盖，两端设备准确覆盖。同时，因为毫米波具有大带宽、高速率的传输特性，所以可以将毫米波作为无线回传链路使用，以应对一部分场景中无法配置光纤或光纤成本过高的问题。同时，毫米波可以使用自回传的大宽带回传方式。也就是说，首先，基站向终端提供服务。其次，毫米波技术通过无线回传方式解决某些特定场景下无法布置光纤回传链路的问题。

5.10 小结

本章详细介绍了在 NR 物理层传输的无线帧的帧结构，并与 LTE 的帧结构进行类比，分析了 NR 物理层帧结构的优势。并根据 3GPP 在 R16 版的版本内容，分别对物理层的不同物理信道的作用进行了解释。本章从波束管理、上行功率控制和上行定时控制、小区搜索、随机接入等方面进一步对与信道状态相关联的物理层过程进行了阐述和研究。本章根据 NR 标准规范和技术原理分别讲解了大规模 MIMO、全双工及链路自适应等技术，并与 5G 不同场景下的新技术的优势进行对比分析，还对当前毫米波通信的现状与发展进行了分析。

参考文献

[1] 阿里・扎伊迪. 5G NR 物理层技术详解[M]. 北京：机械工业出版社，2019.

[2] 埃里克・达尔曼. 5G NR 标准：下一代无线通信技术[M]. 北京：机械工业出版社，2019.

[3] 余小龙. LTe-A 及大规模协作无线通信系统性能仿真评估[D]. 南京：东南大学，2014.

[4] 3GPP TS 23.501, System architecture for the 5G System V16.5.1[S]. 2020.

[5] 3GPP TS 38.201, NR:Physical layer; General description V16.0.0[S]. 2019.

[6] 3GPP TS 38.202, NR: Services provided by the physical layer V16.0.0[S]. 2019.

[7] 3GPP TS 38.211, NR: Physical channels and modulation V16.1.0[S]. 2020.

[8] CHEN Z, Sohrabi F, YU W. Multi-Cell Sparse Activity Detection for Massive Random Access: Massive MIMO versus Cooperative MIMO[J]. IEEE Transactions on Wireless Communications, 2019, 18(8):4060-4074.

[9] 毋一凡. 毫米波大规模 MIMO 系统中信道估计研究[D]. 呼和浩特：内蒙古大学，2021.

[10] 仇桐同. 大规模 MIMO 天线阵列信道模型及其性能研究[D]. 南京：南京信息工程大学，2021.

[11] 王雪，李平，周文，等. Massive MIMO 技术在 5G 网络中的应用[C] //2019 中国信息通信大会论文集（CICC 2019），2019：49-51.

[12] LIU G, WANG Z, HU J, et al. Cooperative NOMA Broadcasting/Multicasting for Low-Latency and High-Reliability 5G Cellular V2X Communications[J]. IEEE Internet of Things Journal, 2019, 6(5):7828-7838.

[13] 杨一夫，武刚，李欣然，等. 面向后 5G 的非正交多址技术综述[J]. 无线电通信技术，2020，46（01）：26-34.

[14] Yilan M, Ayar H, Nawaz H, et al. Monostatic Antenna In-Band Full Duplex Radio: Performance Limits and Characterization[J]. IEEE Transactions on Vehicular Technology, 2019, 68(5):4786-4799.

[15] Nakamura Y, Ueda, et al. Nonbinary LDPC Coding System with Symbol-By-Symbol Turbo Equalizer for Shingled Magnetic Recording[J]. IEEE Transactions on Magnetics, 2013, 49(7):3791-3794.

[16] 王勋. 第五代移动通信系统中链路自适应技术研究[D]. 南京：东南大学，2017.

[17] Mohammadi M S, Dutkiewicz E, Zhang Q, et al. Optimal Energy Efficiency Link Adaptation in IEEE 802.15.6 IR-UWB Body Area Networks[J]. IEEE Communications Letters, 2014, 18(12):2193-2196.

[18] 杨堃. 5G 基于毫米波通信应用前景研究[J]. 科技创新与应用，2021，11（27）：175-177.

[19] 洪伟，余超，陈继新，等. 5G 及其演进中的毫米波技术[J]. 微波学报，2020，36（01）：12-16.

[20] LIU Y, FANG X, MING X, et al. Decentralized Beam Pair Selection in Multi-Beam Millimeter-Wave Networks[J]. IEEE Transactions on Communications, 2018, 66(6):2722-2737.

第 6 章

5G 无线技术

5G 无线技术包括全双工技术、NOMA 技术、Massive MIMO、调制和编码技术、毫米波通信等。全双工技术包括两种常用的双工方式：频分双工和时分双工。非正交多址（Non-Orthogonal Multiple Access，NOMA）技术，其基本思想是在发送端采用非正交发送，在接收端通过串行干扰消除接收机实现正确解调。Massive MIMO 技术、多天线技术在提高系统的峰值速率、系统频段利用率和传输可靠性等方面具有优势。在 5G 中，调制和编码技术的发展方向主要有两个：一个是降低能耗，另一个是进一步改进调制和编码技术。技术的发展具有两面性：一方面要提升执行效率、降低能耗；另一方面需要考虑新的调制和编码技术。在毫米波通信中，5G 最显著的特点就是高速传输，其传输速率在 4G 的基础上提高了 10～100 倍，峰值速率可以达到 100Gbit/s。高频段有丰富的可用频段，可以有效解决低频段频谱资源不足的问题。本章将对 5G 高频传播特性、信道模型、原理、实现方法及 5G 高频相关产品进行逐一介绍。

6.1 全双工技术

无线通信的传输模式

我国无线通信系统的建设在近十年内取得了飞速进展，整个无线通信体系的性能也获得了改善。但是，目前我国数据通信体系的技术水平还不足以满足爆发式发展的数据传输速率的要求。另外，频谱资源的稀缺和日益增长的数据传输速率的要求产生了尖锐的冲突。如今人们在移动通信中拥有两种常用的双工方式。频分双工在不同的频段上完成接收和发射，而时分双工在同一频段上的不同时隙完成接收和发射。

在实际部署中，时分双工与频分双工各有优缺点。与时分双工相比，频分双工具有更大的系统容量、更大的上行覆盖范围、信道干扰均衡较容易等优势，并且对网络同步的要求较低；然而由于频分双工系统需要使用成对的收发频段，在进行上下行对称业务时可以更好地利用上下行频段，而当支撑上下行非对称服务时，频分双工系统的频谱利用率也将有所下降。因此下一代网络将以用户体验为中心，实现更加个性化、多样化的服务应用。

随着时代的发展及社交互联网的广泛应用，未来移动通信系统将呈现多变的特点：由于上下行服务都需要随时段和地区的变动而改变，目前部署的通信系统仍采取较为固化的频谱资源分配方案，无法适应不同小区变化的业务要求。面对下一代移动通信系统多样的服务要求，应用的频段技术应能够做到灵活双工，能够推进与频分双工/时分双工等双工方法的相互融合发展。

无论是时分双工还是频分双工，目前广泛应用的通信系统均没有达到真正的全双工（Full-

Duplex，FD)。全双工技术可以在一个信道上同步接收和传输信息，大幅提高频谱利用率。与传统双工相比，全双工可以使用的频段资源增加了一倍，所以在理论上，其信息传输速率也会有近一倍的提升。

6.1.1 全双工的基本原理

最近，有学者新提出了一种双工方式，该双工方式可以在相同的频谱资源和时间的基础上实现发射和接收，并采用干扰消除的方式减少发射与接收链路间的相互干扰，这一双工方式也称为单信道全双工方式或同频同时全双工方式。同频同时全双工通信的原理图如图 6.1 所示。一个物理信道同时被用于接收信号与发射信号，因此，发射信号将会对接收信号形成相当大的干扰，而这一干扰也是同频同时全双工方式所必须解决的问题。但是，因为发送端与接收端复用同一物理信道，所以该物理信道的使用效能得到了改善。

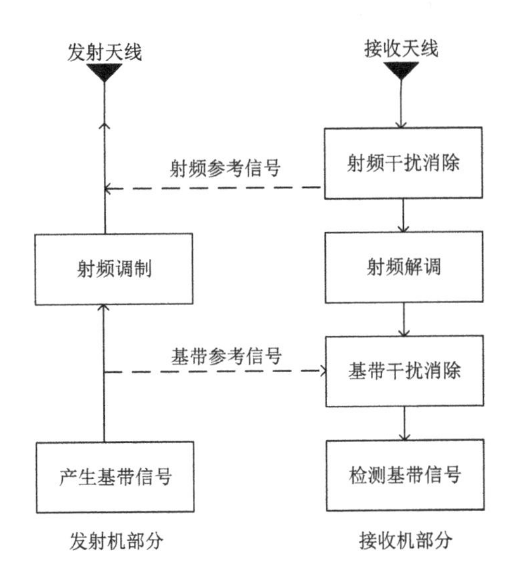

图 6.1 同频同时全双工通信的原理图

发射端和接收端间的干扰称为自干扰。对于线性时不变系统，原则上，自干扰信号是可以完全消除的。自干扰信号存在于系统自身，在同一个使用设备上，它所发送的信息是由发送者自身确定的，在输出端可以获得基带等发送的信号，在获得信号后，可以通过所得信号进行相关评估。对于 LTE 系统，为了使信道估计的精确性更高，可以采用增加时长的方法，能量会伴随时长一同增加。因此，当接收机具备理想的发射信号和信道估计精确性后，可以重建自干扰信号，并将其从接收信号中消除，这样就可以完全消除自干扰信号了。消除自干扰信号的困难主要在于实际系统不是线性时不变系统，热噪声和相位噪声等发射机噪声降低了接收机的信噪比。

实际通信系统可以采用将全双工与现有时分或频分双工混合的操作模式，这取决于系统自身的要求。若系统负载率较低，则可以使用传统的时分双工或频分双工模式，用于避免系统内部的自干扰。若系统负载率较高，则可以使用全双工技术来提高频谱利用率。全双工系统的上下行信道处于相同的时频资源空间。实际上，系统集成了时分双工和频分双工，消除了它们之间的界限。对全双工和时分双工或频分双工之间的模式选择使系统获得了选择分集的增益。另一方面，全双工技术对使用时分双工和频分双工的通信系统提供相互集成的演进方案，这将有助于拓展系统和技术的发展空间。

6.1.2 全双工与半双工模式的性能对比

为了有效发挥全双工技术的潜力和技术优势，学术界和工业界将信道容量、误码率、分集复用增益、中断概率等主要技术指标用于全双工技术。表 6.1 所示为全双工与半双工模式的指标对比。研究表明，全双工模式下的性能不仅受自干扰信号强度的影响，还受许多其他实际因素的影响。尽管在信道容量方面，全双工模式是半双工模式的两倍，但是全双工模式拥有可以消除自干扰信号的理想性能。在干扰较强的情况下，半双工模式下的性能一般会比全双工模式下的性能要好。更重要的是，半双工模式的硬件成本很低，它没有全双工模式那么复杂。

表 6.1 全双工与半双工模式的指标对比

技术含量	半双工	全双工
光谱效率	低	高（几乎是原来的两倍）
避免载波冲突	需要载波感应	不需要载波感应
隐藏终端问题	地址不对	可解决
拥塞	高	低（取决于 FD 的 MAC 层调度）
端到端的时延	高	低
对主要接收器的检测	不可靠	可靠
可用的信噪比区域	高信噪比	低、中信噪比
中断概率	高	低
误码率	高	低
丢包率	低	高
链路可信度	高	低

全双工信道容量和半双工信道容量的比较[1]：根据现有研究结果，在放大转发（Amplify-and-Forward，AF）协议下，全双工模式在任何信噪比（Signal-Noise Ratio，SNR）环境中都能提供比半双工模式更好的性能增益。但是，若从源节点到中继节点信道的信噪比非常小，则中继节点的信干比（Signal to Interference Ratio，SIR）将主要受限于自干扰功率的大小。在该场景下，半双工模式下的信道容量大于全双工模式。在真实系统环境中，相关研究结果表明，中继节点缓存容量有限对全双工中继系统的性能有显著影响。如果中继节点使用的缓存容量有限，虽然全双工解码转发（Decode-and-Forward，DF）中继模式在低信噪比环境下可以提供比半双工模式更好的性能，但是在高信噪比环境下，其性能仍然低于半双工模式。根据测试结果，如果全双工中继节点的缓存空间足够大，即使在高 SNR 的环境下，全双工模式也可以获得比半双工模式更大的信道容量。

全双工和半双工的中断概率的比较：目前，许多研究都集中在优化全双工系统的中断概率上。在 AF 中继转发模式下，考虑非理想的信道反馈信息，全双工模式具有比半双工模式更好的中断概率性能。由于全双工中继节点比半双工中继节点的放大噪声更严重，因此半双工中继节点在高信噪比环境中的中断概率性能始终优于全双工中继。在 DF 中继转发模式下，当多个全双工 DF 中继节点串联形成多跳链路时，最优的中继节点跳数可以通过对多跳链路的中断概率性能进行优化来实现。结果表明，在 Nakagami-m 信道上，与半双工 DF 中继节点相比，在低 SNR 环境下，全双工 DF 中继节点可以获得更大的性能增益，并且其中断概率随着中继节点上的跳数增加而减少。

全双工和半双工误码率（Bit Error Ratio，BER）的比较：全双工通信系统的 BER 已得到广泛研究。例如，对全双工 MIMO 中继系统的 BER 进行了研究，并采用波束赋形技术对信噪比进行有效提升。在考虑理想信道估计时，可以使用自干扰预消除技术来进一步优化全双工节点的性能。结果表明，在全双工模式下可以获得比半双工模式下更低的 BER。在 DF 中继转发模式下，全双工和半双工中继的 BER 比较结果表明，即使在大多数自干扰信号正常工作的情况下，全双工模式下的 BER 也始终高于半双工模式下的 BER。

6.1.3 全双工自干扰消除技术

6.1.3.1 全双工通信的自干扰问题

在全双工场景下，发射天线和接收天线工作在同一个通信节点上，具有相同的时间和频率资源，发射天线和接收天线之间的距离比较短，因此发射天线会对接收天线产生强烈的干扰，称为全双工自干扰，这类干扰对接收天线接收远程目标信号有严重影响，是全双工技术中最难突破的一项难题。

从基站发射机泄漏到基站接收机的干扰信号称为双工干扰信号。在线性时不变系统中，全双工自干扰信号在系统中是已知信号，所以发射机在理论上可以完全消除干扰。此时，接收机知道发射机发射的信号，因此接收机可以将处理后的双工干扰信号作为导频信号进行信道估计，利用这种方式来提高信道估计的精确性。基站接收机可以通过精确的信道估计还原全双工自干扰信号，接着将其从接收到的信号中剔除。这样，接收机就可以完全消除双工干扰信号，得到一个纯粹的远程目标信号，但是由于实际系统一般是非线性时变系统，对于基站接收机来说，信道估计的情况不理想，因此，此时的信道状态信息并不完整。此外，系统容易受到热噪声和相位噪声的影响，导致接收机的信噪比急剧下降。

为了提高远程目标信号的接收质量，需要采用先进的自干扰消除技术，尽可能降低全双工自干扰的影响。全双工系统与半双工系统相比，大约可以提高一倍的频谱利用率。可以从两个角度来实现自干扰消除技术，即节点自干扰消除和系统自干扰消除。

6.1.3.2 天线干扰消除

天线干扰消除是一种被动干扰消除方法，它通过增加发射天线和接收天线之间的分离度来抑制发射机信号对接收机的干扰。可以利用天线之间的空间传输损耗实现天线干扰消除。一般来说，天线干扰消除是静态的。换句话说，天线经过加工或校准后无法根据信道的变化自适应地动态调节。天线干扰消除可以有效地降低直射路径的干扰，但是，对于由周围电磁传播环境反射引起的干扰信号，很难通过固定的天线设计方法得到抑制。经多径反射后，接收机的信号很可能成为限制天线干扰消除性能的瓶颈因素，并且将导致等效信道的相干带宽降低。例如，实验发现，对于同一个全双工系统，在微波暗室中测量，干扰隔离能力可以达到 74dB，而在富反射环境下，干扰隔离能力仅有 46dB。对于由反射引起的多径信号，可以通过射频或基带干扰消除进行抑制。

（1）利用空间衰减或介质隔离抑制自干扰

对于具有独立收发天线的全双工系统，收发天线之间存在空间传播损耗。为了将自干扰消除，通常会增加发射天线和接收天线间的距离。由于各种具体问题的限制，发送和接收天线之间的距离受限。分布式天线技术可以为全双工系统提供更大范围的空间隔离。在蜂窝小区系统中，基站的发射天线以小区为中心，接收天线分布在小区内，如图 6.2 所示。用户的上行信号由离用户较近的基站的接收天线接收，用户可以获得质量更好的上行信号。另一方面，基站的发射天线和接收天线之间的距离很长，这样可以减少基站发射天线对接收天线的自干扰，基站接收天线可以通过有线信道连接基站发射机，获得基站发射信号。这种方法可以减少接收天线的覆盖范围，获得更高的上行信噪比。

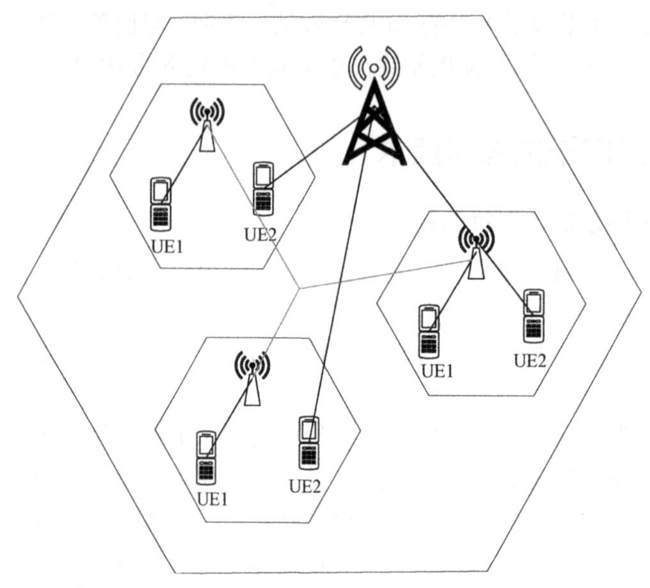

图 6.2　全双工蜂窝系统的结构示意图

此外，还可以通过在接收天线与发射天线之间安置屏蔽材料来增加天线间的电磁隔离度，减少双工系统干扰直达波在接收天线处的泄漏。

（2）利用天线的方向性抑制自干扰

如果全双工通信节点的发射方向和目标用户的接收方向不同，那么可以使用两根定向天线分别对准发射和接收方向。在图 6.3 中，全双工系统由一个全双工基站和两个半双工终端组成。M1 为下行用户，M2 为上行用户。基站由 4 根波束角度为 90° 的天线组成，因方向不同而相互隔离。如果要接收不同方向的数据，可以使用两根辐射方向不同的天线分别发送和接收数据。

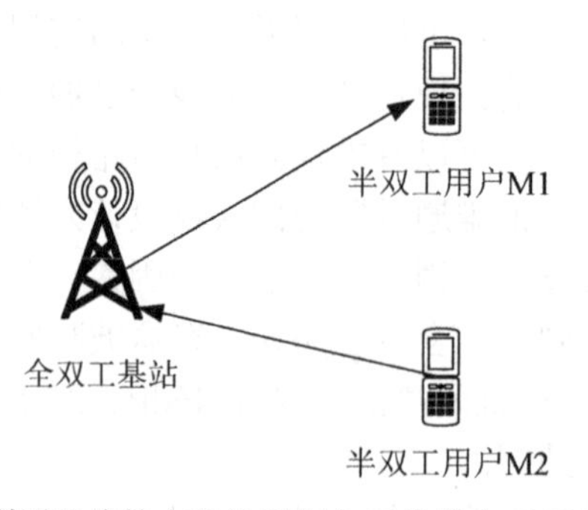

图 6.3　利用天线的方向性抑制自干扰的全双工系统场景

（3）利用天线的极化方向抑制自干扰

若电磁波的方向和幅度具有规律明确的时变性，则称为极化波。在电磁波的传播过程中，电场矢量始终在二维平面内传播，称为线性极化。在垂直于电磁波传播的平面上，可以构造两个相互垂直的极化波方向。若发射和接收电磁波的天线各自在两个垂直方向上发射或接收信号，则可以有效降低直达波自干扰的接收功率。

（4）使用波束赋形抑制自干扰

波束赋形的方法是利用发射端或接收端的多天线系统，通过对信号进行加权处理获得方向性的增益或在某些方向上实现干扰抑制。下面分 3 个方面进行详细分析。

发射天线波束赋形：调整多个发射天线的相位和幅度，使接收天线处于发射信号空间零点，以降低双工干扰。如图 6.4（a）所示，将从接收天线到发射天线的距离设置为载波波长的一半。这两个天线的发射信号相互抵消，因为它们使用的是相同幅度和相反相位的接收天线。也可以使用如图 6.4（b）所示的结构，由于两根天线发射的信号幅度相等，并且对称地放置在接收天线的两侧，因此接收天线也可以抑制干扰信号。这种方法需要校准发射天线，包括天线增益和信号相位。在两次传输的情况下，天线辐射的信号强度不同，因此接收天线无法实现理想的消除效果。这种方法在原则上可以消除特定频率的干扰，但对于宽带信号，偏离该频率点的信号无法满足路程差为半波长的条件。这种方法对天线的位置也很敏感，特别是对于短波长的高频信号，位置偏差会导致消除能力显著降低。

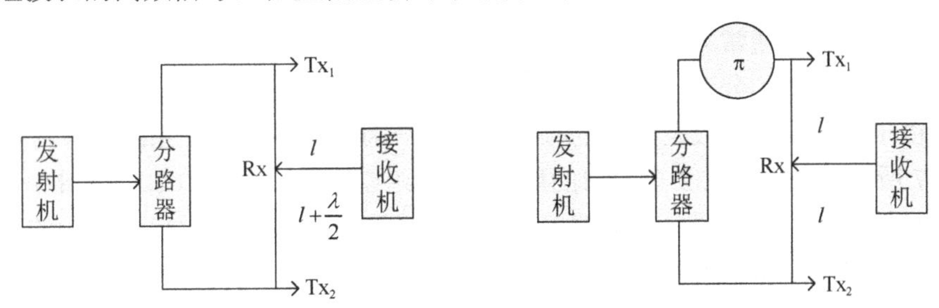

（a）发射天线与接收天线的距离差为载波波长的一半　　（b）发射天线与接收天线无距离差

图 6.4　发射天线波束赋形

接收天线波束赋形：通过调节接收天线的幅度和相位对收到的信号进行加权，从而达到所需要的理想效果。若接收波束在干扰到达方向上的接收增益非常低，则在该方向入射的干扰信号将被显著抑制。在比较简单的设计中，多根天线接收到的信号是等幅异相的，干扰信号相互抵消，如图 6.5（a）所示，当收发链路之间的距离减小时，发送的结果正好是载波波长的 1/2。因此，两个接收天线接收到的干扰信号是等幅反相的。同样，可以使用图 6.5（b）中的方法。

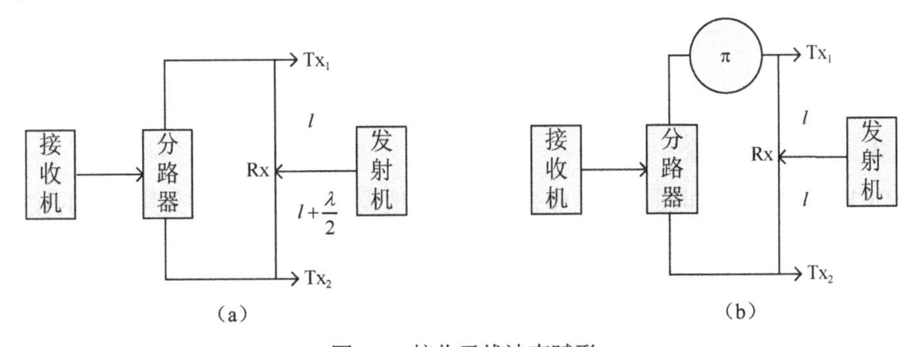

图 6.5　接收天线波束赋形

联合天线波束赋形：联合使用上述发射天线波束赋形和接收天线波束赋形的方法，可以获得两次干扰消除的效果。如图 6.6 所示，将发射天线对称设置于一条直线上，将接收天线对称设置于与其垂直的另一条直线上。利用天线位置的对称性及反相器，可使一对对称发射天线信号在接收天线上相互抵消，而接收天线通过反向合并再一次使干扰信号相互抵消。

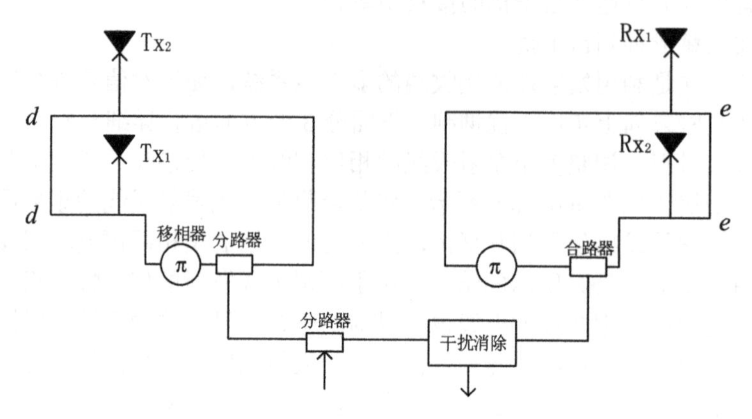

图 6.6　联合天线波束赋形

（5）公用收发天线的自干扰抑制方法

全双工系统的天线通常采用收发天线分离的架构。近年来，也有学者采用单天线进行全双工收发。实际上，在频分双工系统中就有采用环行器隔离发射和接收信号，实现单天线收发的技术，由于其同时存在收发信号的频率正交性，因此相对全双工系统更容易实现。

如图 6.7 所示，采用具有 3 个端口的环行器，其中，端口 1、端口 2 和端口 3 分别连接发射机、天线和接收机。环行器允许从端口 1 至端口 2 和从端口 2 至端口 3 方向的信号传播，因此可以保证发射信号从发射机传至天线，以及接收信号从天线传至接收机。但是对于干扰泄漏的方向（从端口 1 至端口 3）的信号传播具有抑制作用。实际器件不可避免地存在从端口 1 至端口 3 的干扰泄漏，这也成为制约环行器干扰隔离能力的重要因素。根据实验结果，环行器大约可以提供 15dB 的干扰隔离性能。

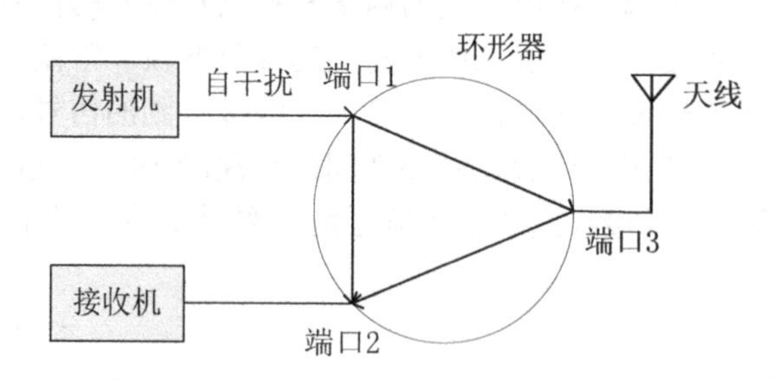

图 6.7　收发公用天线全双工设备示意图

6.1.3.3　射频干扰消除

由于 CCFD 具有同频和同步收发能力，因此本地设备发送的信号在其自身的接收信道中会产生强烈的干扰。干扰信号经过天线隔离后，远比远方通信设备发射的有用信号强得多，方便连接接收机和 ADC（模数转换器，即 A/D 转换器）前端。为了避免这种现象，模拟信道的输出需要满足 ADC 的动态范围要求，并避免通过模拟域进一步去除自干扰信号后 ADC 的阻塞和饱和。通过这种方法，需要的弱信号通过 ADC 造成的量化损失可以很小。高效的射频消除显著减少了 ADC 的位数，并提高了后续数字干扰消除的性能。

根据不同的标准，自干扰消除可分为以下几类：（1）根据模拟自干扰消除器的抽头数，可分为单抽头自干扰消除和多抽头自干扰消除；（2）根据模拟参考信号的提取位置的不同，可分为射频模拟自干扰消除和基带模拟自干扰消除；（3）抽头可调装置（包括可调衰减器、移相器、可调延时装置等）由后续数字电路自动控制，据此可分为直接耦合自干扰消除和数字辅助自干扰消除。

（1）单抽头自干扰消除和多抽头自干扰消除

射频干扰消除器通常采用单抽头结构，单抽头自干扰消除器的消除能力可达 20dB，但这种结构存在一些问题。首先，接收干扰延迟与参考信号延迟不同，降低了消除干扰的能力，特别是对于宽带信号。另外，若天线周围的传播环境中存在反射体，则接收到的干扰信号中存在多径分量。即使可以调节参考信号与能量最强的直射信号，也无法消除其他路径信号，限制了干扰消除能力。多抽头结构的射频干扰消除可以解决上述问题。多抽头的射频自干扰消除电路如图 6.8 所示。

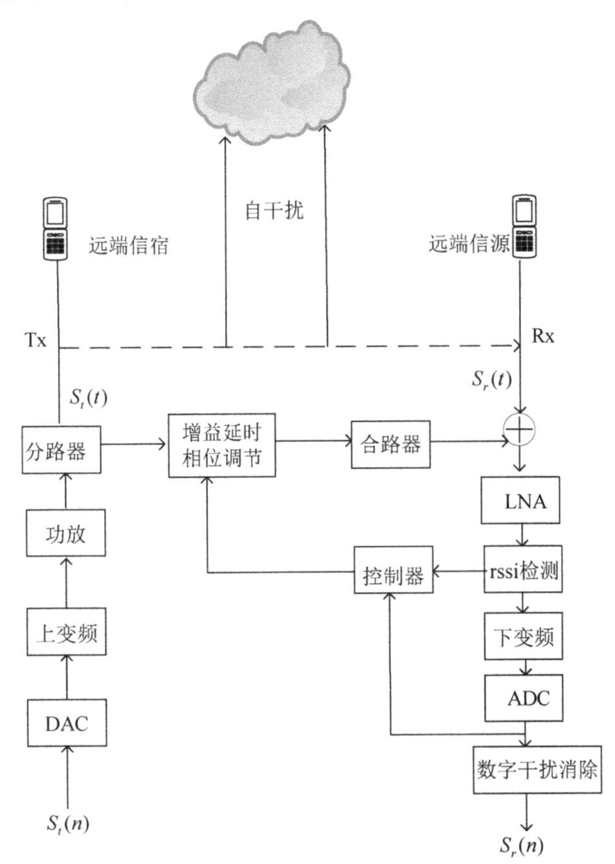

图 6.8 多抽头的射频自干扰消除电路

多抽头的射频自干扰消除的原理类似于数字有限脉冲响应滤波器的原理。多条延迟线串联，射频参考信号被输入延迟线前端，每个抽头可以输出不同的延迟和相位参考信号，并将它们组合起来，构成多径干扰信号，多抽头的射频自干扰消除能力可达 60dB。

（2）射频模拟自干扰消除与基带模拟自干扰消除

射频模拟自干扰消除指模拟参考信号取自发射机链路的射频信号部分（含有载波的高频信号），通过从接收机的射频信号中减去射频参考信号来消除干扰。基带模拟自干扰消除是指从发射机的基带信号或由基带信号重构[2]的低频信号中获取模拟参考信号，通过从变频信号中减去模拟参考信号来实现干扰消除。图 6.9 所示为射频模拟自干扰消除电路和基带模拟自干扰消除电路的示意图。

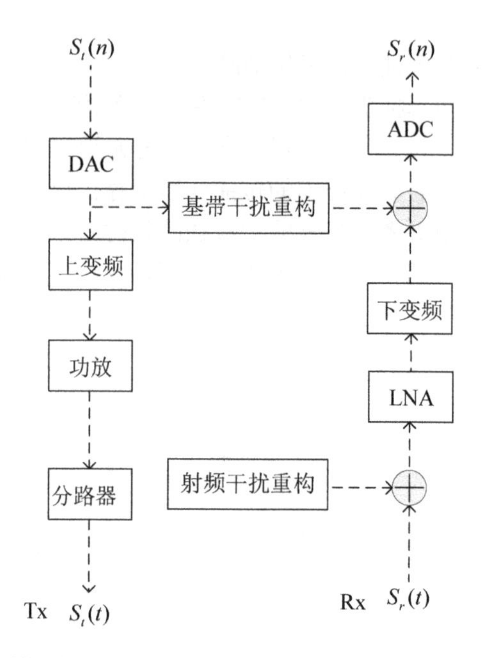

图 6.9 射频模拟自干扰消除电路和基带模拟自干扰消除电路的示意图

射频模拟自干扰消除技术将基带信号转换为射频参考信号，并从接收机的射频信号中减去参考信号，实现射频自干扰消除。首先用导频估计出自干扰信道的传输函数，然后用此传输函数构造出基带参考信号，再从下变频之后的接收机基带信号中减去该基带参考信号，实现射频模拟自干扰消除。

射频模拟自干扰消除技术可分为两种类型。一种是直接从发射机的功放输出端得到射频模拟信号，另一种是由发射机基带模拟信号经过转换和上变频得到射频模拟信号。第一种方法具有以下优点：①单抽头结构简单，可以使用分路器直接从功放的输出中获得 RF 参考信号；②射频参考信号包括与自干扰信号相同的失真特性，如功放的失真和 IQ 调制器中 IQ 电路因不平衡产生的失真。第二种自干扰消除方法的优点是容易构建模拟自干扰基带信号，缺点是还需要数字信号处理的支持，如获取信道传递函数等。

（3）直接耦合自干扰消除和数字辅助自干扰消除

直接耦合自干扰消除是指直接从耦合发射机输出中去除干扰信号。直接耦合射频自干扰消除电路的优点是结构比较简单，不需要额外的射频产生电路。但是，直接耦合射频自干扰消除电路的效果受延迟时间的调整、幅度和相位控制装置的精度、控制算法的调整等因素的影响。

由于消除自干扰意味着在系统中增加一个数字控制器，因此数字辅助自干扰用于控制基带模拟信号的重构，如控制信道估计用于 FIR 滤波器抽头系数更新，然后在重新配置基带信号时使用。RF 模拟信号从接收机变频为负，实现自干扰消除。例如，10MHz 正交频分复用信号可以用作基带信号，原理是数字辅助自干扰消除方法具有 64 个子载波和 6dBm 的发射机功率。本方法也叫间接耦合射频自干扰消除方法，可以实现 24dB 的自干扰消除。该方法不仅适用于同步全双工系统，也适用于异步全双工系统。

然而，间接耦合射频自干扰消除方法的实施成本很高，因为它需要额外的射频发射路径来重建自干扰信号。此外，不同的上变频通道更容易造成自干扰信号重构的误差，它会影响干扰抑制的效果。

6.1.3.4　数字干扰消除

在 CCFD 系统中，双工干扰是指直达波和多径到达波之和。射频干扰消除主要用于消除数字干扰期间的直达波。数字干扰消除技术主要用于消除多径到达波，多径到达的干扰信号具有频率选择性衰落的特征。数字干扰消除器通常由两部分组成，一部分是数字信道估计器，另一部分是有限长单位冲激响应滤波器。其中，信道估计器用于估计干扰信道的参数，滤波器用于干扰信号的重建。该滤波器与等效数字多径信道的延迟具有相同的结构，并使用信道参数进行设置。

在进行数字干扰消除时需要对干扰信道进行估计，信道估计的精度直接影响着数字干扰消除的精度。设信道脉冲响应的真实值为 $h=[h_1,h_2,\cdots,h_n]$，其中，h_i 表示第 i 径的信道参数，信道估值为 $\hat{h}=[\hat{h}_1,\hat{h}_2,\cdots,\hat{h}_n]$。设估计偏差为 h_e，则 $\hat{h}=h+h_e$。干扰信号的重建过程为干扰基带信号与信道估计的卷积，则干扰可以由下式表示：

$$I_e(n)=\hat{h}\otimes x(n)-h\otimes x(n)=h_e\otimes x(n) \tag{6.1}$$

干扰去除的计算可由下式算出：

$$\gamma=10\log_{10}\frac{E[I_e(n)^2]}{E[I(n)^2]}=10\log_{10}\frac{E[\|h_e(n)\|]}{E[\|h(n)\|]} \tag{6.2}$$

可见，干扰消除能力等于归一化均方误差。若信道估计的归一化均方误差为 20dB，则干扰消除能力最大为 20dB。因此，高精度的数字干扰消除必须有高精度的干扰信道估计作为保证。随着接收干扰功率的增加，干扰消除能力也随之增长。此外，根据实验结果发现，当射频干扰消除能力提高时，数字干扰能力随之下降。这是由于射频干扰消除降低了干扰导频信号的功率，因此恶化了干扰信道的估计精度，进而影响了数字干扰消除的能力。

理论上，全双工发射机发射的全部信号对其自身接收机都是已知的，可以作为导频使用，以估计干扰信道，然而考虑自干扰信号上同时叠加了目标信号，在进行干扰信道估计时，目标信号就成了干扰信号。为了提高信道估计的精度，需要长时间地根据接收信号进行信道估计，这在一定程度上增加了系统复杂度。另一种保证干扰信道估计精度的方法是为干扰信道设置独立的导频信道，即在没有目标接收信号的信道上发射干扰导频信号。例如，在无线局域网系统中，可以令全双工 AP 在空闲时间发射导频信号，进行对干扰信道参数的估计。目标接收信号与干扰导频信道的划分方式可以采用时分正交或频分正交等方式，这样可以避免在估计干扰信道时对目标接收信号的干扰，提供更加精确的干扰信道估值。

6.1.4 全双工的中继编码及转发

6.1.4.1 全双工的中继网络编码

先进的网络编码技术广泛应用于协作通信系统中。例如，一种结合信道编码和网络编码特点的联合网络编码机制在协同通信系统中经常被应用，但目前网络编码主要应用于半双工方式。全双工协作通信系统中的分布式空时码设计：在全双工异步协作通信系统的文献中已经提出了两种分布式线性卷积空时码。第一种编码考虑理想的自干扰消除，第二种编码能够容忍一定程度的剩余自干扰信号。如果中继节点能够得到准确的自干扰信道信息，则第一个编码的性能明显优于第二个编码的性能。异或（Exclusive OR，XOR）网络编码：当中继节点采用 XOR 网络编码时，可以将通信系统的分集增益增加。XOR 编码能够保证正交非干扰数据包的传输，在加性高斯白噪声（Additive White Gaussian Noise，AWGN）和衰落信道上能明显减小全双工系统的误码率（Bit Error Ratio，BER）。此外，相较于传统的重传机制，异或编码的性能更好。马尔可夫低密度奇偶校验码：可以有效提升全双工二进制可擦除中继信道的传输性能。联合编码和信道编码：联合编码与传统编码相比可以结合两者的优点，在全双工多接入中继信道中，联合编码通过结合马尔可夫网络编码和递归联合解码，可以提供比半双工模式更好的性能增益。采用十六进制正交幅度调制（16 Quadrature Amplitude Modulation，16QAM）方式，全双工联合网络编码比半双工模式有更好的性能增益。

6.1.4.2 全双工的中继传输协议

全双工中继传输支持多种中继协议。每个协议都有自己的优点和缺点，可以根据不同的要求选择不同的协议来提高性能。一些基本的中继协议如下。

（1）放大转发（Amplify-and-Forward，AF）协议，使用 AF 协议的中继源端接收信号，将信号发送到目的端时不需要经过解码，所以 AF 协议的中继属于非再生中继。但是中继会将接收到的信号放大。同时，在增益大于 1 的情况下，接收信号的噪声功率和有用信号都会有一定程度的增加。在下面描述的中继协议中，AF 协议的处理延迟是最小的。AF 协议快速简单，在实际中继系统中得到了广泛应用。

（2）解码转发（Decode-and-Forward，DF）协议，使用 DF 协议的中继可以一对一解码，信号再次被传递。DF 具有高信噪比（Signal-Noise Ratio，S/N），不过无法很好地得出准确的数值。DF 协议不如 AF 协议迅速。

（3）压缩转发（Compress-and-Forward，CF）协议，使用 CF 协议的中继也称为观测传输或量化传输。CF 与 DF 协议的形式很像，但不同的是，CF 协议不仅可以量化，还可以使用源编码技术进行编码，所以 CF 协议更多地被用于解决相关问题。中继用于信号量化和编码，而不是处理接收信号，这样会存在估计误差。当对信号进行编码时，中继估计值可以充当辅助信息。

（4）存储转发（Store-and-Forward，SF）协议，使用 SF 协议的星转发中继时，先进行数据备份，在一段时间之后，才会将数据传递。总体来看，SF 协议与其他协议的工作层不同。

6.1.5 全双工的动态资源分配

（1）双工模式选择

将全双工技术与现有双工技术融合，产生了新的模式。一方面，在系统低负载的情况下，传统双工技术可以满足用户对传输速率的需求，此时无须采用全双工技术，从而可以避免由全双工带来的复杂干扰和干扰消除所需的系统运算量的增加；另一方面，混合双工方式可以与传统双工方式在一段时期内共存，从而提供一条由传统双工向全双工演进的平滑路线。在全双工与时分双工共存的系统中，可以基于现有的时分双工系统设计。保留部分上行和下行链路时，仅改造部分上行或下行链路时变为全双工。更一般地，可以在时频二维空间内以时频资源块为单位进行传统半双工与全双工模式的选择。可以根据系统传输速率的需求选择双工模式，在对传输速率要求不高的情况下，可以使用传统双工模式；在对传输速率要求较高的情况下，需要对用户的信道状态、系统干扰提升水平等进行估计，在干扰可控且具有性能增益的情况下，使用全双工模式。反之，若采用全双工模式，则会对系统带来严重的干扰，且相比传统双工模式，全双工不具有性能增益，因此仍应选择传统双工模式。例如，在为一对传统双工用户分配上行和下行信道时，若两个用户间的距离很近，则无法以全双工模式将两个用户的上行和下行信道设置于同一条物理信道上。

因为在现实生活中，无线环境很复杂，所以不是所有全双工模式都比半双工模式好。因此在实际情况中，将全双工模式和半双工模式混合能够增加信道容量。相关研究如下。

混合双工调度模式：时域混合双工调度协议可以有效改善系统性能。如今，多用户下行系统的调度策略已被广泛研究。当系统有多个目的节点时，此协议可以保证用户对公平性的要求，并且尽可能提升用户的总传输速率。与等机会调度相比，混合双工调度不会降低总传输速率，并且可以保证用户公正性。

机会混合双工模式：由于全双工通信系统中存在频谱利用率和自干扰抑制之间的衡量问题，该模式可以提高系统资源利用率。若系统趋向于某种模式，则系统资源优先分配给该模式。随着信道状态的变化，机会混合双工模式可以在两种模式之间切换，实现全双工和半双工的动态平衡，最终优化频谱利用率。

认知无线环境下的混合双工模式：认知无线环境下的混合双工模式可以显著提高蜂窝移动通信系统在自组织认知环境中的性能。在该模式下，认知传输用户配置多根天线，实现全双工通信，这种模式在不改变射频链路的情况下，认知用户数据传输速率可达到半双工模式的 3 倍。

（2）天线模式选择

全双工通信结构由两根天线构成，可以概括为一发一收。每个全双工节点的射频链路与天线存在两种组合方式，即天线 1 发射、天线 2 接收；或者天线 1 接收、天线 2 发射。考虑一对全双工通信节点相互通信的场量，共存在 4 种可能出现的天线选择方式，如图 6.10 所示，根据信道情况，从 4 种天线选择模式中选择一种进行通信，则能获得分集增益，天线选择的标准为最大化容量或最小化误符号率等，如果 N_1 与 N_2 节点具有相同的发射功率，那么考虑信道互易性，图 6.10（a）与图 6.10（c）具有相同的系统和容量；类似地，图 6.10（b）与图 6.10（d）也具有相同的系统和容量。

（3）功率分配

在传统的双工系统中，采用传统的注水方式进行下行信道分配。但在全双工系统中，在去除非理想干扰的情况下，传输链路的功率会影响接收信号的信号强度，进而影响性能。因此，功率分配需要收发链路的协同优化。

对于多发多收相互通信的现实问题，功率优化问题可以描述为在这些条件下分配的每个发射天线的功率，以最大化系统和容量。由于这类问题是 NP-hard 问题，很难得到全局最优解，因此需要放宽条件，将其转化为凸优化问题。

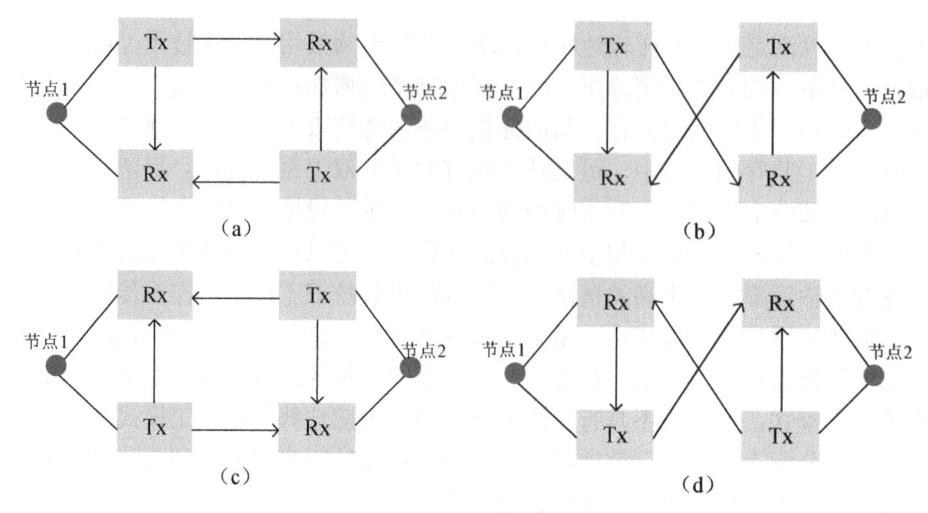

图 6.10　全双工天线模式

在基站采用全双工、移动终端采用常规双工的系统中，功率优化问题是考虑基站的干扰消除能力有限，终端之间存在干扰，建模为系统和容量最大化问题。可以通过拉格朗日乘子法解决现实情况下基站与移动终端的功率问题。还要注意，若基站或移动终端的优化功率分配为零，则系统会降级。功率分配实际上为切换双工模式下的优化问题。该系统可以优化功率，以最大化容量，并根据功率结果确定双工模式。

（4）多用户系统资源的分配

将基站视为全双工，将移动终端视为传统双工。用户资源分配必须考虑上下行用户之间的干扰，调度算法必须解决上下行信道的分配问题。传统的半双工系统可以将上下行信道分配给自己的信道资源空间，但全双工系统的上下行信道资源重叠，链路用户之间相互交互，必须共同优化上下行信道分配。因此，与传统双工系统相比，全双工系统具有更多的优化参数和更复杂的资源分配条件。

优化标准可以最大化利用总吞吐量及保证比例公平性。考虑具有分布式基站接收天线的小区结构用户资源分配方案和遍历用户的上下行模式的计算复杂性，对各种信道分配方案提出了次优方案。多用户系统资源的分配首先确定用户的上行和下行模式，然后确定上行和下行用户的信道分配方案。

6.2　NOMA 技术

非正交多址接入

NOMA

通过对通信技术的发展进行研究，从开始的 1G 到 4G，所用的技术随着科技的发展也有了变化，从 TDMA 到 CDMA，再到 OFDMA，通信发展的历史长河滚滚向前。在 TDMA 和 OFDMA 中，不同的用户被分配到时域或频域的正交资源中，以减少用户之间的干扰，但由于用户占用的带宽资源较差，这些正交复用接入的频谱利用率低。同时，由于这种原因，5G 数据流量急速上升，仅仅使用 OFDMA 无法很好地解决相关问题。因此，5G 网络需要新的改进的多址技术来支持，大量访问具有不同服务质量（Quality of Service，QoS）要求的物联网设备，而不是大量移动用户。5G 移动网络上的多路访问是一个新的且具有挑战性的研究课题，因为它需要提供大量的访问，同时系统吞吐量大、时延低，在 5G 多址技术中，NOMA 越来越受到关注。

6.2.1 什么是 NOMA 技术

NOMA 技术通过多路访问来解决相关问题，我们经常利用其中的四种方法。频分多址对传统方式的提高点在于，NOMA 以全新的分配形式满足人们的需求，从而达到提高系统吞吐量的目的。此外，NOMA 的采用大大提高了系统用户的公平性和频谱利用率。与其他正交多址解决方案相比，用户可以在相同的频率和相同的时间内同时发送信息。

NOMA 技术[3]不同于以往的正交方式，而是在非正交的情况下主动加入相关干扰。在接收端，只有通过使用相关技术才能够获得所需要的结果。改进的 NOMA 技术可以更好地提高频谱利用率。

6.2.1.1 正交多址与非正交多址

在正交多址复用中，每个用户使用严格正交的“子信道”进行通信。所谓“井水不犯河水”，即解调过程中用户没有相互干涉，可以简单地进行通信。相反，在非正交多址复用中，每个用户的信息都在完整的信道上被发送，信息在解调过程中会产生相互干扰，因此分离用户的信息更困难。

非正交多址复用可以用两种方法解调。第一种是每个用户在其他用户的干扰下进行解调。这很容易实现，但是其性能会下降，因此系统是自干扰系统。第二种是使用多用户检测技术。以下为用户串行干扰消除（Serial Interference Cancellation，SIC）[4]过程，多用户 SIC 过程易于推广，先解调用户 A 的信息，然后解调用户 B 在用户 A 的第一条信息（可能需要重传），解调解码之前需要再次解调用户 B 的信息。因为没有互相干涉，所以其性能会有更大的提升。

也可以从自由度的角度来说明正交多址复用和非正交多址复用的区别。在一定带宽（W）内的一段时间（T）内，可用的时间频率自由度为 $2WT$。通过正交多重访问复用，每人只能拥有固定的自由度。在非正交复用中，每个用户使用所有的自由度来传递信息。用户可以通过非正交多址共享所有的自由度，但是很难分离各用户的信息，这是因为各用户使用所有的自由度，理论上可以实现高度 SIC 技术的非正交组合，达到信息容量极限。

此外，非正交多址允许所有用户共享所有获得的自由度。系统设计之初，建立在各用户的信息可混叠这一基础上，且可创建别名，这为系统设计提供了正交访问的灵活性。特别是在移动通信中，为了确保用户信息的正交性，在正交访问方式中，需要非常严格的访问流程和控制流程，如严格的同步、调度、资源分配和其他复杂过程等。当然，由于非正交接入可以经由高级 SIC 接收机，所以仅通过访问过程来保证 SIC 接收机功能的正常操作，就可以实现同步、调度、功率控制，这样可以大幅缓解其他复杂过程。通过非正交访问，多条用户信息可以在同一时间频率资源上传送。而且，由于可简化非正交接入的整个流程，即可以缩短接入所需要的时间，因此非正交多址技术适合作为低时延接入方案。

6.2.1.2 NOMA 技术的特性

未来的 5G 方案将被抽象化为两种类别。一种是移动宽带（Mobile Broad Band，MBB）接入，另一种是物联网（Internet of Things，IoT）中的万物互联。移动宽带接入可分为广覆盖和大容量。IoT 中的万物互联也被分为两种类别：数据传输速率低，但节点多；时延低，可靠性高。我们今天看到的各种正交/准正交多址方案（TDMA、CDMA、SC-FDMA、OFDMA）在设计之初并没有充分考虑将来 5G 的应用。从正交/非正交的比较分析中可以看出，对于 5G 的上述 4 种需求，除了广覆盖，非正交多址相对正交多址有较大优势：①非正交多址有能力限制的优点，特别是在下行链路。②在低时延、高可靠的情况下，非正交多址比正交多址有更大的优点，特别是低时延。③大量连接/低成本，非正交多址可以通过简单的接入过程支持更多的用户在相同时频资源上接入，因此相比于正交多址，非正交多址有较大的优势。为了更好地满足 5G 的现实需要，非正交多址和接入技术的发展尤为重要。

6.2.2 NOMA 的应用场景分析

随着移动互联网和物联网的快速发展，5G 也面临着更严峻的挑战[5]，5G 将在工作、研究、运输方面为用户提供更快的速率、更高的接入密度、更低的功耗及更低的时延。一般情况下，5G 的主要应用场景如表 6.2 所示。

表 6.2　5G 的主要应用场景

场　　景	连续广域覆盖	热点高容量	低功率大容量	低时延、高可靠
关键挑战	100Mbit/s 的用户体验速率	用户体验速率：1Gbit/s 峰值速率：10～100Gbit/s 流量密度：10～100Tbit/s	连接数密度：10^6/km^2 低功耗低成本	空口时延：1ms 端到端时延：ms 级 可靠性：接近 100%

作为新的多址技术，NOMA 有很多优点。

NOMA 能够提高频谱利用率并增加设备访问容量。在 NOMA 中，多个用户为了发送信息而叠加在同一个子带上，共享同一时域和频域的资源，因此能够提高频谱利用率并增加设备访问容量。在持续的广域覆盖的情况下，基站的资源会受到限制，因此需要改善频谱利用率，某些情况下，系统容量和用户连接的数量很高，可以用 NOMA 解决这些问题。

NOMA 技术可以减少功率消耗并降低网络传输延迟。NOMA 利用与原来的方式不同的方法来获得稳定的系统增益，通过减少传输调度来降低开销、降低网络传输延迟、降低终端的功耗。为了实现绿色通信，系统应在环境监测、智能农业、森林火灾预防和智能城市等方面发挥非常重要的作用。

NOMA 大幅提高了可靠性。在发送端，通信系统采用编码形式进行改进，大幅提高了所需性能。车联网和工业控制等对系统可靠性有非常高的要求，该系统需要向用户提供毫秒级延迟和高可靠传输。NOMA 保证了方案的可靠性。

NOMA 还可以与其他技术相结合。使用随机波束赋形在发送端发送信息，使用干扰抑制合并和串行干扰消除技术来抑制和消除接收侧的干扰。Massive MIMO 技术可以进一步提高设备接入能力，提供良好的用户体验。而且在大容量的情况下，将 NOMA 与超密集网络和全频谱接入等技术相结合，可以大幅提高频谱利用率。

6.2.3 NOMA 的关键技术

6.2.3.1 串行干扰消除技术

采用非正交多址接入方式为更好地解决 5G 所面临的挑战提供了切实可行的方案，非正交多址接入方式就是多个用户在相同资源上发送信息的方式，而这种接入技术的使用得益于相关研究的进展，尤其是在理论方面，SIC 的非线性多用户检测提供了更好的理论支持。处于不同检测层的用户需要使用发送端设计的等效分集度，以便接收端的用户能够获得一致的等效分集度。SIC 技术的重要性体现在很多领域。

SIC 技术是多用户接收机的一种具有低复杂度算法的技术，该技术可以从接收端的接收信号中恢复用户数据。传统的匹配滤波器（Matched Filter，MF）提供用户信号的信源估计，以便在每个阶段重新生成信号。用户可以选择延迟、幅度和相位，并使用相应的 PN 码序列对数据重新进行扩频调制。将原始接收信号减去重新调制的信号作为结果，并将计算结果作为输入使用，不断重复上述过程，直到所有用户都被解调为止。

（1）串行干扰消除技术的原理

图 6.11 所示为串行干扰消除技术的原理框图，该图主要有 n 个用户信号分类模块和 n 级干扰消除模块。每级干扰消除模块包括匹配滤波器、MF 检测器、再生器。当接收天线传输多个用户的信息时，发送信号到 SIC 接收机，SIC 接收机首先通过信号分类功能模块将信号发送给多个用户，然后转换功率强度，对第二个 SIC 接收机进行分类，通过多级干扰模块消除干扰。

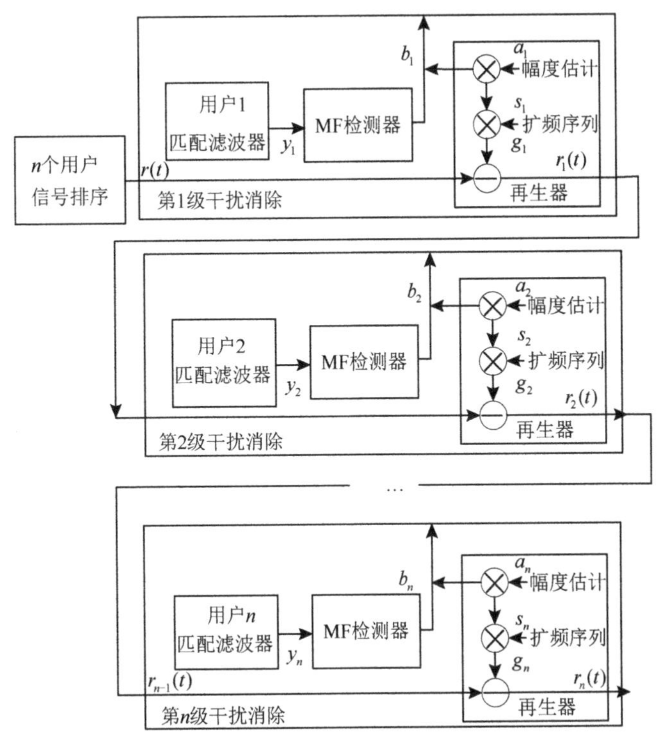

图 6.11　串行干扰消除技术的原理框图

在图 6.11 中，第 1 级干扰消除功能的主要步骤如下。

- 第一个使用者选出 $r(t)$ 中功率最强的信号。
- MF 检测器对功率最强的用户信号做出判决，对用户信号 b_1 进行检测。
- 再生器根据用户 1 的信号 b_1、估计幅度 a_1、估计定时 t_1 和扩频序列 s_1 等再生出用户 1 的时域估计值 g_1。

- 再生器从多用户信号 $r(t)$ 中减去时域估计 g_1，生成新的用户 1 的信号 $r_1(t)$ 给第 2 级。

第 1 级干扰消除模块以最大的信号强度取得信号 b_1，此信号具有最大信噪比。从第 1 级干扰消除模块接收到多用户信号后，第 2 级干扰消除模块重复第 1 级干扰消除模块的工作，并检索最高强度的用户 2 的信号 b_2，将已经清除用户 2 信号干扰的 $r_2(t)$ 发给第 3 级。重复整个过程，直到 n 个信号全部分离。因此 SIC 接收机可以检测出所有用户信号。

在 SIC 接收机中，对第 1 个用户信号的检测并不能从这种干扰消除算法中获益，但因为它是最强的信号，所以将它放在最前面进行检测也是最精确的。因此接收信号必须按功率强度顺序排序，以实现此功能，也就是按照功率强度从大到小排序。SIC 是众多方法中最为直接和方便的方法。SIC 技术具有良好的性能、简单的结构和实现方法，满足 5G 系统的要求。

（2）NOMA 的下行 SIC 检测原理

NOMA 使用 SIC 在下行链路和上行链路上检测用户信号，但是检测用户信号的顺序不同。

图 6.12 所示为 NOMA 的下行 SIC 检测流程图。根据 NOMA 用户的功率分配原则，UE1 会被分配更多的功率。因此，在 UE2 接收到信号后，在同一信道衰落下将信号叠加，叠加信号对应的功率 P_1 比对应信号的功率 P_2 大，因此在下行 NOMA 的情况下，UE2 直接检测解码，进行数据恢复。假设信道带宽是 1Hz，那么 UE2 的信道容量为

$$C_2=\log_2(1+\frac{P_2|h_2|^2}{P_1|h_1|^2+\sigma^2}) \tag{6.3}$$

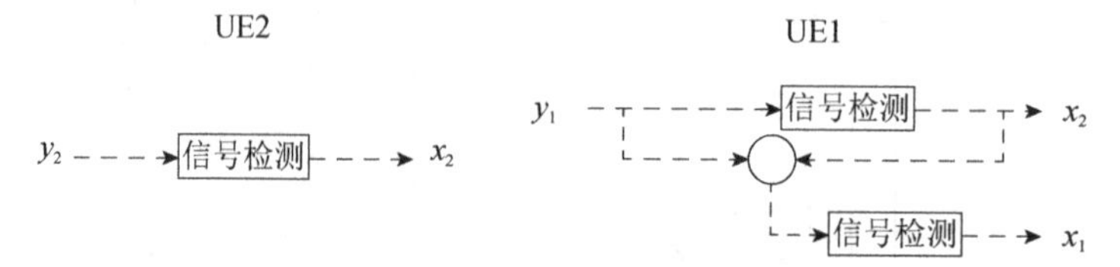

图 6.12　NOMA 的下行 SIC 检测流程图

对于 UE1 来说，需要检测接收信号，重构检测到的 UE2 信号并从接收信号中删除，然后重新检测 UE1 的信号。也就是说，在理想的 SIC 检测条件下，UE1 的信道容量为

$$C_1=\log_2(1+\frac{P_1|h_1|^2}{\sigma^2}) \tag{6.4}$$

（3）NOMA 的上行 SIC 检测原理

在图 6.13 中可以看出，NOMA 上行链路和下行链路的情况不同，在 NOMA 上行链路中，基站在 SIC 检测期间检测 UE1 的信号，消除干扰，再检测 UE2 的信号。理由如下，UE2 的信号经历相对较大的信道衰落，但是 UE1 作为近端用户，信号经历相对较小的信道衰落。因此在基站从 UE1 和 UE2 接收的叠加信号中，来自 UE1 的信号功率与来自 UE2 的信号功率相比，UE1 的信号功率大，根据 SIC 检测的基本原理，通常最先检测功率较高的信号分量。因此，在 NOMA 上行链路中，最先检测 UE1 信号，如果首先检测 UE2 信号，为了确保性能，需要增强 UE2 的发射功率。可以看到，这会增加用户终端的功率消耗。

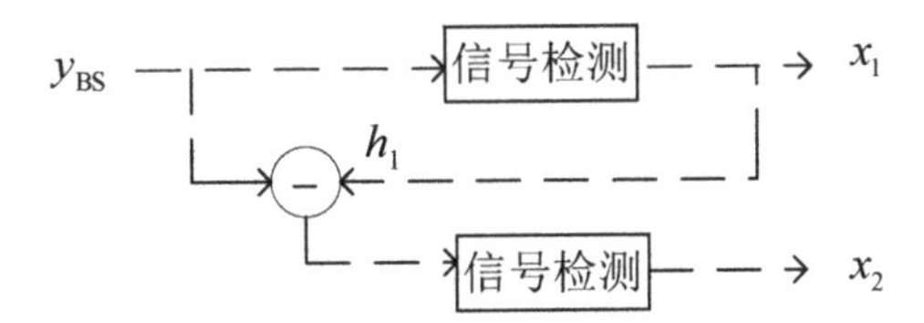

图 6.13 NOMA 的上行 SIC 检测流程图

因此，在 NOMA 上行链路中，基站在检测 UE1 信号时，会干扰来自 UE2 的信号，对应的信道容量为

$$C_{BS,1}=\log_2(1+\frac{P_1|h_1|^2}{P_2|h_2|^2+\sigma^2}) \tag{6.5}$$

当基站检测到 UE2 的信号时，SIC 接收机会干扰来自 UE1 的信号，对应的信道容量为

$$C_{BS,2}=\log_2(1+\frac{P_2|h_2|^2}{\sigma^2}) \tag{6.6}$$

6.2.3.2 功率分配技术

用户复用过程中的功率域应用 NOMA 技术弥补了传统蜂窝网络中的劣势，它通过分配功率域而达到复用。以单天线节点为例：使用叠加编码的用户，在功率域进行复用，并在接收端采用连续干扰消除技术进行解复用。另外，处于较低功率水平的用户可以采用 SIC 技术，通过连续删除其他用户的信息来解码自身的信息。

功率域非正交多址接入（Power-domain Non-orthogonal Multiple Access，PNMA）是指将发送端的多个用户信号在功率域叠加，在接收端通过串行干扰技术进行消除干扰，以此区分不同用户。图 6.14 所示为 PNMA 方案的信号处理流程。

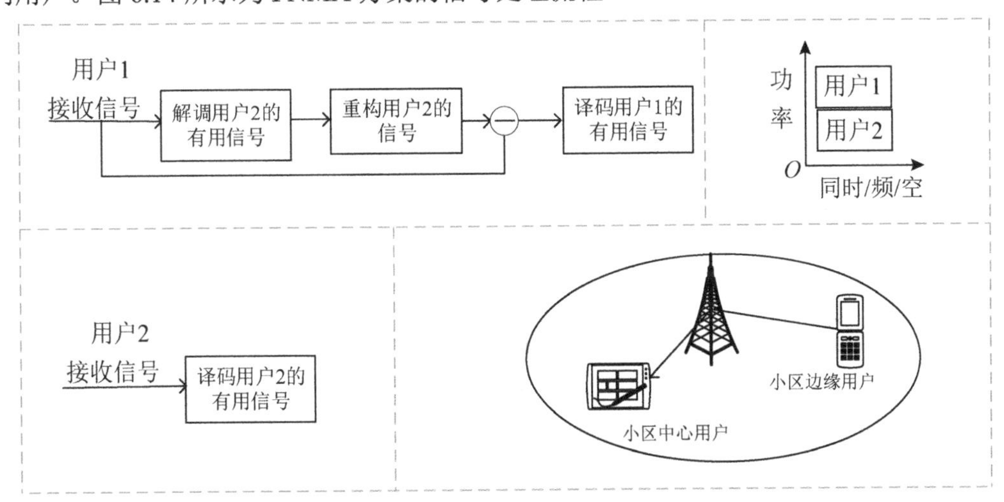

图 6.14 PNMA 方案的信号处理流程

基站发射机：小区中央的用户 1 和小区边缘的用户 2 占用相同资源，这些资源包括时间、空间和频率等，这些信号在功率域重叠。其中，用户 1 的信道状态很好，拥有较低功率。用户 1 的接收端：通过对比，一旦用户 1 的功率低于用户 2，要正确解码用户 1 的有用信号，就需要解调并重构用户 2 的信号并删除用户 2 原来的信号，进而在更好的 SNR 条件下译码用户 1 的信号。用户 2 的接收端：用户 2 的接收信号可能对用户 1 进行干扰，但该部分信号的

干扰功率低于有用信号/小区间的干扰功率，不会产生严重后果。因此，可以直接解码用户 2 的有用信号。

上行 PNMA 和下行 PNMA 的信号处理流程基本上是对称的，可根据基站接收侧的干扰消除来区分重叠的多用户信号。对第一个解码的数据进行分析时，要将其他的同期数据作为干扰。PNMA 的两种对称方式也是存在不同点的。

NOMA 作为其相关技术中直观且易操作的一种，是一种典型的非正交多址技术。NOMA 将多个信号的功率域相加，没有影响其他的相关技术，而且可以与 4G 的主要技术融合。由于 NOMA 技术采用了多用户信号功率范围内的简单线性叠加方式，对其他技术均无影响，并且能够与 4G 正交频分多址技术实现简单结合。4G 消除用户信号之间的干扰主要是利用频谱区间子载波正交方式和时域符号中的循环前缀进行的。在 NOMA 技术中，虽然时域和频域的资源单元在对应的时域和频域中也可选择正交方式，但由于每个单元中只有几个非正交信息，因此为了区分各个用户，必须选择其他技术[6]。

图 6.15 所示为 NOMA 的相关结构示意图。在基站的每个时域资源单元上都有 n 个用户信号。为了区分用户信号，基站根据终端和基站之间的信息，为这些用户发射的信号赋予不同的发射功率值，信道条件好的用户信号的下行发射功率弱，信道条件差的用户信号的下行发射功率强，从而使终端设备接收到的信号强度和 SNR 恰好相反，信道条件差的终端接收到的信号的强度和 SNR 高，信道条件好的终端接收到的信号的强度和 SNR 低。根据 SIC 接收机的原理，按先强后弱的顺序在接收端可以准确取得所有用户的信号。

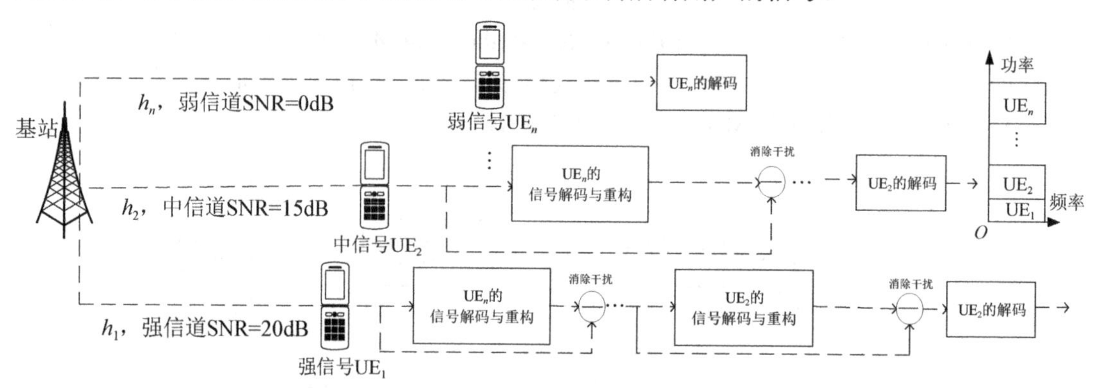

图 6.15　NOMA 的相关结构示意图

假设基站的扇区有 3 个用户 UE_1、UE_2、UE_3，这三个用户对应的信道响应分别为 h_1、h_2、h_3，信道对应的信噪比分别为 20dB、15dB、0dB。通过图 6.15 我们可以发现，如果对信道质量进行从高到低的排序，则为 h_1、h_2、h_3。以下是对 NOMA 下行链路上基站和终端的基本操作过程的说明。

基站侧：当基站对用户进行下行发射功率复用时，由于三个用户与基站之间的信道质量不同，所以系统向 UE_1 分配最强的发射信号功率，向 UE_2 分配中等的发射信号功率，而向 UE_3 分配的发射信号功率最弱。

UE_1 侧：因为高强度信号 SIC 接收机最容易识别，终端首先按顺序对 UE_3 和 UE_2 的信号进行解码、重构、干扰消除，并由终端 UE_1 通过算法不断评估。在获得最佳 SNR 后，UE_1 信号将被最终解码并发送到下一级。

UE_2 侧：与 UE_1 相同。因为 UE_2 发送强信号，终端在处理完 UE_3 后可以取得最佳 SNR，

所以终端直接解码 UE_2 信号，并发送到下一级。

UE_3 侧：3 个用户信号可以同时进入 UE_3 的 SIC 接收机，但因为从公用移动通信基站发出的信号强度最大，其余干扰信号全部被抑制。由于 UE_3 信道的 SNR 更大，因此终端不需要进行其他处理。而 UE_3 信道可以被直接编码，再发送给下一层。

NOMA 技术最大的优点是发送方和接收方的过程简单、直观、容易实现。

6.2.4　MUSA 技术的解决方案

多用户共享接入（Multi-User Shared Access，MUSA）技术是满足 5G MBB 和未来互联网要求的新型多址技术。MUSA 下行增强叠加编码的作用是提供 5G MBB 多址接入技术，而 MUSA 上行复数多元码面向低成本、低功耗的海量连接应用。

6.2.4.1　MUSA 上行链路的设计方案

未来的 5G 方案可以抽象到移动宽带接入和物物连接两种类别，然后发展到 IoT[7]。连接分为数据传输速率低但节点多、延迟少且可靠性高两种类别。在对象连接类型中，连接点数量多，要求成本低。4G 系统不能满足这个要求，因为其设计目的是通过严格的访问过程和控制来实现高效的数据通信。如果在 4G 系统中进行上述过程，那么节点数量就无法满足要求，不能达到要求的信令开销，节点成本就会比较高。为了满足上述要求，需要设计新的多址接入方式。

非正交和免调度这两种技术可以充分满足上述要求，原因如下：非正交天然和免调度结合；在传输速率低的情况下，节点的过载会变大；可以大幅节省信令开销；系统不需要或减少上行同步进程；大幅节省节点的能量消耗；大幅降低成本。

MUSA 上行编码是一种基于复数域的多元码，并且面向低成本、低功耗的海量连接应用。图 6.16 所示为 MUSA 上行链路的设计方案。首先访问用户使用 SIC 接收机扩展互相关性低的复数域多元码序列的调制符号，然后在同一资源上发送得到的扩展符号，最后接收端通过线性处理和块级 SIC 技术将用户信息分离。

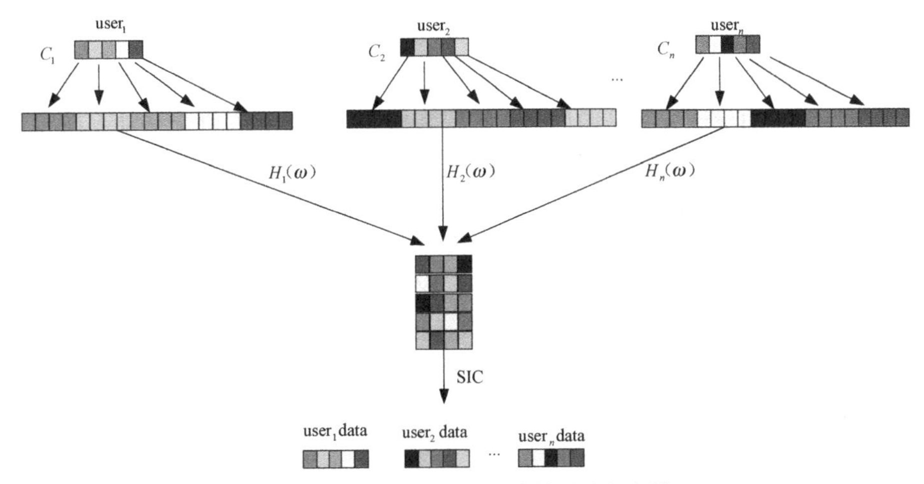

图 6.16　MUSA 上行链路的设计方案[8]

MUSA 上行的部分重要性能和接收端的复杂程度与扩展序列有很大的关系，其上行的性能和接收机复杂度会受到扩展序列的影响。如果像传统 DS-CDMA 那样使用很长的 PN 序列，就可以保证低相关性，而且提供了软容量，也就是允许同时接入的用户数量大于序列的长度，那么这时系统工作在过载状态。一般情况下，同一时刻的用户数量与序列长度的比为负载率，若负载率大于 1，则称其为过载。虽然长的扩频序列能保证一定的过载率，但是在 5G 的大背景下，所需要的系统过载率更大。当过载率很大时，长 PN 序列的 SIC 会很难实现，而且其使用效率并不高。

MUSA 上行使用特别的复数域多元码（序列）作为扩展序列，即使此类序列很短（长度为 8 或 4），也能保持相对较低的互相关性。举例来说，对于其中一类 MUSA 复数扩展序列，其序列中的每个复数的实部/虚部取值于一个多元实数集合，甚至一种非常简单的 MUSA 扩展序列，其元素的实部/虚部取值于一个简单三元集合{-1,0,1}，也具有相当优秀的性能。 三元复序列元素星座图如图 6.17 所示。

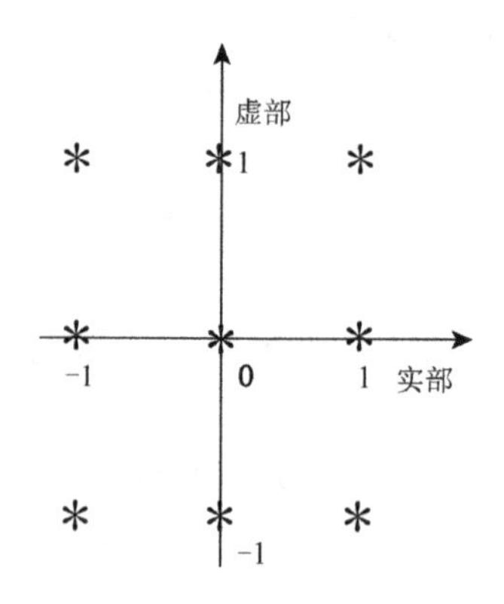

图 6.17　三元复序列元素星座图

将 MUSA 与常用的功率域 NOMA 对照可发现，NOMA 并不需要和 MUSA 一样，MUSA 需要将复数的两部分分别固定在三个数值上，即-1、0 和 1。尽管两者都通过干扰消除这一方法，但不应该在免调度场景下使用 NOMA，而 MUSA 与其相反。且 NOMA 的分集增益没有 MUSA 好。

6.2.4.2　MUSA 下行链路的设计方案

MUSA 下行链路的设计方案是通过叠加编码和扩展引入非正交性来增加系统容量的。具体的设计原则如下：UE 侧仅使用干扰消除 SIC；消除干扰算法必须复杂性低且鲁棒性高；支持不同的调制模式。前两个设计原则可以通过在 MUSA 发送侧增强叠加编码并结合运用不同分集手段（如符号扩展并分散放置）来保证，第三个原则是 MUSA 自然支持的。

MUSA 下行链路的设计方案如图 6.18 所示。在发送侧，多个用户被划分为 k 组用户（k 是大于或等于 1 的整数，每组的用户数 mk 是大于或等于 1 的整数）。将分配给各组的调制符号的功率系数乘以特定功率的调制符号，通过扩展重叠编码来获得叠加符号。使用正交序列集对频谱进行扩展处理，获得扩展符号。将扩展符号序列合并后，组合的符号序列会形成发射信号。

在 UE 侧，UE 执行对应信道的均衡和解扩，根据需要执行 SIC 或直接解调解码。其中，扩展覆盖编码是 MUSA 下行链路的核心。与传统的堆栈编码不同，MUSA 扩展堆栈编码可以通过简单而独特的设计来强化 UE 侧的符号级 SIC 的牢固性，强化在复杂度低的接收机的条件下的访问性能。在重叠相关的几个调制符号上加上适当的变更后，将它们合计，使重叠后的所有可能符号都有灰度映射的属性，也就是说，相邻的联合点之间的差异不会受到边缘 UE 符号解决方案错误的影响。从而加强 UE 侧符号级别的 SIC 安全性。

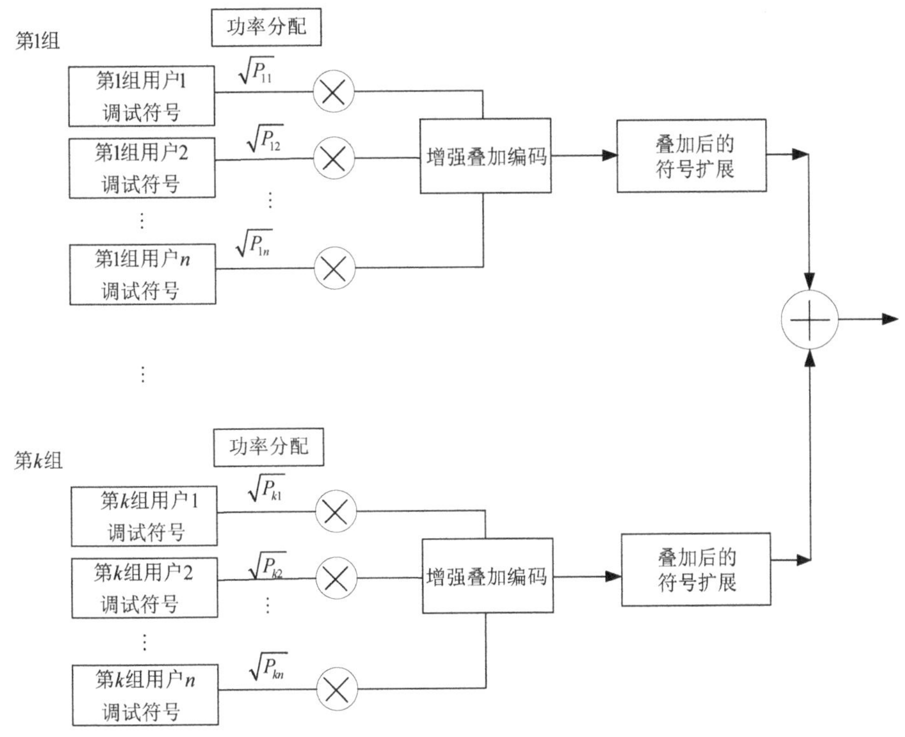

图 6.18　MUSA 下行链路的设计方案[9]

MUSA 下行和传统的功率域直接叠加（NOMA）比较，两者都使用了叠加编码和干扰消除技术，MUSA 充分考虑非正交无线的特性，引入增强的叠加编码，提高可靠性，以更好的操作、更好的性能和更高的系统容量来运行。

该方案完成了基于 MUSA 设计的 mMTC 基站和终端的原型开发，也进行了实际的网站测试，相关测试在上海的测试网站实施，MUSA 测试部署方案如图 6.19 所示。

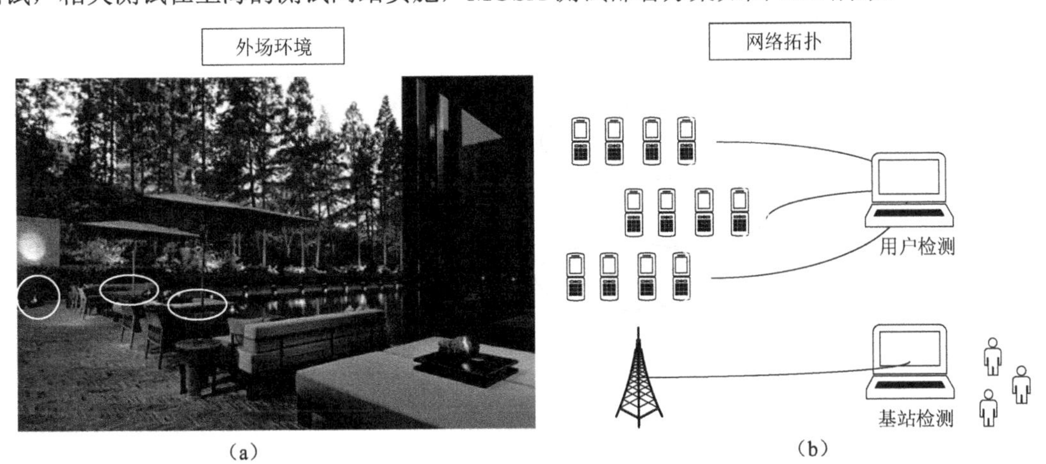

图 6.19　MUSA 测试部署方案

图 6.19（a）所示为实际测试场地，共有 12 个终端，4 个终端为一组，随机分布，用椭圆线圈标记了两组场地，基站用圆线圈标记，服务器通过网关向各终端随机分发不同尺寸的数据分组，如图 6-19（b）所示。基站侧的处理状态和吞吐量测试结果通过网关显示在基站监视软件中。这里主要测试了 MUSA 上行链路的高过载能力，如图 6.20 所示。

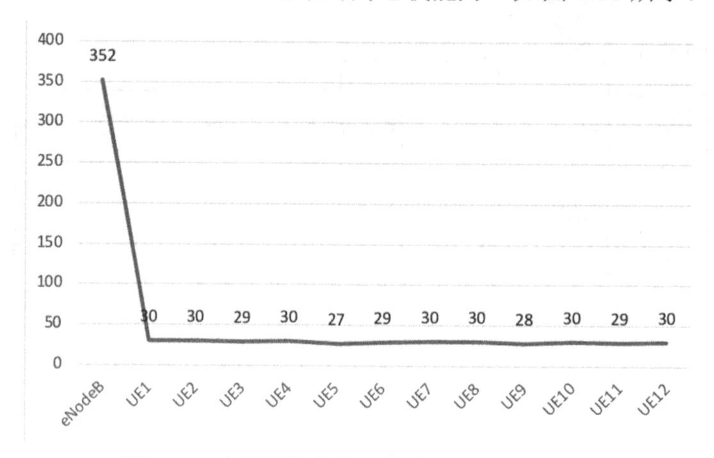

图 6.20　高过载能力的测试结果（300% SISO）

6.3　Massive MIMO

大规模 MIMO

6.3.1　什么是 Massive MIMO

多天线技术在提高系统的峰值速率、系统频段利用率和传输可靠性等方面具有很强的优越性。MIMO 技术的性能增益主要来源于多天线通道的空间自由度，所以在 MIMO 技术中，MIMO 维度的拓展已成为其标准化与产业化的主要方向。由于数据量和使用人数迅速增长，移动通信技术在今后的发展中将会面临很大的技术压力。在此背景下，Massive MIMO 理论的出现为 MIMO 技术的进一步发展提供了更好的理论依据和条件。当前，围绕 Massive MIMO 技术的学术研究、标准化推动及实践探索都在进行。Massive MIMO 技术在 5G 中的应用前景十分广阔。

Massive MIMO 的优点如图 6.21 所示，与从前相比，Massive MIMO 的系统容量和能量效率大幅提升。提升容量的方法是增加天线的数量，这样可以在提高系统容量的同时降低安装的复杂度[10]。

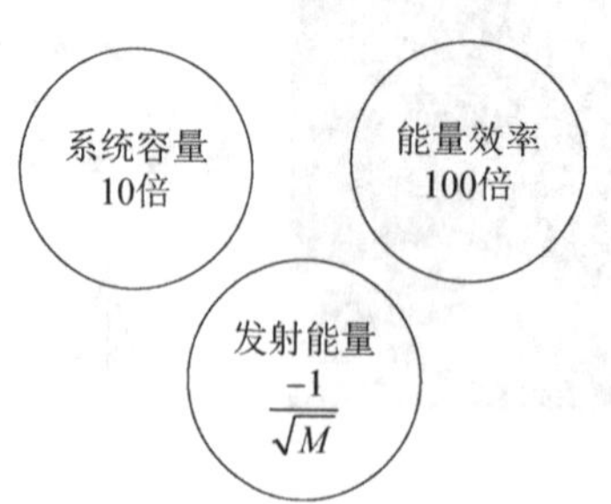

图 6.21　Massive MIMO 的优点

6.3.2 应用场景

基于大规模有源阵列天线的 Massive MIMO 技术可以提高下一代移动通信接入网络的性能，但 Massive MIMO 技术的优势只能在适用的应用场景中实现。通过将场景特性和 Massive MIMO 技术方案设计融合在一起，可以优化 Massive MIMO 技术和标准化解决方案。随着网络架构和网络模式的变革，新的无线接入技术的设计和标准化将对性能评估、特定技术方案的比较和分析、天线形式的选择及标准化方案的制定有重要意义。应用场景的建模还为将来的实际网络中 Massive MIMO 技术的发展和网络计划设计奠定了基础。

3GPP 考虑应用方案的研究、标准化方案的制定和性能评估的重要性，完成了基础波束赋形和全维度多入多出技术（Full Dimension Multi-Input-Multi-Output，FD-MIMO）应用方案和信道建模。目前，可以预测 Massive MIMO 的应用场景主要是广域大规模覆盖和热点高容量场景。广域大规模覆盖包括宏观覆盖和微观覆盖。在广域覆盖的基站部署中，天线阵列的尺寸不受限制。在这种情况下，大规模天线可以利用高增益和强覆盖能力的特性来提高小区边缘用户的性能，因此系统可以使用户得到一致的体验。热点高容量方案包括本地热点覆盖和无线回传。在热点高容量的情况下，Massive MIMO 与高频通信成功组合，解决低频段 Massive MIMO 天线尺寸过大和覆盖能力差的问题。本地热点覆盖主要针对大型集会、音乐会、购物中心、野外集会、运输中心等用户密度高的区域。

大规模天线应用方案可细分为四大方面，包括室外宏覆盖、高层建筑覆盖、热点覆盖与无线回传等。

（1）室外宏覆盖

室外宏覆盖是传统移动通信系统的重要应用方案。在这种情况下，基站的天线被配置在屋顶的高处，可以覆盖地面和低层建筑的用户。系统内用户的分布十分密集，可能会显示 2D（地面）和 3D（楼中）分布的混合模式。在这种情况下，可以最大限度地利用 Massive MIMO 技术性能的优点。2D 天线阵列产生的 3D 波束在水平和垂直方向上都与用户的混合分布特性匹配，在提供优异的覆盖性能的同时，还支持多个用户进行空分复用。因此，室外宏覆盖满足系统容量和频段利用率的要求。为了确保覆盖，室外宏覆盖倾向于使用中低频段。

（2）高层建筑覆盖

在城市环境中，高层建筑更为普遍。一般来说，高层建筑的用户主要依赖于室内覆盖。若使用常规被动式天线阵列将建筑物外的高层建筑深覆盖，则需要多个天线系统来分别覆盖不同楼层，影响系统性能。在这种情况下，可以使用 2D 天线阵列，利用 Massive MIMO 技术可以很好地体现其 3D 赋形能力的优势，根据实际的用户分布灵活调整波束，更好地覆盖楼内用户。而且 Massive MIMO 带来的赋形增益可以克服穿透损耗的问题。

（3）热点覆盖

热点覆盖的覆盖范围有限，但服务需求和用户数量可能比较大。在这种情况下，通过使用更高的频段，增加资源的供给，可以确保满足系统的需求。热点覆盖可以在室外体育场、音乐会、广场等用户和业务量较多的室外区域使用。同时，基于大规模天线的热点覆盖也适用于用户量多的室内环境，如大规模的会场、购物中心、机场航站楼、高速铁路候车室等。在室内热点部署中，大规模天线阵列可以布置在天花板上，或者分散在多个角落里。

（4）无线回传

在热点区域，运营商可能需要根据服务要求的变化来设置微基站。如果采用有线模式，那么回传链路部署有成本高且灵活性低的问题。可以使用宏基站向热点覆盖区内的微基站提供回传链路，但热点覆盖区的整体容量可能会受限制。为了解决这个问题，可以使用由大规模天线阵列引入的精确 3D 赋形和高赋形增益来确保链路的传输质量，提高容量。

6.3.3 组网方案

引入 Massive MIMO 后，与现网统一进行网络管理，无须改变核心网和终端，并能兼容 4G 终端。Massive MIMO 是由 BBU、RRU 及天线组成的一体化基站，减少了传统分布式宏基站网元，以便快速部署。Massive MIMO 网络规划解决方案（容量）的优点如下。

- 空间的自由度更高，空分多流能力更高。
- 具有更精细的空间分辨率和波束赋形增益。
- 多个用户和小区之间的干扰抑制能力更强。

Massive MIMO 结合高精度的用户信道估计算法，形成了非常精确的波束，可以定点投放能量，大幅改善网络的覆盖力[11]。Massive MIMO 使用 3D-MIMO 技术，在水平面和垂直面均可实现波束赋形。高层建筑可以实现室内覆盖的宽度和深度。多个用户级别的波束在空间内是三维的，可以避免相互干扰，大幅提高系统容量。

6.3.4 MIMO 产品介绍

MIMO 产品的详细参数如表 6.3 所示，MIMO 产品实物和天线结构如图 6.22 所示。

表 6.3 MIMO 产品的详细参数

项目	指标
工作频段	2575～2635MHz
工作带宽	20MHz
支持制式	TD-LTE
输出功率	40W
质量	＜40kg
传输接口	1 光 1 电
防护等级	IP65
供电方式	-48VDC
天线方式	一体化
外形尺寸	900mm×500mm×120mm（H×W×D）

MIMO 产品的亮点在于：效率上的极致体验、兼容性、灵活性。极致体验在于该产品的频谱利用率可以提升 4～6 倍。兼容性在于其完全兼容现有核心网和 4G 手机，在 4G 网络超前体验 5G 技术。灵活性在于适配热点覆盖、高楼覆盖、偏远覆盖等多种场景。

- 边缘速率提升：能够发挥其高赋形增益、覆盖能力强、可提高小区边缘业务速率。
- 上行容量提升：128 天线阵子、64 信道可实现上行 4～8 流空分复用。
- 减少整体网络干扰：可以通过使用相关技术减少 50%的波形宽度，以此来减少相关干扰。

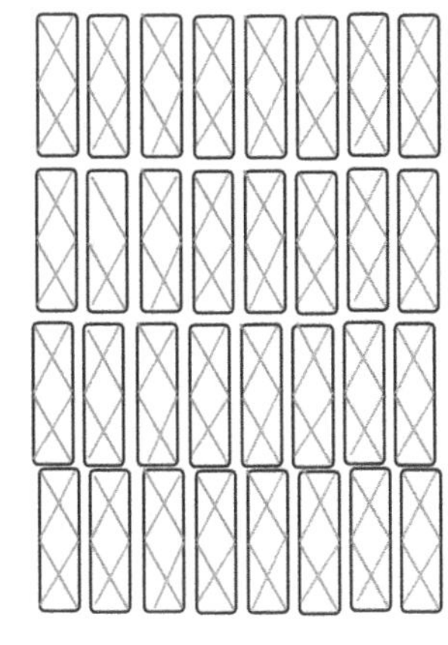

图 6.22　MIMO 产品实物和天线结构

6.4　调制编码技术

5G 包括以人为中心和以机器为中心的通信。以人为中心的通信追求高性能和高速率，相应的终端用户的数据传输速率要达到 10Gbit/s；以机器为中心的通信追求低功耗、低时延，相应的传感器的数据传输速率较低。

以往的技术无法很好地适应 5G 新时代的需要，新技术的应用势在必行，调制编码技术在移动通信的进化中有重要作用，在香农著名的论文《通信的数学原理》发表之后，通信技术取得了显著发展，调制手段多种多样，编码技术也随着迭代译码的发展百花齐放。未来通信的调制编码技术很难寄希望于在原理上取得重大突破，但是可以基于应用场景选择合适的调制编码技术，并整合到统一的系统中，即调制编码更有效的工程应用将是主要的研究和发展方向。

在 5G 中，调制编码技术的发展方向主要有两个：一是降低能耗，二是进一步改进调制编码技术。技术的发展具有两面性：一方面要提升执行效率、降低能耗；另一方面需要考虑新的调制编码方案。

6.4.1　新型调制技术

数字通信的调制技术根据通信系统的发展略有不同。在 2G 系统下，覆盖是主要的评价指标，除降低其他干扰外，能量效率成为调制技术的主要考虑因素。多进制频移键控（Multiple Frequency Shift Keying，MFSK）具有恒模特性，适合能量效率较高的 C 类功放，通过高斯滤波后，带外辐射指标较好，因此在 GSM 系统中存在在 MSK 调制器之前插入高斯低通预调制滤波器这样一种调制方式。不过，如果应用 GPRS 等 2.5G 技术，那么 GMSK 因为高阶调制性能有限而采用 8PSK 等手段提高频谱利用率。在 3G 系统中，调制技术是基于 CDMA 的 QAM 调制，多址和调制技术的有机集成是该系统的主要特点。由于传输速率增加，在解调时需要考虑多径的影响，因此 RAKE 接收机制被广泛使用。

6.4.2 新型编码技术

信息论作为香农所提出的对于通信历史的发展有着深刻影响的一门学术，是当今信号与系统及各种通信应用的基础，它加深了人们对通信系统的理解，把问题转变成从一个可能的集合中选择和估计传输信息的概率问题。其中，两个重要问题就是有效性和可靠性。狭义信息理论和编码理论中的信道编码和信源编码是解决这两个问题的有效方法。

在香农信息论被发现之前，人们总是认为信息的有效性和可靠性不能同时实现。提高可靠性意味着增加冗余，就会降低有效性。如果有足够的可靠性，信息的有效性就会接近零。换言之，只要信息传输速率不超过对应信道的信道容量，就可以保证传输的差错概率任意小。信源是一系列随机序列，而香农表明，只要 $R>H(x)$（信息熵），就可以对信源使用 R 比特编码和无损伤恢复。对于信道，通常是以一定概率进行映射的。如前面所述，可以实现对 $R<H(x)$信息的可靠传输。我们将共同研究信源和信道，并基于信源信道编码分离定理，实现可靠传输。在离散无记忆时，联合的信源信道编码与分离情况下的信源和信道的性能在渐进下是相同的。但是，在有限长度的实际方案中，考虑效率和复杂性等问题，联合编码有一些潜在优点。

最初出现的编码是代数方法编码，更准确地说是 F2 域内的线性分级码。在香农的证明中，具有渐近性能的足够长的编码可以实现更小的错误率。而随机码的码本通常是更好的编码。可以视线性码为线性空间的子空间，只需要对维度为 N 的 NR 个基进行存储就可以实现编码。因此，与随机码相比，线性码在空间复杂度方面取得了很大程度的改进。在这种情况下，通常采用硬判决译码方式，信道容量损失与软判决相比约多 2dB。汉明距离是衡量性能的重要指标。在线性编码中，成对差错计算与最小汉明距离密切相关。学术界提出了 Hamming 码、BCH 码、RS 码、Reed-Muller 码及 CRC 纠错码等。Elias 提出的乘积码和 Forney 提出的级联码都是有效的性能增强方案，以通过短码的译码复杂度来达到近似长码的差错性能。

代数译码后的主要突破是使用概率译码算法。在高斯信道中，使用软信息可以获得比硬判决更大的信道容量。概率解码的典型应用是由 Elias 提出的卷积码。卷积码中重要的是寄存器状态的数量。业界提出了大数逻辑、代数解码、堆栈解码等各种各样的卷积码译码算法。Viterbi 提出的 Viterbi 算法可以在线性复杂度相同的情况下达到码字最优。BCJR 算法适用于实现最大比特后验，也是在 Turbo 码中比较常用的译码算法。除了在功率受限的信道上的信道编码，在有限带宽的网格中，网格编码调制和多级编码等思想将在有限域内对码字汉明距离的衡量转换成欧氏距离下的讨论，子集划分等联合编码和调制的优化对带宽受限的信道下的高阶调制是一种很有效的方法。

还有 Berrou 等人发明的 Turbo 码。Turbo 码突破了信道截止速率。对于高于截止率的卷积码，Fano 等其他算法仍然有效，但是不能保证复杂度。Turbo 码的结构是将两个卷积码用交织器级联，使用迭代解码的算法来逼近最大似然准则。通过交织器级联，可以增加约束距离。这也是香农理论中的优秀码所具有的特性。Turbo 迭代译码原理在各种各样的领域被广泛使用。现代编码理论的另一大进步体现在 1960 年代 Callager 提出的 LDPC 码。LDPC 码中使用的因子图、置信传播算法等思想也成了现代编码理论中的核心理论。

可以利用一种不同于传统调制编码技术的调制编码技术来更好地提升链路的性能，如多元域编码在同样复杂的条件下会比传统的二元解码发挥更好的性能。通过新的比特映射方法，可以使信号的统计分布接近高斯分布，并通过波形编码技术使信号分布接近高斯分布。编码和调制的组合也是一个发展的方向。

6.4.2.1　极化码（Polar 码）

为了适应各种应用方案，NR 信道编码方案包括 Turbo 码、LDPC 码及 Polar 码等。在 AWGN 信道上，所有候选方案的性能都很接近，但是如果码块长度较短，那么 Polar 码是否能达到更好的性能，需要进一步探讨[12]。对于调制编码领域，我们可以用更加适合的方法降低时延，以更好地适应需求。移动通信标准中分别定义了多种编码调制模式，包括卷积编码、分组 Turbo 码、卷积 Turbo 码和 LDPC 码，并对应不同码率，主要有 1/2、3/5、5/8、2/3、3/4、4/5、5/6 等。举例来说，4G 便应用了码率为 1/3 的 Turbo 码编码方法[13]。

LDPC 码和 Turbo 码在各种各样的通信系统中被广泛使用，但是 LDPC 在 SNR 高的情况下不可避免会发生错误平层现象，而 Turbo 码的编码延迟较大。土耳其教授 Arikan 研究出来了第一种可以被理论证明的、逼近香农信道容量极限的编码方案。Polar 码具有更低的误码率性能，同时，其复杂度较低。这受到了国内外 5G 标准化通信研究开发机构和学术界的广泛关注。虽然 Polar 码在理论上可以达到香农界限，编译码复杂度低，但是面对中等长度和较短长度的编码时，其解码性能会降低。而 LDPC 码在低信噪比区域拥有优异的性能，有学者提出将这两种纠错码级联，构成新型级联码，既可以避免错误平层的产生，又能获得较低的误码率，以此来满足在实际应用中的需求，发送更多的信息，同时可以降低时间复杂度。

原则上，应选择抗随机误差性能较好的码作为内码。由于在码字长度为中等或较短时，Polar 码的性能低于 LDPC 码，所以大部分学者选择将 Polar 作为外码、将 LDPC 作为内码来级联的方式。但是，也可以把 LDPC 码视为外码，把 Polar 码视为内码。

（1）Polar-LDPC 级联方式

在 Polar-LDPC 级联方式中，外码使用 Polar 码，内码使用 LDPC 码。图 6.23 所示为 Polar-LDPC 级联码的结构框图。

图 6.23　Polar-LDPC 级联码的结构框图

记 Polar 为(n,k)码，码率为$R_{\mathrm{p}}=\dfrac{k}{n}$；记 LDPC 为$(N,K)$码，码率为$R_{\mathrm{L}}=\dfrac{K}{N}$。进行编码时，先进行 Polar 码编码，再进行 LDPC 码编码，译码时先进行 LDPC 码译码，再进行 Polar 码译码[14]。在发送端，长度为 k 的信息比特经 Polar 码编码后，将编码结果作为信息比特传送至 LDPC 编码器进行编码，将最终的编码结果通过高斯信道传输。在接收端，信息先经 LDPC 码译码，随后传输给 Polar 译码器，最终输出译码结果。此流程中，我们把刚刚编码的输出作为 LDPC 的信息位（K 比特）进行后续的操作，得出的最终结果如下：

$$R_{\mathrm{P-L}}=\frac{k}{n}\times\frac{K}{N}=\frac{k}{n}\times\frac{n}{N}=\frac{k}{N} \tag{6.7}$$

（2）LDPC-Polar 级联方式

LDPC-Polar 级联码的结构框图如图 6.24 所示。

图 6.24 LDPC-Polar 级联码的结构框图

通过上述结构框图可知，第一步先进行相关编码，接着所需位数从 K 扩增到 N。输出时，第一步要经过两次译码，先进行 LDPC 译码，后进行 Polar 译码。此时外码码率为 $R_{\mathrm{L}}=\dfrac{K}{N}$，内码码率为 $R_{\mathrm{p}}=\dfrac{k}{n}$，LDPC-Polar 码率为

$$R_{\mathrm{L-P}}=\frac{K}{N}\times\frac{k}{n}=\frac{K}{N}\times\frac{N}{n}=\frac{K}{n} \tag{6.8}$$

从上述两种方式的实现角度来说，Polar 码采用基于路径度量的连续消除译码算法，LDPC 码采用基于对数似然比的迭代概率算法，正是这种方法，让其运算效率大幅提高。

6.4.2.2 多元 LDPC 编码

在下一个 5G 移动通信时代，LDPC 码再次进入人们的视野。在 2016 年 10 月的 3GPP RAN1 的里斯本会议和 2016 年 11 月的里诺会议上，LDPC 码被认定为扩展的移动宽带数据信道的编码方案。2015 年，LDPC 码被采用在主流移动通信系统中，为了更好地理解 LDPC 码在 5G 通信系统中的应用，本章讲述了 LDPC 码的基本原理和方法、LDPC 码的最佳设计，并描述了高级解码的 5G 通信系统的方案和应用设计。

Gallager 受相关算法的启发，提出了一种新的编码方式。后来经过戴维和麦凯的改进，成了一种新的编码方式，即多元 LDPC。Declearcq 和 FSsorier 提出了基于在 q 元域上快速傅里叶变换的和积译码算法（FFT-QSPA），比 QSPA 更为简单高效[15]。

通过已有的研究结果可以看出来，相对于二元 LDPC 码，多元 LDPC 码有很大改进。由于多元 LDPC 码具有列的重量较小等特点，因此在构建时可以有效避免环长较短的环，从而可以进行错误修正。进一步分析可以发现多元 LDPC 码可以提供更优秀的校正性能[16]，其可以抵御错误的性能要更好一些。多元 LDPC 码是面向符号的，如果将提供更高数据传输速率和频谱利用率的高阶调制方式二元 LDPC 码与高阶调制组合，会导致频繁转换比特率和符号率，从而丢失信息。而多元 LDPC 码可采用基于符号的后验概率译码算法避免问题。Broadcom 公司研究了在发送侧使用二元 LDPC 码，在接收侧使用符号解码的译码调制方式。

欧洲 ENSEA 与三星、STMicroelecctronics 等众多企业共同实施的 DAVINCI 项目基于多元 LDPC 码对多编码调制系统的研究，想提出具有更高频谱利用率的更可靠的解决方案，但是多元 LDPC 码的译码复杂度很高。若使用 QSPA 译码，有可能达到多元 LDPC 码译码的复杂度。因此，设计复杂度低的多元 LDPC 码译码算法成为重要的研究课题。此外，多元 LDPC 码的性能分析和优化的设计比二元 LDPC 码更复杂。因为该编码的密度变化不是一维的，所以其运行时的困难程度会增加很多。多元 LDPC 码的构建还包括选择 GF（q）上的非零元素。

此外，学术界还对多元 LDPC 码进行了广泛的研究，其中，典型的扩展方案是多元 LDPC 卷积码。

6.4.2.3 Turbo 码

在 2016 年举行的 3GPP RAN1 会议上，世界主要通信设备制造商、运营商和芯片制造商对 5G 物理层进行了为期 3 天的信道编码争夺战。经过讨论后，LDPC 码最终被确立为 5G eMBB场景数据信道的长码标准。这标志着Turbo码的时代结束了。接下来，确定了5G eMBB短码的信道编码方案。数据信道继续使用LDPC码。从那以后，经过两次激烈的战斗后，在5G eMBB场景中，Polar码和LDPC码胜出。前者是控制信道编码方式，后者是数据信道编码方式，Polar码和LDPC码一起历史性地走进蜂窝移动通信系统，而在3G和4G时代广泛应用的Turbo码再输一局。尽管如此，Turbo码仍是信道编码的里程碑，还将信息理论推上了新的阶段。

香农通信理论发表40多年以来，他的继任者们为了想出能接近香农极限的码而不断努力和尝试。然而，有可能达到香农极限的码能否实际编码尚令人怀疑。在ICC国际大会上，贝劳等人公开发表了关于Turbo在这一方面的相关工作的文章。巧妙地组合了卷积编码和兰达姆干扰素的随机编码的想法。实验采用的随机交织器大小为65535，进行了18次迭代。当$E_b / N_0 < 0.7\text{dB}$时，码率为1/2的Turbo码在AWGN信道上的误比特率小于10^{-5}，接近香农极限。Turbo码给新时代带来了信息理论。

通过使用Turbo码解读信息，给编码和译码领域的科学家带来了新的灵感。Turbo码不再是一个简单的编码和译码方案，而是一种思想，可以用来开发其他应用程序。Turbo的创意将信息理论推向新的阶段。该编码器由两个并行的卷积码编码器构成。接着需要额外添加干扰，但此干扰并不会对输出有所影响，因为会在输出之前通过一种连接方式将其输出，从而很好地解决这个问题。

重点要关注Turbo的解码器。将信息和对应的冗余序列分别输入两个解码器，每个输出都获得外部信息。通过减法运算和交织反馈到另一个解码器。在重复解码过程中，错误会不断被修正，最终将无限接近香农界限。我们通过在不同的解码器中来回转换来实现所需功能。在实现解码时，我们将输出的信息分为两部分，分别是内部信息和外部信息，最后需要从输出中排除外部信息，再把这个结果传递给其他需要的地方。

6.4.2.4　网络编码

数据通信网络的传统方式是先存储后转发。也就是说，只有在负责路由的节点不同时，才对数据进行管理。而网络编码是把路由信息与编码结合起来的技术手段。它可以把从互联网中接收的信号加以线性或非线性处理，并把它转发给下行节点。中间节点用于编码器或信号处理器。而按照图表理论的最大流和最小割定理，发射侧与接收侧间的数据通信的最高速率不得大于双方之间的最大流值（或最小割值）。如果使用传统的组播路由方法，通常无法超过最大流值（或最小割值）。以对蝴蝶网络的研究结果为例，R.Blswedeetal指出，组播路由传输的最大流值可以通过网络编码来实现，以此降低信息传输时间。

网络编码可以将各种信息比特转换成较小的“痕迹”，并在目标节点中复原，因此无须重复发送或复制整个消息。痕迹在发送到最终目的端节点之前，可以在多个中间节点间的多条路径上反复传递，不需要额外的容量和路由。网络编码主要是链接编码和用户配对、路由选择、资源调度等的组合。网络编码必须将特定方案与特定场景相匹配，并针对具体情况来改善和优化。

最开始网络编码的目的是让我们获得尽可能高的容量，以此来让我们获得更好的网络吞吐量，但是随着时代的发展，科技的进步，网络编码越来越多的优点被人们发现。如果将网络编码技术和其应用程序系统结合，就能改善应用程序系统的特性。

提高吞吐量：提高吞吐量是网络编码最主要的优点。无论是对于均匀链路还是非均匀链

路，网络编码均能够获得更高的多播容量，而且节点平均度数越大，网络编码在网络吞吐量上的优势越明显。从理论上可证明：如果Ω为信源节点的符号空间，$|V|$为通信网络中的节点数目，那么对于每条链路都是单位容量的通信网络，基于网络编码的多播的吞吐量是路由多播的$\Omega\lg|V|$倍。

均衡网络负载：网络编码组播可有效利用其他网络连接，在更宽的网络中把流量分散，分散网络负荷。如图 6.25（a）所示，每个链路容量是 2，图 6.25（a）和图 6.25（b）是利用路由多播进行的，通过多条线路来实现尽可能大的传输容量。图 6.25（c）表示基于网络编码的多播，很容易理解，九条传输链路被用于网络编码的多播，图 6.25（c）比图 6.25（b）多 4 条链路。也就是说，由于使用了更多的链路，网络负荷会分散，该功能有助于解决网络的拥塞和其他问题。

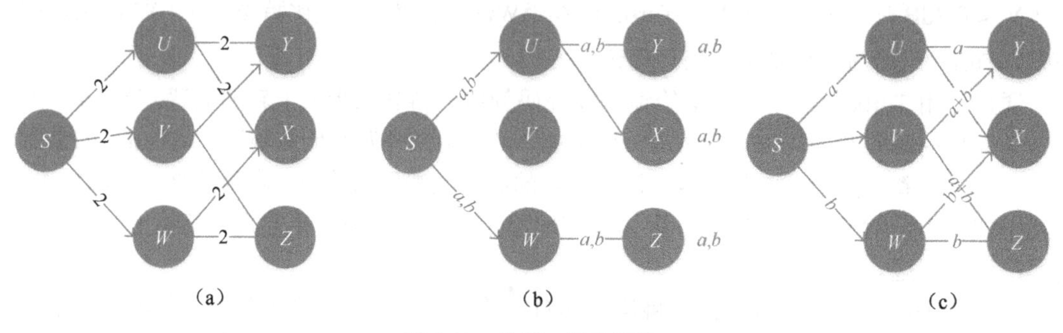

图 6.25　单源 3 接收网络

6.4.3　编码调制与超奈奎斯特传输的组合

在通信系统的研究开发中，研究人员为了给用户提供更好的性能体验，一直追求更高的传输速率。多输入多输出的工作方式能让频段利用率大幅提升。高阶调制通过增加每个符号的比特数来提高频谱利用率。为了在有限的频谱上提供更高速、更丰富的服务，需要持续改善频谱利用率。

早在 100 年前，奈奎斯特就通过大量的推导得出了以下关系等式：

$$\text{理想低通信号下的最高码元传输速率}=2W\ \text{Baud} \tag{6.9}$$

W 为该信号信道的带宽，这个基准被称为奈奎斯特第一准则。当符号的传输速率超过了奈奎斯特准则指定的值时，由于符号间存在干扰，因此接收机无法正确判断符号是 0 还是 1。奈奎斯特第一准则可定义符号间没有干扰时的最高符号传输速率。目前，研究人员将重点放在是否能通过超越奈奎斯特第一准则提高符号传输速率来进一步提高频谱利用率。

6.5　毫米波通信

无线通信的传输模式

通信技术的开发依赖于许多可用的频谱资源。但是，现在商务无线通信的大部分工作频段都集中在 300MHz～3GHz 的频段上，对 3～300GHz（毫米波）频段的利用率很低。有效利用频段资源有助于解决频谱资源不足的问题。同时，可满足大数据传输的需求，提高网络传输效率。毫米波通信技术是一种高质量、恒定参数和技术成熟的无线传输通信技术，是 5G 时代的技术，相比于过去的技术，毫米波通信技术拥有多种更强大的功能，将毫米波通信系统应用于 5G 通信系统是一种业界普遍认同的愿景。

6.5.1 5G 高频介绍

为了提高无线网络的容量，可以提高频谱利用率、网络密度、系统宽带。其中，获得新的频谱资源是最困难的，也是最有效的方法。传统的技术改善和少量新频谱划分的方式无法满足 5G 的频谱需求，因此 5G 必须使用新型频谱，包括毫米波和已有频谱动态共享等技术。

根据世界无线电通信大会（World Radio Communication Conference）WRC-15 的研究，现在 6GHz 以上的频谱资源丰富，因为 500MHz 的频谱带宽被持续分配，6GHz 以上的带宽成为现在 5G 研究的热点内容，28GHz、47GHz 和 60GHz 为解决当前的实际问题提供了强有力的思路。5G 最显著的特点就是高速传输速率。其传输速率在 4G 的基础上提高了 10～100 倍，峰值速率可以达到 10Gbit/s，增加带宽是提高传输速率的最简单的方法。高频段有丰富的可用频段，可以有效解决低频段频谱资源不足的现象。

$$C = B\log_2(1+\frac{P}{I+N}) \tag{6.10}$$

式中，C 为最大信息传送速率，B 为带宽，P 为该场景下的平均功率，I 为干扰功率，N 为高斯白噪声。

5G 的高频频段：主要是指 20GHz 以上的频段。而我国主要使用 24.25～27.5GHz 及 37～43.5GHz，有些国家和地区使用 40GHz 以上，甚至 60GHz 以上的频段，如表 6.4 所示。

表 6.4 各国家和地区的高频候选频段

国家或地区	中 国	美 国	欧 盟	日 本	韩 国
频段/GHz	24.25～27.5 37～43.5	24.25～24.45、24.75～25.25、27.5～28.35、 37～38.6、 38.6～40、 47.2～48.2、 64～71	24.25～27.5、 31.8～33.4、 40.5～43.5	27.5～29.5	26.5～29.5

高频通信的主要技术包括高频信道和频段、高频空口设计、低频和高频混合组网、高频设备等，各自的特点如下。高频信道和频段：研究高频候选频率点的传输特性，选择适当的高频频段，构建适合高频频段的信道模型。高频空口设计：研究适合高频传输的空口框架结构，波束赋形及波束跟踪技术是以多天线为核心进行研究的。低频和高频混合组网：根据高频信号的传输特性，组合了高频和低频，混合组网。高频设备：高频功率放大器和低噪声放大器需要进一步提高功率效率，降低相位噪声。ADC/DAC 设备（模拟/数字转换器）至少要满足信道带宽的采样要求。

毫米波是指频率为 30～300GHz 的电磁波。以直射波方式在空间传播，具有波束窄、方向性好的优点。因为毫米波处于干扰较少的高频段，所以稳定可靠，但是由于水蒸气和氧气等的吸收作用，大气中的毫米波传播会衰减。同时，雨、云、灰尘等可能会引起额外的信号衰减。

除了方向性好，宽频段也是毫米波的一个重要优势。①在非常宽的频段中，即使除去伴随着相对严重衰减的“氧吸收”频段和“水蒸气吸收”频段，毫米波也是潜在的移动宽带通信传输选择。②波束窄，方向性良好。由于波长的影响，毫米波的波束比传统的 RF 波的天线尺寸要窄得多。③元件尺寸小。④对于天线的特定全开口，可以实现比以往的 RF 波更高的波束赋形增益。与以往的 RF 波相比，由于毫米波的波长较短，所以可以在天线的所有开口处配置更多的目标天线。如果在接收侧和发送侧应用波束赋形，那么天线的数量越多，获得的性能增益越高。当然，毫米波的传播特性也存在缺点，如毫米波信号不能很好地穿透大部分固体材料。密集的植被和降雨也会使毫米波通信大幅衰减，一般来说，雨的瞬时强度越大，距离越远，雨滴越大，衰减越严重。

6.5.2 高频传播特性及信道模型

6.5.2.1 毫米波传播特性

氧气和气体形态下的水是首要影响因子，氧气分子的直径为 0.3nm，是一种磁极化的分子，而气态化的水分子是电极化分子的一种，直径为 0.4nm。由于类似氧气的分子与毫米波的相互影响，所以出现了共振吸收。与水蒸气相关联的大气吸收因子，如雨、雪、雾、云等，以及尘埃、烟雾等与悬浮物有关的大气散射因素，会因吸收与散射使信号强度降低，因介质极化改变而影响传播路径，最终使毫米波传输陷入衰减陷阱。试验发现，在整个毫米波频段中，大气衰减主要由 60GHz、119GHz 两个因氧气分子作用的吸收谱线和 183GHz 因水蒸气作用的吸收谱线组成，在使用毫米波段通信时，除了特殊应用，应避开这 3 个衰减窗口。

与衰减窗口相比，也有毫米波通信的大气透过衰减较小的 4 个透明窗口。其频率与波长有一一对应关系。其中，任何一个窗口的可用带宽几乎都可以把包括微波频段在内的所有低频频段容纳在内，可见毫米波段可用频段的宽度是何等富余，若加上空分、时分、正交极化或其他复用技术，5G 中万物互联所需的多址问题是可以轻易解决的。

毫米波拥有很多优秀特性，包括但不限于波束小、角分辨率高等。毫米波通信设备具有体积小、重量轻、天线面不大等特征。毫米波技术已经被研究了较长时间，毫米波的相关工作在多年前就已经开始，经过多年的努力，终于有了很大的进步，现在经常被用来完成交通管制。自最早开始研究，经过多年的时间，终于在一定的领域取得了很大的成功，出现了各种可以广泛应用于军事和民用领域的应用。雷达可以迅速实现广泛的多目标搜索、截取和跟踪。毫米波车辆防撞雷达可以将脉冲宽度压缩到纳米级，大大提高了防撞距离的分辨率。

毫米波的相关应用广泛分布于各种通信领域，其中，最重要的便是卫星通信。除了传统的接力或中断传输通信应用，还有高速宽带接入的无线局域网（Wireless Local Area Network，WLAN）和本地多点发送系统（Local Multipoint Distribution Services，LMDS）通信，二者皆可以进行输入输出互换，提供各种宽带交互数据和多媒体服务，这些可以作为移动互联网末端接入网络的接入点使用。毫米波卫星通信不仅可以解决传统 C 波段和 Ku 波段等卫星通信中频谱资源不足的问题，还可以增加更先进的技术，如多波束天线、星上交换、星上处理和高速传输等。如今，毫米波通信技术已非常成熟。

毫米波的许多特点满足人们对 5G 移动通信系统的需求。毫米波段低端毗邻厘米波，高端衔接红外光。其最大的亮点在于通过其宽频段和短波长，可以满足微型化和集成化通信设备的需要。毫米波的超带宽是 LTE 的上千倍，保证了 5G 的超高速和超链接数。毫米波通信设备小型、轻量，适用于小型化、集成、模块设计，为天线提供了高方向性和天线增益，尤其适用于移动终端的设计理念。毫米波的通信线性传输可以很好地满足不同场景下的动态通信，避免干扰 [17]。

6.5.2.2　毫米波信道传播损耗建模

在毫米波段工作的系统具有相对严重的路径损耗，降低了通信质量，阻碍了可靠通信的实现。首先，我们来考虑一下由大气气体造成的衰减。大气粒子吸收毫米波的能量，毫米波和大部分气体的相互作用不会引起大的衰减，但是众所周知，水蒸气和氧分子吸收了大量的能量，当发射频率与气体分子的谐振频率一致时，会产生较高的射频峰值衰减。当毫米波在含有高浓度水蒸气的介质（浓雾、烟雾等）中传播时，大气的衰减可能会导致严重的损失。

输入和输出之间由传播环境引入的损耗量被称为路径损失。路径损失是无线通信的一般问题。发送信号在无线信道的传播过程中容易受到噪声、干扰及其他信道的影响，同时，信号本身也会导致损失。空间损耗模型可以表示为

$$P_{\mathrm{L}}(\mathrm{dB}) = 32.44 + 20\ln d_{(3\mathrm{D})} + 20\ln f \tag{6.11}$$

式中，$d_{(3\mathrm{D})}$ 是距离，单位是 km；f 是频率，单位是 MHz。

通过上式我们可以发现，自由空间的相关损耗与波长和频率有关。换言之，在一定的传播距离内，频率越高，损耗越大。在频段内，波束赋形可以将能量集中在小区域，获得更高的增益，从而解决自由空间中传播损耗较大的问题。自由空间的传播损耗随着频率的增加而呈对数增加。

建筑物穿透损耗：如果信号穿透建筑物，信号就会发生一定的损耗。低频信号容易透过建筑材料。毫米波的传输损耗大，传播距离短，信号不能渗透到建筑物内部，内部接收非常困难。室内通信质量可以通过在室内设置 Wi-Fi 节点来确保。一些参考文献指出，基于 IEEE 802.11ad 协议的下一代 Wi-Fi 技术可以在 60GHz 带宽上实现最低传输速率，并且可以传输未压缩视频。高频段的传输损耗远大于低频段的传输损耗，如在厚壁的情况下，28GHz 的透过损耗比 2GHz 大 20dB 左右。

雨衰：在毫米波通信中，必须考虑这个频段的无线信号的传播特性，雨衰是毫米波通信中需要考虑的要素。降雨会使系统的路径长度受到限制。若降雨量多，则会对毫米波通信系统造成严重的干涉。雨滴的大小和发射波波长几乎相同，所以容易散射。

衍射绕射损耗：毫米波通信属于微波通信，其频率范围属于微波通信波长的超高频段的前段，后段是亚毫米波通信。显然，毫米波通信接近光通信，基本上与光通信具有相同的特性，即高频、短波长、可直接传输、波束窄等，并具有良好的方向性。毫米波传输质量与自然条件有很大的关系，包含大气及湿度，正因如此，毫米波通信对信息传递的远近有了明确限定。因为波长短，干扰源少，传播稳定性高，传播距离短，所以毫米波通信方便在热点区密集型基站布局；由于具有线性传输特性，因此毫米波通信适用于室内分布。

6.5.2.3　各种高频传播场景测试

对高频信号的传播特性进行多次试验研究，表 6.5 和表 6.6 所示为透射场景的穿透损耗和反射场景的反射损耗。

表 6.5　透射场景的穿透损耗

透射场景	穿透损耗
普通玻璃	1.5dB
木质门	2～4dB
镀膜玻璃	3.5dB
车体	23～26dB
铁门	27dB
水泥墙	30dB

表 6.6　反射场景的反射损耗

反射场景	反射损耗
镀膜玻璃	4dB
铁门	5dB
水泥墙	6dB

雨衰及大气环境对高频通信的影响实验如图 6.26 所示。

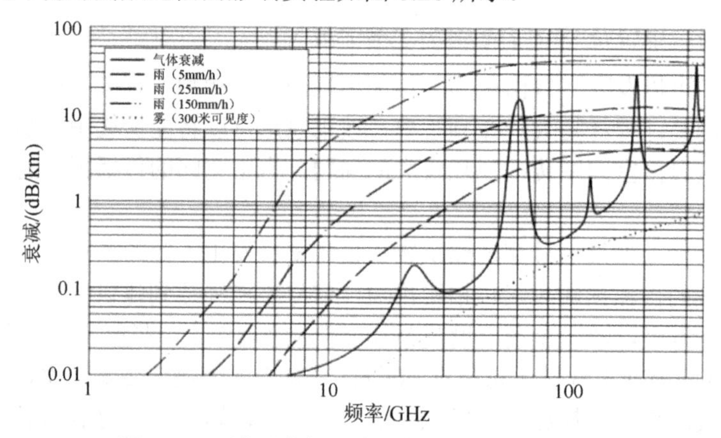

图 6.26　雨衰及大气环境对高频通信的影响实验

总体而言，在所有的环境因素中，雨衰是影响最大的：如 28GHz 在 150mm/h 的雨量下会带来约 20dB/km 的衰减，但是这类事件只是偶发性的；其他衰减因素相对于高频站很小的覆盖半径（如小于 200m），影响不大。

6.5.3　5G 高频原理及实现

（1）大规模天线阵列

相控阵的基本原理如图 6.27 所示，改变各天线阵列元件的相位，补偿从不同阵元发出的信号经历不同路径所形成的时间差，从而使期望方向的信号同相叠加，达到最大值。当信号的方向改变时，可以相应地调整移相器的相移量来改变天线波束的最大指向，实现对波束的扫描和跟踪。

高频传输损耗非常大，但是高频波长非常短，在有限的范围内可以配置很多天线阵列，形成多个天线阵列可以抵消传输损耗。

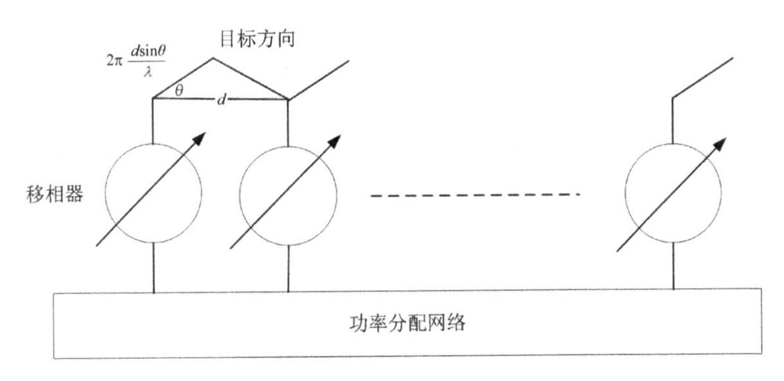

图 6.27　相控阵的基本原理

（2）高频波束管理

高频波束管理可以具体分为 5 个步骤，如表 6.7 所示。

表 6.7　高频波束管理步骤

波束捕获/恢复	✓　终端开机时获取波束信息 ✓　或失步后重新捕获波束
波束训练	✓　可用周期性 RS、CSI-RS、DM-RS 进行下行训练 ✓　基于 SRS 进行上行训练
波束切换	✓　基站发现通信链路变化，通过下行控制信道进行波束切换 ✓　终端发现通信链路变化，通过上行控制信道——PRACH 信道进行波束切换
控制信道波束	✓　系统信息通过所有波束轮发广播 ✓　UE 级信息通过 UE 锁定波束发送
数据信道波束	✓　通过 UE 锁定波束发送

一个 5G 高频基站的完全覆盖，是由多个不同指向的波束组成的，UE 的天线也具有指向性。应该关注的点是寻找到一个性能最佳的点。

基于波束的随机接入示例如图 6.28 所示。

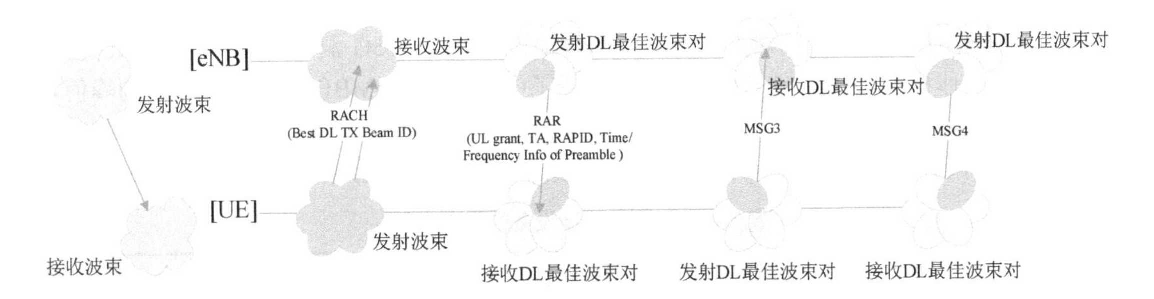

图 6.28　基于波束的随机接入示例

- Step 1：UE 通过 P1 过程获得 DL 最佳波束对信息。
- Step 2：UE 在接入信道发起 P1 过程，发送信息包含 DL 最佳波束对信息，基站根据该过程获得 UL 最佳波束对。
- Step 3：基站在下行的最佳波束对上给 UE 发送 UL grant 信息。

- Step 4：UE 在 UL 最佳波束对上发送 MSG3。
- Step 5：基站在 DL 最佳波束对上发送 MSG4。

（3）高低频混合组网技术

在高频传输特性上，单高频网络很难单独组网，在实际网络中，可以将 5G 高频锚在 4G 低频或 5G 低频上，实现高频和低频混合组网。在该架构中，低频传输控制平面信息和部分用户平面数据，高频提供超高速率用户平面数据。高低频混合组网示意图如图 6.29 所示。

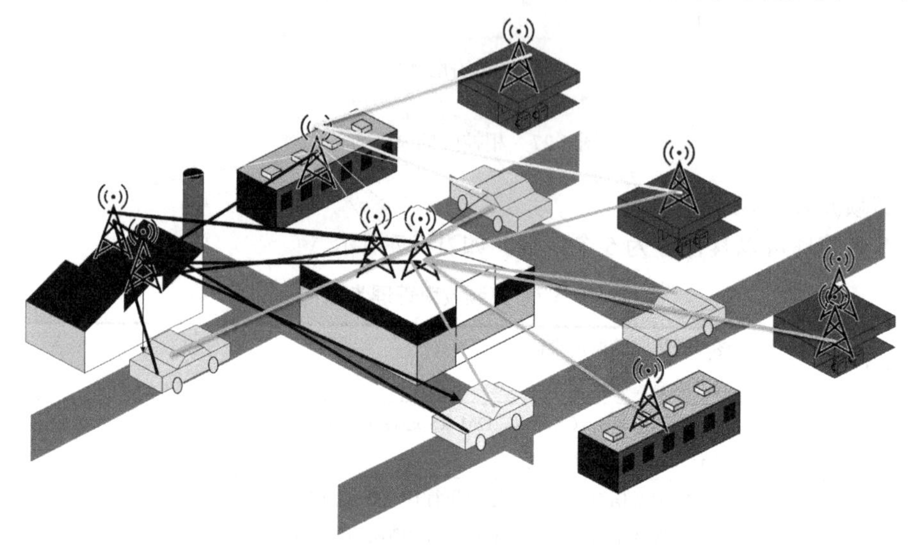

图 6.29　高低频混合组网示意图

6.5.4　5G 高频产品介绍

某厂家的串行化 AAU 产品通过收发信道、传输功率、支持带宽这三个方面区分产品，为客户提供符合高性能要求的各种产品。AAU 产品最大可发送功率为 320W，支持 200MHz 带宽，满足高品质高效网络共享和构建需求。

新一代 5GHz 和低频 AAU 支持 3GPP 5G NR 的新空口，利用 5G 中的重要技术提供重要帮助，适用于中国的 5G 国内测试和许多国家和地区运营商的 5G 测试。5G 低频 AAU 具有业务高集成、体积小、宽工作带宽等特征。更新了中国 5G 的 eMBB 场景低频测试的峰值，单小区吞吐量超过了 19Gbit/s。5G 高频 AAU 是小高功率 AAU，重量轻、安装简单，有助于主导我国 5G 高频 26GHz 测试。表 6.8 所示为毫米波 AAU 设备的详细参数。

表 6.8　毫米波 AAU 设备的详细参数

mmWaveAAU - A9801 28GHz	mmWave AAU - A9811 26GHz/28GHz	mmWaveAAU - A9811 39GHz

续表

频段	28GHz	频段	26GHz/28GHz	频段	39GHz
带宽	600MHz	带宽	800MHz	带宽	800MHz
高峰	>12Gbit/s	高峰	>30Gbit/s	高峰	>30Gbit/s
RF Path	128T128R	RF Path	128T128R	RF Path	128T128R
相控天线阵	256	相控天线阵	256	相控天线阵	256
空口	NR	空口	NR	空口	NR

除 AAU 设备外，还有小站系列，还有 mmWAVE Small cell S9801 26GHz/28GHz，如图 6.30 所示。

mmWAVE Small cell S9801 26GHz/28GHz

图 6.30　mmWAVE Small cell S9801 26GHz/28GHz

mmWAVE Small cell S9801 26GHz/28GHz 产品的详细参数如表 6.9 所示。

表 6.9　mm WAVE Small cell S9801 26GHz/28GHz 产品的详细参数

详细参数（TBD）	
频段	26GHz/28GHz
带宽	400MHz
高峰	>5Gbit/s
RF Path	4T4R
空口	NR

mmWAVE Small cell S9801 26GHz/28GHz 提供一系列的室外基站，指定地址简单、安装方便灵活，可以用于商业、住宅、观光设施。小基站产品的型号丰富，可以提供各种频段和双频率规范，如 1.8GHz+2.1GHz、2.6GHz+3.5GHz、1.8GHz+3.5GHz、2.1GHz+3.5GHz、2.1GHz+3.5GHz。支持 2G、3G、4G、5G、IoT 等制式单模或混模配置，助力 5G 时代极简部署，能够改善多模覆盖，增加网络容量，提升用户体验。

6.6　小结

本章详细介绍了 5G 无线技术，包括全双工技术、NOMA 技术、Massive MIMO、调制编码技术和毫米波通信。如今人们在移动通信中拥有两种常用的双工方式：频分双工和时分双工。频分双工在不同的频带上进行接收和发射，而时分双工在同一频谱上的不同时隙完成接收和发射。非正交多址（Non-Orthogonal Multiple Access，NOMA）技术的基本思想是在发射端采用非正交发送，在接收端通过串行干扰消除接收机实现正确解调。本章从 NOMA 的定义、与正交多址的区别、NOMA 的应用场景及 NOMA 关键技术等方面详细介绍了 NOMA。对于 Massive MIMO 技术，本章依次介绍了 Massive MIMO 的定义、应用场景、组网方案以及 MIMO 产品。同时，本章从新型调制技术、新型编码技术以及编码调制与超奈奎斯特传输的组合几个方面介绍调制编码技术。本章最后对 5G 高频传播特性及信道模型、原理、实现方法、相关产品逐一进行介绍。

参考文献

[1] 张丹丹，王兴，张中山. 全双工通信关键技术研究[J]. 中国科学：信息科学，2014，44（8）：951-964.
[2] 焦秉立，刘三军，张建华，等. 5G 同频同时全双工技术[M]. 北京：人民邮电出版社，2017.
[3] 张传福，赵立英，张宇. 5G 移动通信系统及关键技术[M]. 北京：电子工业出版社，2018.
[4] 王映民，孙韶辉，高秋彬，等. 5G 传输关键技术[M]. 北京：电子工业出版社，2017.
[5] 刘光毅，黄宇红，向际鹰，等. 5G 移动通信系统：从演进到革命[M]. 北京：人民邮电出版社，2019.
[6] 陈鹏. 5G：关键技术与系统演进[M]. 北京：机械工业出版社，2019.
[7] 周先军. 5G 通信系统[M]. 北京：科学出版社，2018.
[8] 袁志锋，郁光辉，李卫敏. 面向 5G 的 MUSA 多用户共享接入[J]. 电信网技术，2015（5）：28-31.
[9] 袁志锋，戴建强，胡留军. 多用户信息共道发送、接收方法及其装置.CN105634702B[P].2019-09-10.
[10] 王渤茹，范菁，单泽，等. 5G 移动通信组网关键技术研究综述[J]. 通信技术，2019，52（05）：1031-1040.
[11] 叶顺林. 5G 无线通信关键技术及其发展现状思路探究[J]. 电子世界，2021（21）：71-72.
[12] 陶伟. 5G 通信网络承载 CBTC 系统业务的方案研究及现场测试[J]. 城市轨道交通研究，2021，24（08）：150-155.
[13] 马璇，田瑞甫，朱梦，等. 面向 5G 移动通信系统的 Polar 级联码机制研究[J]. 移动通信，2016，40（17）：39-44.
[14] 陆艳铭，方勇. 一种带有交织器的 Polar 码串行级联算法研究[J]. 现代电子技术，2018，41（12）：4.
[15] 李寅龙，毛忠阳，徐建武，等. 垂直链路下的空间脉冲位置调制系统信道编码研究[J]. 光通信技术，2021，45（04）：16-21.
[16] 康婧，安军社，王冰冰. 星地高速数传系统低复杂度可重构 LDPC 编码器设计[J]. 电子与信息学报，2021，43（12）：3727-3734.
[17] 王智慧，汪洋，孟萨出拉，等. 5G 技术架构及电力应用关键技术概述[J]. 电力信息与通信技术，2020，18（8）：12.

第7章

5G 组网

前几章对 5G 的基本概念、网络架构及相关技术进行了详细的论述，相信读者对 5G 已经有了基本的了解。本章将介绍 5G 组网方案，让读者对 5G 组网方案有全面的认识。首先介绍 5G 组网策略，包括独立组网、非独立组网及 4G/5G 融合组网，并在此基础上对 5G 覆盖策略进行讨论，针对 5G 的多样化业务需求，进一步给出 5G 室分/微覆盖方案。最后，介绍 5G 天馈系统，对现有通信系统的天馈系统进行分析，进一步讨论 5G 天馈系统的改造方案并对运营商的典型天馈整合场景进行介绍。

5G 组网策略

7.1 5G 组网策略

自 2010 年以来，4G 网络在全球部署，4G 网络在商用后有效支撑了移动数据业务的飞速发展。当前，移动网络进入了一个新的发展阶段，还需要满足数据流量的数千倍增长、千亿级的设备连接和更多样化的业务需求。为此，3GPP 定义了 5G 新空口（New Radio，NR），主要从增强移动宽带（enhanced Mobile Broadband，eMBB）、大规模机器类通信（massive Machine Type Communication，mMTC）和超高可靠低时延通信（ultra Reliable Low Latency Communication，uRLLC）三种业务类型方面进行相关技术的增强[1]。为了进一步满足新业务及连接大数据的发展要求，需要建设和部署 5G 网络，5G 网络的组网将沿用传统网络架构，主要由无线接入网（Radio Access Network，RAN）和核心网（Core Network，CN）组成[2]。其中，无线接入网的作用是为用户提供无线接入功能。核心网的作用是为用户提供互联网接入服务和相应的管理功能等。根据网络架构，5G 的组网基本策略主要包括独立（Standalone，SA）组网、非独立（Non Standalone，NSA）组网及 4G/5G 融合组网三大策略，下面将对 5G 组网策略进行重点介绍。

7.1.1 5G SA 组网

2016 年 6 月，3GPP 制定的标准中定义了 7 种 5G 组网架构选项，包括 Option 1、Option 2、Option 3/3a、Option 4/4a、Option 5、Option 6、Option 7/7a[3]，如图 7.1 所示。

在图 7.1 中，实线和虚线分别为用户平面和控制平面，其含义为传输用户的实际数据和传输控制信令。在图 7.1 中，Option 1 是 4G 组网架构，由 4G 的核心网（Evolved Packet Core，EPC）和 4G 基站组成，其组网方式与 5G 网络完全独立。Option 2 是 5G 网络单独组网，由 5G 核心网（5G Core，5GC）和 5G 基站组成，这种组网方式可以真正实现 5G 的新业务。Option 3 依赖 4G 网络，在 4G 网络的基础上，只需要新建 5G 基站即可，通过对 4G 基站进行硬件升级改造，将5G基站连接到4G基站上，当有业务时，4G基站负责控制命令的传输，5G基站负责传输数据包。然而，考虑硬件改造成本大，就提出了Option 3a部署方式，Option 3a可以将5G的用户平面数据直接传输到4G核心网。Option 4由4G增强基站、5G基站和5GC组成，4G增强基站的用户平面数据和控制平面信令通过5G基站传输到5GC。同样，Option 4a的无线侧是由4G增强基站和5G基站构成的，核心网侧采用5GC。然而，4G增强基站的用户平面数据不再经过5G基站传输到5GC，可以直接进行传输。Option 5的无线侧采用4G增强基站，核心网采用5GC，4G增强基站直接与5GC相连。与Option 5不同的是，Option 6的无线侧采用5G基站，而核心网继续使用EPC。总体而言，就是先部署5G基站，5G基站直接与EPC组网。Option 7还是由4G增强基站、5G基站和5GC组成的，5G基站的用户平面数据和控制平面信令通过4G增强基站传输到5GC。同样，Option 7a是对Option 7方案的改进，用户平面数据可通过5G基站直接传输到5GC。

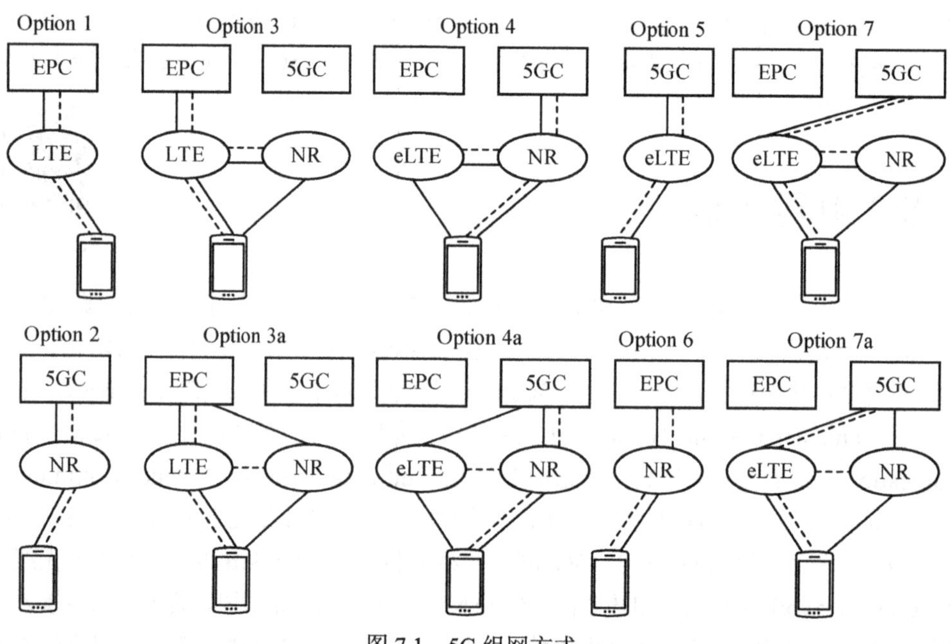

图 7.1　5G组网方式

由于Option 1是4G网络的组网架构，Option 6方案的无线侧使用5G基站，核心网使用EPC，会限制5G系统的部分功能，不具备实际部署价值，因此，一般不会考虑这两种方案。2017年3月，在3GPP发布的5G标准版本中，增加了Option 3x和Option 7x选项，同时确定将Option 2、Option 3/3a/3x、Option 4/4a、Option 5和Option 7/7a/7x 5类选项作为5G组网方式。其中，增加的Option 3x将用户平面数据分为两部分，将4G基站不能传输的部分数据使用5G基站传输，而剩下的数据仍然使用4G基站传输，两者的控制平面命令仍然由4G基站传输。同样，Option 7x也将用户平面数据分为两部分，将4G增强基站不能传输的部分数据使用5G基站进行传输，而剩下的数据仍然使用4G增强基站传输，两者的控制平面信令仍然由4G增强基站传输。Option 3x和Option 7x的组网方式如图7.2所示。

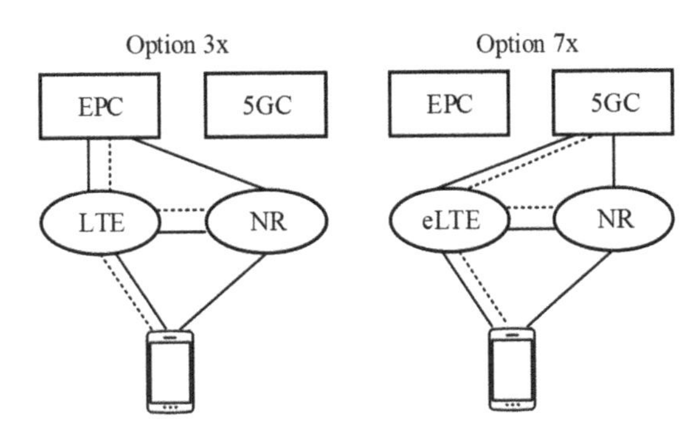

图 7.2 Option 3x 和 Option 7x 的组网方式

根据 5G 组网方式的不同，3GPP 又将协议标准中提出的这些不同的组网方式划分为 SA 和 NSA 两大类。SA 指的是新建 5G 基站、回程链路及 5GC 进行独立组网，如 Option 2 和 Option 5。独立组网除了使用全新的网元和接口，还在核心网采用全新的通信计算机技术，包括网络功能虚拟化（Network Functions Virtualization，NFV）、软件定义网络（Software Defined Network，SDN）等[5,6]。此外，独立组网的相关协议研发、4G 与 5G 的互通互操作技术及网络部署规划等方面都面临着新的挑战。NSA 是指基于现有 4G 网络，与新建 5G 基站和 5GC 进行联合组网，如 Option 3/3a/3x、Option 4/4a 及 Option 7/7a/7x。2017 年 12 月，3GPP 发布非独立组网 NR 标准冻结。此后，独立组网 NR 标准也相继于 2018 年 6 月冻结。SA 和 NSA 标准的冻结，意味着 5G 的第一个标准（Release15）制定完成，5G 商用进入全面冲刺阶段。

首先对 5G SA 组网方式进行介绍。在独立组网模式中，5G 的核心网和基站相互连接。其中，5G 终端能够凭借基站有效与 5GC 实现连接，完成通信，有效完成端到端之间的独立组网。5G SA 网络可以独立承载业务，可充分发挥 5G 网络在高带宽、低时延、大连接等典型场景下的性能，凸显服务化架构和切片能力等方面的优势。同时，在 SA 模式下，5G 网络彻底摆脱了对 4G 网络的依赖，这有利于后续 4G 网络退频、退网等资源释放，不再考虑 4G 和 5G 分流，以及语音、数据并发带来的语音覆盖收缩，使得 4G 和 5G 网络的规划更灵活。

5G SA 部署方式主要有两种，包括 Option 2 和 Option 5。Option 2 的部署方式如图 7.3 所示，这种部署方式类似于 2G/3G/4G，是完全独立建设的 5G 网络，也是 5G 网络成熟阶段的目标架构。其中，无线侧为 5G NR，核心网采用 5GC，用户平面数据与控制平面信令直接与 5G NR 相连接传输到核心网 5GC，不再需要 4G 信令锚点。该方案采用了全新的 5G 核心网架构，可以通过网络功能虚拟化和软件定义网络的方式实现核心网的网元功能，从而全面支撑 5G 各种新型网络技术的应用，并提供多样化的 5G 新功能业务，如 4K/8K 超高清视频、智能穿戴、智能家居及移动医疗等。这种部署方式不需要对现网进行改造，可采用新的设施进行组网，可快速部署。然而，这种部署方式需要新建 5G NR 和 5GC，无法在组网时有效利用已经建好的 4G 网络，导致在初期花费的成本比较高。此外，当 5G NR 未实现连续覆盖时，语音连续性业务仍需要依赖跨系统切换来进行服务，用户体验不好。

Option 5 的部署方式如图 7.4 所示。在无线侧继续采用 4G 基站，然而需要对 4G 基站进行升级，核心网采用 5GC。这种部署方式的用户平面数据与控制平面信令直接与 eLTE 相连接传输到核心网 5GC，然而，升级后的 eLTE 基站的性能跟新建的 5G 基站相比，还存在着一些劣势，如在容量、覆盖、峰值速率及时延等方面难以达到理想的指标。同时，对于后续网络的优化和演进，eLTE 基站也难以完全兼容。因此，运营商一般不会考虑采用这种独立组网方案进行网络部署。

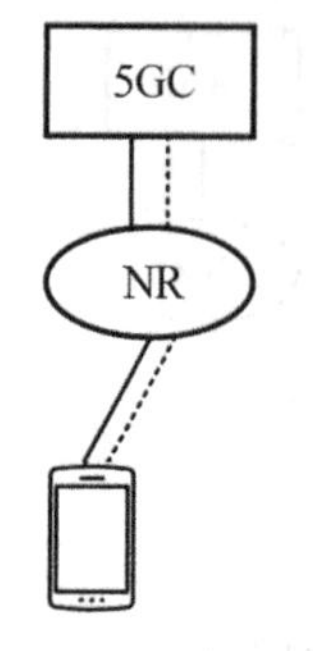

图 7.3　Option 2 的部署方式

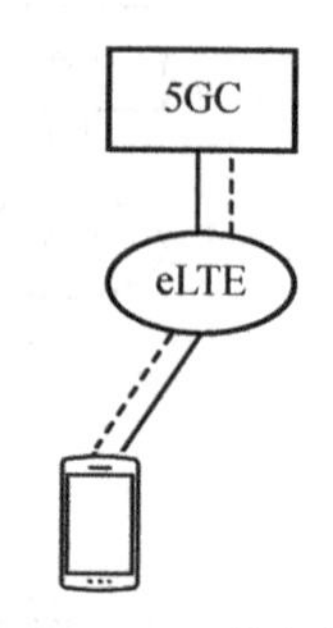

图 7.4　Option 5 的部署方式

对比 Option 2 与 Option 5，两者的差别是通过 NR 还是 eLTE 接入 5GC。NR 需要全新部署，在不依赖于现有 4G 网络的情况下，同时引入一些新技术，如新的帧结构、信道编码等，可提供连续覆盖和提高信道容量，而且能够实现全部的 5G 新特性，支持所有 5G 新功能、新业务，如网络切片、新型服务质量（Quality of Service，QoS）等。但其劣势是部署全新网络将带来初期部署成本较高、站址建设和网络优化压力较大等问题；另外，在部署期间与现有 LTE 网络间的切换和重选问题也是不可避免的。尽管如此，Option 2 仍然是 5G 网络部署的终极目标架构。相比之下，Option 5 通过 eLTE 接入 5GC，能有效利用现有 4G 网络资源逐步向 5G 网络演进，但是仍将面临现有 LTE 向 eLTE 的大规模改造，而且 eLTE 无法支持对于日后 5G 新特性的升级，发展局限性较大，所以普遍不被运营商看好。

从上述分析中可以看出，5G SA 网络采用全新的独立架构，可以与 4G 网络实现有效协同，保证 5G 业务的各项优势得到全面发挥，其可靠性比较高，能够实现大范围连接，为广大用户提供 5G 新功能业务。但相应地，其建网成本也比较高。

7.1.2　5G NSA 组网

5G NSA 组网是指基于 4G 网络进行组网，采用双连接技术，要比独立组网复杂得多。NSA 被视作 SA 的过渡阶段。5G NSA 部署方式主要有 3 类，包括 Option 3/3a/3x、Option 4/4a 及 Option 7/7a/7x。

NSA 3 系列于 2017 年 12 月制定，包括 Option 3、Option 3a 和 Option 3x，NSA 3 系列的部署方式如图 7.5 所示。

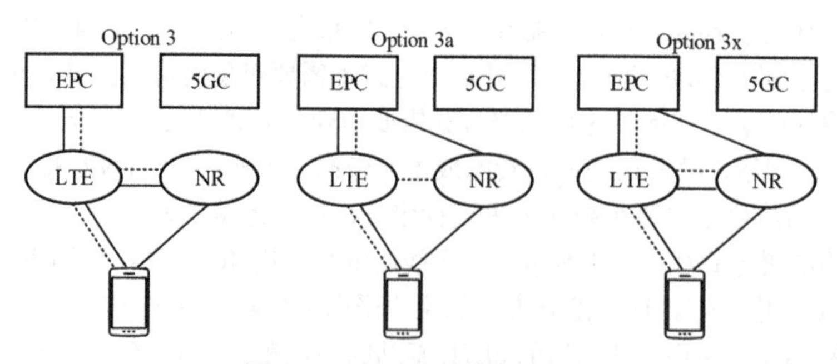

图 7.5　NSA 3 系列的部署方式

Option 3 系列的部署方式是在 4G 网络的基础上，通过新建 5G 基站进行组网，无须部署

5GC。在 Option 3 中，无线侧由 4G 基站和 5G 基站组成，4G 基站与 5G 基站相连接，核心网采用 EPC。5G NR 控制平面信令和用户平面数据通过 4G 基站传输到 4G 核心网，当用户处于业务状态时，4G 基站负责控制管理，5G 基站只负责传输数据包，这种方案对 LTE 处理能力的要求较高。Option 3a 方案是 Option 3 的改进方案，5G NR 用户平面数据不再通过 4G 基站传输到核心网，可以直接进行传输。Option 3x 是 Option 3 系列的优化方案，5G NR 用户平面数据一部分通过 4G 基站传输到 4G 核心网，另一部分可以直接传输到 4G 核心网，这种方案将 NR 作为数据汇聚和分发点，充分利用 5G 基站的优势来提升网络处理各项业务的能力。这三种部署方式的共同点是将 4G 基站作为控制平面锚点，当用户处于业务状态时，4G 基站负责控制管理。Option 3 系列的优势是数据业务对 NR 覆盖无要求、语音业务的连续性有保障、网络部署改动较小、建网投资少且速度快，有利于迅速推入市场和抢占用户，是目前国外运营商最喜欢的方式；但是，该系列部署方式没有建立 5GC，无法支持 5GC 引入的新业务，因此仅适用于 5G 部署初期。

NSA 7 系列于 2018 年 12 月确定，相比于 NSA 3 系列，NSA 7 系列向 5G 的演进更近了一步，最大的变化是引入了 5GC，支持 5G 新功能和新业务。NSA 7 系列的部署方式有 3 种：Option 7、Option 7a、Option 7x，如图 7.6 所示。

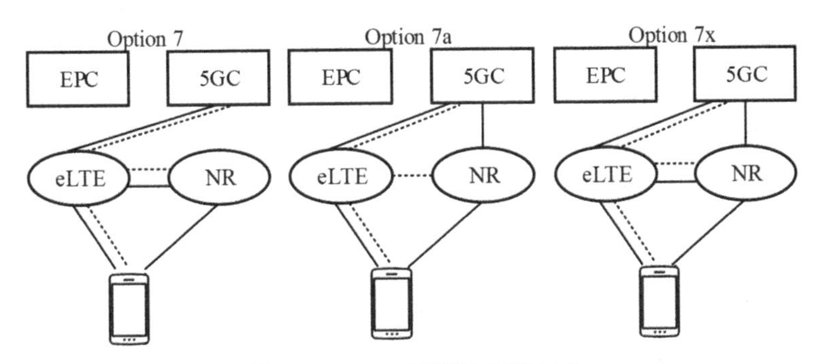

图 7.6 NSA 7 系列的部署方式

Option 7 系列的部署方式在 4G 基站升级改造的基础上，通过新建 5G 基站和 5G 核心网进行组网，4G 增强基站和 5G 基站公用 5G 核心网。在 Option 7 中，5G NR 用户平面数据和控制平面信令通过 eLTE 基站传输到 5G 核心网。当有业务时，5G NR 只负责传输用户数据，4G 增强基站负责信令控制管理和用户数据传输。Option 7a 方案是 Option 7 的改进，5G NR 的用户平面数据不再经过 eLTE 基站传输到 5G 核心网，而是可以直接进行传输。Option 7x 将 5G NR 的用户平面数据的传输分成两部分：一部分数据通过 eLTE 基站传输到 5G 核心网，另一部分可以由 5G 基站直接传输到 5G 核心网。这三种部署方式的主要区别在于数据分流控制点不同。Option 7 系列的优势在于数据业务对 NR 覆盖无要求、支持 5GC 引入的新业务及语音业务的连续性可以通过 VoLTE 保证；其不足之处是需要新建 5GC，建网进度依赖于 5GC 产业成熟度，并且 LTE 需要升级改造为 eLTE，成本比较高，因此适用于 5G 演进中期。

NSA 4 系列于 2019 年 12 月确定，包括 Option 4 和 Option 4a，NSA 4 系列的部署方式如图 7.7 所示。

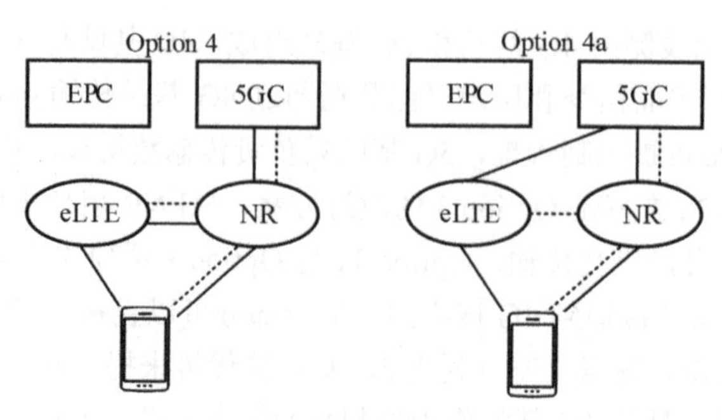

图 7.7　NSA 4 系列的部署方式

Option 4 系列的部署方式是在 4G 基站升级改造的基础上，通过新建 5G 基站和 5G 核心网进行组网的，4G 增强基站和 5G 基站公用 5G 核心网，控制平面仅经由 5G NR 连接到 5GC。其中，由 Option 4 的组网方式可以看出，4G 增强基站的控制平面信令和用户平面数据通过 5G 基站传输到 5GC，当用户处于业务状态时，5G 基站负责控制管理和数据传输，4G 基站只负责传输数据包，这种方案以 5G NR 作为信令和数据锚点，对 5G NR 提出了很高的覆盖要求。Option 4a 是 Option 4 方案的改进方案，用户平面数据也可以由 4G 基站直接传输到 5G 核心网。这两种部署方式的共同点是将 5G NR 作为控制平面锚点。Option 4 系列的优势是采用双连接技术，可以同时支持 5GNR 和 LTE，这样能够带来流量增益，同时，可以支持 5G 新功能和新业务。然而，Option 4 也存在一些劣势，即需要对现网 LTE 进行改造，将 4G 核心网拆除，造成 4G 核心网投资浪费。此外，Option 4 系列对 5GC 的要求比较高，要同时支持 5G 基站和 4G 基站的功能。Option 4 系列的部署方式适用于 5G 网络演进中后期。该阶段不仅面向 5G 的增强型移动宽带场景，还面向大规模物联网和低时延、高可靠场景。

通过对比 Option 3 系列和 Option 7 系列，它们的区别在于 Option 3 系列的核心网采用 EPC，使用 4G 基站，而 Option 7 系列的核心网采用 5GC，使用增强型的 4G 基站。因此，Option 7 系列支持 5GC 引入的新功能和新业务，而 Option 3 系列不支持 5GC 引入的新功能和新业务。Option 3 系列和 option 7 系列的相同点是均对 NR 的覆盖程度无要求，均以 4G 基站作为控制平面锚点，当用户处于业务状态时，控制信令通过 4G 基站传输。

通过对比 Option 4 系列和 Option 7 系列可知，它们的区别是 Option 4 系列将 5G NR 作为用户控制平面的锚点，而 Option 7 系列将 eLTE 作为用户控制平面的锚点。Option 4 系列和 option 7 系列的相同点是都需要新建 5G 基站和 5G 核心网，将 4G 基站升级改造为 4G 增强基站，这意味着它们都支持 5GC 引入的新功能和新业务。

总体而言，相对于 Option 4/4a，Option 7/7a/7x 和 Option 3 系列对 4G LTE 现网的改造程度更低，且不依赖于 5GC 的产业成熟度。为实现快速建网，满足市场发展的迫切需求，对非独立组网，运营商一般首先采用 Option 3 系列组网，让用户更早体验 5G 高速上网业务；如果产业链超出预期，那么可以考虑 Option 7 系列。

从上述分析可以看出，NSA 网络可以在 4G 网络的基础上快速组网，通过按需投资，回报更快，并且可以让用户更早体验新业务。然而 NSA 网络在核心网、无线接入网两个方面存在性能不足。在核心网方面，NSA 基于现有 4G 核心网通过软件升级方式进行部署，仍然保留原先的核心网硬件架构，无法实现 5G 提出的网络切片和移动边缘计算等新技术和新功能。在无线接入网方面，NSA 需要通过 4G 锚点传输 5G 控制平面信令，需要基站侧同时部署锚点和 5G NR 两套基站设备，将会大幅增加网络部署难度和成本。

通过 5G SA 网络的部署方式和 5G NSA 网络的部署方式，对 5G SA 和 NSA 的重点架构选项进行比较，如表 7.1 所示。

表 7.1　对 5G SA 和 NSA 的重点架构选项进行比较

5G 重点架构选项	SA		NSA		
	Option 2	Option 5	Option 3/3a/3x	Option 7/7a/7x	Option 4/4a
无线覆盖	NR 独立组网，提供覆盖和容量	eLTE 独立组网，提供覆盖和容量	LTE 提供连续覆盖，NR 提供容量补充	eLTE 提供连续覆盖，NR 提供容量补充	NR 提供连续覆盖，eLTE 提供容量补充
对现有核心网和无线侧的要求	无要求	LTE 基站需要升级改造为 eLTE 基站	EPC 核心网需要升级，LTE 需要软件升级	LTE 基站需要升级改造为 eLTE 基站	
对新业务和功能的支持情况	使用 5G 核心网，支持新业务和新功能		使用 EPC，新功能和新业务受限	使用 5G 核心网，支持新业务和新功能	
互操作和连续性	两张独立网络，需要通过重选和切换等方式互操作		采用双连接技术，可以实现无缝切换，切换过程中不会产生业务中断，从而保证用户的体验质量		
适用场景	5G 目标部署架构，适用于三大场景	过渡部署架构，适用于部署中后期	过渡部署架构，适用于 5G 部署初期，如热点容量部署	过渡部署架构，适用于 5G 部署中期，如热点容量部署	过渡部署架构，适用于 5G 部署中后期

此外，也可以从建设部署和网络性能两个方面对 5G SA 和 NSA 方案进行对比，如表 7.2 所示。

表 7.2　5G SA 和 NSA 组网方案的对比

对比方面	对比维度	SA	NSA
建设部署	无线网部署	只需要部署 5G 无线网，部署难度小于 NSA	需要同时部署信令锚点和 5G 两套无线网，建设难度大，成本高
	核心网部署	新建 5G 核心网，需要对接 4G 核心网的各项性能	对现有 4G 核心网直接升级
	语音方案	VoNR（需要对接 IMS）、回落 4GVoLTE	4GVoLTE
	产品成熟度	产品不成熟，R17 标准处于协议订立阶段	产业链成熟，可大规模商用
网络性能	服务场景	eMBB/ mMTC/uRLLC 场景	eMBB 场景
	覆盖能力	5G 频段较高，使得其单站点的覆盖范围过小，在覆盖初始阶段，覆盖成本比较高，建设时间较长	能够利用 4G 网络，可以实现连续、不间断的覆盖
	终端吞吐量	下行速率与 NSA 相近；上行整体速率优	下行峰值速率优；上行边缘速率优

在建网初期，5G 主要关注的业务方向是 eMBB 业务，且以低频段为主，因此，在 5G 初期，运营商基本上采用非独立组网，将现网 4G 站点作为锚点进行建设[4]。通过选择科学的组网模式，并构建全新的网络架构，保证网络功能得到更好的发挥，可以推动 5G 网络业务的融合与互通。后期，针对 mMTC 与 uRLLC 业务场景的需要，逐步从非独立组网转向独立组网。

根据 5G 部署方式，从 NSA 到 SA，可以分为三步演进。首先，在 5G 部署初期，通过 NSA Option 3x 快速部署 5G，满足 5G 初期场景需求；其次，软件升级为 SA Option 2，实现 NSA 与 SA 的共存，终端可以根据具体情况灵活选择接入网络，满足不同用户的使用需求；最后，全面部署 SA Option 2，最终实现 5G 独立组网。

7.1.3 4G/5G 融合组网

在无线网络的发展过程中，根据用户终端的发展和兼容性，无线网络可以划分为两个阶段：第一阶段定义为 Pre5G 阶段，移动终端在兼容当前 LTE 网络技术的基础上，通过引入新的网络技术，实现网络容量和用户速率的提升及承载业务的多样化；第二阶段是 4G/5G 融合组网阶段，在终端支持新空口和多连接技术的基础上，全面引入 5G 新空口技术，通过 4G 和 5G 的融合组网，实现网络覆盖的连续性及承载业务的多样化。

在 Pre5G 阶段，引入的新技术包括多天线阵列技术、物联网技术、授权辅助接入（License Assisted Access，LAA）技术和增强型授权辅助接入（enhanced Licensed Assisted Access，eLAA）技术等。

在 5G 天馈系统有源天线单元（Active Antenna Unit，AAU）的天面加入多天线阵列技术，利用波束赋形实现多路分流，从而进一步提高频谱利用率，增加网络容量，扩大覆盖范围。同时，大规模多入多出（Massive Multiple-In Multiple-Out，Massive MIMO）作为 5G 网络的关键技术之一，其已部署的天面设备可以平滑演进到 5G 网络，无须改造。对运营商而言，部署 Massive MIMO 网络可以提升 LTE 网络的竞争力，又能保证以最快速度和最低成本实现现有网络到 5G 网络的演进。

物联网技术的发展将促进 5G 网络的演进。目前，用户对物联网场景的新业务需求有所增加，物联网面临着新的技术挑战。eMTC 等物联网技术可与现网已有的 LTE 载波带内组网。在已有的 LTE 载波中，动态分配出的无线资源可以作为 eMTC 的承载，增加对物联网业务的承载能力，实现对 LTE 网络、5G 网络的价值挖掘和高效应用。

国际电信联盟（International Telecommunication Union，ITU）为 5G 分配了大量新的毫米波（6GHz 以上）频谱资源。LTE 要实现更大的网络容量演进，需要充分挖掘现有网络的频谱资源潜力。基于非授权频谱和载波聚合的 LAA/eLAA 技术，就能够充分利用现有的频谱资源，在高容量高密度区域快速实现容量提升[3]。LAA 技术利用动态频率选择（Dynamic Frequency Selection，DFS）、会话前侦听（Listen Before Talk，LBT）和传输功率控制（Transmission Power Control，TPC）技术实现非授权频段的干扰规避和快速调度，既能保证不同网络制式之间公平竞争，又能保证冲突发生时的无线传输效率。eLAA 技术能实现在非授权频段的上行传输，解决部分网络的上行资源受限问题。通过 Massive MIMO、LAA 等技术可以将单用户的峰值速率提升到 1Gbit/s，使网络支持高带宽的新型业务。

在 4G 和 5G 融合阶段，5G 终端主流芯片厂商可支持 LTE、5G 之间的多连接技术，通过多连接技术可以满足用户网络无缝覆盖和业务增强的要求。在 5G 网络商用阶段，网络中将长时间共存 LTE 终端和 5G 终端，尤其是在建网初期，绝大比例是 LTE 终端，少量是 5G 终端。5G 网络最先部署在有业务需求的地方，通过 4G 和 5G 融合部署能使用户优先进行 5G 业务的新体验，同时这种融合组网的方式能保证网络的连通性。对于 Massive MIMO 基站设备，可以逐步重耕到 5G 网络中，减少建设资源的投入。在网络初期，为适应终端用户的分布比例，可以将部分 LTE 的频率资源重耕到 5G，后续随着终端用户分布比例的变化，可逐步将更多的频率资源重耕。

从技术发展的角度来看，5G 既是在 4G 基础上的革命和创新，也是 4G 的自然演进和延伸。从网络部署的角度来看，5G 的早期部署可能不会是连续的、整网的，需要与有着更广覆盖、更成熟的 4G 网络协作，融合发展[4]。4G/5G 融合组网作为部署 5G 网络的重要方案，既能控制成本，又能提升业务服务效率。

4G/5G 融合组网意味着网络、数据和服务都需要集成和发展。典型的 4G/5G 融合组网架构如图 7.8 所示。在该网络架构中，为了实现 4G 与 5G 的互通切换，5G 核心网部署了 4G/5G 融合网元（统一数据管理（Unified Data Management，UDM）/认证服务器功能（Authentication Server Function，AUSF）/归属地用户服务器（Home Subscriber Server，HSS），策略与计费功能（Policy and Charging Function，PCF）/策略与计费规则功能（Policy and Charging Rules Function，PCRF），会话管理功能（Session Management Function，SMF）/GW-C，用户平面功能（User Plane Function，UPF）/GW-U）。4G 和 5G 网络分别采用接入及移动性管理功能（Access and Mobility Function，AMF）和移动性管理实体（Mobility Management Entity，MME）网元进行独立组网，并通过 N26 接口互联。4G 与 5G 网络协同可为移动用户提供平滑的 4G/5G 数据上网服务，同时，4G/5G 融合组网支持的移动业务更加丰富，可以使用户获得更好的体验。将在第 9 章重点介绍 4G/5G 融合组网。

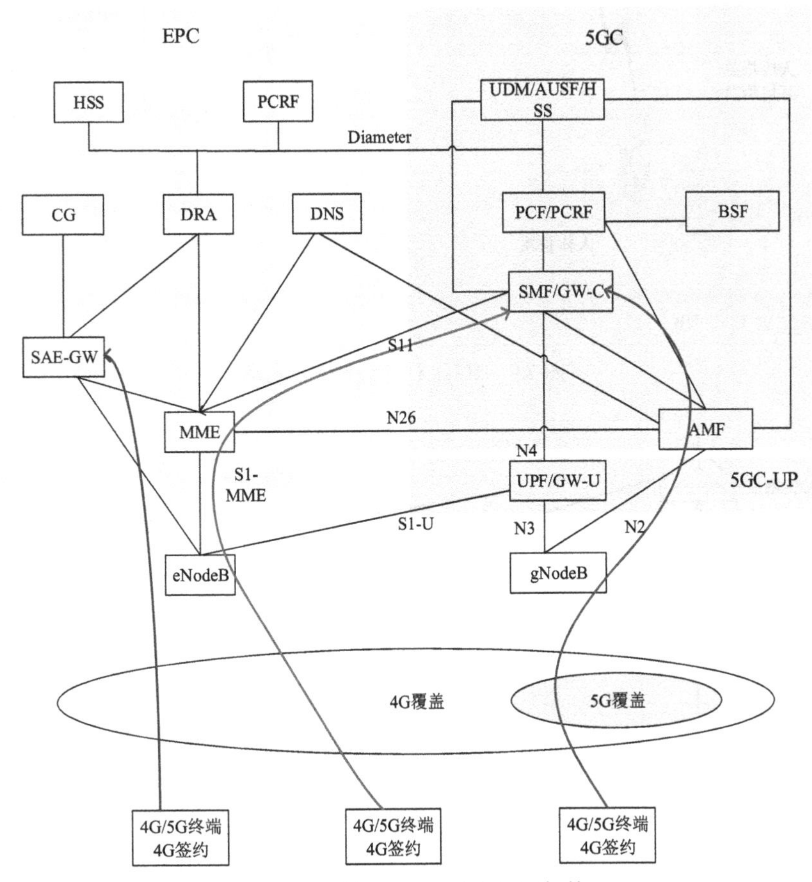

图 7.8　典型的 4G/5G 融合组网架构

7.2　5G 覆盖策略

覆盖策略

在确定网络部署方式之后，如何经济合理地规划 5G 网络覆盖成为运营商需要解决的首要问题。网络覆盖的具体体现是用户能够接收到网络信号，目前，网络覆盖的处理方法是通过链路预算和传播模型完成的[7]。通过链路预算和传播模型可以确定网络覆盖的半径，从而更合理地部署基站，进行网络规划。

链路预算是评估无线通信系统覆盖能力的主要方法，通过对系统中上行（或反向）和下行（或前向）信号传播途径中的各种影响因素进行考察，在满足业务质量需求的前提下，选择适当传播模型对系统的覆盖能力进行估计，在保持一定通信质量的前提下获得链路所允许的最大传播损耗。5G 上行链路预测图和 5G 下行链路预测示意图如图 7.9 和图 7.10 所示。

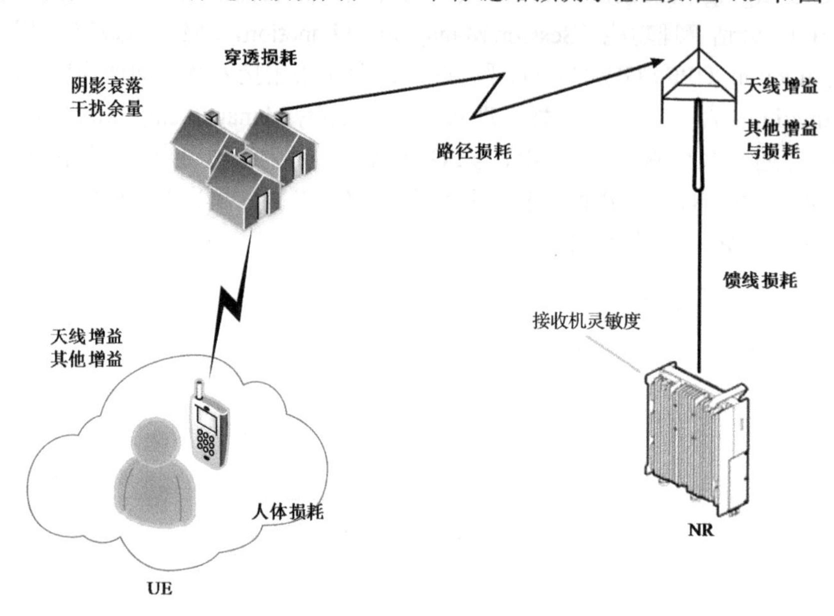

图 7.9　5G 上行链路预测示意图

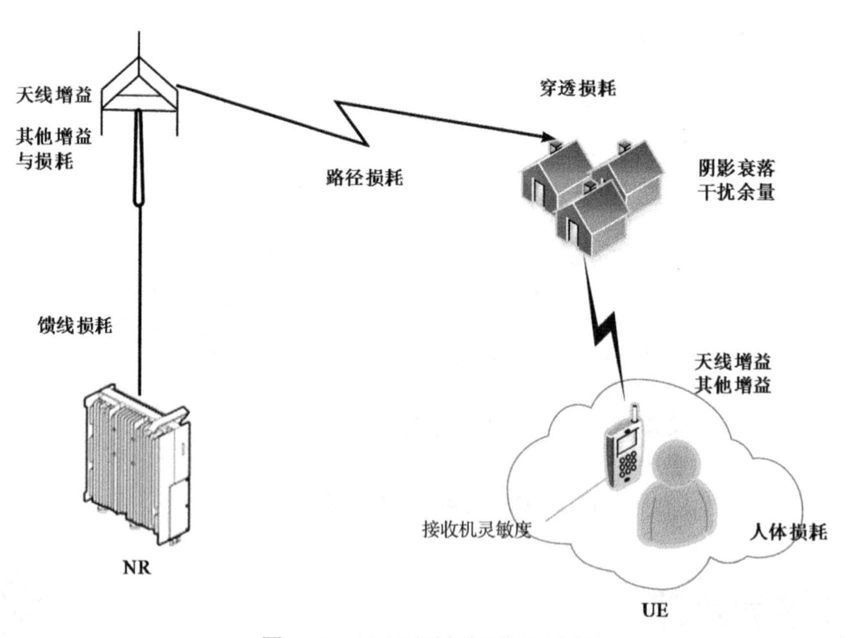

图 7.10　5G 下行链路预测示意图

由 5G 上行链路预测示意图和 5G 下行链路预测示意图可以计算通信链路的最大允许路

径损耗，计算公式如下：

$$PL_{\max} = P_{\text{Tx}} - L_f + G_{\text{Tx}} - M_f - M_l + G_{\text{Rx}} - L_p - L_b - S_{\text{Rx}} \quad (7.1)$$

式中，P_{Tx} 为基站的发射功率，L_f 为馈线损耗，G_{Tx} 为基站天线增益，M_f 为阴影衰落和快衰落余量，M_l 为干扰余量，G_{Rx} 为终端天线增益，L_p 为建筑物穿透损耗，L_b 为人体损耗，S_{Rx} 为接收机灵敏度。在通信过程中，收发信机发出无线信号时会产生信号增益，也会产生信号衰减。信号增益主要来自天线口输入功率、天线分集和赋形增益等。信号衰减则主要是由连接线路损耗、热噪声和终端接收的干扰等造成的。

对于 5G 链路预算，首先要根据三大业务场景确定设备选型，并明确业务速率要求。然后根据设备选型及边缘速率要求获得进行链路预算的各项参数（如发射功率、接收机灵敏度、天线增益和解调门限等）。最后根据 5G 传播模型路径损耗关系表达式求得最大允许路径损耗。

在链路预算上行覆盖方面，NR 3.5G 上行覆盖与 TDD 1.9G 相当，强于 TDD 2.6G。由调研得知，当密集城区的上行边缘速率为 2Mbit/s 时，密集城区的上行覆盖情况如图 7.11 所示；当一般城区的上行边缘速率为 1Mbit/s 时，一般城区的上行覆盖情况如图 7.12 所示。由图 7.11 和图 7.12 可以看出，NR 3.5G 在密集城区和一般城区的上行覆盖半径分别为 195m 和 393m，其覆盖范围与 TDD 1.9G 的覆盖范围相当，大于 TDD 2.6G 的覆盖范围。链路预测表明，NR 3.5G 和 FDD 1.8/1.9G 均能实现共站共址连续覆盖。NR 3.5G 上行覆盖的优势在于：上行采用双发分集增益，总发射功率高达 26dBm；基站采用大规模 MIMO 技术，使用 16/64 根天线接收，并具有高维抗干扰能力；单载波带宽 100MHz 等。相比 SA，在 NSA 组网下，终端只能单发，不能预编码，覆盖收缩。

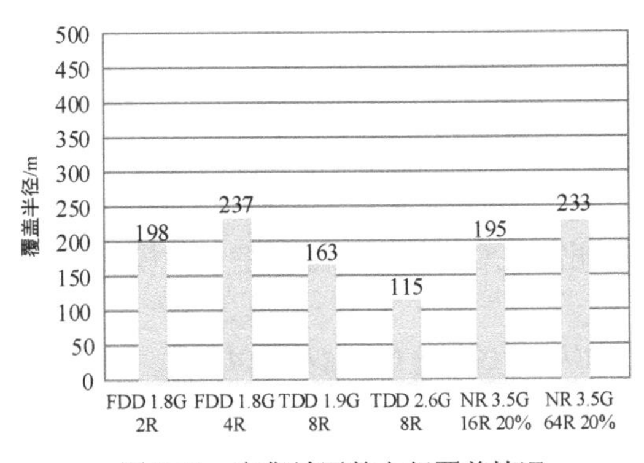

图 7.11　密集城区的上行覆盖情况

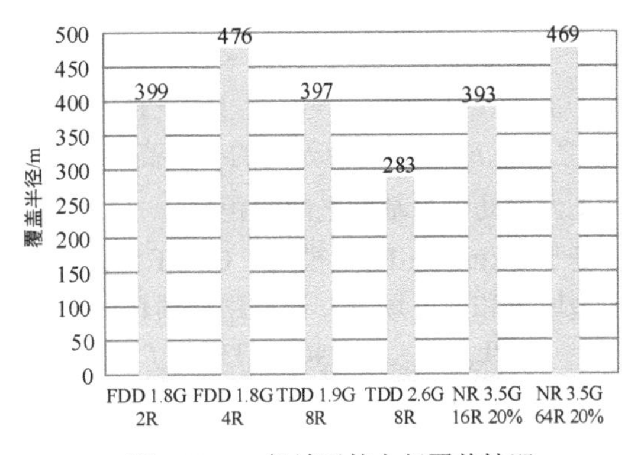

图 7.12　一般城区的上行覆盖情况

在链路预算下行覆盖方面，NR 3.5G 的覆盖范围大于 LTE 的覆盖范围。当 NR 3.5G 的下行覆盖范围与 LTE 下行覆盖范围相当时，NR 3.5G 在密集城区和一般城区的边缘速率要大于或等于 LTE 的边缘速率的 10 倍[8]。由调研可知，当 LTE 在密集城区和一般城区的下行边缘速率为 4Mbit/s、带宽为 20MHz，NR 3.5G 16T 在密集城区和一般城区的下行边缘速率为 40Mbit/s、带宽为 100MHz，NR 3.5G 64T 在密集城区和一般城区的下行边缘速率为 50Mbit/s、带宽为 100MHz 时，如图 7.13 和图 7.14 所示。

由图 7.13 和图 7.14 可以看出，NR 3.5G 16T 在密集城区和一般城区的下行覆盖半径为 381m 和 425m，NR 3.5G 64T 在密集城区和一般城区的下行覆盖半径为 406m 和 452m，TDD 1.9G 8T 在密集城区和一般城区的下行覆盖半径为 364m 和 406m，FDD 1.8G 4T 在密集城区和一般城区的下行覆盖半径为 399m 和 445m。NR 3.5G 在密集城区和一般城区的下行覆盖半径与 TDD 1.9G/FDD 1.8G 的覆盖半径相当。NR 3.5G 下行的优势在于：下行用户可以使用全部的 100MHz 资源，功率不会受限；下行采用 16T 或 64T 的 Massive MIMO，可以同时实现单用户和多用户多流。因此，NR 3.5G 的下行覆盖范围更大。

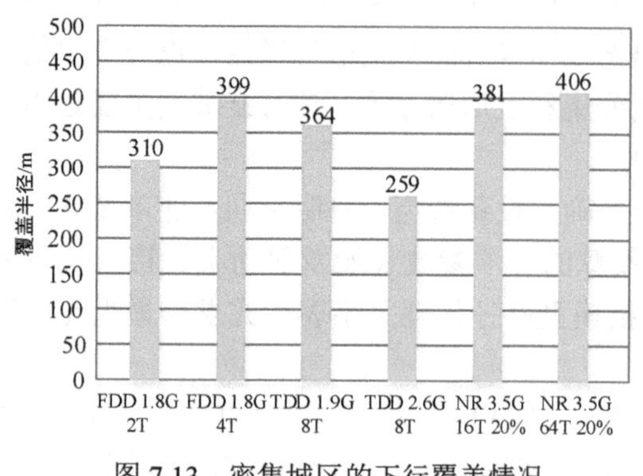

图 7.13　密集城区的下行覆盖情况

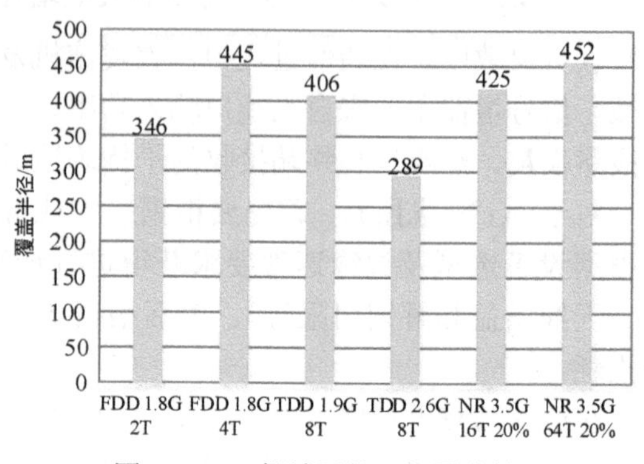

图 7.14　一般城区的下行覆盖情况

传播模型的选择对于网络覆盖范围的确定也非常关键。当所选择的传播模型适合通信链路的环境时，可以以此来得到传播路径的最大允许损耗，从而更加准确地计算出 5G 网络的覆盖范围。传播模型一般由自然地理条件、城市及农村遮挡物的特征、人工和天然植被的情况、噪声及系统的工作频率等因素共同决定。目前，典型的传播模型有 Okumura-Hata 模型、COST231-Hata 模型和 SPM 模型等。

Okumura-Hata 模型是基于以往对通信环境实测出来的数据进行总结分析而提出的模型，适用于地形平坦开阔的大城市场景，计算路径损耗的公式为

$$\mathrm{PL}_{\text{Okumura-Hata}} = 69.55 + 26.16\lg f - 13.82\lg h_{\mathrm{b}} - \alpha(h_{\mathrm{m}}) + (44.9 - 6.55\lg h_{\mathrm{b}})\lg d \tag{7.2}$$

式中，f 为工作频率，一般在 150～1500MHz 之间；h_{b} 为基站天线有效高度，一般在 30～200m 之间；h_{m} 为移动台天线的有效高度，一般在 0～1.5m 之间；$\alpha(h_{\mathrm{m}})$ 为移动台天线高度因子；d 为移动台与基站之间的距离。

基于 Okumura-Hata 模型，CSOT 组织又相继提出了 COST231-Hata 模型，该模型适用于大中型城市和郊区场景，计算路径损耗的公式为

$$\mathrm{PL}_{\text{COST231-Hata}} = 46.3 + 33.9\lg f - 13.82\lg h_{\mathrm{b}} - \alpha(h_{\mathrm{m}}) + (44.9 - 6.55\lg h_{\mathrm{b}})\lg d + C_{\mathrm{m}} \tag{7.3}$$

式中，f 为工作频率，在 1.5～2GHz 之间；C_{m} 为区域修正因子，一般大中型城市的区域修正因子为 3dB，郊区为 0dB。

SPM（Standard Propagation Model）模型是基于 COST231-Hata 模型提出的，其工作频率在 150～3500MHz 之间。这种模型考虑的外在因素更加全面，利用地形、衍射原理、天线挂高、倾角来计算路径损耗，计算路径损耗的公式为

$$\mathrm{PL}_{\mathrm{SPM}} = K_1 + K_2\lg d + K_3\lg h_{\mathrm{eff}} + K_4\mathrm{Diffraction} + K_5\lg d\lg h_{\mathrm{eff}} + K_6 h_{\mathrm{meff}} + K_{\mathrm{clutter}} f_{\mathrm{clutter}} + K_{\mathrm{hill,los}} \tag{7.4}$$

式中，K_1 为频率校正因子；K_2 为距离衰减因子；d 为发射机到移动台的直线距离；K_3 为发射天线的高度修正因子；h_{eff} 为天线挂高；K_4 为衍射修正因子；Diffraction 为衍射损耗；K_5 为距离和发射天线高度的共同修正因子；K_6 为接收天线的高度修正因子；h_{meff} 为移动台的有效高度；K_{clutter} 为地貌校正因子；f_{clutter} 为基于地形的加权损耗平均值；$K_{\mathrm{hill,los}}$ 为山区地域的修

正因子。

综上所述，Okumura-Hata 和 COST231-Hata 模型的应用频率不能适用于 5G 的毫米波频段。SPM 模型的最高频率为 3.5GHz，SPM 只能应用于 5G 3.5GHz 以下的部分频段。因此，针对 5G 的不同场景、不同频段，3GPP 协议共定义了 4 种 5G 传播模型，包括 RMa 模型、UMa 模型、UMi 模型和 InH-Office 模型。下面对这几种模型进行介绍。

RMa 模型的应用频率在 0.8～7GHz 之间，适用于农村场景，侧重于连续广域覆盖场景。在视距（Line Of Sight，LOS）/非视距（Non Line Of Sight，NLOS）场景下，该模型的路径损耗计算公式如下：

$$PL_{RMa\text{-}LOS}=20\lg(40\pi d_{3D}f_c/3)+\min(0.03h^{1.72},10)\lg d_{3D}-\min(0.044h^{1.72},14.77)+0.002\lg(h)d_{3D} \quad (7.5)$$

$$PL_{RMa\text{-}NLOS}=161.04+7.11\lg W+7.5\lg h-(24.37-3.7(h/h_{BS})^2)\lg h_{BS}+(43.42-3.1\lg(h_{BS}))(\lg d_{3D}-3)+20\lg f_c-(3.2\lg(11.75h_{UT})-4.97) \quad (7.6)$$

式中，W 为区域宽度，在 5～50m 之间；h 为建筑物的高度；h_{BS} 为基站天线的有效高度；d_{3D} 为基站天线与移动台天线的直线距离；f_c 为工作频率；h_{UT} 为移动台天线的有效高度。

UMa 模型适用于室外场景，如城市中心、火车站广场等。在 LOS/NLOS 场景下，该模型的路径损耗计算公式如下：

$$PL_{UMa\text{-}LOS}=28+40\lg d_{3D}+20\lg f_c-9\lg({d'_{BP}}^2+(h_{BS}-h_{UT})^2) \quad (7.7)$$

$$PL_{UMa\text{-}NLOS}=13.54+39.08\lg d_{3D}+20\lg f_c-0.6(h_{UT}-1.5) \quad (7.8)$$

式中，d_{3D} 为基站天线与移动台天线的直线距离；f_c 为工作频率，在 0.8～100GHz 之间；d'_{BP} 为基站与移动台天线的直线距离；h_{UT} 为移动台天线的有效高度。

UMi 模型适用于热点容量场景，包括商场、开阔的广场等。UMi 模型在 LOS/NLOS 场景下的路径损耗计算公式如下：

$$PL_{UMi\text{-}LOS}=32.4+40\lg d_{3D}+20\lg f_c-9.5\lg({d'_{BP}}^2+(h_{BS}-h_{UT})^2) \quad (7.9)$$

$$PL_{UMi\text{-}NLOS}=22.4+35.3\lg d_{3D}+21.3\lg f_c-0.3(h_{UT}-1.5) \quad (7.10)$$

式中，d_{3D} 为基站天线与移动台天线的直线距离；f_c 为工作频率；d'_{BP} 为基站与移动台天线的直线距离；h_{UT} 为移动台天线的有效高度。

InH-Office 模型适用于各种真实典型的室内部署场景，包括办公室、教学楼、图书馆等。InH-Office 模型在 LOS/NLOS 场景下的路径损耗计算公式如下：

$$PL_{InH\text{-}LOS}=32.4+17.3\lg d_{3D}+20\lg f_c \quad (7.11)$$

$$PL_{InH\text{-}NLOS}=17.3+38.3\lg d_{3D}+24.9\lg f_c \quad (7.12)$$

式中，d_{3D} 为基站天线与移动台天线的直线距离；f_c 为工作频率。

通过链路预算和传播模型进行网络覆盖是一种理论方法，虽然能够进行全局部署，但是计算过程比较复杂。因此，在实际工作中，通常使用参考信号接收功率（Reference Signal Receiving Power，RSRP）覆盖指标进行网络覆盖，该方法操作简单，使用手机等终端测量 5G 基站发射信号的电平值，当电平值在有效信号的范围内时，说明网络是可覆盖的，在基站周围进行采样，当采样率在运营商的要求范围内时就表明网络是正常的，然后依次进行基站部署，对网络进行覆盖。

5G 网络建设初期以 3.5GHz 频段为主，有 16TR 与 64TR 两种基站站型。在用户更加集中的区域可以采用 64TR 基站站型，能够提高网络容量，还能改善网络对通信设备的兼容性。

在用户相对较少的区域，数据通信业务的需求不高，对网络容量的要求也相对较低，采用 16TR 的基站站型即可满足用户的需求。通过对不同用户密集度区域布置不同类型的基站站型，能够在满足用户数据业务需求的前提下降低网络建设成本。

5G 网络将通过灵活建设方式，满足不同场景的需求。室外通过宏微站结合，满足室外连续覆盖。室内通过有源分布系统解决容量与覆盖问题。5G 网络的应用场景主要包含广覆盖场景、深度覆盖场景、容量型场景与特殊场景四种类型，其中，广覆盖场景表现为城市道路、商业区和城郊等场景，针对室内、室外分别采用室分系统与宏站等覆盖手段；深度覆盖场景包含住宅区、校园教学楼等场景，利用室外信号配合室分系统实现覆盖效果；容量型场景包含中心商务区、交通枢纽、校园宿舍楼和大型场馆等场景，针对室外主要利用宏站的方法满足覆盖容量需求，针对室内则利用室分系统与微站提升覆盖容量；特殊场景体现为高速铁路、地铁和公路隧道等典型场景，针对高速铁路需要在优化站间距、站高设计的基础上以小区合并方法覆盖，针对地铁、公路隧道则通过铺设泄漏电缆、布设信源等方式实现覆盖效果。

7.3 5G 室分/微覆盖方案

5G 给人们带来了更智能、更丰富的业务应用，如高清视频、增强现实（Augmented Reality，AR）/虚拟现实（Virtual Reality，VR）、工业制造自动化及现代物流管理等，这些应用主要发生在密集的住宅区、商务楼宇、大型场馆和工业园区等室内场景中[3]。然而，5G 毫米波频率高，波长短，散射和绕射能力弱，传播过程易被遮挡，信号在传播过程中衰减大，很难从室外抵达室内。因此，室外的宏基站不可以对室内进行有效覆盖，需要进一步展开 5G 室分覆盖的组网部署方案研究。

室分覆盖指的是在室内部署室内分布系统，使信号覆盖室内的每个区域。室分系统作为提高室内网络通信质量的关键系统，其原理是通过在室内的不同地方安装全向吸顶或定向挂壁等天线，将基站信号分路传输，有效地送到室内的各个区域，大大弥补室外基站的弱覆盖区域。随着 5G 技术的发展，将通过提升网络升级效率、推动网络运维可视化和智能化来部署新型的 5G 室分系统，从而进一步改善用户体验。

7.3.1 DAS 室分可行性分析

传统的室内分布式天线系统主要由三部分构成：一是基站信源设备，一般包括基站宏蜂窝、微蜂窝或直放站设备等；二是分布式天线系统（Distributed Antenna System，DAS）信号传输线缆及附属设备，一般由馈线、同轴电缆、光纤光缆和光端机等构成；三是放大器、功分器等器件及天线等设备。

根据基站主设备类型的区别，室内分布式天线系统一般分为蜂窝基站结构系统和直放站结构系统。蜂窝基站结构的优势主要在于蜂窝设备的稳定性，可保持蜂窝结构系统整体的信号传输稳定性，且基站容量可控，可以根据场景话务需求进行扩容；而其不足之处在于工程需要基站机房，存在站址协调等问题，而且基站需要进行配套电源、传输等，从而导致系统建设成本较高，因此蜂窝基站结构系统一般出现在重要的运营服务及话务场景中。直放站结构系统一般用于覆盖宏基站和室分基站无法覆盖到的区域和场景，这些场景一般处于较偏僻的工厂、厂矿等位置，话务需求不是很大但是必须覆盖。直放站结构系统一般占用最近基站的空闲信道，设备将信号放大后实现区域覆盖。其优势在于基站安装建设简单，建设成本较低。不足之处在于直放站要提前规划频率，且基站覆盖效果较差，信号和话音质量相比蜂窝基站较差，且直放站不易于进行统一监控管理。

根据系统结构划分，传统 DAS 系统分为无源系统和有源系统。无源系统指整个分布系统全部由无源器件构成，系统各环节不加入有源设备和器件。其优势在于系统的结构和性能相对平稳，系统建维简单，而且无源器件的成本较低；而其不足之处在于不易对系统进行整体监控，系统出现问题后不容易查找问题。有源系统是指在建设过程中，为了增强系统的覆盖能力，加入了有源器件和设备。其优势在于因为增加了有源器件和设备，覆盖能力和范围较无源结构大，而不足之处在于有源设备需要电源供电，增加了建设难度，而且由于有源设备的存在，故障率会增大，系统稳定性会降低。通过对以上系统的结构性能进行比较可知，无源系统具有显著优势，所以传统的室分系统基本都是无源系统。无源 DAS 系统的原理是通过对系统中的各种材料、各环节器件的信号辐射和衰耗的精确计算，进行系统布置。精确设计后的系统能够充分发挥其系统特性，提供优良的覆盖功能。

目前，较为常见的 DAS 室分系统主要由基带处理单元（Base Band Unit，BBU）、光纤、馈线、射频拉远单元（Remote Radio Unit，RRU）、耦合器、功分器和天线组成，DAS 组网结构图如图 7.15 所示。

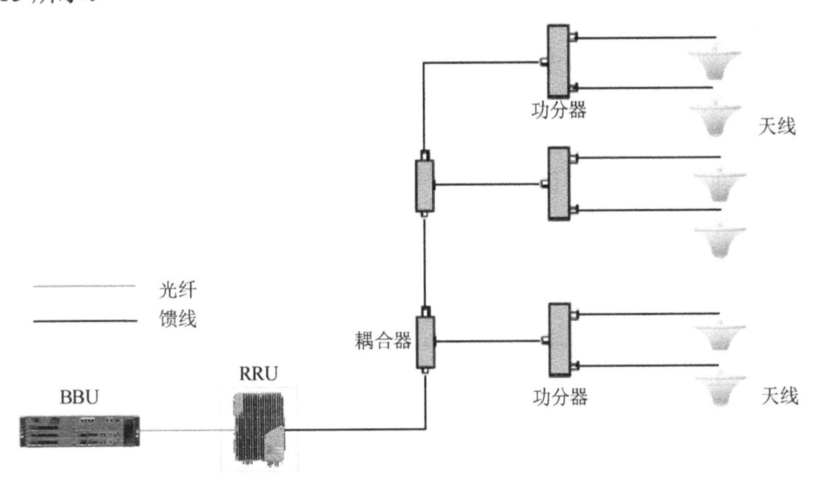

图 7.15　DAS 组网结构图

由图 7.15 可以看出，这种 DAS 室分系统主要使用馈线和无源器件进行组网，采用全向吸顶天线，在空间内合理布置，通过馈线、功分器、耦合器等无源器件将天线连接至 RRU 信源处，使通信信号均匀分布在建筑物的各个角落，从而改善建筑物内的无线信号环境，解决信号覆盖盲区，提升用户感知度，大大弥补了室外基站的弱覆盖区域。这种组网方式技术成熟、应用范围广、系统稳定性高、覆盖区域内的信号强度均匀，但由于采用的器件为无源器件，因此系统整体的功率损失较大，施工周期长，难度大，系统内无法监控，不利于维护，且单位面积造价较高。

DAS 系统天线采用“多天线、小功率”的设计方式，具备较好的可扩展性，在楼宇结构复杂的场景可以选择“降功率，加天线”的方案，使整个系统的覆盖面积增大。传统 DAS 室分系统标准 RRU 的覆盖面积与 20～40 个有源数字系统的 RRU 覆盖面积相当，有源数字室分系统若想达到同样的覆盖效果，则需要增加有源 RRU 的数量。在许多情况下，尤其是在建筑物、隧道、大型公共场所和体育场等场景中，通过部署 DAS 室分系统可以解决传统站点无法提供有效覆盖的问题。

目前，在 5G 频谱分配方面，中国批准 3.4～3.6GHz 和 4.8～5.0GHz 的低频频段用于 5G 室外覆盖，分配 3.3～3.4GHz 的频段用于室内覆盖。现网 DAS 室分系统不支持 5G 分配的这些低频频段，系统中的无源器件的工作频段一般为 800MHz～2.7GHz，要支持 5G 主流频段，需要将这些现有的室分无源器件全部更换。在现网 DAS 室分系统中，馈线基本可满足 5G 频段的部署要求，但传输损耗随着频段的升高而大幅增大，馈线损耗与频段的关系如表 7.3 所示。即使新建适合 5G 主流频段的 DAS 系统，由于 3.5GHz 以上频段的线缆损耗大，为了使覆盖范围和原有系统相当，仍需要提高信源功率或增加信源。

表 7.3　馈线损耗与频段的关系

	馈线损耗/（dB/100m）		
	1.8GHz	2.3GHz	3.5GHz
7/8’’馈线	5.4	5.9	7.8
1/2’’馈线	16.6	18.2	24.2

传统的 DAS 室分系统采用的是 2T2R 信源，支持单路室分，一般不支持 4T4R 信源（双路室分）及其以上的多通道，传统无源 DAS 如表 7.4 所示。随着 5G 多天线技术在室分系统中的应用，4T4R 信源将成为 Sub-6GHz 的主流信源形态，甚至会出现 8T8R 室分信源，这给传统 DAS 室分系统的建设带来了新挑战。中国移动 4G 网络的建设通过升级 DAS 系统，达到仅有 50%左右的 DAS 系统支持双路室分。在 5G 网络中，DAS 系统要支持 4/8 路室分，则需要 4/8 路馈线，即使采用双极化天线，馈线数量也会翻倍，工程很难落地，还会造成系统链路信号强度分布不平衡，大大影响系统性能。此外，5G 网络对流量密度的需求很高，DAS 系统很难实现较高的流量密度。

表 7.4　传统无源 DAS

室分系统类型	2T2R	4T4R
传统无源 DAS	单路室分需要新建一路 DAS	不支持（工程很难落地）

综上所述，在 5G 网络中，如果要建设多路室分 DAS 系统，将面临馈线损耗大、耦合器/功分器/天线数量翻倍、建设成本高、施工难度大、器件不成熟和对工艺质量的要求高等问题，因此，建设 DAS 室分系统是不可行的，5G 室内覆盖将向有源化、数字化方向发展。

7.3.2　5G 室分 QCell 解决方案

由于现网 DAS 室分系统向 5G 演进的建设比较困难，成本很高，因此，5G 选择智能室分 QCell 方案作为 5G 室分的主流形态。相比于传统的室内 DAS 系统，QCell 方案实现了室内覆盖从馈线到以太网线的蜕变，解决了室内无法大量部署馈线和馈线部署困难的问题。QCell 可用于地铁轨道覆盖、煤矿应用、机场、大型酒店、商业购物中心和高话务写字楼等。5G QCell 架构如图 7.16 所示。

5G QCell 方案的整体结构分为三级，分别是基带处理单元（BBU）、远端汇聚单元（Pico Remote Radio Unit Bridge，P-Bridge）和远端射频单元（Pico Remote Radio Unit，PRRU）。BBU

装在室内机房，完成 Uu 接口的基带处理功能，如编码、复用、调制和扩频等，BBU 通过光纤和 P-Bridge 连接，P-Bridge 作为 5G QCell 方案中的传输转换设备，完成光口到以太网电口的信号转换、下行信号分路、上行信号合路等功能，并可通过以太网供电（Power Over Ethernet，POE）为远端 PicoRRU 供电。然后 P-Bridge 通过多个以太网线缆连接到每个楼层的 PRRU 上，P-Bridge 之间也可以使用光纤级联。PRRU 由射频拉远单元和天线集成，体积小，为了室内角度的美观，一般把 PRRU 的形状制作成像灯一样。PRRU 的功能是将中频信号处理转换成射频信号，经过功放和滤波，通过天线将信号发射出去。QCell 这种组网方式的优点是不需要馈线，只需要用以太网线，在工程实施中，布置以太网线的可行性更高。

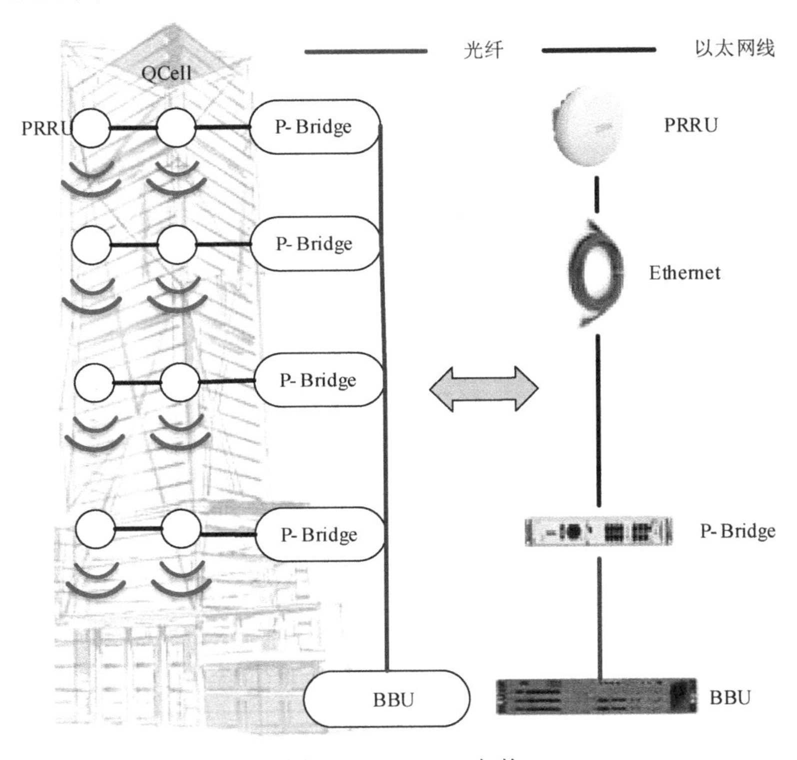

图 7.16　5G QCell 架构

从业务场景来看，5G 室内主要的业务需求除了基本的通信需求，还有高清视频、AR/VR、远程医疗、工业制造自动化、现代物流管理、室内精准定位、导航和大数据分析等。5G QCell 方案和 4G QCell 方案的整体结构是一样的，但 5G QCell 用的是 Cat6a 网线，速率更高，供电能力更强，5G QCell 与 4G QCell 方案的对比如表 7.5 所示。4G LTE 现网部署 QCell 方案时，建议提前为 5G QCell 考虑，如考虑提前采用 Cat6a 网线部署，尽量减少未来部署时的工程改造。

表 7.5　5G QCell 与 4G QCell 方案的对比

	5G QCell 方案	4G QCell 方案
支持的系统带宽	100MHz/200MHz	20MHz
支持的以太网接口类型	Cat6a：10Gbit/s	Cat5e：2.5Gbit/s
模式	支持 5G 低频、5G 高频、4G/5G 双模	支持 4G 双频、4G 三频、GSM 信号馈入

为了兼容 2G/3G/4G，5G QCell 有源室分系统采取了一种新型的组网架构，如图 7.17 所

示。新型的 5G QCell 有源室分系统主要由远端射频单元、远端汇聚单元、多制式接入单元（Multi-Access Unit，MAU）及基带处理单元组成。其中，引入 MAU 的作用是将不同系统的信号合成一路信号，来支持 TDD-LTE/FDD-LTE/GSM/WCDMA 信号的馈入，满足高容量多无线制式业务并发需求。具体的组网方式为将原有的 2G/3G/4G BBU 通过馈线连接到 MAU 上，同样，将 5G 的 BBU 通过光纤连接到 MAU 上，MAU 将 2G/3G/4G/5G 的信号合路，通过光纤连接 P-Bridge，P-Bridge 再通过 PoE 网线连接 PRRU，PRRU 支持内置天线或外置天线，支持三模四频，将信号发送出去。这种 5G QCell 有源室分系统可以有效地实现室内的深度覆盖，有利于实现精准定位、故障监控等无源室分系统无法处理的功能。新型的 5G QCell 有源室分系统覆盖方式适用于机场、火车站、大型商场、会展中心等对速率、容量要求高的场景。

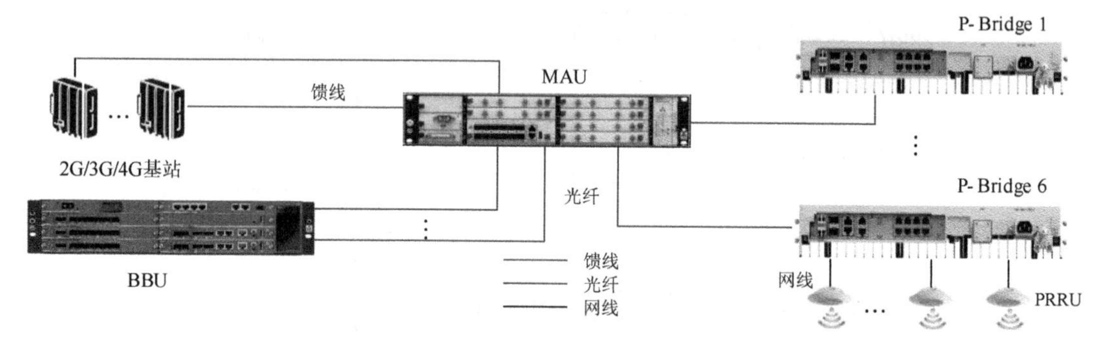

图 7.17　新型的 5G QCell 有源室分系统的组网架构

目前，5G QCell 有源室分系统中的 P-Bridge 与 PRRU 的连接方案有三种，P-Bridge 与 PRRU 的连接备选方案如表 7.6 所示。可以看出，相比方案 1 和方案 2，方案 3 使用的是光电复合缆，供电能力、容量和后续升级能力都更强。因此，在部署 5G QCell 有源室分系统时，推荐直接使用方案 3。

表 7.6　P-Bridge 与 PRRU 的连接备选方案

方案	方案 1 单 10Gbit/s 电口	方案 2 双 5Gbit/s 电口	方案 3 光电复合缆
网线/光纤	1×cat6a	2×cat6a	1×光纤
电源	单根网线供电，能力受限	双根网线供电，较好满足	光电复合缆供电或独立供电
施工便利程度	单根网线部署，较便利	双根网线部署	光电复合缆线径与网线相当，较便利
后向升级能力	单根网线的传输速率可达 10Gbit/s，后向升级只能考虑采用单根网线向双根网线演进	无后向升级能力	后向升级能力强

新型的 5G QCell 有源室分系统具有如下优点：一是 5G QCell 系统中的远端射频单元和远端汇聚单元设备简单，成本更低，方便快速部署交付，传统室分 DAS 系统与 5G QCell 系统的对比情况如表 7.7 所示；二是覆盖能力增强，可提供无缝用户体验。相比于 DAS 室分系统，5G QCell 系统能改善弱覆盖区域的覆盖效果，改善覆盖边缘的用户体验。同时，5G QCell 微小区和室外宏小区可实现异构网络（Heterogeneous Network，HetNet）云协同，提升容量和

覆盖范围；三是多频多模部署，5G QCell 有源支持多制式、多载波信号馈入，支持运营商所有室分频段的多频段信号接入，使得从 2G 到 5G 全无忧；四是系统具有超大容量，可按需灵活调整。在新型 5G QCell 有源室分系统中，灵活设置收发天线数量，确保能够满足用户的用网需求。对于传统的 DAS 室分系统，若引入多种频段，则需要增加不同频段的信源 RRU，涉及合路器、天线等设备的更换；如果引入 MIMO，则需要为每一路 MIMO 都新增一套 DAS 系统，容易导致链路不平衡、用户体验差、容量扩展困难。

表 7.7 传统室分 DAS 系统与 5G QCell 系统的对比情况

	传统室分 DAS 系统	5G QCell 系统
设备	功分器、天线、合路器、耦合器（繁）	PRRU、P-Bridge（简）
线缆	馈线（重、硬）	网线（轻、软）
可靠性	节点多、隐患多、难定位（低）	节点少、隐患少、易定位（高）
物业协调	居民对设备电缆的警惕性强，物业协调难（难）	居民对网线没有警惕性，物业协调易（易）
施工	设备复杂，线缆铺设困难，物业协调难，整体施工难度大（慢）	可大幅节省安装部署时间（快）

在 5G 初期，业务方向主要为 eMBB 场景，大多室内区域都有现网室分系统，5G 室分系统的大多数部署工作都应该集中在现网改造上。另外，根据 VoLTE 的网络薄弱点，应该分场景部署传统室分系统和新型的 5G 有源室分系统，来确保语音通话质量。在 5G 中后期，通过提升网络升级效率、推动网络运维可视化和智能化来全面加速部署 5G QCell 有源室分系统。新型的 5G QCell 有源室分系统作为解决室内信号覆盖能力的一大主力，可以很好地满足 5G 网络室内覆盖需求。

7.4 5G 天馈方案

随着网络的不断演进，需要加速推进 5G 网络的部署建设。目前，2G、3G 和 4G 系统共存，伴随着 5G 网络的大规模部署，多个系统的天线将同时占用天面资源，进一步加剧天面资源的紧张程度，存在平台不足或无法新增抱杆的情况，导致天面空间受限，因此，需要对天馈系统进行整合改造。天馈系统的整合改造需要综合考虑天面承载现状、网络质量、建设投资、天面租金等方面，灵活选择切实可行的建设方案。

7.4.1 5G 天馈系统分析

传统天馈系统的天线通过馈线连接 RRU，而 5G 天馈系统进一步将 RRU 和天线集成在 AUU 中，避免了 RRU 通过馈线与天线的连接，可以减小馈损和插损。同时，由于 5G 通信的毫米波频率高，单位面积上可部署的天线阵子多，相应的天线的尺寸就可以做得比较小。这样将 RRU 和天线进行封装集成可以节省安装空间。传统天馈安装方式与 5G 天馈安装方式如图 7.18 所示。为了提升 5G 网络的总体性能，在天馈系统基于 Massive MIMO 技术采用有源天线阵列，系统将具有更强的分集接收能力，可大幅提升小区频谱利用率，提升容量和覆盖范围，Massive MIMO 的产品形态更适合在毫米波频段和厘米波频段应用。此外，由于信号收发端的天线数量决定了信号传输的路径数量，因此增加收发端的天线数量可以在不增加带宽和发送总功耗的情况下提升数据的传输速率和可靠性。5G 天线的主流产品采用 64T64R。

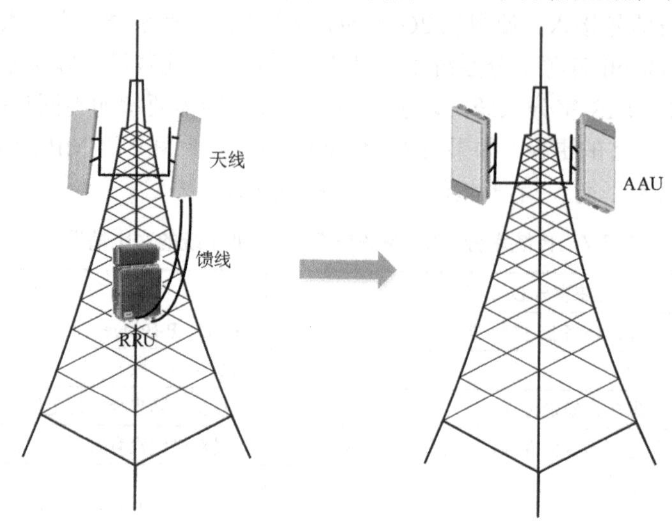

图 7.18 传统天馈安装方式与 5G 天馈安装方式

5G 天馈系统也可以采用 RRU 通过馈线连接天线的传统方案，这种部署方式一般用在低频段，由于频率低，波长更长，相应的天线阵子的尺寸更大，无法达到 Massive MIMO 要求的空间分辨率。为了兼顾网络性能与可实施性，均采用 RRU+天线的部署方式，如 3.5GHz NR 的 8T8R、2.1GHz NR 的 4T4R 和 700MHz NR 的 4T4R 等。

随着 2G/3G/4G 各制式网络共存及新频谱资源的增加，楼顶和铁塔站点承载的天馈数量越来越多，新加天线越来越难，天面一般不具备新增一套独立 5G 天馈系统的能力。在欧洲，有 90%以上的天面只能安装 1 面或 2 面天线；在拉美，有 80%以上的天面只能安装 1 面或 2 面天线。此外，普通大众对射频辐射越来越敏感，对新增的射频天线的抵制心理越来越强烈，迫使运营商只能在原址站点对天馈系统进行改造，使用多频多端口天线或伪装天线替换单频天线来引入新的频段和制式，以达到快速部署的目的。

在多频的天馈系统中，需要提前识别干扰风险。常见的干扰主要分为系统间的杂散、阻塞、互调干扰和不同系统间的干扰。关于天馈系统的干扰，需要采用相应的措施避免。

阻塞与杂散干扰分析方法和规避措施：在两个频段相隔较近的系统中，在基站侧，系统 A 的下行频段距离系统 B 的上行频段很近，假如系统 A 发射机的杂散性能或系统 B 接收机的抗阻塞性能不能满足两个系统需要的隔离度需求，那么系统 B 的接收性能将会受到影响。一般多频天线的两个频段之间的隔离度能够达到 30dB，当两个系统所需要的最小隔离度需要在 30 dB 以上时，需要采取规避措施。

互调干扰分析方法和规避措施：多系统的互调干扰场景主要体现在两个场景，一是同系统的载波扩展范围太大，两个载波之间产生的互调产物落入该频段的接收频段；二是不同频段的系统通过合路器合路共享馈线时，不同频段之间的互调产物落入参与合路的系统的接收频段内。互调干扰的强度跟系统的产品信息营销管理（Product Information Marketing Management，PIM）指标直接相关。一般来说，单个 RF 器件的 PIM 指标是明确的，但是对于由多个 RF 器件组成的系统，PIM 指标跟很多因素相关，如工程质量、安装场景的电磁环境等，很难定量评估，所以在分析互调干扰的时候一般使用较为保守的经验值，如一般馈线合路场景的系统 PIM3 指标大致为 130dBc，PIM5 的指标大致为 150dBc。

不同系统间的干扰分析方法和规避措施：有限的频谱资源被逐步占满，相近或相邻频段被不同移动通信系统使用的场景越来越多，系统间的干扰也就随之而来。在天馈系统设计过程中，需要识别系统间的干扰风险，一般通过选择正确的滤波器来规避不同系统间的干扰。

7.4.2　天馈系统改造方案的基本原则

在无线网络中，不同频段和不同制式的无线系统承担着不同角色，基本上可以分为：基本覆盖层、基本容量层和热点容量层。在天线系统改造过程中，选择天线系统的原则如下：一是在天面受限的情况下，对于不同制式的系统，优先选择多制式天线，让不同的通信系统公用一副天线，以便有效节约安装空间；二是对于相邻频段的系统，在没有干扰风险的情况下可以考虑共天线。

关于频段需求，建议为每个频段和每个制式都安排独立的天线端口，保持独立天线的能力。建议综合考虑未来 2～3 年新增频段和系统的要求，预留天线端口。关于安装空间，从网络性能的角度考虑，如果有足够的安装空间，建议每个制式和频段都使用独立天线，最大限度给网络优化提供可能。如果安装空间受限，那么使用多频天线替换当前天线会成为必然。在这种情况下，一般建议保持当前的天线数量，通过增加天线的频段来引入新的系统。另外，建议使用振子复用系列天线，能够在保持天线宽度不变的情况下引入更多的频段。一般情况下，新天线的长度不要超过原有天线。

关于网络性能，不同天线在设计上的差异会带来波宽、副瓣和增益等指标的细微差异，影响最终覆盖强度的分布，所以在多频天线的改造过程中，需要做性能评估。性能评估主要是为了保障改造前后的网络性能。在多频替换单频的过程中，多系统的方位角和天线高度会被统一，这样最终的方位角和天线高度需要根据各个系统的部署策略找到最优的平衡。由于改造前后天线在波瓣（波宽、副瓣和前后对比等）上的细微差异，改造前后的天线在覆盖性能上会出现差异，即使是两款同等规格的天线，此差异也会客观存在，所以在天线替换前后需要做细微的优化来保障替换前后的网络性能，主要手段是优化各个频段的下倾角和方位角。通常情况下，各个基站设备厂家都有各自的网络规划工具来做性能评估和射频规划。

关于总体营运成本，多频天馈方案的总体营运成本主要包含以下三个方面：一是天线系统，包括天线产品成本、租赁费用及安装费用；二是馈线系统，包括馈线合路器产品成本、租赁费用及安装费用；三是专业服务，包括联合规划费用、优化和咨询费用。从天线系统的角度来考虑，一般情况下，常用的四频以上天线的综合成本（产品成本+安装+租赁）最优；所有频段都采用独立天线的方案的成本最高。从馈线系统的角度来考虑，将射频拉远单元（RRU）靠近天线安装，可省去馈线和合路的费用，成本最低。对于基站主设备不能靠近天线安装的场景，常用合路场景，可以节省一半以上的馈线和安装成本。

7.4.3　天馈系统整合改造方案

针对天馈系统的不同状况，可分 4 类方式进行天馈系统的整合改造，用以快速部署 5G 天馈设备。4 类整合改造方案包括天面利旧、天面改造、天面整合及新建基站，具体方案如下。

（1）天面利旧

针对地面塔和楼面塔原有塔桅已有空余抱杆，以及抱杆长度相对较长的情况，可以直接利用旧抱杆，在抱杆上安装 5G AAU 设备，这种部署方案能够快速形成网络能力。

（2）天面改造

对于塔桅已无空余抱杆，以及无法整合的情况，需要进行塔桅改造。考虑天线水平隔离度和施工安装方便程度，一方面可在地面塔、楼面塔上新增平台和塔身抱杆，另一方面可将楼面抱杆、楼面美化外罩替换，进行增高改造，以满足新增 5G 天线的安装空间需求。

（3）天面整合

当前的热点站址基本由多家运营商共享，存在多频段、多制式的情况，单一基站可能包含 2G、3G、4G 等多种网络，这给 5G 设备的安装带来了一定的挑战，因此，必须进行天面整合。随着多频段多端口天线技术的成熟，通过对现有网络的天线整合可以解决天面资源紧缺的问题。运营商利用多频段多端口技术对不同系统进行整合，腾出 1 层平台或空余抱杆供 5G 天线安装。此外，也可以将同站点两家不同的网络整合，在满足双方各自网络需求的前提下新增多端口天线，整合两家运营商的网络，腾出 1 层平台或空余抱杆供 5G 天线安装。天面整合方案的确定，对设计单位来说要求较高，需要明确各个站点的现网系统数量，以及现网天线的组合，这直接关系到现网站点的具体整合方案，以及由整合方案带来的天线、馈线、电源线、光缆等的采购需求。

（4）新建基站

对于地面站，利用现有站址资源，通过新建基站的方式可以保证有充足的抱杆资源来满足 5G 新增天馈设备的安装需求。在站点建设过程中，可根据新增 5G 无线设备的空间和天馈设备挂高等需求，选择对应的机房、杆塔。对于新址楼面站，若无美化需求，则其天馈部分可采用抱杆或支撑杆，对于比较敏感的站点，为了考虑与周边环境相协调，通过采用各种美化型天线外罩的杆体可以减少周边居民对基站天线的抵触。

7.4.4 典型场景天馈整合

中国移动现网存在 900MHz、1800MHz、FA、D 四套系统。中国联通现网有 GSM、900MHz、宽带码分多址（Wideband Code Division Multiple Access，WCDMA）、LTE 1.8GHz、LTE 2.1GHz 五套系统，其中，GSM 和 900MHz 全部共天线。中国电信现网有码分多址（Code Division Multiple Access，CDMA）、800MHz、LTE 1.8GHz、LTE 2.1GHz 四套系统，其中，LTE 1.8GHz 和 LTE 2.1GHz 全部共天线。针对天面呈现多系统、多制式共存的现状，新增 5G 天馈系统会使天面资源紧张的局面进一步加剧，因此，三大运营商需要对天馈进行整合，具体的整合建设方案如下。

（1）中国移动天馈整合场景

中国移动网络制式较多，其中，900MHz、1800MHz、FA、D 分别为独立天馈典型场景，通过“4+4”天线、FA/D 独立电调天线将 TDD 与 FDD 整合，将 5G AAU 安装在原 GSM 天线平台，通过参数设置，完成各系统的覆盖目标。中国移动天馈整合典型场景如图 7.19 所示。

（2）中国联通天馈整合场景

中国联通网络制式多，组合相对复杂，其中，GSM、900MHz、WCDMA、LTE 1.8GHz 分别为独立天馈典型场景，占全网天馈组合的 37.9%，通过新增“2+6”端口天线替换原 GSM、900MHz、WCDMA、2.1GHz 双频四端口天线，将 LTE 1.8GHz 天线连接至 8 端口高频端口，将 5G AAU 安装在原联通 LTE 1.8GHz 天线平台，由中国联通负责参数优化。中国联通天馈整合典型场景如图 7.20 所示。

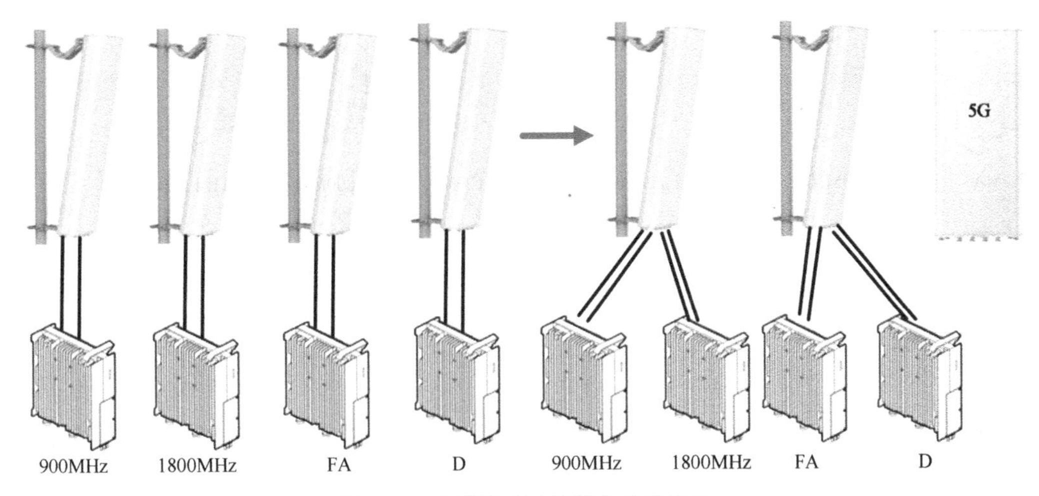

图 7.19 中国移动天馈整合典型场景

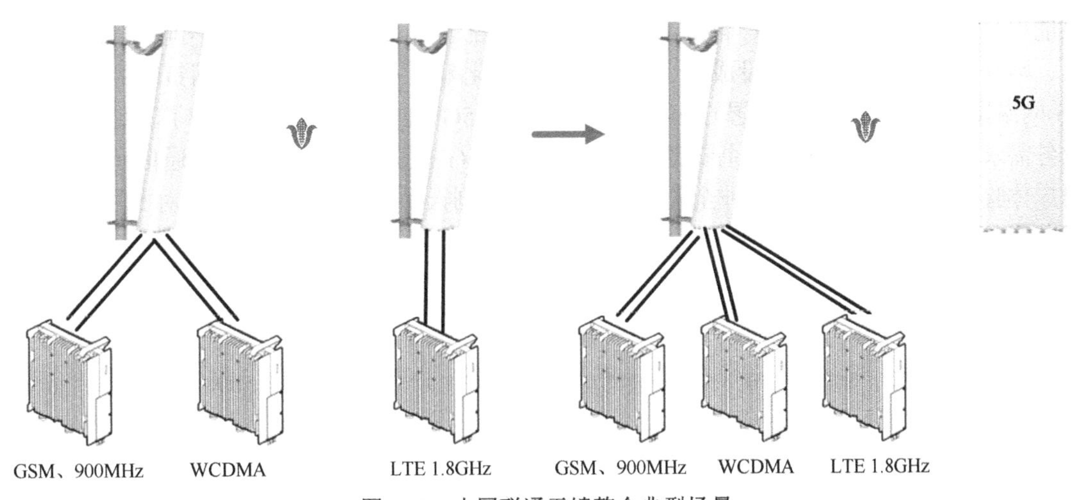

图 7.20 中国联通天馈整合典型场景

（3）中国电信天馈整合场景

近年来，中国电信在 3G 网络的基础上完成了 800MHz 和 LTE 1.8GHz 网络的建设，现网 LTE 1.8GHz 独立天馈、CDMA/800MHz 独立天馈为典型场景，占全网天馈组合的 66.2%。一般 800MHz 四端口天线在高平台，LTE 1.8GHz 单频天线在低平台。通过新增“4+4”端口天线替换原 800MHz 四端口天线，将 LTE 1.8GHz RRU 连接至 8 端口天线高频端口，将 3.5GHz AAU 安装在原 LTE 1.8GHz 平台抱杆，对 8 端口天线参数进行设置，优先保障语音业务的覆盖不受影响。中国电信天馈整合典型场景如图 7.21 所示。

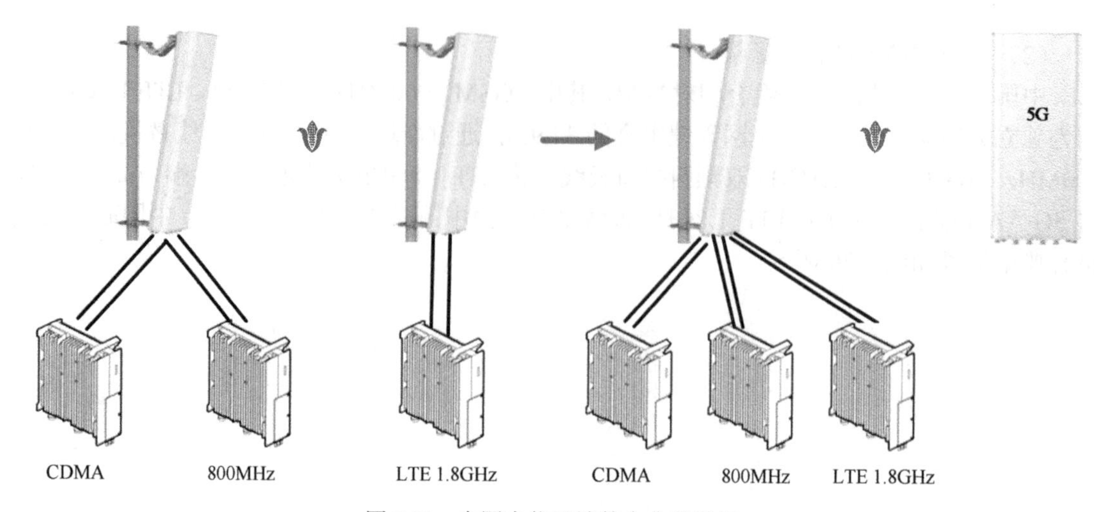

图 7.21　中国电信天馈整合典型场景

7.5　小结

本章主要介绍了 5G 组网策略、5G 覆盖策略、5G 室分/微覆盖方案和 5G 天馈方案，5G 的商用部署进程不是一开始就全面部署，而是根据用户的使用情况在 4G 系统的基础上进行长期替换、升级、迭代的过程。在 5G 网络覆盖的前中期阶段，通过基于 4G/5G 融合组网来保证用户业务的连续性。运营商在对 5G 网络进行部署时，通过全面考虑不同用户的业务需求、网络覆盖范围、网络建设成本、网络的升级演化等多方面因素进行组网策略的选择。在 5G 网络覆盖的后期，全面部署 Option 2，真正实现 5G 独立组网。同时，为了满足室内的新业务需求，通过对现网室分进行改造，部署新型的 5G 室分系统来改善移动通信环境，提升用户体验，从而达到室内、室外全覆盖。此外，考虑到天面资源的紧张程度，对 5G 的天馈系统进行研究分析，给出了天馈系统的改造方案，实现对 5G 天馈设备的最优安装，从而使 5G 网络快速全面部署。

参考文献

[1] 尤肖虎，潘志文，高西奇，等. 5G 移动通信发展趋势与若干关键技术[J]. 中国科学：信息科学，2014，（5）：551-563.

[2] 姜大洁，何丽峰，刘宇超，等. 5G：趋势、挑战和愿景[J]. 电信网技术，2013，4（9）：20-26.

[3] 张筵. 浅析 5G 移动通信技术及未来发展趋势[J]. 中国新通信，2014，3（20）：2-3.

[4] 杨随虎. 5G 移动通信相关技术与国内发展趋势展望[J]. 自动化与仪器仪表，2016，（11）：82-83.

[5] 赵明宇，严学强. SDN 和 NFV 在 5G 移动通信网络架构中的应用研究[J]. 移动通信，2015，（14）：64-68.

[6] 张臻. 5G 通信系统中的 SDN/NFV 和云计算分析[J]. 移动通信. 2016，（17）：56-58.

[7] 月球，王晓周，杨小乐. 5G 网络新技术及核心网架构探讨[J]. 现代电信科技，2014，（12）：27-31.

[8] 阳旭艳，李海涛. 5G 网络架构的探讨[J]. 无线互联科技，2016，（6）：35-37.

第 8 章

Cloud-RAN 解决方案

在第五代移动通信技术（5th generation mobile communication technology，5G）概念中，Cloud-RAN 多指基于云的无线接入（Radio Access Network，RAN）方案。云的概念源自互联网技术（Internet Technology，IT）领域，而 RAN 是通信技术（Communication Technology，CT）领域的重要组成部分。在传统移动网络时代，运营商需要对大量的机房进行维护，运营压力较大。随着无线通信制式的发展及运营商对节约运营成本的追求，RAN 侧需要机房资源进一步集中和虚拟化。因此，在已有的接入网结构的基础上，IT 领域中云的概念被引入通信领域的 RAN 中并得到了发展。近年来，随着 5G 网络的大规模应用和部署，其对不同场景业务的支持要求平台或运营商在构建、扩展和部署电信网络时在灵活性与通用性方面进行更多的考量。IT 领域的云技术为此类更加灵活的无线接入网部署提供了创新型的选项，并且，云技术可以与现有移动通信网络中的成熟专用解决方案互为补充。本章将为读者介绍 Cloud-RAN 解决方案，通过探讨无线云化的原因、RAN 架构的演进、Cloud-RAN 的具体方案、如何引入 Cloud-RAN 四个方面的内容使读者对 5G 网络中部署的 Cloud-RAN 形成较为全面的了解。

8.1　无线云化的原因

8.1.1　无线云化的驱动力

从 3G 时代开始，移动通信网络迅速发展，伴随而来的是用户对数据业务需求的大幅增长。大量的基于移动互联网的应用服务使得用户对速度更快、时延更小和覆盖更广的移动通信服务的需求越来越大。因此，运营商为了满足不断提高的用户需求，需要对网络建设投入的资源也越来越大。然而，自 4G 时代以来，以移动支付、网络直播等为代表的移动互联网业务迅速发展，人们对服务质量的要求大大提高。基于此，运营商向无线接入网系统搭建、运营、升级和维护投入的费用不断上升，但与 2G 或 3G 时代不同的是，运营商依靠新建移动网络所获得的收入的增长速度十分缓慢，回报与其越来越大的投入不成正比。增量收入的减少导致移动运营商之间的竞争日趋激烈。随着竞争的激烈与投资维护成本的提高，运营商从移动用户身上获得的单体利润增值大幅压缩，在有些地区，新一代通信网络带来的单体用户的收益率甚至低于前代网络[1]。除了用户收益下降，传统无线通信网络中对基站的数量要求是巨大的，庞大的基站数量所带来的问题就是高额的建设投资、复杂的站址配套、烦琐的站址租赁及高昂且持续的维护费用，令人遗憾的是，这些投入巨资建设的新基站却不能时时刻刻发挥作用[1]。网络负载在闲时会远远低于忙时，因此基站并不是时时刻刻都满负荷工作的，很多时候都处在低负荷的情况下，且基站之间不能共享网络信息处理能力，低下的基站利用效率除了是对投入的浪费，无疑也增加了对资源、能源的消耗。最后，传统移动通信网络中的多种网络制式都需要各自的专网和专用平台，这意味着运营商需要维护大量不兼容的平台。除了维护困难，扩容和升级带来的成本压力也较大。正如之前提到的，这些对专网和不相容硬件的巨额开销与浪费导致运营商的利润空间被急剧压缩。近年来，移动运营商的语音业务持续走高，移动数据流量也大幅增长。然而，这些表面上的业务量的增加并没有相应地增加利润，运营商从单体用户获得的收入逐年下降，甚至在许多地区是负盈利，这些现象大大增加了运营商可持续发展的压力。为了给移动运营商提供可持续发展的资金和盈利能力，业界迫切需要寻找一种新的方式，以更低的成本为移动用户提供多元化的业务支持。

新一代 5G 通信网络的部署与应用是无线云化的最大驱动力，5G 网络的各种关键性能指标的提升可以大大满足用户对各类应用场景的需求，与前代网络相比，其卓越的性能与丰富的业务提供能力将给用户带来前所未有的全新体验。5G 网络以融合和统一的标准，提供人与人、人与物及物与物之间的高速、安全和自由的联通。概括来讲，5G 网络将是一个真正意义上的融合性的移动通信网络。图 8.1 所示为 5G 网络多场景下丰富的网络应用，展示了第三代合作伙伴计划（3rd Generation Partnership Project，3GPP）规定的 5G 应用的三大场景：eMBB、mMTC 和 uRLLC。它们分别适用于不同的业务，对网络有不同的要求。例如，eMBB 中的超高清（Ultra High Definition，UHD）视频业务对带宽有着很高的要求，uRLLC 场景中的无人驾驶对时延非常敏感。要用同一 5G 网络满足不同的业务需求，这就要求网络有很高的灵活性，并且拥有能够为不同的场景量身定做网络的服务能力。

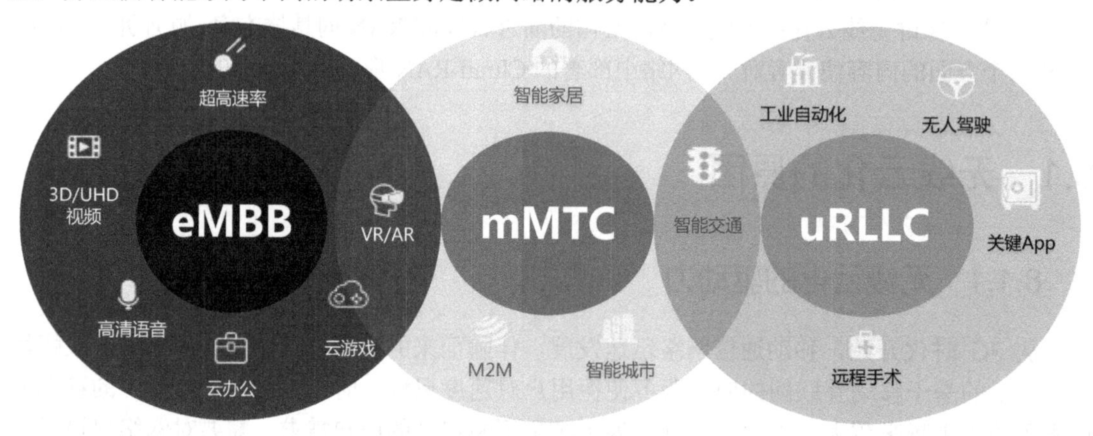

图 8.1　5G 网络多场景下丰富的网络应用

无线云化的第 2 个驱动力是多制式网络的共存与协同。随着 5G 网络的部署，运营商需要在本来就很有限的频谱资源中为 5G 网络安排相应的频段。自然，一部分旧制式的网络就要逐渐退出舞台。2G 网络已经开始了全球范围内的退网，很多国家的运营商公布了 2G 网络的退网时间。在我国，中国移动和中国联通部署的基于全球移动通信系统（Global System for Mobile Communications，GSM）的网络和中国电信基于码分多址（Code Division Multiple Access，CDMA）的网络已经到了其生涯的后半段。尽管如此，在我国，2G 网络基站当前仍具有较高的存量，在可预期的时间内仍会有相当数量的 2G 基站存在，特别是中国移动的 2G 网络可能会最后退出（用户太多，同时 GSM 有基础语音网络的功能）。对于 3G 网络来说，尽管移动的时分同步码分多址（Time Division Synchronous Code Division Multiple Access，TDS-CDMA）

已经退市（除新疆和西藏等少量地区外），但联通和电信的宽带码分多址（Wideband Code Division Multiple Access，WCDMA）与 CDMA2000 仍然被大量部署于现有网络环境下，在 5G 网络初期为用户提供保障性的服务，而各大运营商的 4G LTE 网络更是现在移动通信网络的骨干。总体来讲，2G 网络已经开始萎缩但仍保持较大的存量，主要提供语音业务和服务于欠发达地区，3G 网络仍然保持很大规模，4G 网络主导目前的电信市场，再加上目前的热点窄带物联网（Narrow Band Internet of Things，NB-IoT），Wi-Fi 持续发展，5G 网络已经开始部署。可以说多制式的接入保证了电信网络的高可靠性。因此，运营商未来将会在很长一段时间内有多制式共存与协同的需求，如图 8.2 所示。

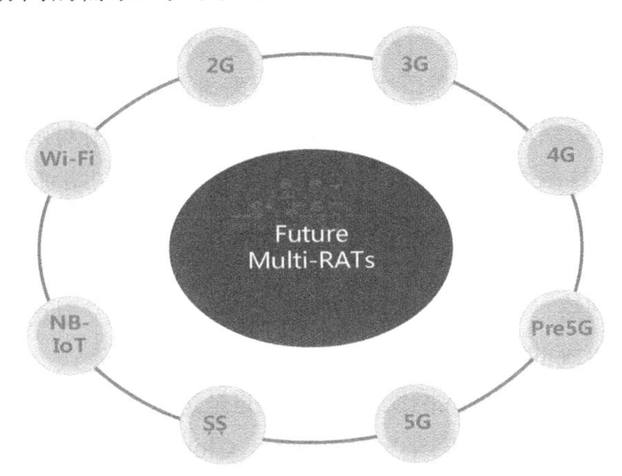

图 8.2　未来的多制式共存与协同

在传统的 RAN 架构中，多种网络标准需要不同的专网支持，这对运营商运营成本的控制是很大的考验。并且，在 5G 网络中，基站的密度比以往更高。因此，对新一代 5G 网络来说，需要一个统一的接入平台，如图 8.3 所示。用户在该平台上可通过软件调整不同的网络接入制式，达到个性化定制及便于部署和管理的目的，最终达到业务之间的高效协调。例如，在图 8.4 中，当移动设备从 5G 网络进入 4G 网络的覆盖区域时，若存在一个统一协同的平台，则本次切换就会比较顺畅，反之，若缺乏统一的协调，则可能会使用户经历掉线，导致通话体验下降。

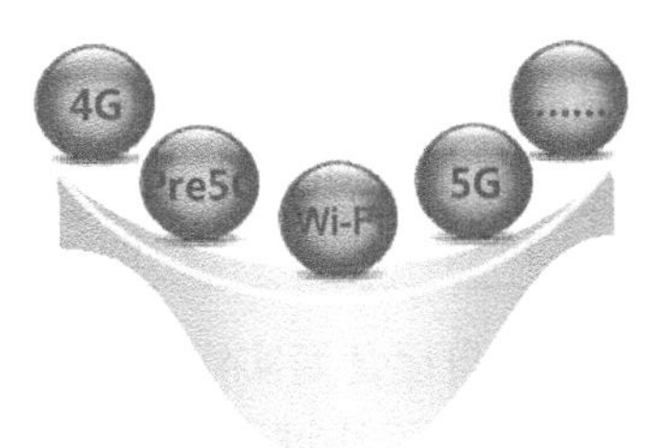

图 8.3　统一协同的平台提升多制式接入性能

而基于云的 RAN 架构实际上不仅可以用于 4G 网络，而且其更多的是为 5G 网络的部署优化而设计的。运营商通过设备商提供的设备引入一部分基于云的架构进行部署，可以在 4G 网络上获取更好的性能，并且当 5G 网络实现大规模部署时，只需要简单地将空口升级即可支持 5G 网络，以较低的成本实现多种制式的网络共存，实现向 5G 网络的平滑演进，提高网络的协同性，提高用户体验，同时保证了投资的有效性，提高了利润。

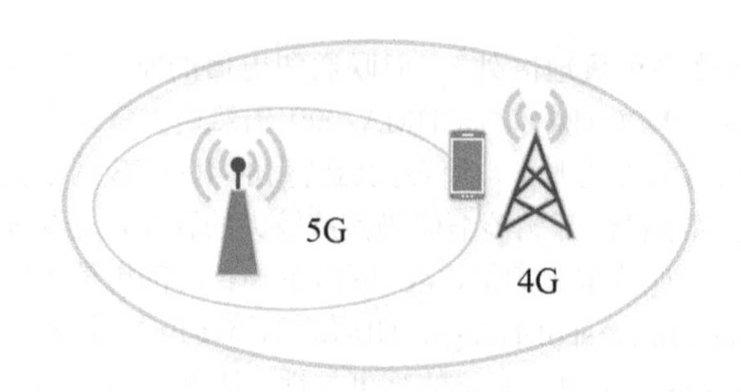

图 8.4　4G/5G 业务协同

无线云化的第 3 个驱动力是 5G 对网络的更高要求和其面对业务的多样性。如表 8.1 所示，4G 网络性能与 5G 网络性能存在巨大鸿沟，而表 8.1 中的 5G 关键性能指标其实是针对 5G 网络的三大不同应用场景而设计的。在 eMBB 场景中，应用对网络的带宽或速率有着很高的要求，如超高清 UHD 视频业务或云游戏业务需要很高的网络速度。mMTC 场景则主要服务于物联网，需要很高的连接密度，而每个物联网节点对速率和带宽的要求不像 eMBB 那样高。uRLLC 场景则以无人驾驶为代表，无人驾驶需要极低的时延来保证驾驶的安全性。5G 网络作为一个大而全的网络，需要兼容各种无线业务和不同的应用场景，而新业务又要求有新的平台与之相适应。传统的基站建设方法需要为每个应用都建设一个专属的网络平台，经济效益极差。因此，发展新的平台或网络架构的目的是适应新业务的发展。引入无线云化的 RAN 是目前最经济且最适合的接入网平台架构之一，Cloud-RAN 可以通过软件驱动的方式为每个应用量身定做对应能力的网络，大大提高了灵活性，降低了成本，是新一代通信网络的不二之选[2]。

无线云化的第 4 个驱动力是对新业务和多样化业务的快速响应和部署。无线云化的无线网络具备开放的应用程序编程接口（Application Programming Interface，API），可以按需定制各种应用，并且可以将统一的架构有效运用到各种开放场景中，如家庭终端、个人业务、城市管理和工业需求。无线云化的无线网络具有开放灵活的平台，可以按需定制，快速推向市场，缩短上市时间，也符合运营商为了适应业务竞争的需要而提出的要求。

表 8.1　4G 网络、5G 网络与 GAP 的关键性能对比

	时　延	峰值速率	连接数	移动性
5G 网络	无线接口 1ms	每用户 10Gbit/s	每平方千米 1000×10^3	500km/h
4G 网络	10～50ms	100Mbit/s～1Gbit/s	10×10^3	350km/h
GAP	10～50 倍	10～100 倍	100 倍	1.5 倍

云无线的发展与推广很大一部分源自运营商实实在在的需求。从运营商的角度看，无线接入网 RAN 是移动运营商的主要收入来源。通过无线接入网，用户可以不分昼夜地享受类似于视频、微信或直播等便捷的数据业务。在传统移动通信网络中，RAN 主要具备以下几个特点：第一，每个基站都要由相关的专业厂商来开发“垂直的解决方案”，一站一案；第二，每个基站上均配有一定数量的天线，这些天线形成一个扇区，而每个扇区中的天线负责自己小区对应的一部分业务；第三，由于存在干扰，系统容量会受到自然条件的限制，独立开展工作的基站在频谱利用率上很难获得增长。随着新一代无线网络的部署，传统的 RAN 将面临诸多挑战。首先，规模比较大的基站对系统的开销极大，不但基站数量众多，而且对这些传统站点的利用率很低。由于人口流动的特点，平时一些站点业务量很低，只有在人多的高峰时

段才会充分占用资源，且不同基站之间的资源不能共享，因此导致高负载站点“力不从心”，低负载站点“无所事事”，综合频谱利用率不高[1]。运营商为系统投入了很高的成本，但没有带来与之相匹配的资源处理能力和投资回报，同时，大量基站也导致了高额的能耗。其次，随着移动通信网络不断迭代升级，传统专业的 RAN 平台使运营商支出大量系统建设、配置、站址租赁及优化升级的服务费，并且这些开支会随着建设规模的扩大和时间的推移不断增长，这些费用直接导致了营业费用（Operating Expense，OPEX）和资本支出（Capital Expenditure，CAPEX）的增长，形成利润额较低的隐患。再次，由于网络平台具有一站一案的特点，在电信运营商维护传统网络平台时，需要同时对多个互不兼容的平台进行操作和维护，这不但给管理增加了难度，而且在升级维护时会更加复杂，持续性的成本支出也会增大。随着对网络性能需求的日渐增强及为了维持基本通信业务所要面对的多制式网络并存的现状，移动运营商不得不考虑一一升级并维护现有的多标准系统，如 GSM、WCDMA 或 TD-SCDMA 及长期演进（Long Term Evolution，LTE）等，对这些专网的升级间接地限制了通信系统的灵活性。最后，不断增长的互联网业务需求使核心网的压力与日俱增，越来越多的网络应用出现，挤占了传统运营商的优势项目，大幅影响了其盈利能力。无疑，无线云化的无线端以其对多制式的网络的支持、个性化的场景业务及快速的业务响应能力等特点将会得到运营商的青睐。

8.1.2 无线云化为电信业带来的价值

运营商对云无线侧的青睐在很大程度上来源于无线云化可以为电信业带来多种多样的好处。概括来说，这些好处可以分为：第一，解耦，即硬件和应用解耦，硬件平台可通用；第二，开放，即具有开放的 API 和灵活的第三方应用选择；第三，灵活，平台易部署且支持多样化业务；第四，可靠，无线云化的电信网络具有高可靠性和灵活的备份能力[3]。

硬件解耦，又叫作硬件通用，如图 8.5 所示，在传统的 RAN 架构中，不同的网络需要不同的专用设备支持，如 2G 网络需要 GSM 基站，3G 网络需要通用移动通信系统（Universal Mobile Telecommunications System，UMTS）基站。此时的硬件和功能是绑定的，即 2G 的基站只能执行 2G 网络的功能，3G 的基站只能执行 3G 网络的功能。在 4G 网络中，由于软件定义无线电（Software Define Radio，SDR）技术的出现与应用，硬件和软件已经实现了部分解耦，如图 8.6 所示，SDR 可以使用通用硬件和软件的方式支持 4G 网络或 3G 网络。

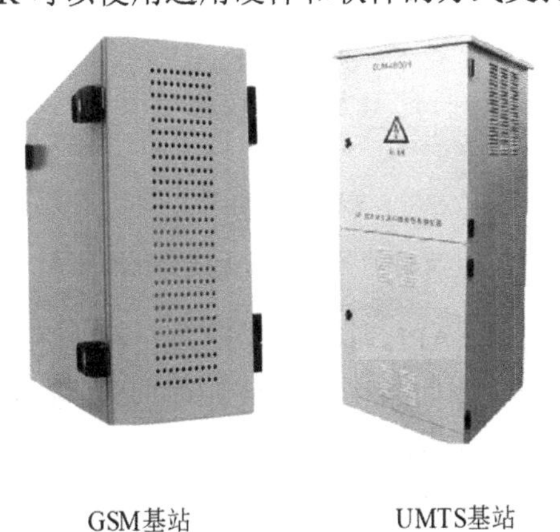

图 8.5 传统 RAN 架构具有多种标准和多个独立网络

图 8.6 UniRAN（SDR）架构融合多种标准

在 5G 网络中，除了软件定义的通用硬件架构，又引入了云的概念，在实现 SDR 的基础上，可以使用软件部署业务，从而实现了业务层面的虚拟化，达到解耦软件和硬件的目的[4]。如图 8.7 所示，一张网络通过无线云化和切片可以支持 eMBB、eMTC 和 uRLLC 等不同的业务场景，实现了对个性化业务的定制。

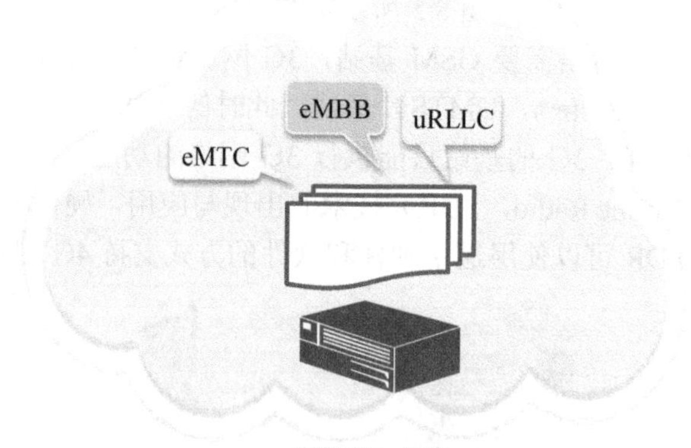

图 8.7 支持业务定制的无线云化网络

云平台可以提供标准的、开放的 API。可将 API 视为一系列协议标准的集合，在传统 RAN 架构中，基站只支持特定的网络，因此其接口只能支持对应的功能，无法添加其他功能。从 4G 开始，架构引入了标准化的接口，根据标准化的接口制作定制化的设备，就可以方便地引入第三方的功能，实现开放的第三方业务和应用的接入。例如，利用标准化的接口实现对百货公司打折信息的定向推送或对工厂园区日常的资产盘点等，为企业带来利润和便捷。

平台虚拟化是云平台的一大特征，平台虚拟化带来的好处还有益于部署应用及业务多样化，因为虚拟化并不需要特定的硬件，一切都是在通用的平台上通过软件进行定义的，所以只需要将需要部署的业务通过统一的接口放在通用平台上即可。

另外，作为电信级网络，可靠性一直是其优势所在，也是电信级网络优于传统互联网的地方，而无线云化后的接入网保持了电信级的可靠性。

无线云化是电信运营商进行数字化转型的关键路径，而是否转型成功和运营商的前途紧紧相关。网络无线云化、运营无线云化和业务无线云化可以为运营商带来一系列的好处，如业务拓展、提高运维效率和获得更快的响应速度等。

对于运营商来说，首先，当前及未来的业务机会不再局限于单一的语音或数据业务，云服务、高清视频、物联网等将在今后得到更多的部署和使用。运营商要抓住机遇，承载这些业务，与移动互联网业务提供商竞争，就要满足用户对这些业务的多样性的需求，如视频的高带宽、物联网的海量并发连接数及云服务的高可靠性等。全无线云化的电信网将使运营商可以更加有效且快速地拓展这些新业务。

和互联网行业相比，电信运营商在运维效率上还存在一定差距，而当前对于运营商来说，竞争往往不来自同行，而来自行业外，如互联网企业。在美国的 Google 或 Amazon 等互联网公司中，拥有五万台服务器的数据中心往往只需要几个维护人员操作，而在传统的运营商中，平均一个人只能维护一百台左右的设备，效率差距无疑是显著的。因此，为了在行业深度融合的未来更好地生存，运营商必须在运维效率上追赶这些先进的互联网公司，而无线云化技术可以令网络资源的调度、协同及管理更加高效，利用无线云化技术有助于运营商运维效率的整体性提高。

运营商可以利用不断发展的云技术，如微服务、容器技术及 DevOps 开发模式等，更加快速地响应客户的需求，应对快速变化的市场，及时上线创新性业务抢占市场，满足企业及客户不断变化的需求。利用无线云化技术，运营商可以提供 ROADS 式的用户体验，ROADS 是一系列用户体验的简称，即实时（Real-Time）、按需（On-Demand）、全在线（All-Online）、自助服务（DIY）和社交化（Social）。

在这样的趋势及背景下，国内的运营商（如中国移动等公司）依据用户的特点和自身的优势与需求，提出了名为 C-RAN 的集中式接入网架构（集中式 RAN）[5]。集中式 RAN 的提出旨在进一步帮助运营商降低网络部署和维护等相关成本，提升其盈利能力；并且，除降低成本外，基于集中式 RAN 的网络架构还可以提高网络的灵活性，同时降低通信系统的能耗，从而达到提高网络资源利用率及绿色通信的目的。在 4G 网络部署初期，C-RAN 的含义比较单一，C 主要是指 Centralized，即集中式部署的 RAN。随着架构的进一步扩展与新技术的引入，C-RAN 中 C 的含义已由集中的含义扩展为以下四个方面的内容：第一，集中（Centralized），即数据处理能力方面的集中化；第二，协作（Collaborative），即在 C-RAN 框架中，网络间内容协作化，无线资源之间进行相互配合；第三，清洁（Clean），即基站在 C-RAN 的架构中变得绿色、节能；第四，无线云化（Cloud），即在 C-RAN 的部署中会进行实时云计算基础设施的建设。根据上述特点，新的 C-RAN 可以利用高速光传输网络、集中式基带处理功能和分布式远程射频单元等，构建高效的无线接入网架构。相较于传统概念中的集中式 RAN，概念扩展升级之后的 C-RAN 架构的优势主要体现在以下几点：第一点，也是运营商最为看重的一点，降低了运营商的 CAPEX 和 OPEX。在 C-RAN 架构中，所有基带处理单元都存在于基带池中，一般来说，运营商可以布置一些规模较大的中心机房来放置基带池。其站址数量通过这样的集中化操作可以下降一到两个数量级。运营商可以将基带池及相关的辅助设备集中放置在少数的中心机房进行统一管理，既减少了非骨干机房的数量，又可以简化维护操作，提高整个网络的运行效率。尽管 C-RAN 中的机房数量下降了，但在 C-RAN 框架中，射频拉远单元的数量不会因机房数量的减少而减少。射频拉远单元只有发射和接收功能，且具有体积小、功耗低的特点，因此，部署和维护这些设备并保证其功能比较简单，只需要为天线端子提供供电设备，这种简单的操作和维护可以显著提高网络建设的工程效率。与此同时，由于基带处理单元的集中化，在部署 C-RAN 网络时，运营商租赁中心机房站址的费用将大幅降低，从而降低网络运营成本。第二点，C-RAN 是一个绿色的无线接入网，也就是说，C-RAN 具有低能耗的优势。C-RAN 绿色、低能耗的优势通过以下三个方面体现。首先，我们知道，C-RAN 中的射频拉远单元是进行拉远处理的，并且这一类射频拉远单元的部署密度很高。通过这种高密度部署的拉远处理可以实现缩短用户到这些射频拉远单元之间的空间距离的目的。因此，按照这一类模式部署的网络与相同覆盖率下参考其他方案部署的网络相比，其用户终端和射频拉远单元的信号发送功率会大大降低。由于 C-RAN 发送功率降低，因此用户终端电源的工作时长与使用寿命得到大幅提升。其次，C-RAN 的资源是集中化的，因此该部署方式可以大幅减少基站机房数量。较少的机房可以大大减少其专用的配套设备，如机房中的电源和空调等耗能设备。最后，C-RAN 可以灵活地调整由潮汐效应带来的能耗损失与效率下降。该架构可以灵活调整的主要原因是：在 C-RAN 架构下，基带资源是由所有虚拟基站共享的，根据射频拉远单元所承载的业务量的不同，池中的资源可以灵活动态调度，基带资源可以通过这样的灵活安排使实际使用效率大幅提升。例如，在深夜时，人们入睡，通信系统流量往往较低，此时 C-RAN 就会关闭暂时用不到的基带资源，从而实现节电的目的。尽管关闭了一些处理资源，但由于此时网络中的用户已经很少，因此系统的业务覆盖及服务质量不会受到明显影响，这就是灵活调整资源带来的好处。第三点，C-RAN 可以根据负载的变化自适应地分配资源。C-RAN 网络可以根据不同区域、不同时间段负载的不均衡变化，灵活处理和分配资源，这是 C-RAN 网络的一个突出特点。用户在不同小区之间移动和切换，基站的处理资源也会随之变化。与相对独立的传统基站相比，基带池的服务能够覆盖的物理范围明显扩展。并且，这样的灵活性可以提升基带资源利用率，从而能够很好地应对负载迁移。第四点，增加网络容量。在 C-RAN 架构下，移动用户的通信信息除了业务数据，还包括收发信息、信道质量信息等，这些通信信息在基带池中相互共享[6]。C-RAN 可以利用处理资源之间的协作和资源间的联合调度，将区间干扰变成可利用的资源，从而进一步提升频谱资源的利用率。例如，目前在 LTE-A 网络中使用协同多点传输技术（Coordinated Multiple Points，CoMP），其在 C-RAN 网络下同样能够轻松实现。第五点，减轻智能互联网服务负担的功能。在 C-RAN 网络下，用户终端和其他通信设备产生的大量移动互联网数据可以通过智能减载功能传输到核心网，从而降低核心网和 C-RAN 的系统开销和容量负载。此外，智能减载功能可以让此类业务在实施过程中绕过核心网，从而减小时延，进一步提升用户体验。

当然，C-RAN 仍然存在技术挑战，如需要低成本的光网络传输无线信号、更先进的协同传输/接收技术、基站虚拟化技术和面向服务的边缘化等。但随着 5G 网络的部署及国内运营商的实际需要，核心网无线云化已经是大势所趋。在下一节中，本书将为读者介绍 RAN 架构向无线云化的演进，为了方便区分传统的集中式 RAN 和 5G 网络的无线云化 RAN，在后面的章节中，我们使用 Cloud-RAN 来指代概念扩展后的 C-RAN，而 C-RAN 在后面的内容中就特指集中式 RAN。

8.2　RAN 架构的演进

我们知道，对于一个移动通信网络来说，基站是它的核心组成部分。一个地区无线信号的覆盖主要取决于该地区基站的数量和性能。一个典型的基站机房布置如图 8.8 所示，通过馈线和外面的信号塔相连。同时，对于一个基站来说，还需要电源供电，并需要空调降温，还需要一些安全和备份措施，如监控和电池。除了一些偏远地区，城市的土地资源已经很难获得，且民众对在居民区周围兴建大型基站机房的态度也偏消极，当前土地资源租赁成本也越来越高[5]。可以说，机房土地资源的高成本和稀缺性已经成为 5G 基站布置中不可避免的困难。除了土地资源的限制，大量的机房也需要高额的维护费用和大量的能耗，不符合绿色通信的趋势。

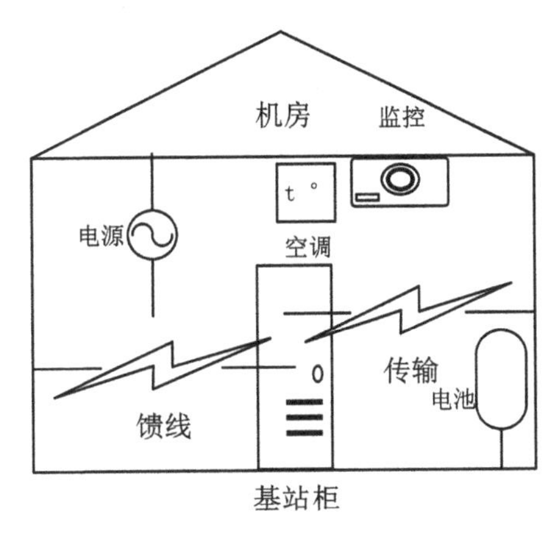

图 8.8　一个典型的基站机房布置

5G 无线网络由于自身的特点，对基站数量的需求很大，但由于上述原因，现有的城市条件很难提供如此多的资源，且运营商无法承担如此高昂的成本。因此，在实际操作中，5G 基站的建设需要充分利用现有的软件与硬件资源，降低商用和运营成本。根据绿色通信演进理念的指导，通过无线云化的手段实现基站高容量、低成本和低能耗的目的。

5G 网络的设计核心在于以用户为中心进行网络建设，抛弃传统通信网络中以基站为核心的设计准则。本节将首先介绍传统 RAN 架构的演进，包括分布式 RAN 和集中式 RAN，接着将介绍 5G 网络中的 Cloud-RAN 架构，Cloud-RAN 通过引入网络功能虚拟化（Network Functions Virtualization，NFV）、软件定义网络（Software Defined Network，SDN）和云化，使 5G 基站在集中式 RAN 架构之上，实现了基带集中模块（Concentrate Unit，CU）和分布模块（Distribute Unit，DU）的分离。

8.2.1　分布式 RAN 和集中式 RAN

如图 8.9 所示，一个基站通常包括负责信号调制的射频拉远单元（Radio Remote Unit，RRU）、负责射频处理的基带处理单元（Base Band Unit，BBU）、连接 RRU 和天线的馈线及负责空间中波的转换的天线[2]。在传统的 RAN 架构中，一个柜子或一个机房里通常把 BBU、RRU 等单元集中放置，为了方便这些单元工作，还需要放置供电单元等设备。这样做的好处就是实体硬件资源统一集中，方便管理。随着网络的升级和技术的进步，基站的形态也随之发生了很多演进（如 RRU 的拉远处理）。但面对越来越多的业务和接入技术，移动运营商的盈利呈下降趋势，其中，主要原因就是传统的 RAN 系统架构的效率较低，这导致了运营商在移动互联网市场日趋激烈的竞争中处于劣势地位。例如，传统无线接入网 RAN 系统资源的利用率因潮汐效应而下降。根据上一节，我们知道用户单元在移动网络系统中是不断移动和变化的，在用户与基站交流的过程中，用户一般会从一处移动到另一处。RAN 的显著特点，也是其必须面对的问题之一就是合理高效地处理这些移动性。经过长期的观测与调查发现，绝大部分用户的跨小区移动具有明显的周期性及时间规律性[7]。例如，用户会在工作日的白天从居民聚集的地区移动至办公地点比较集中的区域，这段时间内，商业工作区的 RAN 系统的业务量会大幅增加，占整个系统总容量的绝大部分，而居民区因为仅含少量驻留人群，所以业务量相对较低；到了夜晚，情况则恰恰相反，用户从办公区下班回到居住区，此时居住区的业务量就会快速回升并且超过办公区。这导致系统在不同时间段和不同区域的负载情况不同。这些实时变化对传统 RAN 架构及其工作效率产生了严重的负面影响。部署传统的 RAN 网络时，运营商必须按照每个地区的最大业务量为 RAN 部署硬件设备，才能保证不同地区的用户在最繁忙的时间段也能够享受 RAN 提供的无线接入服务。由于系统在大多数时间的繁忙程度远不及高峰时期，大量的设备不仅大幅增加了系统成本，还导致设备的使用率极低，造成了严重的资源浪费。此外，所有设备都必须时刻处于等待状态以保持 RAN 系统的服务水平。可以说，RAN 的进化，直接压力来自运营商成本的增加。因此，为优化结构，降低成本，RAN 的分布架构从当初的一体式到分布式再到 4G 时代的集中式，经历了多代进化，最终在 5G 时代形成了以 4G SDR 为基础，再加入具有网络切片能力的 Cloud-RAN。

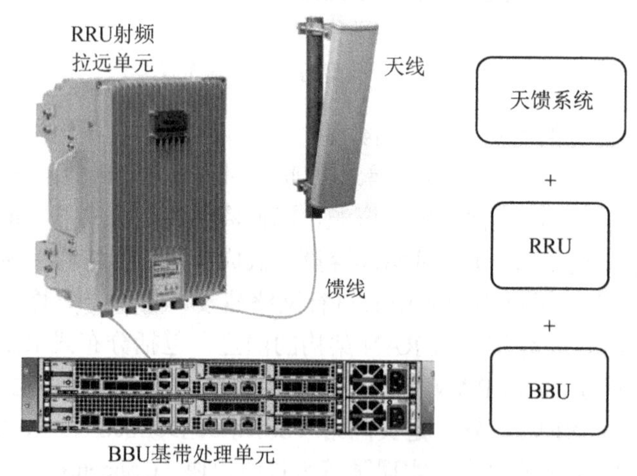

图 8.9　一个典型基站的组成部分

本节将对 RAN 的进化过程（从一体式基站到分布式基站结构，再到集中式分布结构）进行简单的介绍，而将 Cloud-RAN 架构放在下一节讲解。

传统的一体式基站是 2G 网络基站的常见形态，这种一体式基站的天线一般位于铁塔上，其他部分（如 BBU、RRU 和供电单元等）位于基站旁的机房内，通过馈线和天线相连[8]，一体式基站的组成架构如图 8.10 所示。

一体式基站需要为每个铁塔都配备一个专属的机房，如前面所说，每个机房都需要电源、电池、监控及传输等配套设施，这将导致高昂的建设维护成本，并且每建造一个基站都要很长的工期。从长期的角度看，这些基站都是对应特定网络的，调整网络架构很困难，网络不能灵活地伸缩。一体式基站广泛分布在 2G 网络中，但随着网络制式的发展和设备的更新，它已经逐渐被运营商舍弃[2]。

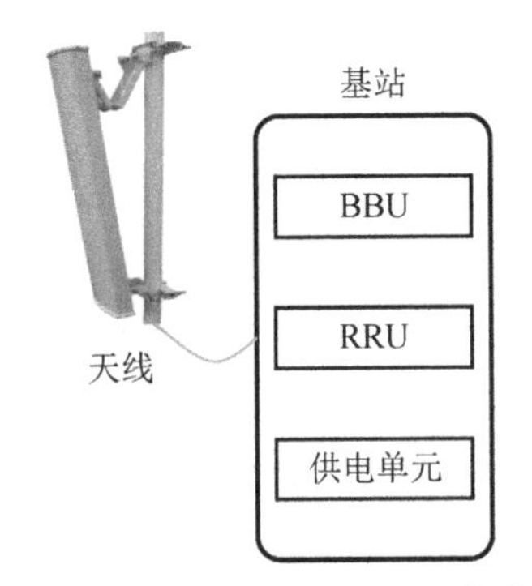

图 8.10 一体式基站的组成架构

在分布式 RAN（Distributed RAN，D-RAN）中，一个 BBU 可以连接多个 RRU，并且可以通过光纤对 RRU 进行射频拉远，节约馈线成本，降低传播损耗，并且，D-RAN 的布局可以使网络规划更加灵活。D-RAN 在降低传播损耗的同时提高了网络部署的覆盖度，其带来的双重好处符合无线网络架构发展演进的要求，因此受到了运营商的广泛推荐和应用，接下来对 D-RAN 的架构进行介绍。

传统的一体式基站需要使用很长的馈线来连接基站和天线，这样不但存在着严重的信号衰减，还存在部署不灵活的问题。为了避免一体式基站带来的问题，移动网络中的 RAN 随之演进，形成了分布式基站架构，即 D-RAN。与一体式基站类似，D-RAN 同样将基站分为 RRU 和 BBU 两部分。可以将 RRU 看作射频模块，用于处理无线中的射频部分，RRU 由中频模块、射频接收与发射模块、功率放大模块和滤波模块组成。BBU 主要承担基带处理部分，进行上/下变频、基带信号处理和站协议处理等。另外，BBU 还负责和上级网元进行通信。分布式基站架构如图 8.11 所示。

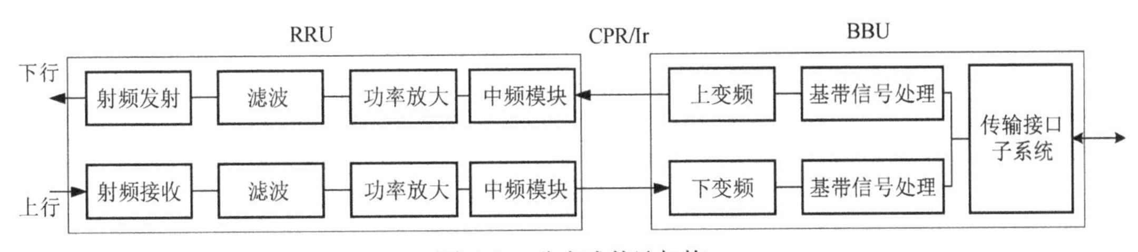

图 8.11 分布式基站架构

与一体式基站类似，在 D-RAN 中，RRU 作为射频模块会被放置在和天线靠近的位置，一般来说，D-RAN 中的 RRU 会和天线一起被放在铁塔上，和天线系统相连；而 BBU 作为基带处理模块，可以放置在机房。RRU 和 BBU 之间通过光纤相连，使用通用公共无线电接口（Common Public Radio Interface，CPRI）或红外（Infrared，Ir）接口传输中频信号[9]。在 D-RAN 中，一个 BBU 可以像图 8.12 中那样连接多个 RRU，在实际工程中，不同的 BBU 产品可以连接的 RRU 数量不同，最多可以连接 12 个 RRU。

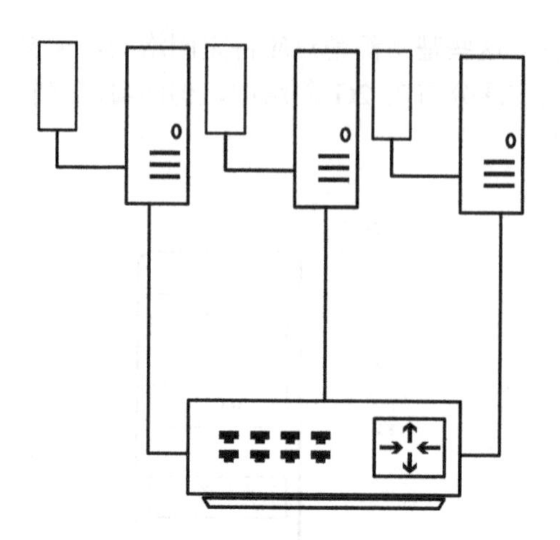

图 8.12　分布式基站的优势

通过对 BBU 和 RRU 进行分离操作，RAN 从先前的一体式架构变成分布式无线接入架构，在 D-RAN 中，BBU 和 RRU 通过光纤分开实现 RRU 的拉远。和一体式基站相比，D-RAN 大大节约了馈线长度，降低了成本和能量传播损耗；另一方面，一个 BBU 可以连接多个 RRU，而 RRU 的体积相对较小，这样一来，就大大提高了运营商部署的灵活性，提高了无线网络的覆盖能力[10]。图 8.13 所示为实际工程中 BBU 和 RRU 的分离示例[2]。

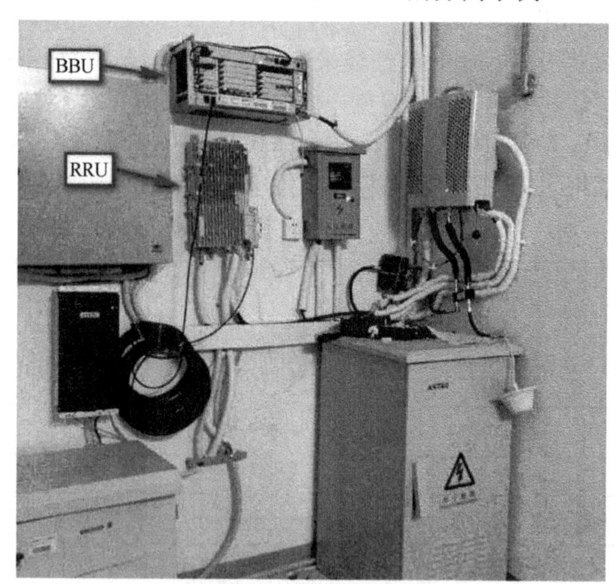

图 8.13　实际工程中 BBU 和 RRU 的分离示例

D-RAN 的出现一方面促进了性能的提升，即 D-RAN 通过降低传播损耗的方式提高了无线网络的覆盖度。另一方面，D-RAN 通过降低馈线的长度降低了成本。对运营商来说，合理地控制成本有时比性能的提升更重要。因此，像 D-RAN 这种既可以提升性能又能降低成本的技术很快获得了青睐，开始被大面积部署使用。

尽管 D-RAN 的架构为传统接入网部署带来了新的优势，但在 D-RAN 的框架下，运营商承担的成本仍然很大。如图 8.14 所示，由于部署 BBU 和相关的配套设备（电源、空调等）的需要，运营商依然需要租赁和建设很多室内机房或方舱，在 5G 网络需要大量基站部署的背景下，这无疑大大增加了运营商的成本。

图 8.14　大量机房给运营商带来了高成本

鉴于部署 D-RAN 时仍旧存在由大量机房的建设运营而带来的消耗资源的问题，运营商进一步提出了 C-RAN 的概念。C-RAN 此时的主要含义是集中式接入网（Centralized-RAN）。在新一代网络环境中，C-RAN 还有实时云计算架构（Real-time Cloud Infrastructure）、基带集中化处理（Centralized Processing）、绿色无线接入网架构（Clean Systems）和协作无线电（Collaborative Radio）等含义。因此，5G 网络中的 RAN 也可以称为无线云化的 RAN，即 Cloud-RAN。

随着网络功能虚拟化（Network Functions Virtualization，NFV）+SDN+云技术的引入，C-RAN 架构也逐渐成熟起来。在 C-RAN 中，BBU 的功能被进一步虚拟化和无线云化，除了 RRU 拉远，BBU 等硬件设备都集中在了中心机房，这种 RRU 拉远、BBU 集中部署叫作 BBU 池化。在 D-RAN 中，基站的能耗大约占 72%，而在基站中，空调的能耗大约占 56%。因此，运营商在网络部署中，大部分的基站成本来自发电费用。通过 BBU 池化的做法，可以大大减少基站机房的数量，从而降低空调等耗电设备的成本[1]。如图 8.15 所示，每个 BBU 都可以连接几十甚至上百个 RRU，通过这种方式可进一步减小机房资源需求、网络部署成本和周期。

在 C-RAN 中，BBU 与 RRU 间没有固定的关系，是多对多的关系，RRU 上对信号的处理都是由虚拟的基带池完成的。BBU 池化使得 C-RAN 获得了强大的基带处理能力，通过对基带池容量、基带资源的统一调度和灵活规划可以很好地解决潮汐话务的问题。在 C-RAN 中，传统意义上的以机房为分割的基站不见了，取而代之的是由分散的 BBU 和 RRU 组成的虚拟基站。在虚拟基站中，数据收发、信道质量检测等都是在 BBU 池中进行的。通过集中统一调度和规划，可使小区间的干扰变废为宝，促进小区间的协作传输。而多点协作传输（Coordinated Multiple Points Transmission/Reception，CoMP）是指在地理位置上分离的多个传输点，协同参与一个终端的数据［物理下行共享信道（Physical Downlink Shared CHannel，PDSCH）］，联合接收一个终端发送的数据［物理上行共享信道（Physical Uplink Shared CHannel，PUSCH）］。基站群通过 CoMP 可以提高频谱利用率，提升用户体验。

C-RAN 的架构将基带资源的功能进一步虚拟化（使用 NVF）。虚拟化就是将原来专用的 BBU 硬件设备虚拟化，一般使用服务器进行软件化，用软件实现 BBU 的功能。C-RAN 中的虚拟化操作进一步削减了运营商的成本，这也是运营商提出 C-RAN 并积极推动 C-RAN 部署的一大原因。

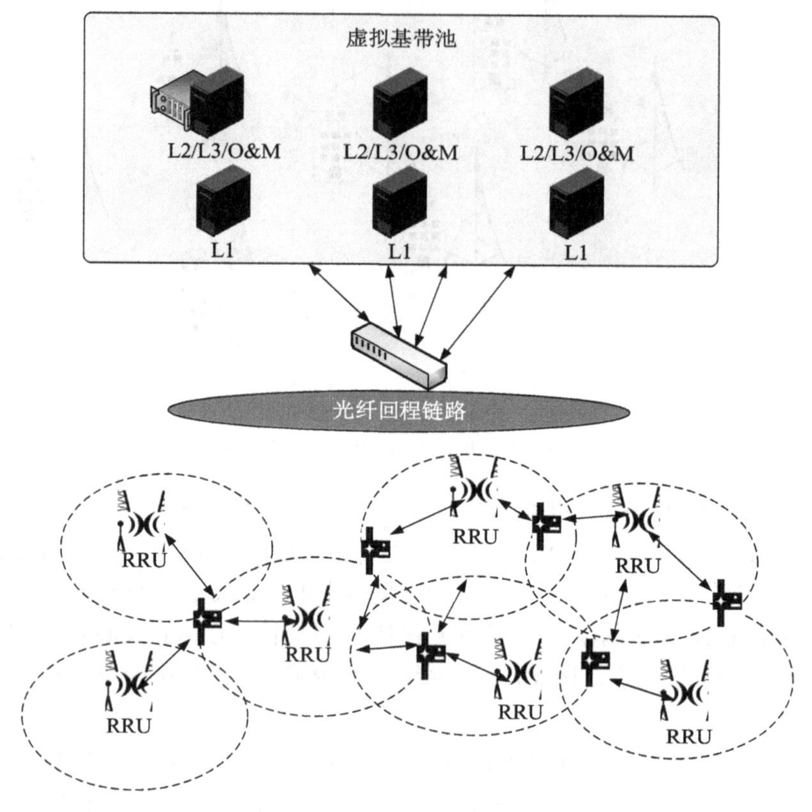

图 8.15　一个典型的 C-RAN 架构

8.2.2　5G RAN 架构

在 5G 中，Cloud-RAN 基于 C-RAN 进行了进一步的演化，在原有 SDR 的基础上引入了 NFV，以实现无线资源的虚拟化，引入 SDN 以实现网络功能的集中化。这些转变主要面向下一代网络架构，用以满足其多样化的业务需求，如 eVideo、mMTC、车用无线通信技术（Vehicle to Everything，V2X）、虚拟现实（Virtual Reality，VR）和增强现实（Augmented Reality，AR）等；新一代的移动通信网络具有多种接入技术和多种差异性的需求，如在时延、连接密度及吞吐量等方面。针对以上变化，5G 网络对基站的功能进行了重新划分，5G 基站不再由 RRU、BBU 和天线构成，而是由 CU、DU 和有源天线单元（Active Antenna Unit，AAU）三部分构成，这三部分分别执行 4G 基站中 RRU、BBU 和天线的功能[11]。4G RAN 架构与 5G RAN 架构的对比图如图 8.16 所示。

由图 8.16 可以看出，CU 是从原 BBU 的非实时部分分割出来的，其定义为集中处理单元。本质上，CU 处理的是原 BBU 中非实时的协议和服务。AAU 则由 BBU 的部分物理层处理功能与原 RRU 及无源天线合并而成。DU 把 BBU 中的剩余功能重新定义，负责处理物理层协议和实时服务。

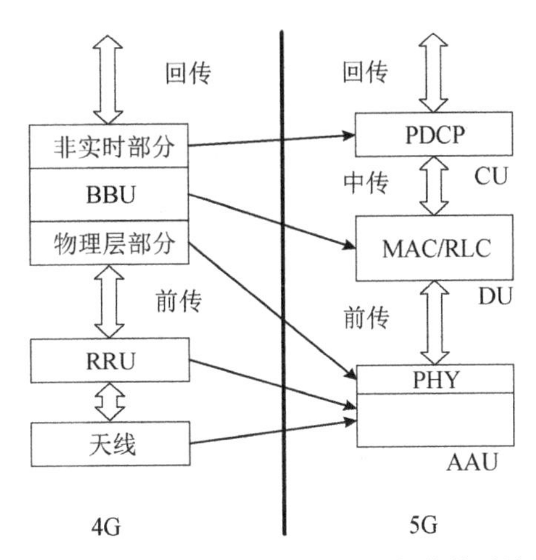

图 8.16　4G RAN 架构与 5G RAN 架构的对比图

在 Cloud-RAN 中，DU 和 CU 可以以融合或分离的方式在 5G 基站 gNodeB 架构中存在。融合部署的 DU 和 CU 有利于高实时大带宽的业务实现，而分离的 DU 和 CU 则在硬件利用率、资源灵活配置上具有优势。当同个基站中的 CU 和 DU 融合时，可以形成类似于 4G eNodeB 的基带部分。在工程上，一般可以选择将 CU 集中部署，将 DU 分离部署。当然，不同基站的 CU 也可以分离部署。分离部署后，一个 CU 可以连接多个 DU，一个机房可以管控更多、更远的小区，实现集中化管理。

在接口方面，在原始的 4G 基站中，RRU 和 BBU 通过 CPRI 或 Ir 接口进行通信。如图 8.17 所示，5G 移动通信网络对接口进行了增强，DU 和 AAU 之间的接口叫作演进的通用公共无线电接口（evolved CPRI，eCPRI），CU 和 DU 之间的接口叫作 F1。在 5G 网络的 CU 中，分为控制平面和用户平面，一般来说，控制平面和用户平面存在于一个物理实体中，接口由设备商提供。3GPP 为控制平面和用户平面分离的情况也提供了标准接口，称作 X*n*。

CU 和 DU 的融合与分离部署各有优势，融合部署可以增强实时性，适用于高带宽业务，而 CU 与 DU 分离有利于灵活配置，便于移动布置。5G 的应用需求多种多样，不同应用对网络特性的要求不同，甚至有些应用对网络的要求是矛盾的。例如，在观看高清视频时，对带宽的要求很高，而对时延的要求较低。在无人驾驶应用中，10ms 的时延都可能带来严重的车祸，影响安全。因此，对于 CU 和 DU 的融合和分离，根据业务场景的不同衍生出了不同的方案：（1）与传统 4G 基站一致，CU 与 DU 共硬件部署，构成 BBU 单元；（2）DU 部署在 4G BBU 机房，CU 集中部署；（3）DU 集中部署，CU 在更高层次集中；（4）CU 与 DU 共站集中部署，类似 4G 网络的 C-RAN 方式。这些不同的部署方式需要运营商进行多维考虑，如在性能、成本和部署灵活程度等方面。从经济的角度来看，如果预算充裕，前传网络用光纤直接连接天线，那么，可以将 CU 与 DU 部署在同一位置。若预算不足，则可以将 DU 采用分布式部署的方式部署。再如，从业务实现的角度来看，若要实现无人驾驶对 1ms 时延的要求，需要 DU 的位置尽量靠前，接近 AAU。总之，CU 和 DU 之间的分割方案有很多，分别适用于不同的场景和应用。一般来说，按业务对实时性的要求划分 CU 和 DU。分布越靠近天线部分，越有利于低时延业务的部署，分布越靠近高层，越有利于大带宽业务的部署。

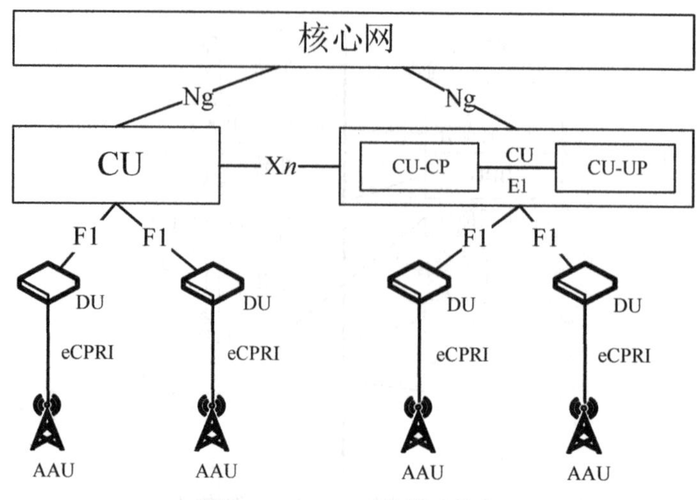

图 8.17　5G RAN 的增强接口

将 CU 和 DU 分离部署后，5G RAN 在 NVF 和 SDN 的基础上可以进一步无线云化，将控制协议和安全协议进一步集中，成为 Cloud-RAN[12]，如图 8.18 所示，其中，CN 表示核心图。无线云化的核心是将功能进一步虚拟化，实现软件和硬件的解耦，解放 RAN，使其更加具有灵活性和适配性。

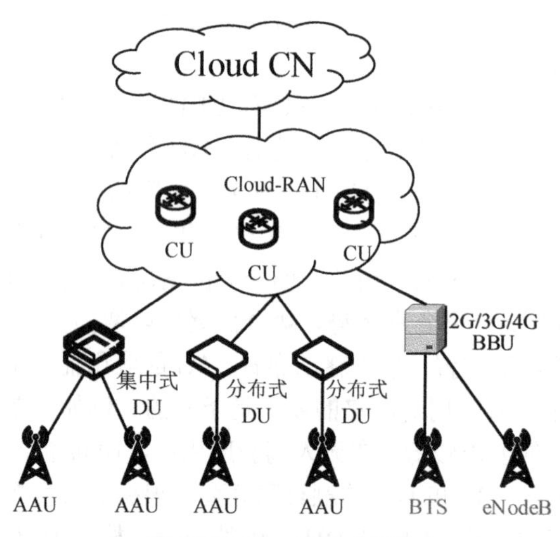

图 8.18　Cloud-RAN 架构

通过虚拟化的架构，Cloud-RAN 将会支持灵活的网络切片，每种典型业务都可以有一个专用的网络切片来优化其特定的功能组合及关键绩效指标（Key Performance Indicator，KPI）需求。可将网络切片看作将一组 3GPP 定义的特征或功能通过按需组合、灵活搭配等方式进行功能组合裁剪，向有特定需求的用户提供某个定制化的子网络。如图 8.19 所示，网络切片可以被应用于各种无线制式和服务，满足个性化的需求[3]。我们知道，5G 网络需要处理不同的业务，包括高清电视、VR/AR、mMTC 及 V2X 等，每种业务都有不同的 KPI 需求。网络切片技术根据这些应用场景和业务指标，将无线接入网、承载网和核心网等一系列物理网络切片为端到端的、独立的、逻辑上隔离的虚拟网络，以实现不同的业务需求。在网络切片中，不同的网络切片具有不同的特征。

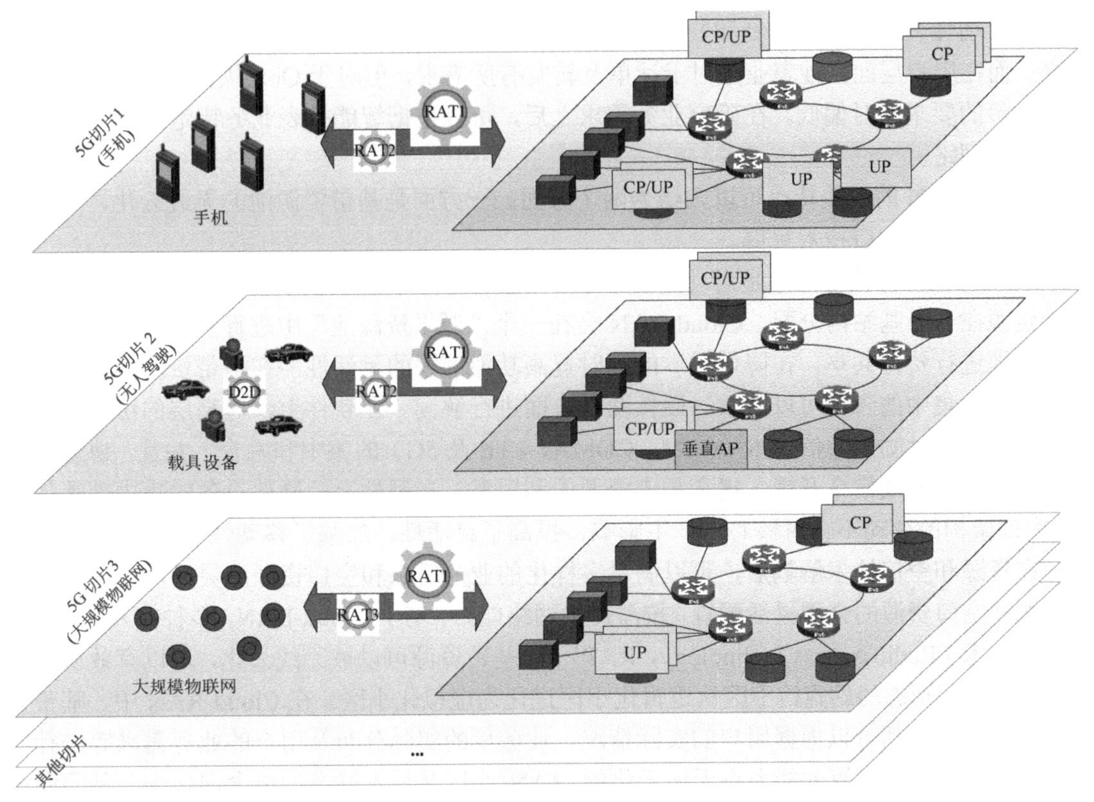

图 8.19　灵活的网络切片适用于各种业务

Cloud-RAN 的一大特征就是通过网络切片来进行不同业务的按需定制，不需要为每种业务建立单独的网络，而是通过对下层软、硬件资源的动态分配来定义上层的业务实现的。每种切片模式均基于通用 IT 架构并利用 IT BBU 通过软件定义。IT BBU 内的中央处理器（Central Processing Unit，CPU）和存储资源可以根据不同的业务类型为控制平面进行资源的动态分配，而用户平面可通过软件定义进行各种模式的重构。通俗一点来说，Cloud-RAN 可以实现按需定制、按需剪裁的功能和服务[3]。Cloud-RAN 对服务进行剪裁如表 8.2 所示。

表 8.2　Cloud-RAN 对服务进行剪裁

控 制 平 面	用 户 平 面
×移动性管理	话单√
√ 会话控制	QoS 执行×
√ 用户数据	业务感知×
× 策略控制	转发√
× 安全控制	数传优化×

为了便于理解 Cloud-RAN 按需定制的特点，这里以一个智能抄表的应用为案例。假设用户需要在 5G 网络上实现远程抄表的应用，那么一个无线云化的网络就需要根据远程抄表应用具有的特点和对网络特性需要的任务进行剪裁和切片。在定制时需要用户回答下面几个问题，如“是不是需要抄写用户的数据”“是不是需要会话控制”“是不是需要安全控制”等。根据回答内容的不同，可以有针对性地取舍网络的某些特点和服务，满足网络按需定制的要求，如表 8.2 所示。核心网对于抄表所需要的功能和服务进行梳理归纳，如抄表业务在控制

平面对移动性管理、策略控制和安全控制的要求较低，而对用户数据和会话控制的要求相对较高。而在用户层面，抄表业务对于话单及转发有所需求，但对于 QoS 执行、数传优化和业务感知等的要求相对偏低。在确定业务需求之后，可以根据智能抄表业务特定的 KPI 定制个性化服务网络。

Cloud-RAN 的主要特点可以归结为两个方面：一方面是基带资源池的无线云化，另一方面是无线资源和空口技术解耦。

Cloud-RAN 的核心理念是对功能的抽象和对资源应用的解耦。不同于传统无线网络中将基带资源在一个基站内分配，Cloud-RAN 会在一个“逻辑资源池”中进行资源分配，从而最大限度地进行资源共享，在降低成本的同时提高功能部署的灵活性。在基带资源池化后进行集中部署，集中的含义可以从软、硬件两个方面进行解读。在软件上，对高层的协议进行集中化有利于多种制式通信技术（GSM、CDMA、LTE 及 5G）的集中和融合。并且，协议的集中化可以大大降低信令开销，提高频谱资源的利用率。在硬件上，硬件设备的集中部署使得 CU 内部架构的变动不会对核心网产生影响，提高了灵活性，加强了移动性上的管理。

在资源和空口技术解耦后，可以满足多样化的业务需求和空口资源的灵活调度。通过基带资源和空口资源的合理灵活配置，按需提供网络能力。基于 Cloud-RAN，多种接入技术［无线接入技术（Radio Access Technology，RAT）］的基带资源可以被无线云化，可以有效协同不同制式、不同形态的站点，小区从逻辑化小区进化为虚拟化小区。在 Cloud-RAN 中，基带资源、空口资源等都可以根据用户的实际情况、业务量的实际分布及用户的业务需求等进行实时调配。这种按需配置的能力令无线云化的 RAN 小区从原本静态的概念演化为一种面向用户需求的抽象概念，或者说，小区从实体小区进化成了虚拟化小区[3]。虚拟化小区可以在小区间进行及时协作，提高小区边缘的吞吐量和计算能力，令用户没有小区切换的感觉，如图 8.20 所示，真正实现“网随人动”的愿望。

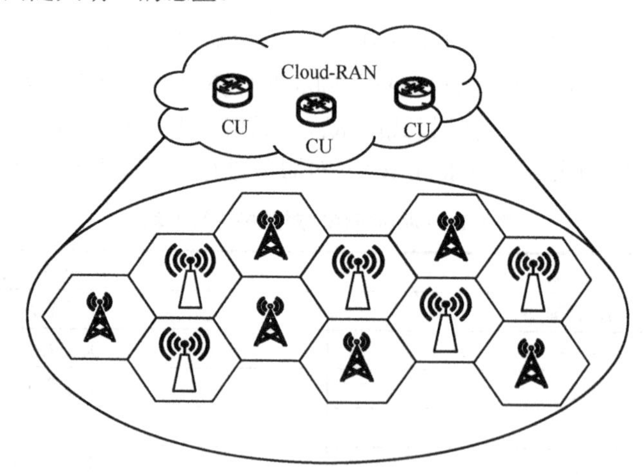

图 8.20 Cloud-RAN 可以为用户提供无缝切换

8.3 Cloud-RAN 的具体方案

从工程上看，5G RAN 中的 CU 采取通用硬件平台（如 x86 服务器），DU 由于涉及天线等设备，一般采用专用硬件平台（或通专混合平台），CU 和 DU 的具体实现如图 8.21 所示。

通用的 CU 平台可以提供良好的核心网支持能力和边缘应用支持能力，而专用的 DU 平台能更好地提供紧密的物理层或基带计算处理能力。

在运营商部署过程中，基于 5G RAN NFV+SDN 的无线云化架构会将传统的操作维护中心升级为操作维护管理编排组件。加入编排功能可以对包括 CU 和 DU 在内的 RAN 资源进行统一管理，满足按需定制、快速部署业务的需求。但这一步的实现还牵扯到网络安全和运营商权益，因此无线云化后，RAN 对于其按需定制、快速部署业务的优势的发挥还有待进一步挖掘。

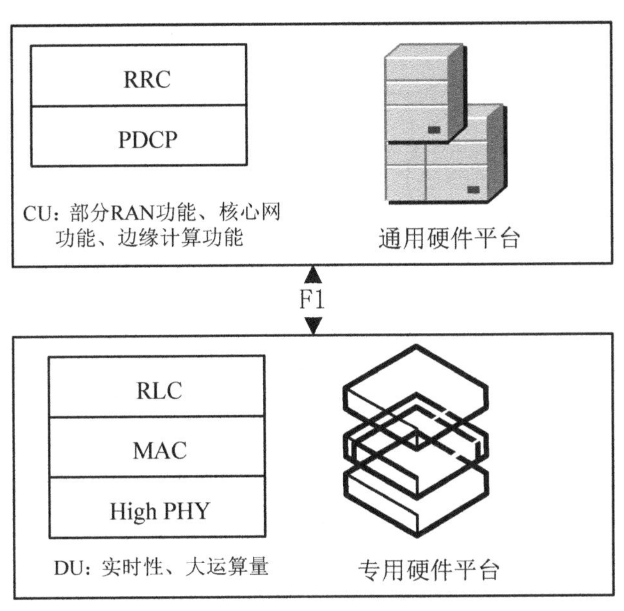

图 8.21　CU 和 DU 的具体实现

如图 8.22 所示，利用 Cloud-RAN 的灵活切片、开放能力、深度协同及弹性调整四大特征可以实现运营商多样化且快速的业务部署、提供极致用户体验和最大化网络资源利用率的目标。从业务运营的角度来看，业务应用的接口开发和快速上线是运营商最为看重的特征。因此，运营商为了更好地适应多变的业务发展而提出和部署了这样一种新型网络架构，即通过云平台来实现通信过程，这将是今后通信行业的发展趋势。

Cloud-RAN 因为具有上述种种优势而成为许多运营商当前及未来一段时间内的最优选择。Cloud-RAN 理想的解决方案是在通用服务器上通过软件实现网络功能。然而，在现实中部署 Cloud-RAN 困难重重，首要原因就是射频单元模块对实时性的要求很高，在实际中难以虚拟化，混合自动重传请求（Hybrid Automatic Repeat reQuest，HARQ）机制使介质访问控制（Media Access Control，MAC）层与物理层（Physical，PHY）紧紧耦合，难以拆分，且 BBU 全虚拟化的性价比远低于预期。因此，出于性能方面的考虑，在 RAN 侧依然需要采用专用器件［数字信号处理（Digital Signal Processing，DSP）和现场可编程逻辑门阵列（Field Programmable Gate Array，FPGA）］来实现 Cloud-RAN。这就意味着平台要同时掌握虚拟化资源和非虚拟化资源。当前主流通信设备商提出的 Cloud-RAN 方案大多是通过将 RAN 功能软件和通用服务器硬件平台结合来更好地实现多种功能的。

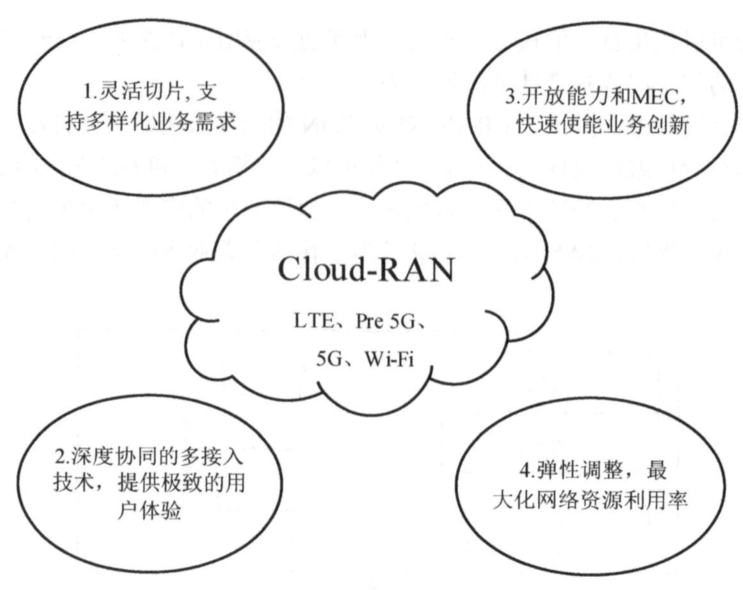

图 8.22　Cloud-RAN 的特征和客户价值

如图 8.23 所示，在 4G 接入网络架构中，采用了通用公共无线电接口 CPRI，CPRI 协议主要分为发送和接收部分，发送就是组帧，即将控制字和 IQ 数据按 CPRI 的帧结构组合起来，然后发送。接收就是解帧，即将发送方的控制字和 IQ 数据解出来。在 4G 网络的整个 RAN 结构中，只有 RRC/RRM S1-MME 层工作在通用硬件上，其他层都工作在专用硬件上，分组数据汇聚协议（Packet Data Convergence Protocol，PDCP）可以工作在通用硬件或专用硬件上，这里的软件和硬件是紧耦合的。

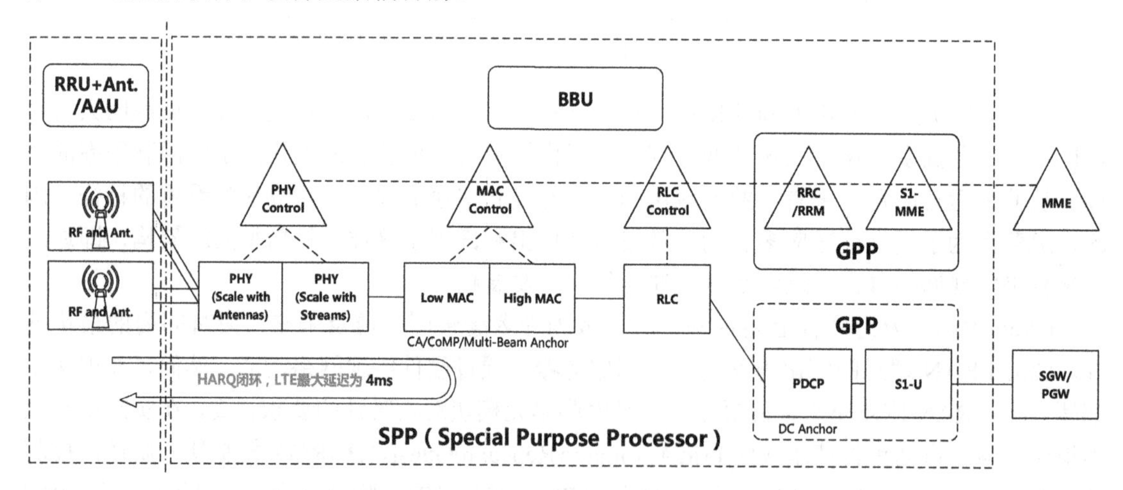

图 8.23　LTE 架构及当前的实现方案

在这里简单介绍一下 CPRI 的帧结构，CPRI 协议以数据帧为单位进行收发操作，按数据的大小可以划分为基本帧、超帧和 10ms 帧。基本帧是 CPRI 协议中的最小帧单位，时间长度固定为 1/3.84MHz（或约 260ns），对应的时钟周期为 1/153.6MHz，刚好等于 40 个 CLK。一个基本帧可划分为 16 个单元，第一个单元为控制字单元，其他为数据单元，对这 16 个单元以时分复用的方式进行组合和操作，每个单元的大小根据接口数据传输速率的不同存在 4 种选择，当单元大小分别为 1、2、4、5 字节时，对应的接口数据传输速率为 614.4Mbit/s 的 1

倍、2 倍、4 倍、5 倍。

CPRI 具有点到点链接、固定速率及对带宽要求高等特点。CPRI 采用数字方式来传输基带信号，其对应两种数字接口，称为标准的 CPRI 和开放式基站架构联盟（Open Base Station Architecture Initiative，OBSAI）接口。CPRI 定义了基站数据处理控制单元无线电控制设备（Radio Equipment Control，REC）与基站收发单元无线电设备（Radio Equipment，RE）之间的协议关系，它的数据结构可以直接被用于直放站的数据远端传输，成为基站的一种拉远系统。CPRI 在 Pre 5G 中表现优异，如 Pre 5G 中使用 Massive 多输入多输出（Massive Multiple-In Multiple-Out，Massive MIMO）架构、20MHz 频谱、64 发 64 收、CPRI 带宽是 78.64Gbit/s，相比 LTE，其性能更加突出。然而，由于 5G 新空口（5G New Radio，5G NR）中采用了大带宽和 Massive MIMO 结合的结构，因此 CPRI 接口并不适用于 5G NR。如表 8.3 所示，为了达到 20Gbit/s 的小区吞吐量，5G NR 会采用上百 MHz 的频率和 Massive MIMO 技术，如果采用 CPRI 接口，前传带宽会有上百 Gbit/s 甚至将近 2Tbit/s，成本太高，因此，新的 RAN 切分需求迫切。

表 8.3 不同天线数目下 CPRI 带宽随频谱的变化

天线数目	频谱带宽			
	10MHz	20MHz	100MHz	500MHz
2	1.23Gbit/s	2.46Gbit/s	12.29Gbit/s	61.44Gbit/s
4	2.46Gbit/s	4.92Gbit/s	24.58Gbit/s	122.88Gbit/s
8	4.92Gbit/s	9.83Gbit/s	49.15Gbit/s	245.76Gbit/s
64	39.32Gbit/s	78.64Gbit/s	393.22Gbit/s	1966.08Gbit/s

切分可以降低 CPRI 接口的传输带宽，原则上，可同时将对时延不敏感的模块或协议放在通用硬件架构上，这样可以更好地实现多制式融合，也可以加强对不同 DU 设备的协同。因此，在实践中，对 RAN 的切分方案可以基于以下几点考虑：首先，识别对时延高敏感的功能模块，将这些模块尽量靠近天线部署，并采用了专用硬件或集成加速器的通用处理器来满足该模块对时延的高敏性；第二，识别对时延低敏感的功能模块，这些模块不需要通过靠近天线来满足其时延特性，因此可以将这些模块放在一级或二次汇聚机房，采用虚拟化通用处理器实现，节约成本，方便集中管理；除上述考虑外，在对 5G RAN 切分时，还需要综合考虑切分点对 DC、CA 及 CoMP 等功能的支持。

通信设备商对 5G RAN 功能的典型切分一般依据的是 3GPP RAN3#95bis 会议的决议。在此次会议中，为了突破前传中 CPRI 的瓶颈，需要对原有网络架构进行调整，将原来的 BBU 拆分为 CU 和 DU，在拆分过程中，会将一些物理层相关的功能下沉到 AAU，DU 用来实现物理层和 MAC 层的一些实时功能，而 CU 主要实现一些非实时功能，以及一部分核心网和 MEC 层的相关功能。在 3GPP 中，对 CU/DU 的分离规定有 8 个 Options，目前在高层部分的切分已经明确采用 Option 2，在底层切分则采用 Option 7，可将 PHY 的部分或全部处理放入 5G 射频单元中，以降低 New CPRI 接口带宽。同时，在 3GPP RAN3#95bis 会议中，同意在 R15 中对 Option 2 进行增强，以解决由 DU 间切换导致的丢包快速集中重传问题。当然，CU 和 DU 的功能实体也可以选择合二为一。

对 5G RAN 功能的切分建议如图 8.24 所示。在图 8.24 中，首先对 CU/DU 进行的高层切分：3GPP RAN3#95bis 会议对 5G 网络的 CU/DU 高层逻辑分离架构形成了最终决议，即在

R15 阶段，CU/DU 高层分割采用 Option 2，也就是将 PDCP/无线资源控制（Radio Resource Control，RRC）作为集中单元并将无线连接控制（Radio Link Control，RLC）/MAC/PHY 作为分布单元，并且可以使用增强版 Option 2 来解决 DU 间丢包快速集中重传的问题。其次是对 DU/AAU 进行的低层切分，在相关的切分讨论中，专家对 BBU/RRU 之间的接口是否标准化存在争议，目前该接口由各个行业组织研究，标准化的意见还未产生。

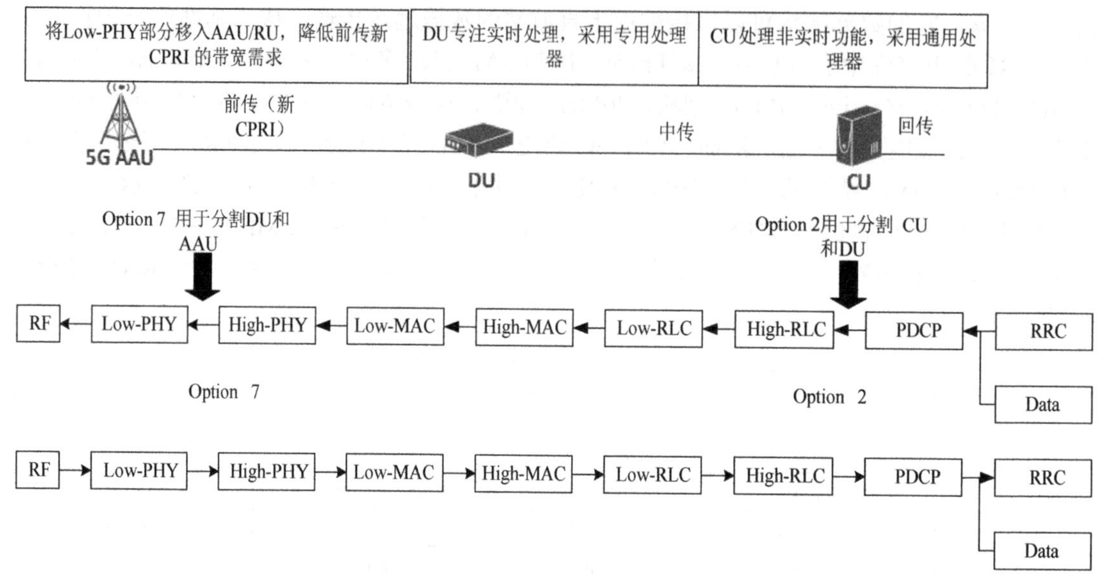

图 8.24 对 5G RAN 功能的切分建议

在实践中，Cloud-RAN 的系统实现架构如图 8.25 表示，该架构的主要特点是采用了统一的网络编排（Management And Orchestration，MANO）模块对虚拟化资源和非虚拟化资源进行全局调度与编排，从而支持多种接入技术的灵活组合和弹性容量管理。将 DU 部分抽象为 BP 和 RF 两部分进行处理，GPP+特指集成了 DSP 和 FPGA 内核的 x86 处理器，该处理器一般是由类似于 Intel 等的处理器制造商和类似于华为、中兴等的设备商联合开发推出的，使用 DSP 和 FPGA 等组合主要是为了实现对实时性要求非常高的硬件加速器功能。

该架构对 CU 部分基于 x86 并采用 IT 的虚拟化技术实现多项虚拟服务。该做法使得由虚拟化的组件服务、非虚拟化的 BP 和 RF 组成的 RAN 形成整体，一起被纳入 NFV 架构体系，由网络编排部分统一进行管理和编排。在对虚拟化部分的技术选型上，为了使 CU 部分更好地满足按需分配资源、弹性伸缩、网络切片和服务开放等，可以采用平台即服务（Platform as a Service，PaaS）方案，而不基于 Open Stack 方案。例如，将 LTE 层三等对实时性要求不高的业务部署在 x86 单板 PaaS 平台上，并按需部署在不同的汇聚机房或接入机房。将 LTE 层一和层二等对实时性要求高的业务部署在专有的标准并行接口（Standard Parallel Port，SPP）硬件上，并运行于实时操作系统（Real Time Operating System，RTOS），不支持将该部分虚拟化。IT-BBU 对 BP、RF 等不能虚拟化的专有硬件进行抽象建模，可以在 MANO 侧统一管理，在一定条件下，可以按需动态分配这些资源。

在非虚拟化部分，除了使用与设备商深度合作开发的 x86 处理芯片，操作系统建议选用 RTOS 与 Linux，其中，RTOS 主要用于 MAC 和 PHY 层等对实时性要求较高的软件模块的调度和处理，Linux 操作系统的实时性稍低，可以用于除 MAC 和 PHY 外的其他软件模块的调度和处理。通过选用操作系统可使非虚拟化部分依然保持灵活性。

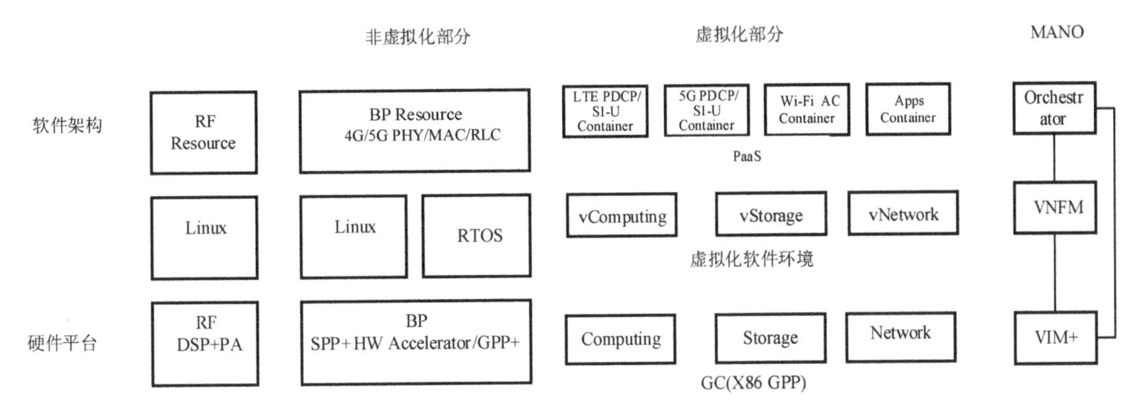

图 8.25 Cloud-RAN 的系统实现架构

Cloud-RAN 除了要支持 5G CU+DU 的灵活部署模式，也要支持基于 SDR 平台的 4G 网络的虚拟化/无线云化演进，且需要支持多技术、多频段的灵活业务聚合和负荷均衡，从而可以衔接 4G 和 5G 网络，为用户提供更好的接入体验。Cloud-RAN 融合的 4G 和 5G 网络架构如图 8.26 所示。

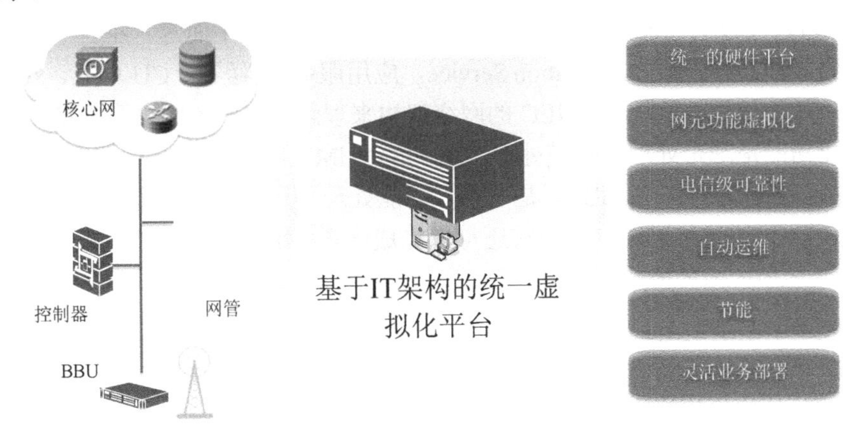

图 8.26 Cloud-RAN 融合的 4G 和 5G 网络架构

云无线的核心是虚拟化。虚拟化可以通过基于业界认可标准的 x86 服务器及相应的存储和交换设备来取代传统通信网中的那些私有的专用网元设备。这种广义变革的好处在于：一方面，基于 x86 标准的 IT 设备成本相对较低，可以大大降低运营商的投资成本；另一方面，这些通用设备也使用开放的 API 接口，它可以帮助运营商获得越来越灵活的网络能力。虚拟化可以将软件和硬件与抽象功能解耦，使网络设备功能不再依赖于专用硬件，从而实现资源的灵活共享、新业务的快速开发和部署，以及根据实际业务需求自动部署、灵活扩展、故障隔离、自愈等。图 8.27 所示为基于 IT 架构的统一虚拟化平台，包括中心机房的云平台、SDR BBU 多模基带处理单元及 IT BBU 多功能处理平台等。通过基于 IT 架构的统一虚拟化平台可以在统一的硬件平台上运行虚拟化的网元功能。同时，作为通信网络，其电信级别的可靠性是普通 IT 网络无法比拟的。另外，平台的自维护、绿色节能及业务的灵活部署又给运营商带来了极大的便利和好处。因此，可以看到，从运营利润角度、用户体验角度、环境角度来说，无线云化都是未来的趋势。

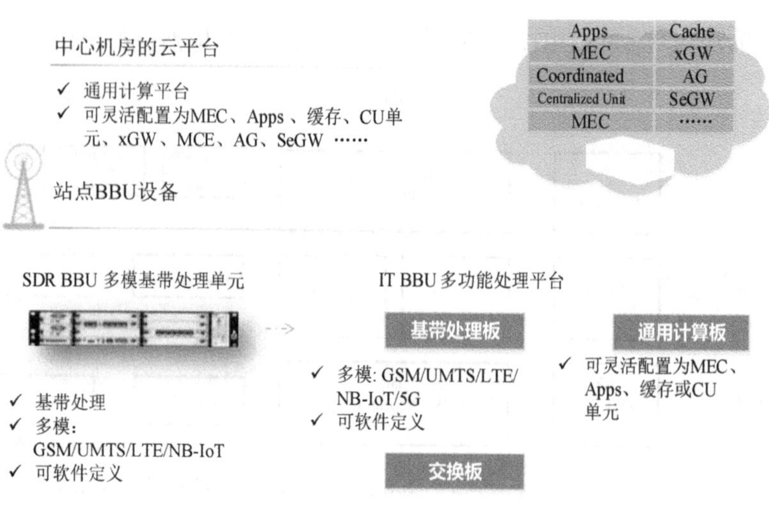

图 8.27　基于 IT 架构的统一虚拟化平台

整个云无线侧的核心架构基于的是统一虚拟化平台，其架构主要在 CU 上实现，如图 8.28 所示。虚拟化平台可分为中心机房的云平台与 4G BBU 或 5G BBU 部分。中心机房的云平台的主要功能就是控制移动边缘计算（Mobile Edge Computing，MEC）、内容分发网络（Content Delivery Network，CDN）和核心网（Core Network，CN）用户平面等。在云平台上，用户可以灵活配置为 MEC、Apps（Application Service，应用服务）、缓存、CU 单元、xGW、MEC、AG、SeGW 等，该部分可以结合 MEC 的网络架构来理解。4G BBU 主要是指多模基带处理单元，其主要功能是基带处理和多模处理，如 GSM/UMTS/LTE/NB-IoT，并且可以通过软件定义。5G BBU 是指基于 IT 的 BBU，是一种多功能处理平台，它包含基带处理板、通用计算板和交换板，除了多模和软件定义，它还可以完成配置 MEC 等多种功能服务。

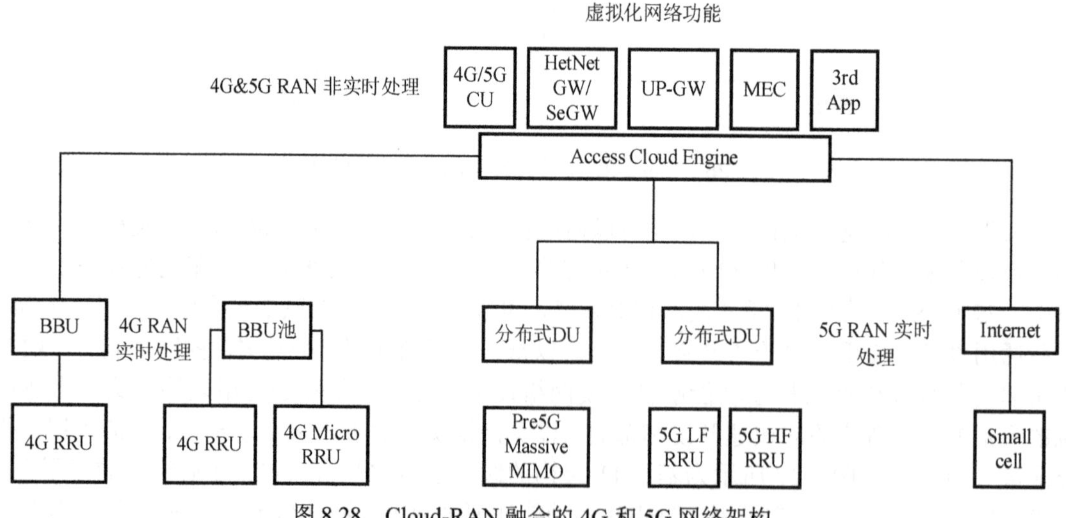

图 8.28　Cloud-RAN 融合的 4G 和 5G 网络架构

目前，市面上的设备商推出的 RAN 硬件处理平台主要有针对 CU 的 CUxx 及针对 DU 的 DUxx 两种类型。CUxx 类型的设备可以部署在边缘汇聚节点或区域接入节点，通过虚拟化技术实现 CU、MEC 及用户平面网关等功能，其中，主要用来实现 CU 功能。CUxx 的实现可以基于 Intel 的机架规模设计（Rack Scale Design，RSD）架构。RSD 架构是对计算、存储和网络资源解耦、资源池化及重构的逻辑架构，它是首个对计算、存储和网络资源进行解耦与动态管理的行业标准，可以让数据中心资产实现更有效的超大规模部署和利用，RSD 代表下一代软件定义的基础设施，可以跨计算、网络和存储资源进行动态配置。DUxx 主要部署在基站或边缘接入点，配置为基带实时处理 DU 模块、非实时处理 CU 模块、CU 和 DU 混合模块，主要用来实现 DU 的功能，但可以配置通用单板来实现 CU 的功能。虚拟化 IT BBU 支持实时处理模块 BP 和非实时处理模块 GC 的灵活配置，适用于不同部署场景，如可以将槽位分为纯基带处理模式、混合模式和通用计算平台模式。CUxx 的性能指标和 DUxx 的性能指标如表 8.4 和表 8.5 所示。

表 8.4 CUxx 的性能指标

性能指标	
高度	3U
处理器	Max 8×Intel E5 CPU
内存	max 2TB
本地存储	Max 8×512GB
接口	4×40GE+2×12 10GE/GE 光接口

表 8.5 DUxx 的性能指标

性能指标	
容量	LTE：90 × 20MHz 4T4R/8T8R； MM：15 × 20MHz 64T64； 5G NR：15×100MHz 64T64R
S1 接口带宽	100Gbit/s
尺寸	88.4mm × 482mm × 370 mm（*H*×*W*×*D*），2U /19inch
功耗	小于 1700W
优势	业界第一个基于 PaaS 平台的虚拟化 RAN 解决方案， 灵活支持 DU、CU、MEC、虚拟化的本地网关等功能

8.4 如何引入 Cloud-RAN

上一节介绍了在实践中部署 Cloud-RAN 架构及所需要的设备，而在工程实践中，由于不同运营商运营网络的部署程度不同、针对的场景和应用不同，Cloud -RAN 的引入也需要因地制宜，根据不同场景和成本预算来进行不同的引入方式。本节将根据不同的应用场景和承载条件介绍如何引入 Cloud-RAN。

根据不同的场景和可用的承载资源，Cloud-RAN 可以分为以下三种部署模式。

（1）分布式 Cloud-RAN 部署模式

在超低时延应用场景或在传输资源非常紧张的场景下，建议使用微波传输。在此情况下，可以考虑分布式 Cloud-RAN 部署模式，如图 8.29 所示。在该模式下，4G 和 5G 网络可以共同使用 CU 单元、虚拟化部件及存储等设备，DU 单元可以根据需求将 4G 和 5G 网络相关单元分开部署或合并部署。将 CU 和 DU 部署在一起可以降低业务时延，网络结构较为扁平，这时可以直接使用 8.3 节中的 DUxx 设备来实现 CU+DU 的集合功能。

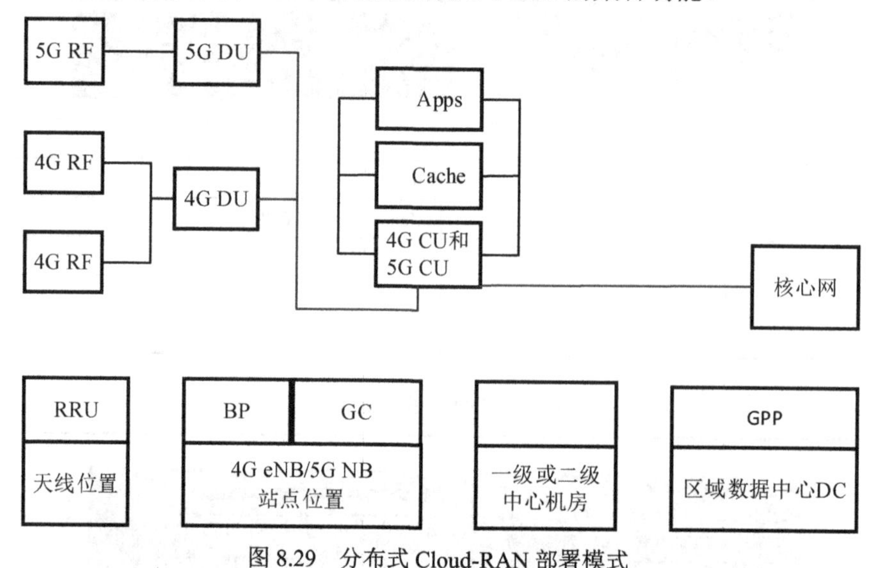

图 8.29　分布式 Cloud-RAN 部署模式

（2）DU 分布、CU 集中的 CO 云模式

针对常规承载条件和应用场景，为了资源的统一灵活调配，推荐采用 DU 分布、CU 集中的 CO 云模式。此时传输主要承载于 Midhaul 接口，如图 8.30 所示，其中，GC 是通用计算部分，CU 采用集中部署模式，DU 采用分布部署模式。此种模式可以对应典型的 eMBB 的应用场景，为接入用户提供大带宽的服务，eMBB 也是 5G 网络的常规应用场景。在此部署模式下，5G CU 可以部署在传输汇聚环，且每个 CU 下面的逻辑站点数量都不超过 100 个。

（3）4G、5G 均采用 C-RAN 组网模式

当运营商具备丰富的光纤传输资源时，也可以考虑将 4G 和 5G 网络的 DU 和 CU 模块设置在一级或二级中心机房，从而进一步降低站点的建设成本和运维成本。这种部署方式对前传的要求较高，但对站间协调的支持较好。4G 和 5G 网络均采用 C-RAN 组网模式，如图 8.31 所示。

5G RF
5G DU
Apps
4G RF
Cache
4G DU
4G RF
4G CU和
5G CU
核心网
RRU
天线位置
BP
4G eNB/
5G NB
站点位置
GC
一级或二级
中心机房
GPP
区域数据中心DC

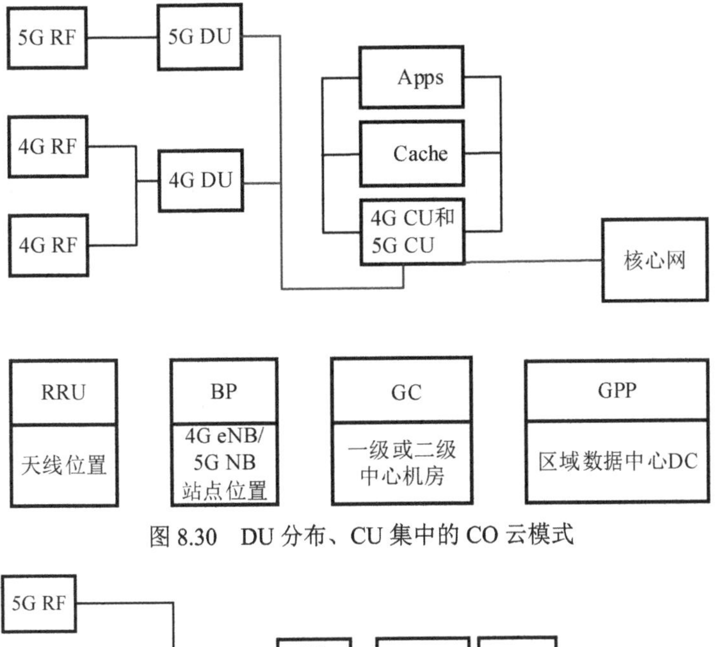

图 8.30　DU 分布、CU 集中的 CO 云模式

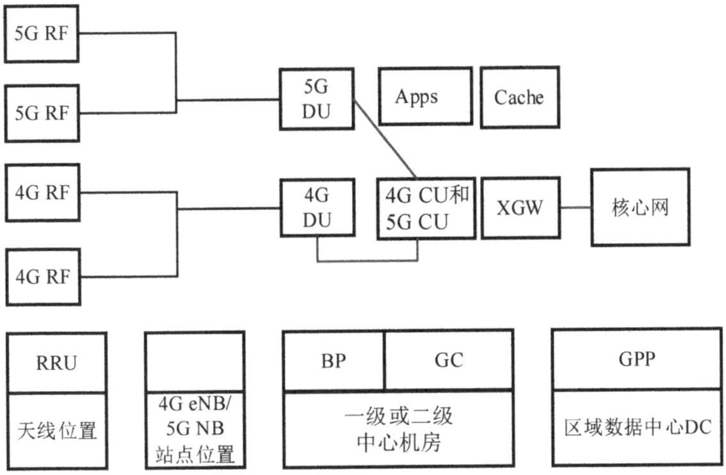

5G RF
5G RF
5G
DU
Apps
Cache
4G RF
4G
DU
4G CU和
5G CU
XGW
核心网
4G RF
RRU
天线位置
4G eNB/
5G NB
站点位置
BP
GC
一级或二级
中心机房
GPP
区域数据中心DC

图 8.31　4G 和 5G 网络均采用 C-RAN 组网模式

Cloud-RAN 的引入需要结合当前运营商网络的部署情况。在 4G 阶段引入云无线时，首先推荐部署云平台作为 MEC 服务器，不但可以提供新的业务，还可以满足多种服务需求，包括虚拟现实/增强现实业务、高清视频、高速缓存及优化、基于 RAN/精确定位的服务和数据分流业务等。在 4G 站点机房或靠近 4G 站点的边缘机房部署 MEC 和手机 App 服务器，甚至将 xGW 下移到边缘机房，以降低业务时延，提升客户体验。

另外，当新建 4G 站点时，推荐采用 IT BBU 构建 5G-ready 网络，后续通过软件升级和插入 5G 处理板来实现 4G 和 5G 多模站。IT BBU 具有大容量、高效协同的优点，结合 MEC 接入和 5G 接入，可以做到开放平台，方便新业务的引入，同时在保证 4G 网络覆盖的情况下，对 5G 网络进行平滑的演进。因此，如果有 4G 网络新建站点，无论是采用 D-RAN 还是 C-RAN，均建议使用 IT BBU，为 5G 做好准备。

在已有的 4G 设备与网络中，如果光纤资源比较充沛，同时某些站点需要由 D-RAN 改造为 C-RAN，那么在改造过程中建议直接选用 IT BBU 替换原有 SDR BBU，基于 IT BBU 的 C-RAN 具备更好的性能，并具备机房数量少、部署时间短、节省投资、低功耗、低 OPEX、数

据在本地交换、更好的实时 CoMP 能力及简单扁平的传输架构等优势。同时，采用 IT BBU 可以为部署 5G 网络做好准备。在由 D-RAN 改为 C-RAN 的工程操作中，可以采用 BBU 堆叠的方式，在不需要增加机房的情况下，增加站点数量或容量，提高 BBU 的资源利用率。当已经存在 C-RAN 的基站升级时，可以直接将原有 BBU 替换为 IT BBU。原有的 SDR BBU 在物理上集中堆叠，但逻辑功能相对独立，而使用 IT BBU 可实现弹性容量和可扩展，打破单一 BBU 容量和 CC 模块处理能力桎梏，同时具备更好的协同能力，在需要部署 5G 网络时可以做到平滑升级。

那么基于 4G 网络的云无线将如何升级到 5G 网络呢？工程上基于 4G/Pre5G 网络的云无线是能够平滑升级到 5G 网络的，可以根据如下三个场景进行具体的升级部署。

（1）场景一

原有的 4G eNB 没有连接 IT BBU，如图 8.32 所示。在此场景下，无须改动 4G RRU 和天线即可平滑演进。此场景可以在现有的基础上新增 IT BBU 支持 5G NR，同时使用 SDR BBU 与 IT BBU 支持 4G 和 5G 网络协同操作。

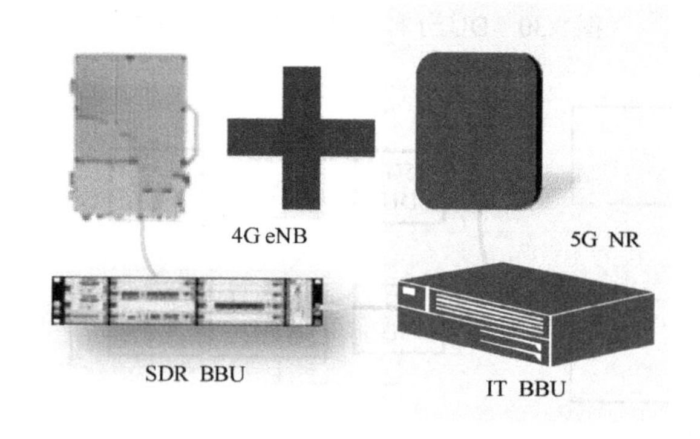

图 8.32　4G eNB 没有连接 IT BBU

（2）场景二

原有的 LTE 网络已升级，使用 IT BBU，如图 8.33 所示，此场景中，4G eNB 已和 IT BBU 连接。此场景下无须改动 4G RRU 和天线即可平滑演进至 5G 网络。在此场景下升级 5G 网络只需要在现有 IT BBU 的基础上增加 BP 板支持 5G 网络即可，此时使用 IT BBU 来支持 4G 和 5G 网络协同操作。

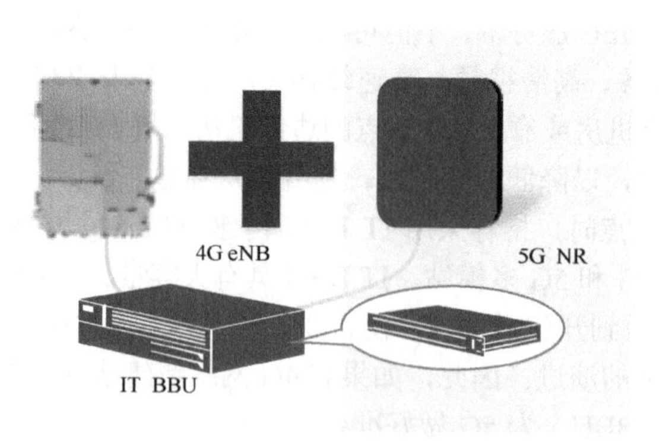

图 8.33　4G eNB 已和 IT BBU 连接

（3）场景三

原有的 4G eNB 没有连接 IT BBU，并且无计划新增 IT BBU。如图 8.34 所示，4G eNB 没有连接 IT BBU，且由于种种原因，5G NR 也未和 IT BBU 连接。在此场景下，依然无须改动 4G RRU 和天线即可完成平滑演进。在此场景下，可以选择在现有 SDR BBU 的基础上，新增 5G 基带板，使用 SDR BBU 来支持 4G 和 5G 网络协同操作。此方案适用于 5G 网络初始阶段或小容量场景，后期仍旧推荐使用 IT BBU。

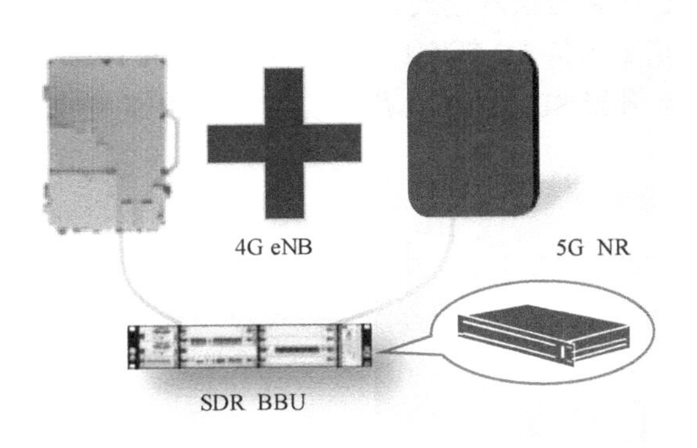

图 8.34　4G eNB 和 5G NR 均没有连接 IT BBU

总而言之，不同场景、不同网络部署阶段的升级方式有所不同，运营商需要根据自身的规划来综合考量。

在引入时间节点的问题上，Cloud-RAN 的引入时间窗存在两个方案：一是在 5G 网络商用前引入（2017—2019 年），二是在 5G 网络部署时引入（2019—2020 年）。下面从运营商具体情况、是否必须从优势等维度对这两种部署时间线进行对比，如表 8.6 所示。就目前阶段来看，5G 网络部署时间点已经提前，所以根据时间线，方案一落地的运营商较少，大部分运营商都会在 5G 网络已部署的情况下结合部署阶段与实际资源情况引入 Cloud-RAN。

表 8.6　Cloud-RAN 的引入时间窗

引入时间窗	5G 网络部署之前引入	5G 网络部署时引入
运营商具体情况	针对有 C-RAN 实践或虚拟化理念超前的运营商	针对大部分已成熟商用分布式 4G 网络的运营商
是否必须	可选	必须
优势	第一步可以实现 MEC，使能新业务，新站扩容采用 Cloud-RAN，实现 4G 基带的无线云化改造，平滑支持 5G NR 引入	无线云化网络才能支持 5G 网络的按需功能编排、部署和网络切片要求，从而支持多样化的业务应用及商业模式

5G NR 架构可以根据 5G 发展的不同时期（5G 初期—5G 中期—5G 部署成熟期）进行演进路线的推荐，不同的 5G 发展时期对于 Cloud-RAN 的支持是不同的。5G 初期，运营商一般会选择采用 Option3/3a/3x 的非独立组网方式，锚点在 4G 网络，5G NR 无须连续覆盖，可重用已有 EPC 核心网。5G 初期投资最小，无法支持 5GC 支持的新业务，无法实现网络切片，即无法实现 5G Cloud-RAN 的部分功能。5G 中期，组网模式逐步过渡到 Option 7 系列，LTE 需要升级到 eLTE，EPC 升级为 5GC，支持网络切片及 5G 新业务。5G 部署成熟期，当 5G NR 规模部署达到连续覆盖时，5G 网络成为运营商的主力网络，4G 网络逐渐萎缩，4G/5G 融合网络锚点可以逐步过渡到 5G NR，即 Option 4。可以看出，只有支持了网络切片的 5G 网络才能完全实现上述 Cloud-RAN 的全部功能。国内运营商会倾向于独立组网，将非独立组网作为过渡方案。设备商在实践中，要根据三大运营商的组网策略来学习和提供相应的云无线方案。

在实践中，设备商需要针对 4G 存量市场，重用现网 4G 基站设备实现 4G/5G 融合组网，以减少运营商的投资成本，加快 5G 网络的部署。这里主要涉及 IT BBU 和 SDR BBU 的公用与替换问题。其中，具体内容部署可形成两个场景。

（1）场景一

IT BBU 和 SDR BBU 的融合组网模式。如图 8.35 所示，在此场景下，可以首先部署 IT BBU 和 5G AAU/RRU，用来支持 5G 新空口。接着连接 SDR BBU 和 IT BBU 之间的光纤及 IT BBU 的传输接口。最后升级 SDR BBU，用来支持 5G NR 的锚点和信令/用户平面的汇入。

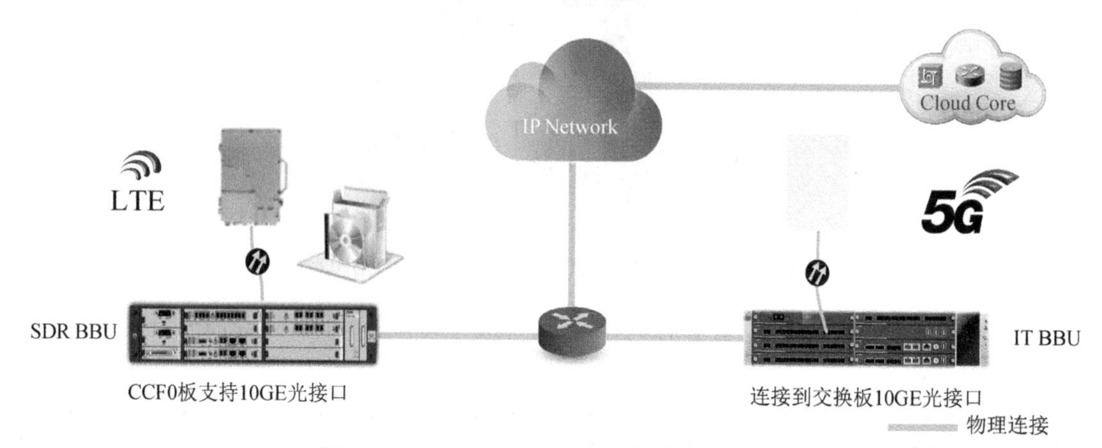

图 8.35　IT BBU 和 SDR BBU 的融合组网模式

（2）场景二

当 4G 和 5G 设备供应商为同一家时，如图 8.36 所示，可以使用 IT BBU 替代现网 4G 设备，用来同时支持 4G 和 5G 网络。在此场景下，首先需要部署 IT BBU、4G RRU 和 5G AAU/RRU，以同时支持 4G 和 5G NR；接着通过承载网络将 IT BBU 连接到 EPC/NGCN 上（可以在需要支持 5G 新业务时引入）；最后将现网 4G 设备退出服务，搬迁到其他区域重用或废弃。值得一提的是，在 5G 网络中，RRU/AAU（甚至整个天馈系统）会由于频段不同而各自独立组网，这一点和 2G、3G、4G 网络的融合组网不同。

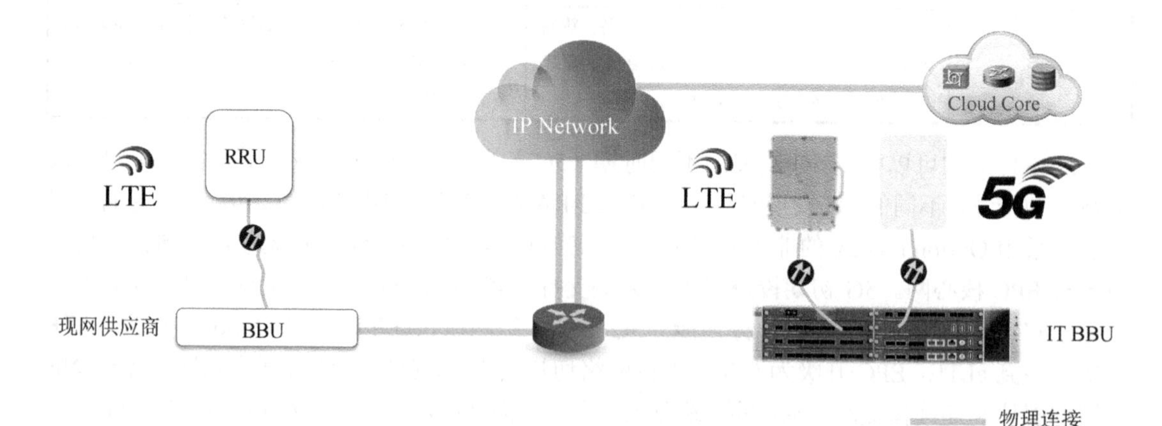

图 8.36　使用 IT BBU 替代现网 4G 设备的组网模式

8.5　小结

无线云化是一种连接方式，是一种服务方式，更是一个时代的标志。云时代的到来正在或深或浅地重塑我们的世界，影响我们的生活。预计未来 10 年，85%的企业应用都将迁移到云上。无论是被迫转型，还是主动拥抱未来，数字化转型已经成为越来越多的基础电信运营商的共同选择。

无线云化对运营商来说，是其数字化转型成功的前提。一方面，无线云化的网络提供了很大的架构弹性和运维便捷度。另一方面，无线云化的网络能够快速上线和部署业务，为运营商参与垂直行业竞争、重整价值链提供核心竞争力。

本章通过介绍无线云化的驱动力、RAN 架构的演进、Cloud-RAN 的具体方案及如何引入 Cloud-RAN 四个方面的内容，描述了 5G 网络中 Cloud-RAN 的有关内容。首先通过介绍为什么需要无线云化使读者了解无线云化的好处、优势和意义。无线云化不仅使用户可以享受更便捷和更个性化的网络，重要的是它对运营商转型和保持持续发展具有重要意义。接着，本章从 2G 网络开始介绍了 RAN 架构的演进。同时，为了更加贴合实际，本章介绍了实践中 Cloud-RAN 的具体方案及引入 Cloud-RAN 的部署流程，主要解释了设备商在 Cloud-RAN 方案提出时需要考虑的问题及对应的解决方法。学习本章内容可以令读者更好地理解在 5G 网络环境下引入 Cloud-RAN 的重要性和方法，有助于读者更深刻地认识其中的内涵和意义。

当然，无线云化才刚刚开始，网络无线云化的演进还存在很多问题。例如，无线云化是一种结合了 IT 与通信的产物，它既要实现 IT 领域的开源开放能力，又要保证电信级的可靠性，并且要让运营商在成本上能够接受。如何重新塑造通信运营方式，并以此为引擎驱动下一轮价值增长和商业发展，未来需要运营商、设备厂商乃至全行业共同探讨。

参考文献

[1] 杜维嘉. 云化无线接入网的共享光交换结构与传输性能研究[D]. 上海：上海交通大学，2016.
[2] 小火车，好多鱼. 大话 5G[M]. 北京：电子工业出版社，2016.
[3] 王振世. 一本书读懂 5G 技术[M]. 2 版. 北京：机械工业出版社，2021.
[4] 杨峰义. LTE/LTE-Advanced 无线宽带技术：LTE/LTE-Advanced wireless broadband technology[M]. 北京：人民邮电出版社，2012.
[5] 小枣君. 关于 5G 接入网，看这一篇就够啦[DB/OL].（2018-10-08）.https://zhuanlan.zhihu.com/p/46177800.
[6] China Mobile. C-RAN: the road towards green RAN. White Paper, ver 2. 2011.
[7] 杨峰义，谢伟良，张建敏，等. 5G 无线接入网[M]. 北京：人民邮电出版社，2018.
[8] Novak D, Waterhouse R. Advanced radio over fiber network technologies[J]. Optics express, 2013, 21(19): 23001-23006.
[9] CPRI Specification V6.0. Common Public Radio Interface; Interface Specification. http://www.cpri.info/spec.html, 2013.
[10] LIU C, WANG J, CHENG L, et al. Key microwave-photonics technologies for next-generation cloud-based radio access networks[J]. Journal of Lightwave Technology, 2014, 32(20): 3452-3460.
[11] 3GPP. NR and NG-RAN overall description：3GPP TS 38.300 [S]. [S.1.s.n], 2019.
[12] 3GPP. NR; Base station radio transmission and reception: 3GPP TS 38.104 [S]. [S.1.s.n], 2019.

第9章

4G/5G 融合组网

随着用户终端对流量业务的需求呈现爆炸式的增长，4G 通信网络逐渐难以满足用户对服务质量和数据传输速率的需求。与现行的 4G 网络不同，5G 网络可以提供更高的数据传输速率，但其覆盖范围无法达到通信区域内的全覆盖；另外，5G 技术特性决定了其网络建设需要更多的基站数量和更长的建设周期。因此，在这种情况下，针对 4G/5G 的融合与协同规划进行研究，以有效解决对 4G 网络投资保护下的 5G 网络有效建设问题，同时促进 5G 网络用户体验的不断提升，具有十分积极的作用和意义。本章主要讲述了 4G 网络向 5G 网络的整体演进策略、4G/5G 融合组网解决方案和 4G/5G 网络部署方案，并结合实际部署情况进行介绍。

9.1　4G 网络向 5G 网络的整体演进策略

9.1.1　4G 网络向 5G 网络的代际演进路径

目前正值 4G 网络向 5G 网络转型的重要时期，我国 5G 网络时期的 TD 产业联盟（TD-SCDMA Industry Alliance）创新生态系统处于技术测试阶段，演进路径还未启动，因此，本小节将重点分析 4G 网络向 5G 网络的代际演进路径。

1）创新协作链代际演进

在由 4G 网络向 5G 网络的代际演进过程中，在 4G 网络的部署范围越来越广及创新协作链日趋完备的背景下，TD 产业联盟成员积极参与 5G 技术的研发。一方面，联盟成员中国移动、大唐等在当前 4G 网络系统的技术上，引入增强技术提升容量，为 5G 系统能量夯实基础。另一方面，联盟核心成员在 5G 技术研发方面进行革命性的创新，其中，联盟核心成员华为积极在全球范围内寻求组织进行合作，共同定义 5G 标准，进行了大量的 5G 原创技术的研发，主要包含 Polar 短码技术、大规模阵列天线、端到端切片等核心技术。Polar 短码已被国际移动通信标准化组织采纳为 5G 增强移动宽带 eMBB（enhanced Mobile Broadband，eMBB）控制信道标准方案，为形成全球统一的 5G 标准做出了巨大的贡献[1,2]。

2）价值采用链代际演进

华为公司早在 2013 年 11 月就斥资 6 亿美元专门用于 5G 技术的研发，并于 2016 年专门设置了 5G 的产品线，接下来积极吸纳专项人才 5000 余人，并且投入 40 亿元加大对 5G 网络的技术和产品研发。此后，华为在业界生态系统内开展广泛合作，在侧面也有助于 TD 产业联盟的其他成员获得创新价值，从而推动了 5G 价值采用链的快速构建。

总之，对于 5G 时期的 TD 产业联盟创新生态系统，联盟核心成员积极参与创新，通过更替 4G 时期的创新协作链来带动其价值采用链“被动”形成，在完成对旧创新协作链的更替及对新的核心技术平台的建立的同时，促使 TD 产业联盟核心成员获得创新报酬，进而促成了价值采用链的构成，最终顺利实现 TD 产业联盟创新生态系统由 4G 网络向 5G 网络的代际演进。

现阶段，TD 产业联盟创新生态系统正处于由 4G 网络向 5G 网络的代际演进过程中的关键时期。在这个重要时期，代际演进的内在驱动力显得尤为重要。

（1）突破性创新驱动力

事实上，突破性技术创新驱动着 TD 产业联盟创新生态系统由 4G 网络向 5G 网络代际演进，联盟核心成员积极参与研发创新，研发出的新技术方案被 5G 网络采纳，驱动 TD 产业联盟创新生态系统向 5G 网络演进。

（2）潜在市场需求拉动力

在 TD 产业联盟创新生态系统向 5G 网络的代际演进过程中，潜在市场需求拉动力产生积极的拉动作用。早在 2014 年，IMT-2020（5G）推进组发布的《5G 愿景与需求白皮书》表示，5G 网络未来将构建以用户为中心的生态系统，并实现人与万物的智能互联，如智能家居、自动驾驶的实现等。此外，据预测，在未来数十年，移动数据流量将呈爆炸式增长，预计是 2010 年的 200 倍，全球物联网连接设备将达到千亿级，巨大的市场需求拉动了 TD 产业联盟创新生态系统向 5G 网络的代际演进。

（3）创新供给侧及创新环境侧政策引导力

在由 4G 网络向 5G 网络的代际演进过程中，政策引导主要以创新供给侧政策引导力为主，创新环境侧政策引导主要以鼓励营造技术创新的创新环境为主。

9.1.2 4G 核心网向 5G 核心网演进发展方案研究

现行的 4G 网络已完成其广域的覆盖，当前行业的发展热点是关于 5G 网络未来的规划和建设，而其核心为核心网的建设。面向下一代无线通信技术，业界的关注点是在保护运营商现有投资的情况下如何将 4G 核心网演进为 5G 核心网[3]。

相较于 4G 演进过程中的分组核心网（Evolved Packed Core，EPC）组网，5G 核心网独立架构的特点是更开放、更灵活及复杂度更高[3]。在 3GPP 定义中，5G 组网架构包括两种，分别为非独立组网（Non Stand Alone，NSA）架构和独立组网（Stand Alone，SA）架构，两者的区分依据主要是 5G 控制平面锚点。在 SA 架构中，5G 基站（New Radio，NR）作为控制平面锚点接入 5G 核心网（5G Core，5GC）[4]。5G NR 以 LTE 演进型基站（Long Term Evolution evolved Node Basestation，LTE eNB）作为控制平面锚点接入 EPC，若以增强 LTE 演进型基站（enhanced Long Term Evolution evolved Node Basestation，eLTE eNB）作为主基站（控制平面锚点）接入 5GC，则为 NSA 架构。

在 NSA 方式中，其网络架构演进分三个阶段进行，NSA 架构演进路径如图 9.1 所示。第一阶段为初期阶段：主流的商用网络仍是 4G 网络，仅在无线侧部署 5G 网络，4G LTE 和 5G NR 共享 4G 核心网 EPC，4G LTE 作为锚点，实现 4G 和 5G 网络互操作。第二阶段是中期阶段：4G LTE 升级到增强型的 eLTE，4G 核心网 EPC 升级到 5G 核心网 5GC，eLTE 和 5G NR 共享 5GC，此时 eLTE 仍作为锚点实现 eLTE 与 5G 的互操作。第三阶段是长期阶段：5G 网络成为主流商用网络，eLTE 仍在使用中，但开始逐步被淘汰，5G 网络和 eLTE 共享 5GC，5G NR 作为锚点，实现 eLTE 与 5G 网络的互操作[3,5]。

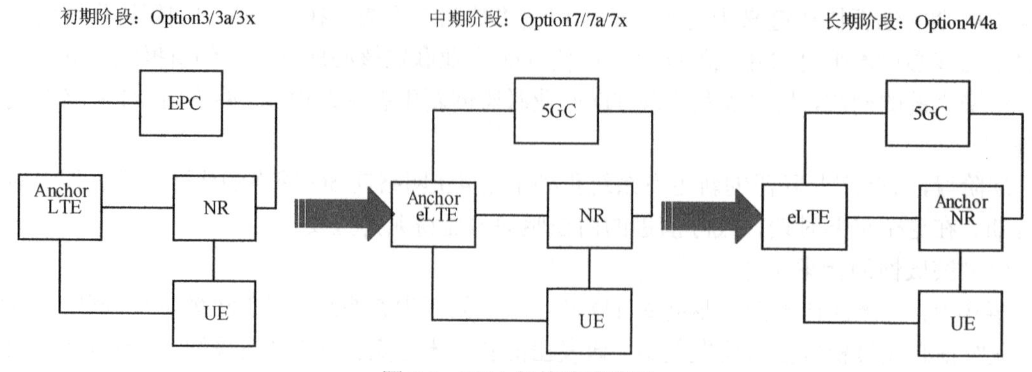

图 9.1　NSA 架构演进路径

SA 架构演进路径包括两个阶段，如图 9.2 所示。首先是初期阶段：直接部署 5G 网络，包括 5G NR 基站和 5GC，但在该阶段，4G 网络依然占据主导地位，并且 4G 与 5G 网络彼此独立。其次是长期阶段：5G 网络在该阶段中占据主导地位，此时 5G 网络与 4G 网络共存，包括 SA 和 NSA 两种方式的组网[3]。4G/5G 融合组网的场景主要通过双连接（Dual Connection，DC）来满足用户业务需求，用户支持双连接，即可接入 4G 和 5G 网络，需要注意的是 5G NR 将作为锚点[3,5]。

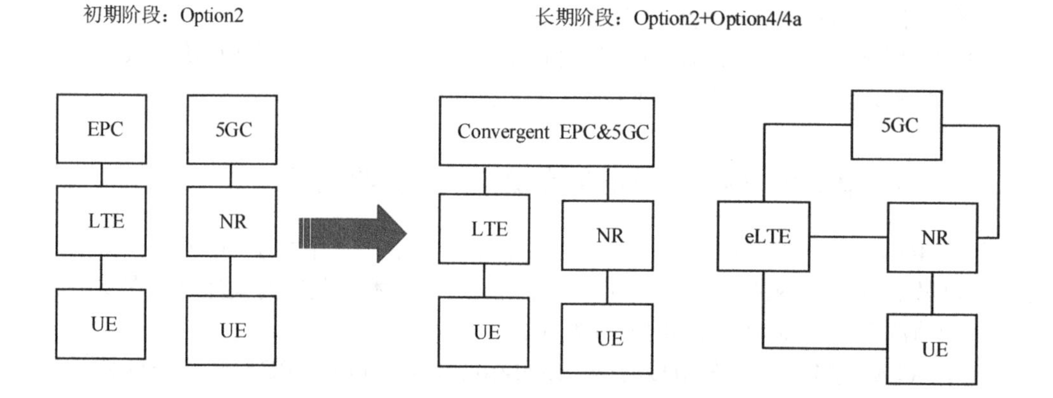

图 9.2　SA 架构演进路径

9.1.3　5G 技术在 4G 网络中的应用

移动通信技术每时每刻都在改变着我们的日常生活，作为下一代移动通信技术，5G 网络已经逐步开始部署商用，其将在各个相关领域深入普及，促进各行业的升级甚至转型[6]，为社会提供全方位的服务。

在 5G 系统中定义了三大应用场景，包括增强的移动宽带（enhanced Mobile Broadband，eMBB）、超大连接的机器通信（massive Machine Type Communications，mMTC）及超高可靠与低时延通信（ultra Reliability and Low Latency Communications，uRLLC）。其中，eMBB 场景旨在提供更高的带宽和更快的网络传输速率，可以将其看作对传统移动通信数据业务的增强；mMTC 场景旨在提供大量连接需求，但对速率的要求较低，为将来的万物互联奠定基础；uRLLC 场景主要面向对可靠性和低时延要求较高的业务，如自动控制等[7]。

为了实现 5G 系统的目标，满足多场景应用的需求，在 5G 网络到来及大规模部署前夕，运营商采用 4G/5G 通用技术，如大规模 MIMO（Massive Multi-Input Multi-Output，Massive MIMO）、多接入边缘计算（Multi-access Edge Computing，MEC）、高阶调制、超密集网络等，对现有 4G 网络的性能起到增强作用[8,9]。在实际部署中，成熟的 5G 技术在 4G 网络中的应用包括大规模 MIMO 和高阶调制（256-Quadrature Amplitude Modulation，256-QAM）技术。

（1）大规模 MIMO

大规模 MIMO 通过在基站侧部署大量的天线阵列（通常天线数量达到 128 或以上），使发射天线和接收天线的路径增加，形成波束空间复用，将网络连接的容量提高数倍，大大提升了频谱利用率，从而实现多发射多接收系统[10,11]。大规模 MIMO 同时适用于 4G 和 5G 网络，因为其并不依赖于空口编码方式[9,12]。图 9.3 所示为传统网络覆盖与大规模 MIMO 天线网络覆盖对比示意图。在 4G 网络中，基站侧常见的天线配置阵列为 4T/R，最多为 8T/R，而在 5G 网络中，基站目前已实现的天线配置阵列为 64T/R。

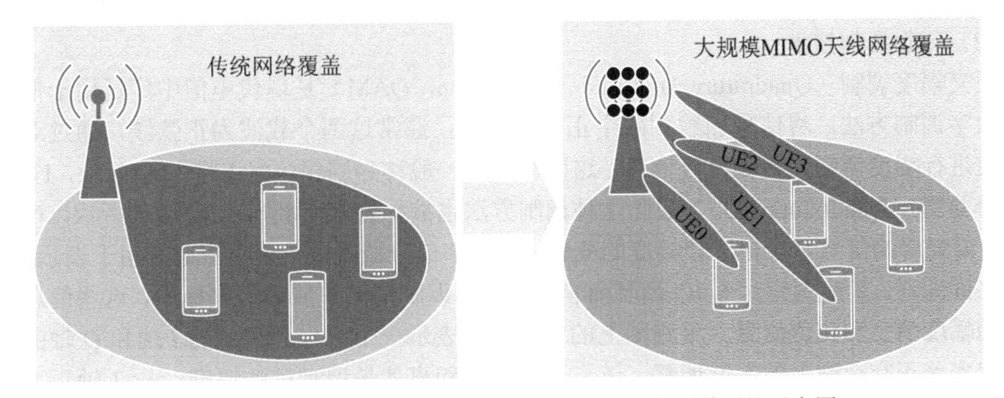

图 9.3 传统网络覆盖与大规模 MIMO 天线网络覆盖对比示意图

大规模 MIMO 的优势是可以支持更高阶的多用户多收多发系统，支持同时传输数据的用户数远超 8 个，并且 3D 立体覆盖、范围更广；在降低基站能耗方面，通过较大的阵列增益能提高发射功率的效率，从而实现绿色通信。大规模 MIMO 适用于包括宏覆盖和中小面积热区覆盖在内的开阔空间覆盖[11,13]。

大规模 MIMO 在技术体制上可以分为时分双工（Time Division Duplexing，TDD）系统和频分双工（Frequency Division Duplexing，FDD）系统。在 TDD 系统中，由于存在信道本身的互易性优势，实现起来较为简单，技术产品也相对成熟，目前市场中较为成熟的产品是由中兴研发的 TDD 系统下的 64T/64R 天线阵列，如图 9.4 所示[11]。中兴通过部署 64T/64R 的大规模 MIMO 基站，可以在完全兼容 4G 终端的情况下，得到 4～6 倍的网络流量增益，这证明了大规模 MIMO 技术应用在 4G 网络上是可行的，未来可根据 5G 网络的需求再进行优化部署。

对于 FDD 系统的大规模 MIMO，需要克服上下行信道难以互易的问题，利用算法进行用户位置及信道状况估计。当前设备是 32T/32R，支持单小区 8 用户，频谱利用率可提升 4 倍。中兴与中国联通、中国电信等运营商联合试验了基于 FDD 的大规模 MIMO 解决方案，受到了国际运营商的关注[5]。

图 9.4　中兴 64T/64R 5G 基站天线实物范例（外观尺寸大概为 800mm×400mm）

（2）高阶调制技术

正交幅度调制（Quadrature Amplitude Modulation，QAM）是现代电信中广泛用于信息传输的数字调制方法，将信号加载到两个正交载波上，通常这两个载波为正弦波，通过对这两个载波进行幅度调制来传输符号信息。这两个载波一般称为同相信号 I 路（In-phase，I）和正交信号 Q 路（Quadrature，Q），因此这种调制方法也被称为 IQ 调制，如图 9.5 所示，可以观察到，调制后的信号包含相位和幅度的变化。在数字信号调制中，星座图通常用于表示 QAM 调制二维图形。星座图相对于 IQ 调制而言，将数据调制信息映射到极坐标中，这些信息包含信号的幅度信息和相位信息。星座图上的每个点都表示一个符号。该点的 I 轴和 Q 轴的分量分别代表着正交载波上的幅度调整。该点到原点的距离就是调制后的幅度，与 I 轴正方向的夹角就是调制后的相位。常见的 QAM 调制包括 16QAM 和 64QAM，每个符号分别可承载 4bit 和 6bit 信息，16QAM、64QAM 及 256QAM 星座图如图 9.6 所示。

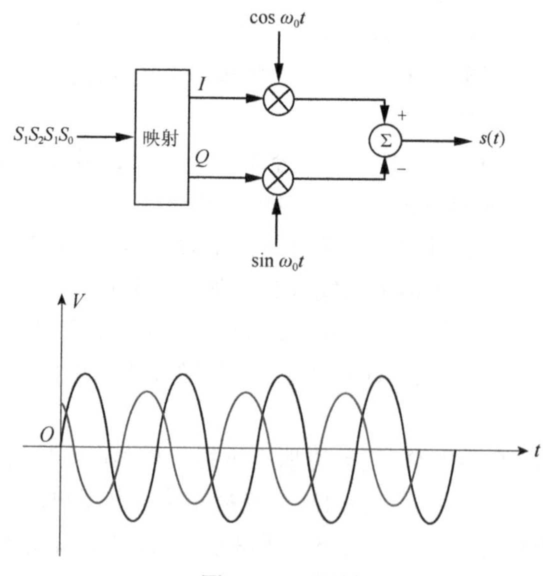

图 9.5　IQ 调制

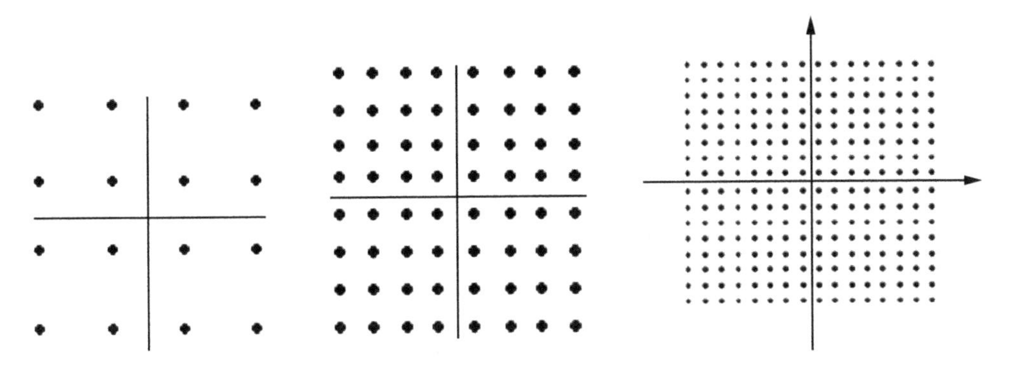

图 9.6 16QAM、64QAM 及 256QAM 星座图

QAM 调制技术的优势主要体现为能充分利用带宽、抗噪声能力强等。为了进一步提高频谱利用率和系统容量，在相同带宽下提升传输速率，在升级的长期演进技术（Long Term Evolution-Advanced，LTE-A）和 5G 网络中引入了更高阶的调制方案 256QAM。对于满足该调制技术条件的用户，其下行业务信道中可实现传输 8 比特/符号，相较于 64QAM 调制技术，频谱利用率在理论上约提高了 33%。

中兴早在 2012 年就开始着手研究，提出高阶调制是提高网络速度的重要方法，并在 64QAM 的基础上提高到 256QAM，实现每个符号传输更多的数据，以进一步提升移动通信系统的峰值速率和频谱利用率。围绕该技术，中兴申请了一系列高质量的专利，如"调制方法及装置"，从标准可行性、技术合理性等角度进行了详细的描述[7]。2019 年，经测试，在 2.6GHz 频段下采用该专利的 5G 基站的单个用户峰值速率达到了 3.2Gbit/s。全球移动供应商联盟发布的报告显示，目前共有 70 多个国家和地区的 100 多个运营商使用了该专利技术。3GPP 经过长时间的讨论，最终采纳了该技术方案。同时，5G NR 空口标准也沿用了 4G LTE 的 256QAM 方案，目前大量的 4G、5G 终端产品也已采用该技术。因此，该方案适用于 LTE 标准和 5GNR 标准。

高阶调制能够为无线电通信系统提供更快的数据传输速率和更高水平的频谱利用率，但是其对噪声和干扰的适应性要差得多。因为发送一个符号所用的载波频宽是固定的，发送时长也是一定的，调制阶数越高，就意味着两个符号之间的差异越小，对所在环境和收发双方的器件的要求就越高。也就是说，如果环境过于恶劣，终端将无法使用高阶的 QAM 模式通信，只能使用较低阶次的调制模式。因此，在实际使用中，运营商需要综合考量部署环境来决定使用何种调制方案。

9.1.4 5G 标准进展

在 3GPP Release 15、Release 16 及 Release 17（以下简称 R15、R16、R17）中对 5G 空口标准进行了规范，其中，R15 及 R16 已于 2018 年及 2020 年全部冻结。本小节将对 5G 标准的进展进行简要介绍[8]。

R15 是首个版本的 5G 标准，R15 版本时间表如图 9.7 所示，该版本的标准主要支持 eMBB 场景，包括独立组网（5G 无线网络与 5G 核心网）与非独立组网；非独立组网标准于 2017 年 12 月冻结，而独立组网标准于 2018 年 6 月冻结。按照时间先后可将 R15 分为 3 部分。

（1）Early Drop（早期交付）：即支持 5G NSA 模式，系统架构选项采用 Option 3，对应的规范及 ASN.1 在 2018 年第一季度已经冻结。

（2）Main Drop（主交付）：即支持 5G SA 模式，系统架构选项采用 Option 2，对应的规范及 ASN.1 分别在 2018 年 6 月及 9 月冻结。

（3）Late Drop（延迟交付）：是 2018 年 3 月在原有的 R15 NSA 与 R15 SA 的基础上进一步拆分出的第三部分，包含考虑部分运营商升级 5G 需要的系统架构选项 Option 4 与 Option 7、5G NR 新空口双连接（New Radio-New Radio Dual Connection，NR-NR DC）等。

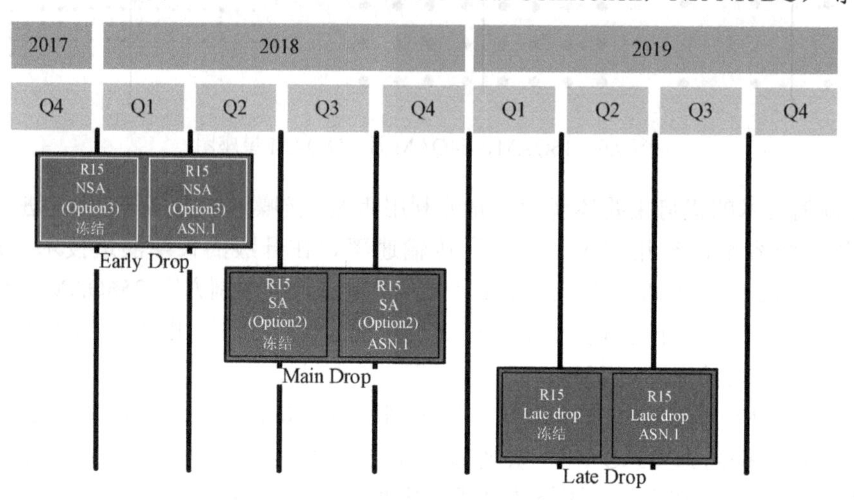

图 9.7　R15 版本时间表

R16 标准于 2020 年 7 月完成冻结，如图 9.8 所示，其中，垂直行业的应用和业务提升成为关注的重点，如自动驾驶领域的基于 5G 蜂窝网络的车联网通信（Vehicle to Everything，V2X），以及在工业物联网（Internet of Things，IoT）和 uRLLC 应用场景以 5G 无线接口代替有线以太网的能力[14]。其标准的重点方向有：①52.6GHz 以上的 5G 新空口；②uRLLC 场景的普及应用；③基于 LTE 和 5G 的车联网通信；④未授权频谱接入；⑤接入回传一体化；⑥干扰抑制；⑦功耗改进；⑧双连接增强；⑨设备功能交换[15,16]。

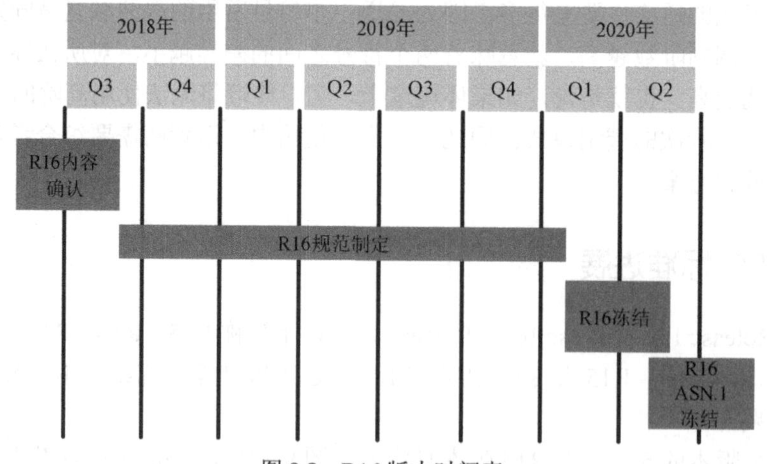

图 9.8　R16 版本时间表

R17 标准工作于 2019 年启动，如图 9.9 所示。该版本的标准将增强 R15 及 R16 标准中定义的功能，并增加新特性，服务于更多的行业及业务[10]。目前在讨论中的潜在方向如下[14]。

（1）NR Light：针对中档NR设备（如MTC、可穿戴等）运作进行优化设计。

（2）小数据传输优化：小数据包/非活动数据传输优化。

（3）直通链路（SideLink，SL）增强：SL是端到端（Device to Device，D2D）直联通信采用的技术，R17会进一步探索其在V2X、商用终端、紧急通信领域的使用案例，寻找这几个应用中的最大共性。

（4）多用户识别模块（Subscriber Identity Module，SIM）卡操作：研究采用多SIM卡操作时对无线接入网（Radio Access Network，RAN）的影响及对规范的影响。

（5）覆盖增强：明确所有相关场景的要求，重点是实现全覆盖。

（6）非陆地网络NR：NR支持卫星通信的相关标准化。

（7）定位增强：实现低延时、高可靠及厘米级别精度的覆盖，包括工厂、校园定位，IoT及V2X定位。

（8）RAN数据收集增强：采集数据以实现智能运营，包括自组织网络（Self Organization Network，SON）和驾驶测试最小化（Minimization of Drive Test，MDT）。

（9）窄带物联网（Narrow Band IoT，NB-IoT）和eMTC场景的增强。

（10）MIMO增强技术。

（11）系统综合接入与回传增强。

（12）非授权频谱NR增强。

（13）节能增强。

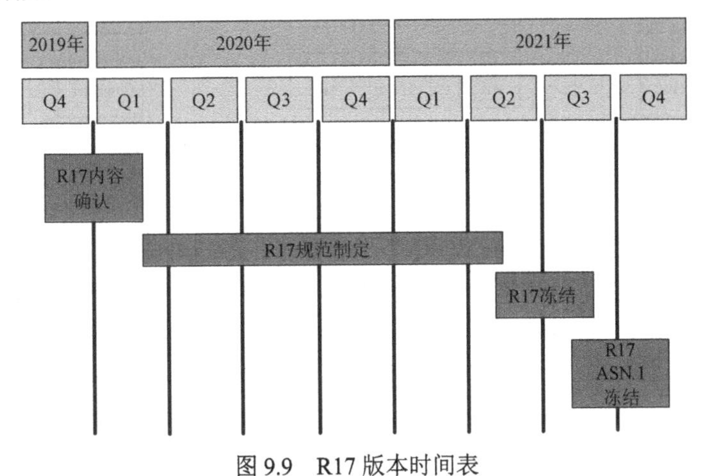

图9.9　R17版本时间表

9.2　4G/5G融合组网解决方案

核心网的更新换代都伴随着相应的关键技术的出现，如在2G和3G时代，有GPRS技术支撑，在4G时代，有EPC架构、网络功能虚拟化（Network Function Virtualization，NFV）技术支撑，在5G时代，有网络切片、服务化架构（Service Based Architecture，SBA）、云原生网络功能（Cloud-native Network Function，CNF）等，这些技术并不是完全分离割裂的，而是循序演进、互相支撑与互补的，是一个逐渐演进融合的过程[17-19]。第一阶段为传统的4G核心网，此时的EPC基于传统的电信计算硬件平台（Advanced Telecom Computing Architecture，

ATCA），各网元之间的硬件相互独立，只对同一层面的硬件实现统一管理。在这个阶段，传统 4G 核心网开始显现退网趋势。第二阶段，4G 和 5G 核心网虚拟化。在 4G 核心网中已实现云化、硬件资源共享、软/硬件解耦等技术，并且随着 5G 核心网的部署，独立组网和非独立组网架构模式共存。第三阶段，在该阶段将实现 4G 和 5G 核心网融合，4G 和 5G 网络的硬件配置和管理均可实现统一、全方面的融合[3]。

图 9.10 所示为传统核心网向虚拟化核心网的演进路径。传统核心网主要基于传统的平台，各网元之间完全相互独立。在这种情况下，资源利用率低，高度依赖设备供应商[3]。在核心网虚拟化的初级阶段，传统核心网与虚拟化核心网共存。通常运营商从实践角度出发逐步虚拟化网元，循序渐进尝试虚拟化，在该阶段，各网元的硬件资源还未实现共享。在虚拟化成熟阶段，核心网基本实现虚拟化，包括软、硬件完全解耦、硬件 IT 化、形成资源共享池、兼容传统核心网等。在该阶段，可建设多级 DC 以实现业务对高带宽、低时延的需求。在实际部署时，运营商需要根据实际情况决定进入哪个阶段[3,20]。

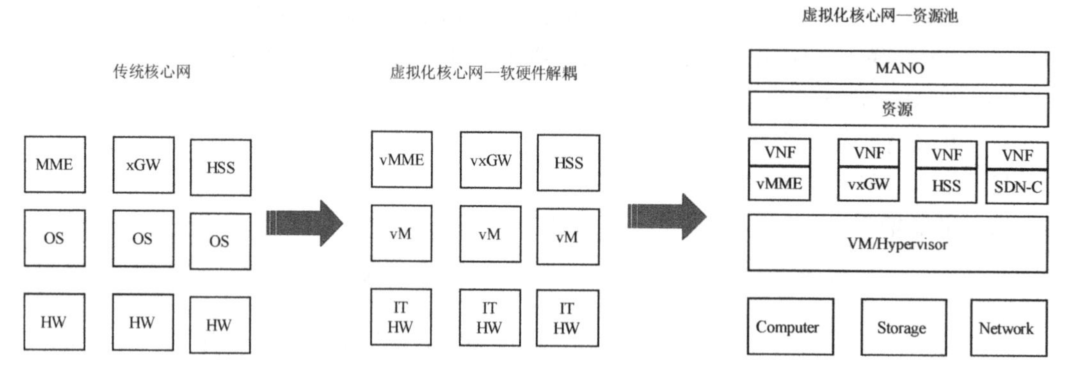

图 9.10 传统核心网向虚拟化核心网的演进路径

1）4G/5G 融合组网架构

4G/5G 融合组网包括三个方面，即网络、数据和业务的融合。从目前的演进过程来看，优先考虑的三个融合问题是用户签约数据融合、业务策略数据融合及业务连续性。基于此需求，4G/5G 融合网元可以互相操作的概念应运而生，即归属签约用户服务器（Home Subscriber Server，HSS）+通用数据管理（Unified Data Management，UDM）、策略和计费规则功能网元（Policy and Charging Rule Function，PCRF）+策略管控功能（Policy Control function，PCF）、分组数据网关控制平面功能（Packet Data Network Gateway Control Plane Function，PGW-C）+会话管理功能（Session Management Function，SMF）和分组数据网关用户平面功能（PGW User Control Plane Function，PGW-U）+用户平面功能（User Plane Function，UPF）[21,22]。图 9.11 所示为典型的 4G/5G 融合组网架构，需要注意的是，接口 N26 是否被采用应视运营商的实际情况而定。

通过部署融合网元，4G 和 5G 网络可以通过内部已有的接口实现主要交互，无须再单独定义新的接口；另外，可实现对数据和用户状态的统一管理[21]。

统一的流量管理可以通过 PCF 与 PCRF 融合部署实现，对于用户流量可实现不同接入方式下的统一控制。另外，可对用户服务质量（Quality of Service，QoS）进行同步映射，以确保用户体验和监管。若不采用 PCF 与 PCRF 融合部署，则对于同一用户接入多个设备的情况无法实现流量累积管理，难以同步用户流量数据，从而导致业务处理难度增大[22]。

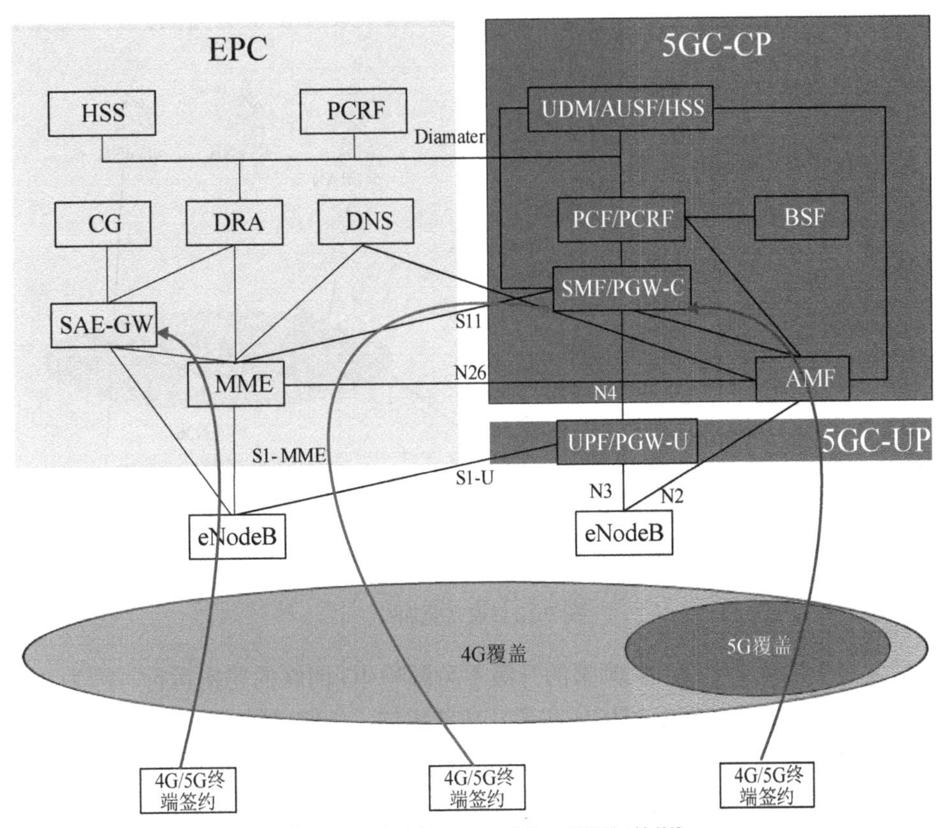

图 9.11　典型的 4G/5G 融合组网架构[23]

4G 和 5G 在更新换代的过程中，其业务的连续性主要依赖于 UPF+PGW-U、SMF+PGW-C 的融合部署。一方面，可实现无缝切换，确保用户体验不被技术的更新影响；另一方面，这种融合部署对接入制式不敏感，用户在切换过程中不需要更改锚点，因此大大节省了业务处理资源。若不采用这种融合部署方式，则由网络切换带来的用户 IP 地址的改变可能会影响用户体验和业务的连续性，且多次业务处理会增大网络负担[22]。

UDM+HSS 融合部署使用统一的鉴权中心（AUthentication Center，AUC），无须二次获取鉴权标识向量。这种融合方式便于在业务运营支撑系统（Business Operation Supporting System，BOSS）进行统一管理，大大降低了维护的难度。若不采用融合部署模式，则双方需要通过对应的接口（Diameter 或 MAP）进行鉴权，并且需要考虑不同网元间的数据与操作是否一致，这大大增加了流程复杂度[22]。

另外，移动控制节点（Mobility Management Entity，MME）主要负责处理非接入层（Non-Access Stratum，NAS）信令及接入安全验证、移动性管理与会话管理等功能，并且通过 N26 接口与接入和移动性管理功能网元（Access and Mobility management Function，AMF）互连。MME 的演进主要有保持 MME 继续独立部署与 MME/AMF 合设两种思路，具体来说有以下三种可能的方案[23]。

（1）方案一：独立叠加

如图 9.12 所示，新建 MME（或 vMME），新建的 MME 与传统 MME 混合组成 Pool，MME Pool 与 AMF Pool 之间继续通过 N26 接口实现 4G 与 5G 网络的互操作。

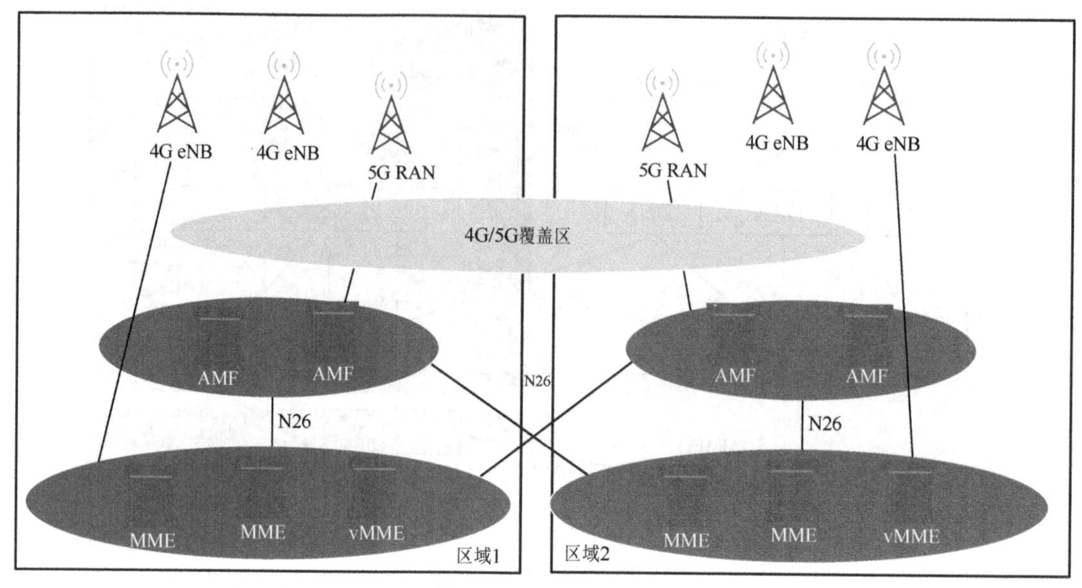

图 9.12　独立叠加[23]

这种方案最大的优势是 AMF 频繁的升级不会影响 4G 网络的稳定运行。因为 AMF 作为 5GC 的关键网元，随着 5G 网络的优化完善及功能增加，必然要经常升级；而 MME 作为 4G 网元，其功能已经十分稳定，将这两个网元分开部署就避免了一方的频繁升级对另一方造成影响。此外，分设还可以带来 4G、5G 核心网组网独立清晰与规划简单的好处。但将 MME 与 AMF 分开部署，导致 4G 与 5G 互操作网元间的信令交互多且互操作时延较大，同时 4G/5G 两套网络独立维护，节点管理的工作量也较大。

（2）方案二：合设叠加

如图 9.13 所示，将现网 AMF 升级为 AMF/MME 融合网元，AMF/MME 融合网元单独组成 MME Pool，与现网 MME Pool 分开，同时需要升级或配置 LTE 基站，使其支持同时连接多个 MME Pool。这种融合组网方式可实现虚拟机（Virtual Machine，VM）、内存等资源的共享，与非融合方式相比，其资源利用率有所提升，同时减少了网元类型，简化了运维。但这种方案主要存在 3 个问题：

① AMF 频繁升级可能会影响 4G 网络的稳定运行；

② 规划困难，AMF/MME 和 5G/4G 基站间的端口数受限，且 5G 和 4G 基站的覆盖范围有较大差异，从而导致 AMF 和 MME 的容量规划和区域规划复杂；

③ 传统 MME Pool 与 AMF/MME Pool 间的负载不均衡，由于 AMF/MME 融合网元支持 5G 接入，因此用户只要通过初始接入或互操作，接入过一次融合网元，就会一直附着在融合网元上，从而造成两个 Pool 的负载不均衡。

（3）方案三：合设融合

合设融合如图 9.14 所示，AMF/MME 融合网元在现网 AMF 的基础上升级，AMF/MME 融合网元与现网 MME 在相同厂家的条件下共同组成 Pool。本方案的优缺点基本与方案二相同。唯一不同的是，在此方案中，Pool 内传统 MME 与 AMF/MME 融合网元间的负载不均衡。

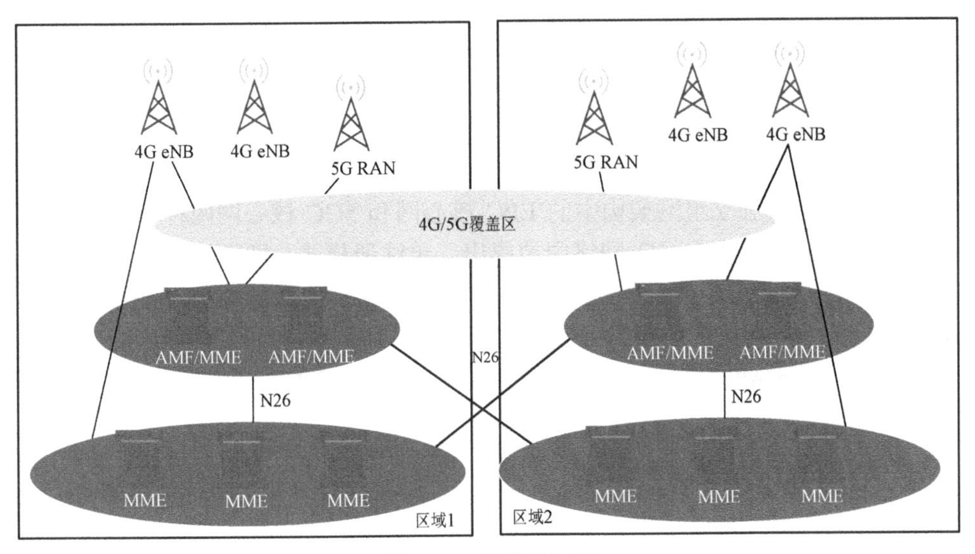

图 9.13　合设叠加[12]

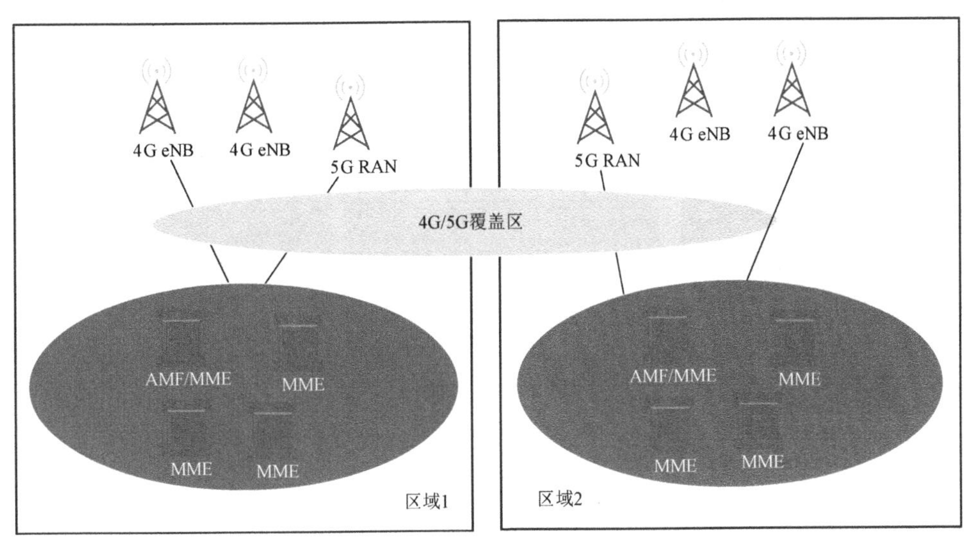

图 9.14　合设融合[12]

2）4G/5G 互操作处理流程

N26 接口未部署时的互操作：若两种通信网络技术之间没有部署相应的 N26 接口，则网络可以使用 HSS+UDM 存储 UE 时相关的接入点名称（Access Point Name，APN）和数据网络名称（Data Network Name，DNN）、PGW-C+SMF 信息，以确保其 IP 地址的连续性。假如未部署 N26 接口，网络侧的双注册能力将在 UE 的初始过程中被指示，该指示功能可以帮助 UE 决定目标网络注册是否在互操作功能之前被触发。若用户以双注册模式注册后发生移动，则可借助于 N26 接口和重注册指示功能（网络层）进行重新注册请求，并将使用单注册模式而非双注册模式[21,22]。

部署 N26 接口时的互操作：互操作过程的启动会直接受 N26 接口是否部署的影响，在 N26 接口部署的情况下，无须双注册模式，仅单注册模式即可。这是因为 N26 接口可以实现会话管理状态和移动性管理状态下的传输，即可以实现用户在两种通信网络下的无缝切换。例如，当 UE 处于空闲状态时，若发生由 5G 核心网 5GC 移动到 4G 核心网 EPC，则 UE 会选择使用演进分组系统全局唯一的临时 UE 标识（Evolved Packet System-Globally Unique Temporary UE Identity，EPS-GUTI）映射进行追踪，实现移动性管理；当 UE 处于连接状态时，通信网络的切换都会被执行，与网络移动是否发生无关[21,22]。

3）双注册与单注册

为了使用户适应非独立组网架构中的 EPC 核心网和 5GC 核心网两种不同的情况，双注册和单注册两种模式的概念在 5G 网络中被提出。单注册模式，即在同一时间内用户只保持 EPC 或 5GC 注册管理状态中的一种；双注册模式，即用户可同时保持上述两种状态。其中，单注册模式是必选项，而双注册模式可根据运营商的具体需求进行选择。当 4G 与 5G 网络出现互操作时，UE 会根据网络转换形式调整通信网络的当前映射[21,22]。

9.3 4G/5G 网络部署方案

9.3.1 网络部署策略整体建议

网络部署策略整体建议分为 3 个阶段，如图 9.15 所示。

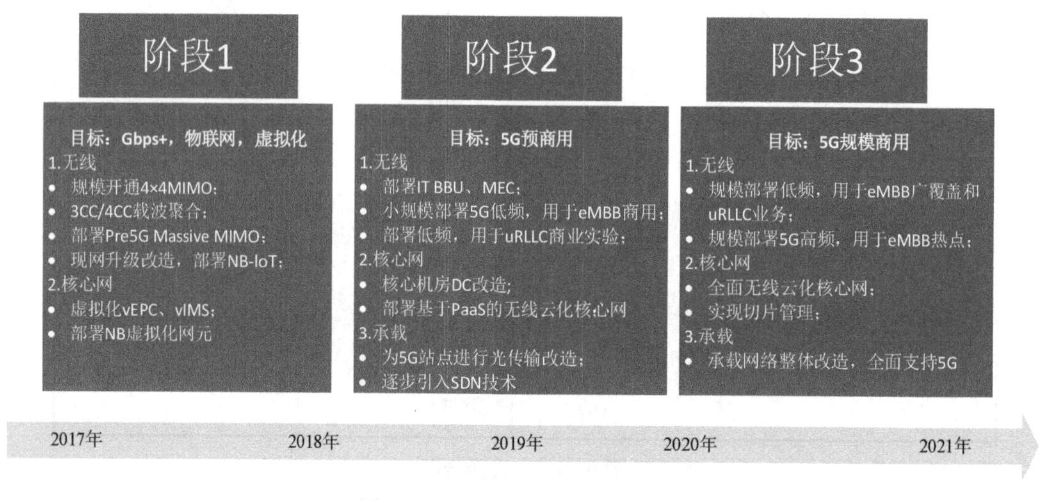

图 9.15　网络部署策略整体建议

伴随着虚拟化技术的逐步演进，核心网虚拟化成为必然趋势。在其虚拟化的过程中，引入了管理自动化及网络编排功能（Management and Orchestration，MANO），该功能使得网络管理、运营和维护逐渐趋于融合与统一。在从 4G 网络演进到 5G 网络的进程中，网络运营管理也随之演进，包括以下三个阶段。

一是初期阶段，虚拟化网络与传统网络并存，此时两套分割的网管运维系统并存，传统网络仍然由传统的网元管理系统（Network Element Management System，EMS）负责，接入传统的操作支持系统（Operation Support System，OSS）及业务支持系统（Business Support System，BSS）；而新建的虚拟化网络由 MANO 系统负责，经过虚拟网元管理器（Virtual Network Function Manager，VNFM）/软件定义网络控制器（Software Defined Networking Controller，SDNC）和编排器，接入传统的 BSS。网络管理的 5 个基本功能故障管理（Fault Management，F）、配置管理（Configuration Management，C）、统计管理（Accounting Management，A）、性

能管理（Performance Management，P）及安全管理（Security Management，S）统称为 FCAPS 网管功能，通过 EMS 对接[3]。

二是中期阶段，出现对新旧网络协同管理的需求，于是引入新的协同编排器统一对新旧网络进行管理，但是新旧网络仍然分开实施。另外，为了适应对新旧网络的协同传统，需要对 BSS 和 OSS 进行微服务化改造[3]。

三是后期阶段，新旧网络完全融合，并且其运营管理已经成熟，不再区分新旧网络，编排器功能按统一的策略进行编排管理。同时，网络管理与运维的智能化通过结合人工智能及大数据等相关技术得到了实现[3]。

9.3.2　基于多级 DC 的核心侧部署策略

核心网规划要从长计议，兼顾当前业务需求和未来演进能力。因此，一开始就应部署融合架构的核心网，在 NSA 阶段提供 vEPC 网元功能，在 NSA+SA 混合组网阶段提供 EPC + 5GC 融合网元功能，并逐步平滑演进，软、硬件均可以实现有效复用，从而降低成本并减少对用户体验的影响。核心网规划部署重点为多级数据中心（Data Center，DC），即机房规划、4G 和 5G 互操作、语音业务、用户数据平台、策略平台、网络编排和管理平台规划等。前面介绍了 4G 和 5G 网络的互操作，在本小节中，将根据中兴发布的《运营商 5G 中长期发展规划白皮书》简要介绍基于多级 DC 的核心侧部署策略。

5G 时代，低时延、大带宽的业务需求逐渐增多，需要多级 DC 部署方案，一般在 5G 网络中，我们规划 2～3 级 DC，分别是中心 DC、区域 DC 和边缘 DC。对于垂直行业应用的专网 UPF 和 MEC，规划部署在边缘 DC；公网 UPF 及针对垂直行业的控制平面网元规划部署在区域 DC；其余控制平面网元、用户数据平台、IP 多媒体系统（IP Multimedia Subsystem，IMS）等部署在中心 DC。多级 DC 也按需分阶段部署，首先部署中心 DC，然后部署区域 DC，按需部署边缘 DC，图 9.16 所示为多级 DC 部署规划示意图。

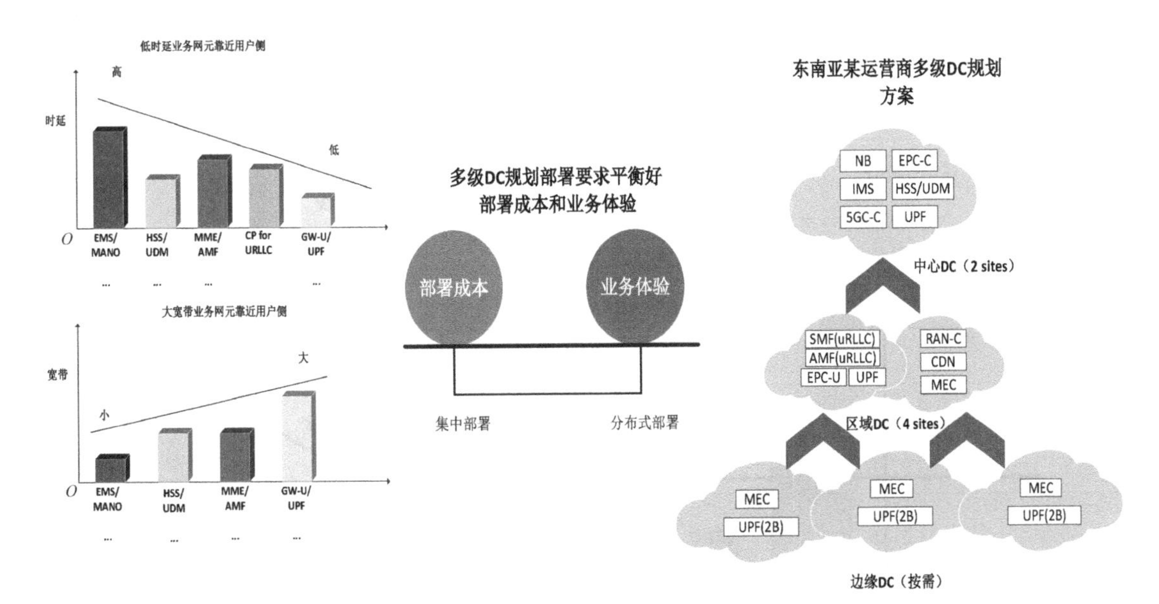

图 9.16　多级 DC 部署规划示意图

在实际的多级 DC 部署中，通常考虑以下几项基本原则。

① 设置多级 DC 主要是为了满足不同业务需求，如低时延、高可靠业务尽量靠近用户侧，而控制平面和管理功能尽量集中在中心 DC；

② 多级 DC 根据实际网络规模设置，中小规模网络可以设置两级 DC，大规模网络设置三级 DC；

③ DC 间的承载管道（Data Center Interconnect，DCI），承载网随着 DC 机房改造进行相应的升级改造。

9.3.3 基于网络接入侧的部署模式

本小节将介绍 4G 和 5G 网络基于网络接入侧的部署模式。为了便于理解，我们先来了解一下无线接入网 RAN 的概念及其演进，然后介绍 4G/5G 融合组网下的接入网部署模式。

（1）无线接入网的概念及演进

接入网，通常是指无线接入网（RAN），它被定义为交换机与用户之间以无线电技术为传输手段的通信网络。它可以用无线传播的方式来代替部分甚至全部的接入网来为用户终端提供服务，其优势是灵活性高、成本低及传输距离较远。通常情况下，用基站来指代无线接入网[24]。随着通信场景和需求的变化，无线接入方式也在逐步演进。

一般情况下，基站设备和配套设备是一个基站的基本配置。其中，基站设备中有基带处理单元（Base Band Unit，BBU）、射频拉远单元（Remote Radio Unit，RRU）和天线；配套设备有传输设备、电源、蓄电池、空调、监控和铁塔（抱杆）等[25]。4G 基站示意图如图 9.17 所示。基站设备负责通过无线电波连接手机，并通过传输设备连接核心网和互联网；而电源、备用电池、空调和监控系统负责保障基站设备稳定运行。4G 基站和 5G 基站在基站设备组成上是有差异的，但它们的配套设备基本一致。

4G 基站通常由 BBU、RRU、馈线和天线组成。光纤连接 RRU 和 BBU，馈线连接 RRU 和天线。在 4G 网络中，无线接入方式通常有两种：分布式无线接入（Distributed RAN，D-RAN）模式和集中化无线接入（Centralized RAN，C-RAN）模式。为了减少馈线对信号的损耗，RRU 通常会拉至接近天线的地方，缩短 RRU 和天线的距离，图 9.17 中的 4G 基站就采用 D-RAN 模式。

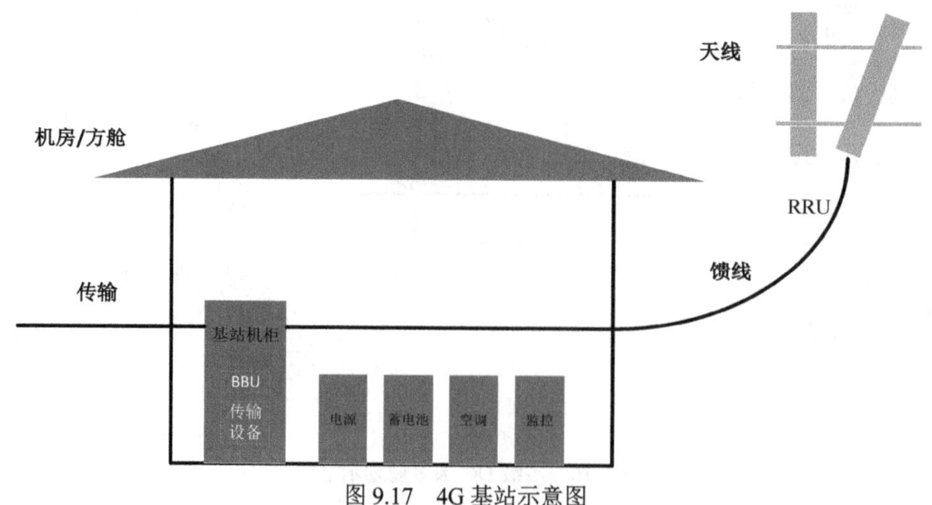

图 9.17　4G 基站示意图

另一方面，随着网络的发展和基站密度的剧增，运营商的维护成本居高不下，因此 C-RAN 模式应运而生。在 C-RAN 架构下，BBU 和 RRU 彼此分离的方式将继续被使用，不过由于 RRU 与天线距离无限缩小，信号通过馈线的衰减也大幅降低；与此同时，BBU 被迁移到中心机房（Centralized Office，CO），并集中在一起形成 BBU 基带池。图 9.18 所示为传统 RAN 和 C-RAN 的对比。C-RAN 架构的优势是能够降低功率，减少干扰，使频谱利用率得到提升，通常应用于协同技术；另外，C-RAN 有助于实现动态智能化组网，可大幅降低运维成本。

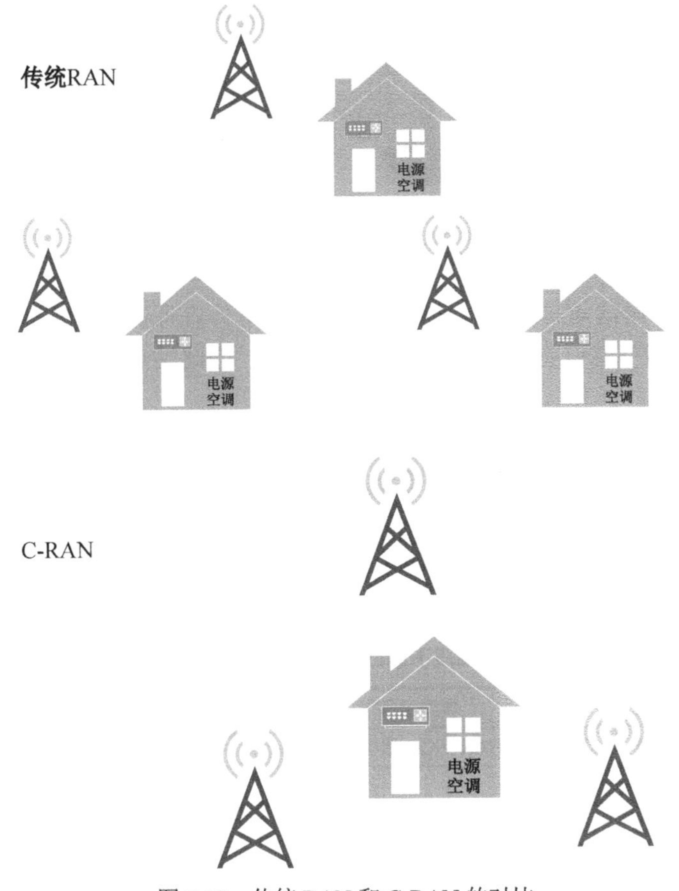

图 9.18　传统 RAN 和 C-RAN 的对比

在 5G 时代，为了满足 5G 场景的需求，接入网的方式有了很大变化。5G 基站设备被重构为 3 个功能实体：集中单元（Centralized Unit，CU）、分布单元（Distributed Unit，DU）和光纤与有源天线单元（Active Antenna Unit，AAU）。其中，重新定义的 CU 是由原 BBU 的非实时部分分割出来的，负责处理非实时协议和服务；原 BBU 的剩余功能定义了 DU，主要负责物理层协议和实时服务；AAU 是由 BBU 的部分物理层处理功能与原 RRU 及无源天线合并而成的[25]。

拆分 BBU 功能、下沉核心网可以满足 5G 不同场景的需求，因为不同的场景对网络特性的需求是不一样的，包括网速、时延、连接密度、能耗等。例如，看高清演唱会直播时，在时效上要求不高，而画面质量是此时重点考虑的性能；对于远程驾驶，时延是最重要的性能指标，时延超过 10ms 会严重影响安全。因此，把网络拆开、细化，可以更灵活地应对场景需求。5G 时代的基站形态演进如图 9.19 所示。

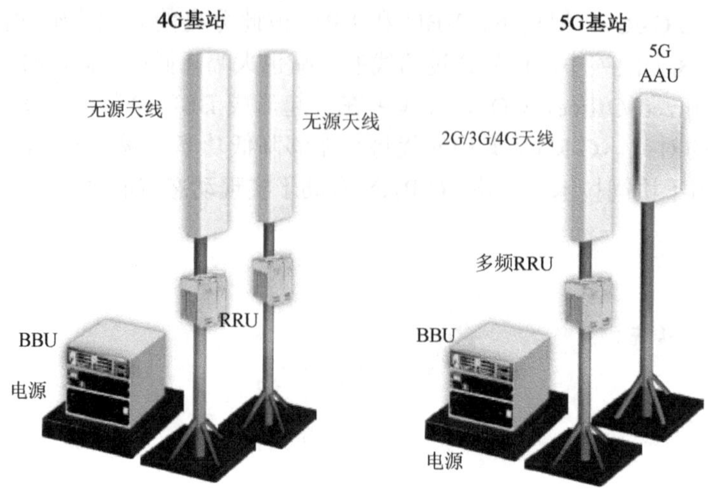

图 9.19　5G 时代的基站形态演进

在实际部署中，通常 4G 基站和 5G 基站是共站的，即在原有的 4G 站点上叠加 5G 设备。由于叠加 5G 设备后基站设备的功耗和传输容量增大，因此站点的配套设备也需要进行相应的升级扩容。

（2）接入侧网络部署模式

4G 和 5G 网络接入侧有很多种部署模式，涉及频段特性、带宽、时延、传输条件等；在组网架构方面涉及 SA 和 NSA；在组网模式（无线接入网模式）方面涉及 D-RAN、C-RAN 和 CU 集中。表 9.1 所示为不同频段下的网络架构选项和典型组网模式。部署模式可根据表 9.1 中的选项进行排列组合。

表 9.1　不同频段下的网络架构选项和典型组网模式

频　段	架　构		典型组网模式			微　波	PTN RAN/IP RAN
	NSA	SA	D-RAN	CU 集中	C-RAN		
低频 （3.5GHz/3.7GHz）	√	√	√	√	√	替换为 新微波	1.利旧扩容 2.新建 FlexE 替换 PTN RAN/IP RAN
低频（小于 1GHz） （700MHz/900MHz）	√	√	√	√	不推荐	利旧升级	1.利旧 2.新建 FlexE 替换 PTN RAN/IP RAN
高频 （大于 6GHz）	√	不推荐	√	√	√	替换为 光传输	1.利旧扩容 2.新建 FlexE 替换 PTN RAN/IP RAN

一般来讲，对于低频 3.5GHz 及附近频段，或者在对传输的要求比较灵活时，网络架构可以采用 SA 或 NSA，可选择新微波；对于低频（小于 1GHz）的频段，网络架构可以采用 SA 或 NSA，组网模式通常选择 D-RAN 或 CU 集中；对于高频（大于 6GHz）的频段，网络架构推荐 NSA，组网模式可选 D-RAN、CU 集中或 C-RAN。下面介绍一些典型组网部署模式（实际部署中不仅限于下面介绍的模式）。

① NSA&D-RAN 模式：承载 eMBB 业务，Backhaul 带宽一般为 5～10Gbit/s，时延在 10ms 以内，如图 9.20 所示，其部署方案如下。

a．4G BBU 升级作为 5G 锚点，后期可切换到与 5G 网络共 IT BBU；

b．5G 新建，AAU、CU、DU 共站点，采用 IT BBU；

c．4G/5G 之间、基站与微波间采用 10GE 接口，将站点微波改造为高宽带的 E-Band 或 Multi-Band 微波；

d．传送网（Packet Transport Network，PTN）RAN 与 IP RAN 承载利旧扩容，4G 与 5G 共承载；

e．弹性的以太网（Flexible Ethernet，FlexE）承载方案逐渐被替换为 PTN RAN/IP RAN，以便更好地支持 5G 切片、低时延、更大带宽等性能。

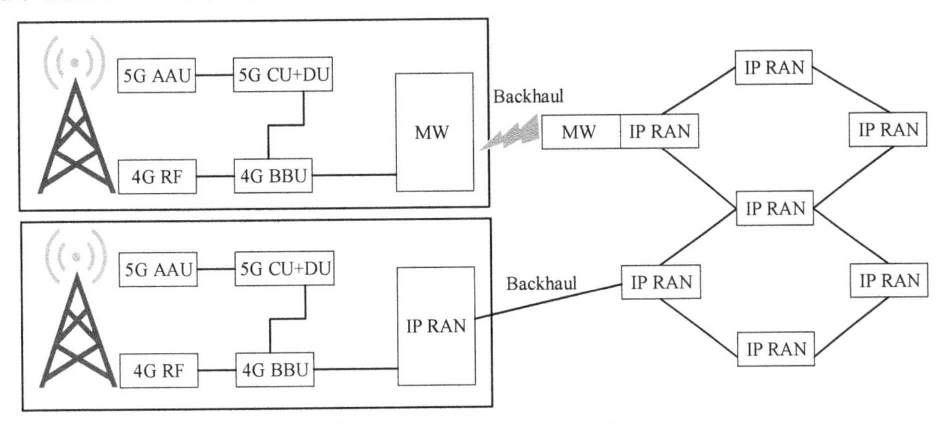

图 9.20　NSA&D-RAN 模式

② NSA&CU 模式：承载 eMBB 业务，Midhaul 带宽一般为 5～10Gbit/s，Backhaul 带宽一般为 100Gbit/s，时延在 10ms 以内，如图 9.21 所示，其部署方案如下。

a．4G BBU 升级作为 5G 锚点，后期可切换到与 5G 网络共 IT BBU；

b．基站侧传输接口采用 10GE，Backhaul 单个 CU 采用 100GE 接口与 PTN RAN/IP RAN 互联；

c．站点微波改造为高宽带的 E-Band 或 Multi-Band 微波。

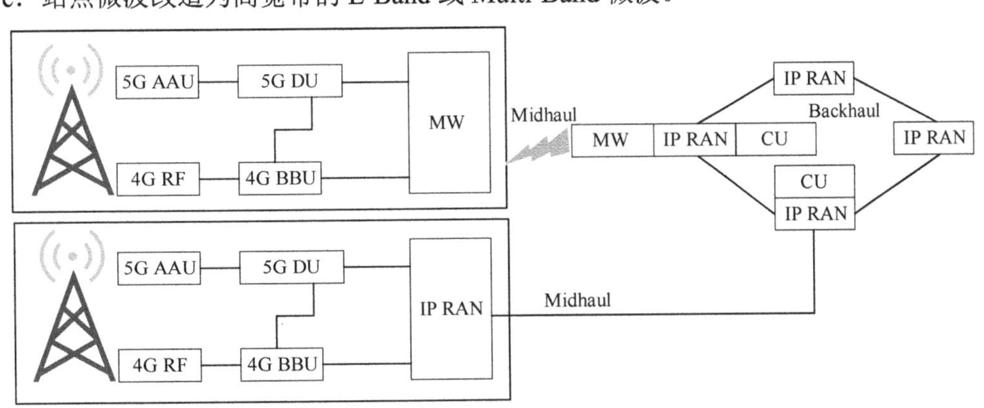

图 9.21　NSA&CU 模式

③ SA&CU 模式：承载 eMBB 业务，Midhaul 带宽一般为 5～10Gbit/s，Backhaul 带宽一般为 100Gbit/s，时延在 10ms 以内，如图 9.22 所示，其部署方案如下。

a．4G 保持不变；

b．5G 新建，既可以单独建站也可以跟 4G 网络共站，CU 集中部署在承载汇聚节点；

c．4G 与 5G 网络各自独立承载，4G 网络承载保持不变，5G 网络新建承载平面；

d．新建或改造站点微波为高带宽 E-Band 或 Multi-Band 微波，或者将微波承载改造为光纤。

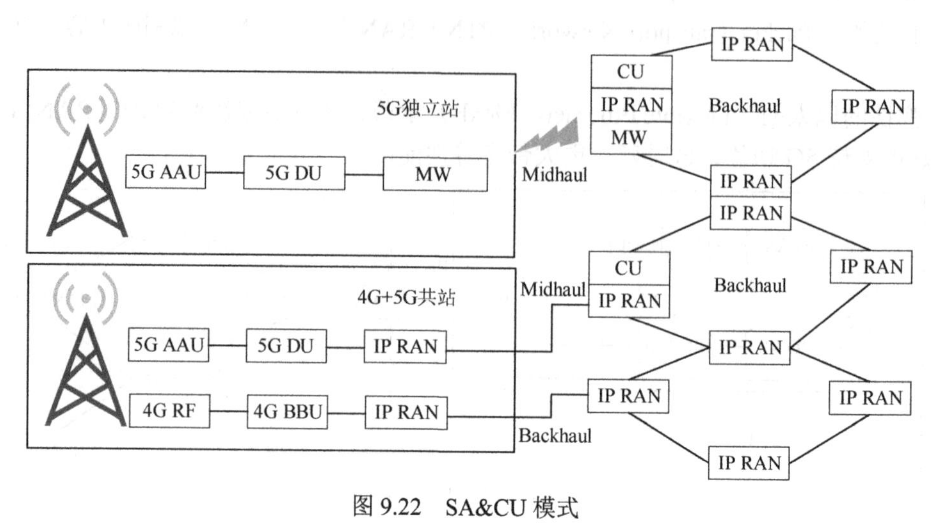

图 9.22　SA&CU 模式

9.4　小结

本章主要介绍了 4G 网络向 5G 网络的整体演进策略、4G/5G 融合组网解决方案和 4G/5G 网络部署方案。可以得知：核心网对于 5G 网络来说是非常重要的，无论是对于过渡的 NSA 架构，还是对于最终目标 SA 架构。通过对比组网架构及演进方案，希望能够为 5G 网络的部署提供一些新的参考思路。随着 5G 标准、配套硬件设备、产业链的完善，5G 网络相关部署和应用也将日渐成熟。

参考文献

[1] 方琰崴. 虚拟化构建未来，敏捷提升价值 中兴通讯 vCN 方案助运营商网络变革[J]. 通信世界，2018(02)：50-51.

[2] 韩冰. 极化码的编译码算法研究[D]. 西安：西安电子科技大学，2017.

[3] 陈亚权，方琰崴，汪兆锋. 4G 向 5G 核心网演进发展方案研究[J]. 信息通信技术，2019，13（04）：57-62.

[4] 张莉，罗新军. 5G 无线网络组网方案[J]. 通信技术，2018，51（04）：862-865.

[5] 张君怡，任鑫博. 非独立组网架构下 5G 网络在智能电网中的应用[J]. 通讯世界，2020，27（02）：11-12.

[6] 施屹. 基于全向预编码的大规模 MIMO 系统同步方法研究与验证[D]. 南京：东南大学，2018.

[7] 千家人工智能网. 关于 5G 需要了解这些关键技术[EB/OL].（2019-08-01）.http://ai.qianjia.com/html/2019-08/2019-08/1_345757.html.

[8] 李春明. 探究多媒体计算机技术在广播电视工程中的应用[J]. 数字通信世界，2019（02）：188-189.

[9] 中兴通讯. 5G Massive MIMO 网络应用白皮书[R/OL].（2020-08-19）.https://www.sohu.com/a/414665979_472928.

[10] 董帝烺. Pre5G Massive MIMO 技术的研究[J]. 移动通信，2017，41（20）：74-79.

[11] 韩玉楠，李福昌，张涛，等. Massive MIMO 关键技术研究及试验[J]. 移动通信，2017，41（24）：40-45，52.
[12] 李福昌. 5G 技术在 4G 网络中应用的前景探讨[J]. 通信世界，2017（13）：50-52.
[13] 通信产业网. 2020 信息通信产业十大技术趋势发布[EB/OL].（2019-12-20）. http://www.ccidcom.com/yaowen/20 191220/CfU6ok8K9HGLg8eDp174l48nru3ac.html.
[14] 游伟，李英乐，柏溢，等. 5G 核心网内生安全技术研究[J]. 无线电通信技术，2020，46（04）：385-390.
[15] 周诗豪. 蜂窝车联网中 V2V 通信资源分配和动态模式自适应切换研究[D]. 武汉：华中科技大学，2019.
[16] 搜狐网. 详解 5G R17 标准议题：中国话语权再提升.（2020-01-05）. https://www.sohu.com/a/364936716_610727.
[17] 通信世界网. 5G 深度报告：5G 产业链全面解析. （2019-06-13）.http://www.cww.net.cn/article?id=453593.
[18] 朱建军，方琰崴. 面向服务的 5G 云原生核心网及关键技术研究[J]. 数字通信世界，2018（02）：111.
[19] 方琰崴，陈亚权. 基于虚拟化的电信云网络安全解决方案[J]. 移动通信，2018，42（12）：1-7，13.
[20] 任驰. 4G 与 5G 融合组网及互操作技术研究[J]. 移动通信，2018，42（01）：87-90，96.
[21] 吴凌博，岳胜. 4G 与 5G 融合组网及互操作技术分析[J]. 数字通信世界，2020（11）：110-111.
[22] 谢沛荣，李文苡. 4G/5G 网络融合演进探析[J]. 移动通信，2021，45（01）：76-80.
[23] 简书. 5G 网络构架分析说明.（2019-03-01）.https://www.jianshu.com/p/9e049ec37f79.
[24] 孙涛. 基于 TD-LTE 移动通信系统的移频放大技术研究[D]. 上海：复旦大学，2014.
[25] 李尊. 5G 网络变化及承载网应对探讨[J]. 移动通信，2018，42（04）：25-29.

第10章

5G语音解决方案

语音业务在目前的 5G 网络用户终端中仍旧占据了很大的比例。语音业务不仅仅是运营商收入中重要的一部分，更是衡量用户对运营商的好感和印象的关键指标。此外，除了用户直接进行语音通话，5G 中类似于自动驾驶、沉浸式虚拟现实（Virtual Reality，VR）等场景也需要高质量的语音业务支持。因此，对于 5G 网络中语音解决方案方面的研究仍旧具有十分重要的意义。本章试图从 5G 语音解决标准方案及终端、语言方案架构和分场景解决方案、方案对比、5G 语音业务的现状与发展四个方面对 5G 语音解决方案进行说明和分析，使读者在更系统地理解 5G 语音解决方案的同时，对未来 5G 网络中语音服务的演进有所了解。

10.1 5G语音解决标准方案及终端

“4G 改变生活，5G 改变世界”是通信圈广为流传的一句话。5G 及其强大的数据传输能力能够满足相较于 4G 万倍以上规模的数据流量需求。此外，5G 还将应用于万物互联等诸多场景，满足千亿级别终端互联的需求。由于 5G 可能带来的产业变革与科技革命，我国相关部门很早就对 5G 技术的发展和应用给予了高度的关注与规划。在 2018 年底，中国工业与信息化部就向三大运营商发放了 5G 的频率许可，并在 2019 年开始了对 5G 的商用。

考虑到网络的经济性和先进性，5G 系统主要分为两种组网方式：非独立组网（Non-Standalone，NSA）和独立组网（Standalone，SA）。5G 新空口（5G New Radio，5G NR）独立组网功能已于 2018 年 6 月由国际标准组织第三代合作伙伴计划（3rd Generation Partnership Project，3GPP）全会进行了功能冻结的批准。另外，早在 2017 年 12 月，5G 非独立组网的标准就已经制定完成。至此，5G 第一阶段全功能的标准化工作告一段落。这意味着 5G 初期的标准化已经按时完成，随之而来的就是由运营商与设备商合力参与并开启其商用的进程。然而，无论是独立组网模式还是非独立组网模式，对运营商来说，语音业务都是其运营中的重要一环。与 4G 网络相比，5G 网络需要进一步提升所有业务的质量。尽管这样，5G 商用首先要解决的问题是提供高质量的语音业务，因为用户绝不能接受 5G 网络的语音业务质量相对 4G 而言有明显降低。因此，伴随着新形势与新挑战，如何在 5G 中有效开展语音业务并提高其质量成为服务供应商需要重点研究的问题。

2G 和 3G 网络主要提供基于语音的服务，该服务主要基于电路交换（Circuited Switch，CS）技术进行通信。CS 的核心思想是在网络中建立一条服务于语音通话的专用虚拟电路，在语音通话结束后，该电路会被拆除。

在第四代移动通信技术中，传统的 CS 技术被分组交换（Packet Switch，PS）技术替代。

PS 技术将数据打包，只有在接收者需要的时候才将数据包发送，而无须独占资源，提高了通信资源的利用率。在升级版的长期演进（Long Term Evolution，LTE）网络中，为了提升语音业务，采用了长期演进语音承载（Voice over Long-Term Evolution，VoLTE）技术，其原理是将语音作为数据包在 LTE 网络上传输。但 VoLTE 的搭建需要引入新的系统，该系统称为 IP 多媒体子系统（IP Multimedia Subsystem，IMS），其中，IP 表示网际互联协议（Internet Protocol）。

根据 3GPP 标准定义，5G 将在沿用 4G 的语音架构的基础上着力向 5G 特有的通过 5G 新空口承载语音（Voice over NR，VoNR）的方案演进，但无论是 5G 的 VoNR 还是 4G 的 VoLTE，均需要 IMS 的支持。支持 VoNR 和支持 VoLTE 的 IMS 架构基本相同，在具备 IMS 的 4G 网络中，其无线接入技术为 LTE，因此我们将 LTE 上面利用 IMS 承载的语音业务技术称为 VoLTE。IMS 是 3GPP 规定的为基于 IP 的多媒体服务提供框架，IMS 架构示意图如图 10.1 所示。IMS 的目的是使电信服务提供商能够在两个电路交换机和分组交换网络中提供新一代丰富的多媒体服务。IMS 能够提供与接入无关的基于 IP 的服务，如无线网络接入通用分组无线服务（General Packet Radio Service，GPRS）、通用移动通信系统（Universal Mobile Telecommunications System，UMTS）、LTE、码分多路访问 2000（Code Division Multiple Access 2000，CDMA2000）和下一代网络（Next Generation Network，固定网络 NGN）。IMS 使用了会话初始协议（Session Initiation Protocol，SIP）作为网络元素之间呼叫信令的一系列逻辑元素的体系结构。SIP 除了与负责语音质量的资源预留协议（RSVP）互操作，还与负责定位、身份验证以实时传输的多个协议进行互操作。在 IMS 中，应用程序平面为用户配置和身份管理提供了一个基础架构，并将标准接口定义为常见功能。IMS 控制平面处理呼叫相关信令并控制传输平面，其主要元素是呼叫会话控制功能（Call Session Control Function，CSCF），其中包括代理呼叫会话控制功能（Proxy-Call Session Control Function，P-CSCF）、询问呼叫会话控制功能（Inquiry-Call Session Control Function，I-CSCF）和服务呼叫会话控制功能（Serving-Call Session Control Function，S-CSCF）。CSCF 在本质上是 SIP 服务器。IMS 体系结构提供的多媒体业务可由服务通过 IP 网络或传统电话系统从各种设备进行访问。

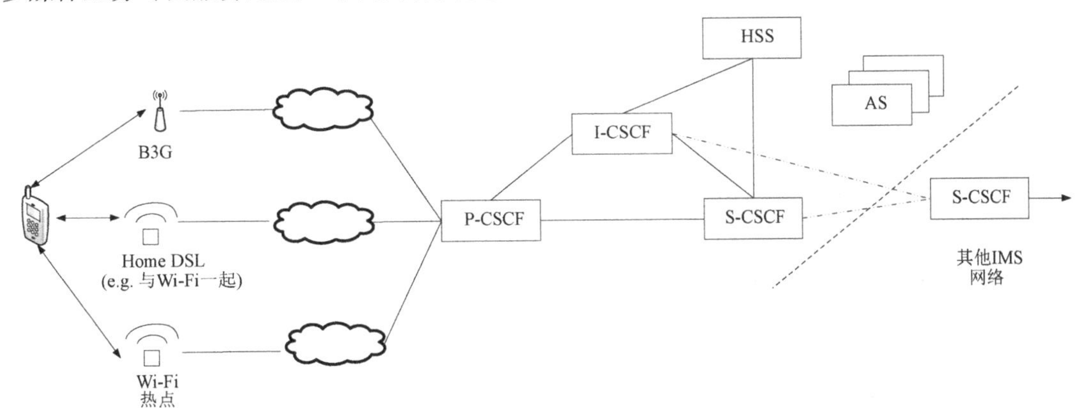

图 10.1 IMS 架构示意图

尽管 IMS 的建设可以为 5G 语音方案的部署和实施带来便利，但在 5G 部署初期，由于终端数量和覆盖面积的不足，用户接受度并不高，因此仍然推荐延续 4G 网络的语音解决方案，即依托于 IMS 的 VoLTE。当 5G 核心网（5G Core，5GC）初具规模时，可以依托演进分组系统（Evolved Packet System，EPS），采用 EPS 回落方案（EPS FallBack，EPS FB）进行过渡。EPS FB 方案沿用了 VoLTE 方案，但与 4G 的不同点在于，终端和数据将附着在 5G 网络上，若终端在 5G 网络上起呼，基站就会要求控制终端从当前网络回落到 4G-LTE 网络，通过 VoLTE 进行呼叫。当然，这需要 LTE 网络配置 IMS 用以支持 VoLTE。使用这样的回落方式虽然会增加 400ms 左右的时延，但用户基本无感知，可保证服务的连续性。随着 5G 网络的进一步覆盖，语音解决方案将会从过去的方案（如 VoLTE）逐步过渡到 VoNR。VoNR 的命名是因为 5G 的无线接入技术称为新空口（New Radio，NR），因此，新空口上面承载的语音解决方案技术称为 VoNR。VoNR 方案基于全新的 5G 网络，不和 4G 网络发生关系（除非发生 5G 到 4G 的切换）。VoNR 与 VoLTE 的架构对比如图 10.2 和表 10.1 所示。在 VoNR 的标准定义中，5G 仅和 4G 有连接态互操作，5G 无法直接和 2G 网络或 3G 网络进行连接态互操作。因此，当终端移出 5G 覆盖区域时，无论是数据还是语音业务，只能切换或回落到 4G 网络。如果某个区域只有 5G 网络、3G 网络或 2G 网络，那么当终端移出 5G 覆盖区域时，终端将会掉话或脱网，然后只能通过网络重选等流程重新待机在 2G 网络或 3G 网络下，这样的操作无法保持 5G 下语音和数据的连续性。如果一个地区从 2G 网络至 5G 网络均有覆盖，那么当终端移出 5G 覆盖区域时，终端可以先回落到 4G 网络，当终端继续移出 4G 网络的覆盖范围时，用户终端可以继续从 4G 网络回落到 2G 网络或 3G 网络，以此来保持会话的稳定性，保证用户的体验感。

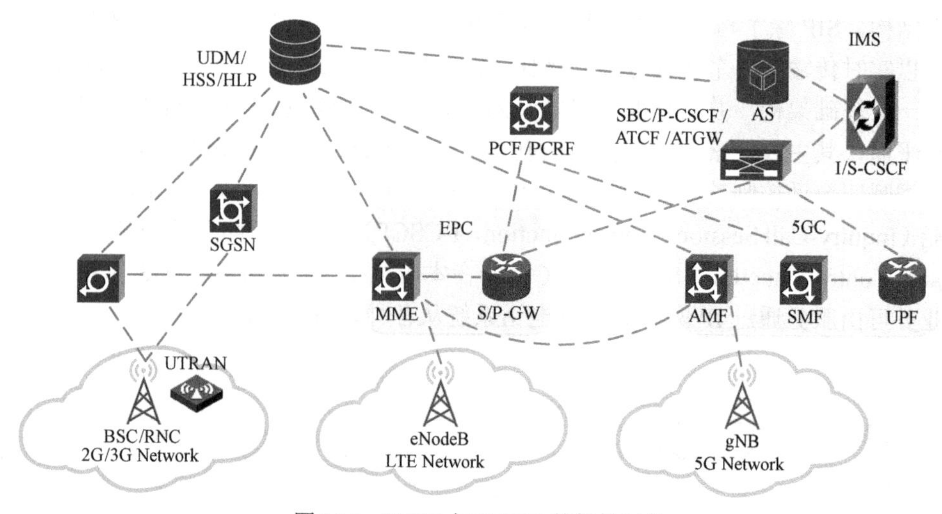

图 10.2　VoNR 与 VoLTE 的架构对比

表 10.1　VoLTE 与 VoNR 的架构对比

	VoLTE	VoNR
互操作	与 2G、3G 有互操作	与 4G 有互操作
IMS	相同	相同
接入网	4G 空口， 4G 扁平架构	基于 5G 空口 5G 新架构
核心网	EPC	NGC：基于 5G 服务化架构
UE	支持 VoLTE/SRVCC/CS FB	支持 VoNR/VoLTE

回顾 4G 网络中语音解决方案的进化和建设可以为 5G 网络中语音业务的演进提供非常重要的参考。与现有 5G 部署的情况类似，在 4G 网络商用初期，4G 基站数量较少，网络覆

盖也是相对不足的，因此，运营商只能采用依托于上一代网络的电路域回落（Circuit Switched FallBack，CS FB，在电话接通时回落到 2G 网络或 3G 网络）语音方案，将语音业务放到 2G 网络或 3G 网络中承载。随着对 LTE 网络加大投资，网络的覆盖面积大幅增加，同时，运营商开始部署以 IMS 为基础的 VoLTE 语音解决方案。因此，用户终端可以直接使用 LTE 专属的 VoLTE 技术来承载语音业务，这样的好处是解决了由 CS FB 方案带来的呼叫接通慢，以及通话时 4G 网络服务中断等问题。这样平稳过渡的工程部署一方面保持了语音业务的连贯性，同时在经济上不至于一次投入过多，运营商乐于接受，是一种稳妥的解决方案，值得 5G 借鉴与推广。

10.1.1 语音解决标准方案

基于现有的 5G 部署进度，3GPP 提供了一系列面向 5G 网络的语音解决标准方案，包括通过 eLTE 进行语音（Voice over eLTE，VoeLTE）、增强型 LTE（enhanced LTE，eLTE）、VoNR、EPS FB、RAT 回落（RAT FallBack，RAT FB）、无线接入技术（Radio Access Technology，RAT）等，这几种方案分别面向不同国家的不同场景和不同网络部署状况，本节将对上述技术逐一进行简单的介绍。

在 VoeLTE 中，终端不驻留在 5G NR，而是驻留在 eLTE。终端的语音业务和数据业务都承载在 eLTE 网络上。对于 eLTE 信号覆盖差的场景，网络可以通过进行基于覆盖的切换来缓解。当 eLTE 信号较差时，VoeLTE 可以通过切换到 LTE 或 NR 网络，由相应网络中的语音解决方案来提供服务。

VoNR 指语音承载在下一代 NodeB（gNodeB，gNB）上，根据 5G 组网方式的不同，存在两种不同的选项：①通过 5GC 和 gNB 承载 VoNR；②通过演进分组核心（Evolved Packet Core，EPC）和 gNB 承载 VoNR。

在 VoNR 方案下，用户终端会留在 5G NR 中，其数据和语音业务都通过 5G NR 进行承载。当终端移动到 5G 信号覆盖较差的区域时，基站会基于覆盖情况进行切换，实现与 4G 的互通，即从 5G 切换到 LTE，由 VoLTE 语音解决方案提供服务。

EPS FB，即 EPS 回落方案，是一种借助 4G 网络和 VoLTE 的语音解决方案。5G NR 初期并不提供语音业务，因此，在该方案中，当 gNB 建立 IMS 语音通话服务时会向 5GC 发送无线接入技术（inter- Radio Access Technology，inter-RAT）间的切换或重定向请求，使语音通话回落到 LTE 网络。由于 5G 终端长期驻留在 5G NR，在回落的过程中不可避免地会产生延迟，相比于 VoNR，其接续时间会多 1～2s。EPS FB 方案类似于 LTE 中的 CS FB 技术，但与 4G 的 CS FB 技术的不同之处在于，5G 的 EPS FB 方案中的非结构化补充数据业务（Unstructured Supplementary Service Data，USSD）等业务要求并不会触发 EPS FB。EPS FB 的部署虽然需要 LTE 和 5GNR 网络重叠覆盖，但 EPS FB 的好处在于简化了运营商对技术更新的要求。UE 或 gNB 只需要支持实时性不高的 IMS 信令通道，而无须支持实时性高的 IMS 语音通道。这种技术上的简化可以有效地帮助运营商在 5G 部署初期聚焦数据业务快速部署，快速盈利，平滑过渡。而随着 NR 网络的覆盖和优化，运营商可以根据自身情况选择从 EPS FB 演进到 VoNR。

RAT FB 是一种与 EPS FB 类似的因 5G NR 初期不提供语音业务而设计的方案。在 RAT FB 中，当 gNB 建立 IMS 语音通话服务时会向 5GC 发送 inter-RAT 切换或重定向请求，使语音通话回落到 eLTE 网络中，由 VoeLTE 提供服务。RAT FB 与 EPS FB 有着类似的用户体验和引入原因。RAT FB 与 EPS FB 的不同之处在于前者要求 eLTE 和 5GNR 重叠覆盖，在这种情况下，5GNR 和 LTE 网络无须重叠覆盖，并且 gNB 不需要部署 IMS 语音通道。

前面说到，5G 仅可以与 4G 网络进行基于 IMS 的互操作，而不能与 2G 或 3G 网络进行直接的互操作。值得一提的是，由于 5G 网络并不支持将语音回落至 2G 或 3G 网络的 CS FB 技术，因此，LTE 网络的覆盖是保证 5G 语音连续的基础，在建设 5G 时要保证 LTE 网络的覆盖范围大于 5G。否则，当终端移出 5G 覆盖范围而又没有 LTE 网络时，需要重新连接到 2G 网络或 3G 网络，造成中断，影响用户体验。上述方案在回落到 LTE 网络时均需要使用 IMS 域提供服务，也就是需要 LTE 网络支持 VoLTE。对于不支持 VoLTE 的网络，则需要通过 Voice Centric 重选到 2G 网络或 3G 网络上，这会增加时延，影响体验。当然，这一缺陷可以通过用户端采用终端双待方案解决，将终端同时待机在 4G 网络和 5G 网络，但这需要终端支持，对于用户来说成本相对高。

与 4G 建设初期相似的是，5G 可以通过使用 EPS FB 技术将语音回落到 LTE 网络，由 VoLTE 完成语音业务的链接。因此在 5GNR 语音方案设计中，延续了 4G LTE 通过 IP 网络承载语音业务的方式，既可以通过 5G 网络（无线网＋核心网）和 IMS 承载语音业务，也可以将语音业务回落到 4G VoLTE 网络进行承载，这种回落做法的好处是可以解决由 5G 网络建设初期覆盖不足带来的语音业务面临中断的问题。待 5G 网络覆盖部署加强与完善后，再根据自身情况选择是否投资与推出基于 5G 的 VoNR。VoNR 将采用更高清的编解码技术，从而进一步提升语音质量和体验。

总体来说，由于初期独立组网形式的 5G 网络不会在全球范围内大规模覆盖，因此，5G 网络需要与 4G 的 VoLTE 部署紧密耦合。这种耦合可以提供较好的跨网络性，用来在 5G 网络中保持无缝的语音服务。

10.1.2 终端对语音解决方案的支持

如图 10.3 所示，3GPP 定义了 5G 终端用户设备（User Equipment，UE）无线电资源控制（Radio Resource Control，RRC）的三种状态：即 RRC CONNECTED、RRC INACTIVE 和 RRC IDLE。同一时间一个 UE 仅保持唯一的 RRC 状态。其中，UE 在 RRC CONNECTED 和 RRC INACTIVE 状态时保持 RRC 连接，在 RRC IDLE 状态释放 RRC 连接。

在 5G NR 中，UE 在各状态下表现为不同的特征：在 RRC IDLE 中，高层可以配置一个 UE 特定的不连续接收（Discontinuous Reception，DRX）。空闲态下的 UE 可以监听一个寻呼信道，执行邻区测量、小区选择和重选功能，获取系统信息。在 RRC INACTIVE 状态中，高层或 RRC 层可以配置一个 UE 特定的 DRX，基于网络配置的 UE 控制的移动性，UE 存储应用服务器（Application Server，AS）上下文。非激活态的 UE 可以监听一个寻呼信道，执行邻区测量、小区选择和重选，当将 UE 移出基于无线接入网的通知区域（RAN-based Notification Area）时执行基于无线接入网的与通知区域有关的更新获取系统信息任务。在 RRC CONNECTED 中，UE 保存 AS 上下文信息，UE 间传递单播数据，低层配置一个 UE 特定的 DRX，低层可以对 UE 特定的 DRX 和网络移动性进行配置。连接态下的 UE 可以监听一个寻呼信道和相关控制信道，对信道质量信息进行反馈，对邻区测量和测量结果进行上报，并获取系统信息。在 RRC IDLE 和 RRC INACTIVE 状态下可以通过重新选择与 LTE RRC 中的 IDLE 状态进行状态转换。

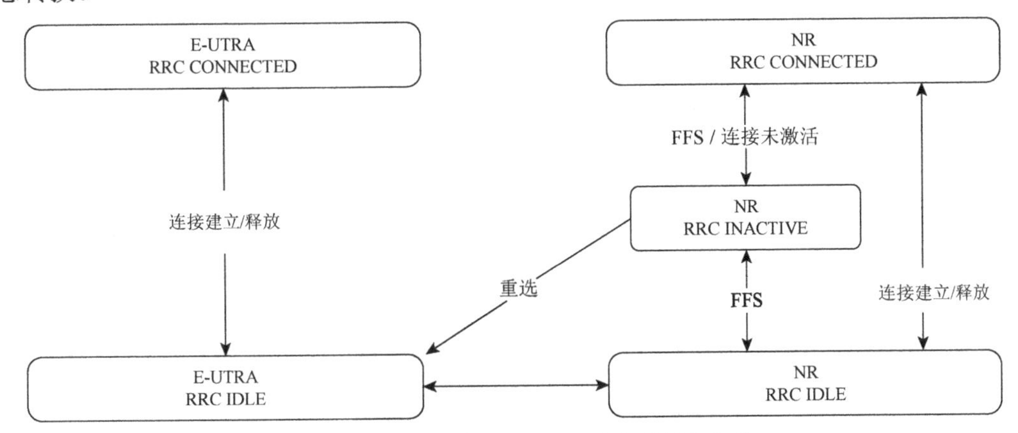

图 10.3　NR RRC 与 LTE RRC 之间的状态转换

现有 4G 终端类型多以支持 VoLTE 终端为主，除此之外，还存在少量的 CS FB 终端和 SR LTE 终端（CDMA（Voice）+LTE（data））。因此，在本节将着重讲解基于 VoLTE 的终端对于 5G 语音解决方案的支持。当终端具备 VoLTE 功能且网络支持 IMS 时，可通过 EPS FB 进行语音业务。当终端开机时，会进行 UE 域的选择，对于 EPS FB 来说，数据驻留在 5G 网络而语音业务附着于 4G 网络。终端发起 5GC 的注册流程，通过接入和移动性管理功能网元（Access and Mobility Management Function，AMF）查看网络是否支持 IMS 架构，当支持 IMS 时，UE 执行注册并使用 IMS 语音业务（当不支持 IMS 时，UE 将通过 E-UTRA 连接到 EPC），UE 的域选择流程如图 10.4 所示。

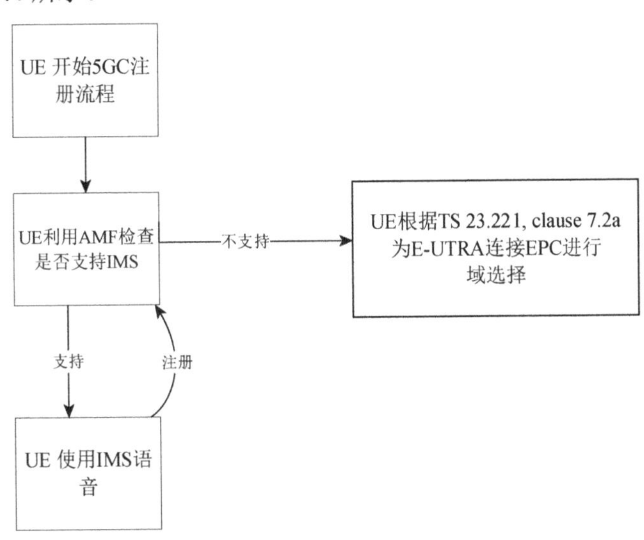

图 10.4　UE 的域选择流程

为了更好地进行语音业务，5G 终端设备有单注册和双注册两种模式。对于支持 5G 的终端，在 5GC 进行注册为必选项，如果 5G 网络部署 IMS，那么单注册终端可以顺利使用基于 VoNR 的语音解决方案。当需要切换回 LTE 网络时，5GC 与 EPC 的互操作架构如图 10.5 所示，理想状况是通过 N26 接口［MME-AMF 之间的接口，移动管理节点功能（Mobility Management Entity，MME）］与 4G 进行切换，且 SGW 需要连接到 NGC 的 UPF，eNB 也需要升级以支持终端在 4G 网络和 5G 网络间切换。当没有 N26 接口时，终端离开 5G 网络只能重选到 4G 网络，对于 EPC 和 NGC 之间，需要搬移所有 PDU 会话，语音中断时间超过 300ms，用户体验也会随之降低。当前我国大部分地区的 4G 网络均已配备 N26 接口，这为语音业务顺利平滑切换奠定了基础。与单注册终端对应的是双注册终端，通俗来讲，双注册终端可以理解为双待终端（类似于 LTE 语音解决方案中的 SvLTE）。双注册终端可以利用双待能力提供语音数据并行发送服务，并通过 VoLTE 技术提供语音业务。双注册终端，顾名思义，它需要同时附着在 LTE 网络和 5G 网络上，但该终端智能在 LTE 网络上进行语音业务。对于双注册终端来说，可以选择基于 2G 网络、3G 网络或 4G 网络的语音业务和基于 5G 网络的数据业务，这种双注册终端仍需要 LTE 现网部署 IMS 并支持 VoLTE。当现网不支持 IMS 时，只能选择语音质量较差的 2G 网络或 3G 网络回落。双注册终端数据业务可以通过 4G 网络或 5G 网络进行。由于我国 4G 网络的部署较为成熟，且目前支持 VoLTE 的终端占到新终端的 90% 以上。支持 VoLTE 已经是终端的基本要求，因此，对于不支持 VoLTE 的双注册终端这里不进行讨论和推荐。

当然，双注册终端实现起来较简单，语音通话时可同时进行数据业务，但终端耗电多。在 5G 部署初期，存在大量的双注册且支持 EPS FB 的终端，但支持 VoNR 的终端可能在未来随着 5G 网络的成熟而逐渐占据主流市场。

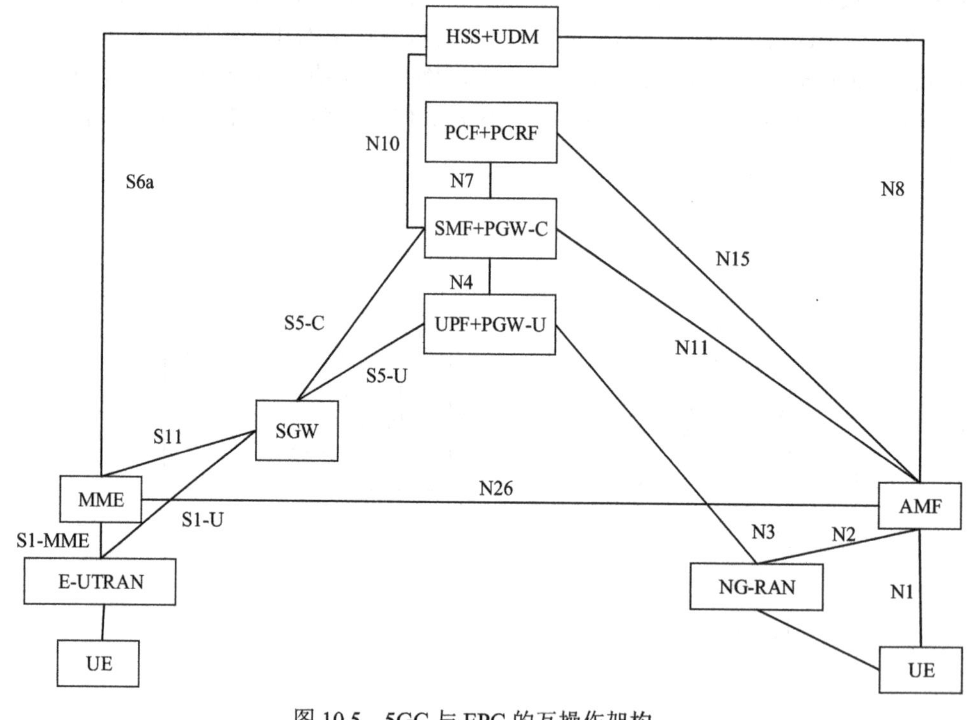

图 10.5　5GC 与 EPC 的互操作架构

10.2　语音方案架构和分场景解决方案

基于 5G 核心网中 SA 和 NSA 架构的特点，考虑将不同无线接入网和核心网排列组合，3GPP 一共为 5G 组网架构划分了 8 个方案，即 Option1～Option8，这 8 种方案分别对应不同的连接和部署场景。其中，Option1、Option2、Option5、Option6 属于 SA 架构，Option3、Option4、Option7、Option8 属于 NSA 架构。根据实际网络部署情况，我国运营商主要考虑 SA 的 Option2 和 NSA 的 Option3 两种选项。其中，Option2 可简述为 SA 的 Option2 选项需要具备独立的 5G 架构且 Option2 的 5G 基站需要接入 5G 核心网。NSA 的 Option3 可简述为在 NSA 方式的 Option3 中，5G 用户终端与 5G 基站和 4G 基站双连接，其核心网是 4G 核心网，控制平面的锚点在 4G 基站，而用户平面分流可以选择 4G 基站，也可以选择 5G 基站，还可以选择 4G 核心网。因此，在 5G 建设中，解决语音方案要对不同的组网方式进行因地制宜的考虑。目前，由于国内运营商对 5G 网络初期商用部署的选择不同，本章将首先从 NSA 和 SA 两条路线分析 5G 语音解决方案的架构。然后，根据不同的组网方式和运营商现有网络的部署水平，提出了将语音引入场景的解决方案。

10.2.1　非独立组网模式

在非独立组网模式中，最新的 5G 基站需要与原有的 LTE 基站协同工作，而不能单独运作，用户终端与 LTE-NR 进行双连接和双注册，控制平面锚定在 LTE 网络，语音业务的承载也需要依托 LTE 网络，在非独立组网模式中，数据业务可以根据 Option 的不同选择承载于 4G 网络或 5G 网络，直接由 VoLTE 或 CS FB（当 4G 网络不支持 VoLTE 时）提供语音服务，不加入语音连续性互操作的功能，非独立组网模式的语音解决方案如图 10.6 所示。

在图 10.6 中，CS FB 是 CS 域的回落方案，当 4G 网络不支持 VoLTE 时，终端将退回到 2G 网络或 3G 网络上进行基于 CS 的语音业务。这时，CS FB 的相关信息是通过 4G 的 MME 和 2G 网络或 3G 网络的移动交换中心（Mobile Switch Center，MSC）之间的 SGs 接口进行传递的。鉴于我国 VoLTE 的覆盖范围已经很广，基于 VoLTE 提供语音业务是多数运营商在部署 NSA 5G 网络时讨论的方案。

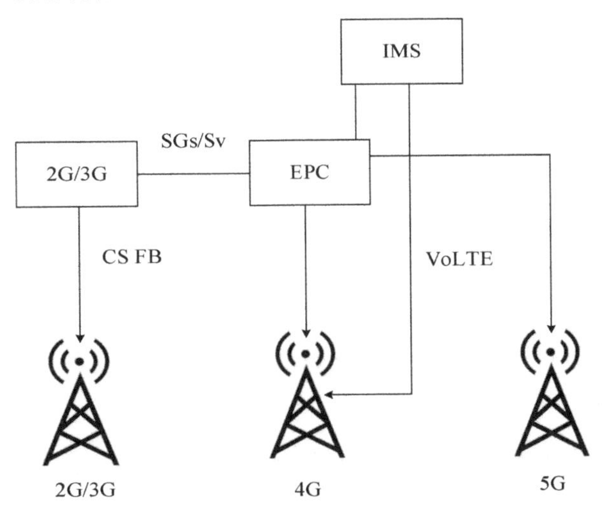

图 10.6　非独立组网模式的语音解决方案

5G 架构标准关于 NSA 定义了三类（八个）子选项。这三类子选项均可以在实际中进行部署，它们分别为 Option3/3a/3x、Option7/7a/7x 和 Option4/4a。Option3/3a/3x 选项的核心网通过将 PEC 升级为 EPC+的方式来进行对语音业务的支持。在此类选项中，运营商不需要考虑引入 5G 核心网，仅使用已部署的 LTE 基站作为主节点来提供网络连续覆盖，并将这些节点作为控制平面的锚点。5G 基站在该选项下仅仅作为辅助节点，用来提供网络连续覆盖。Option7/7a/7x 等方案被引入了 5G 核心网，同时对 LTE 进行了升级，从 LTE 升级到 eLTE，将其作为主节点提供连续覆盖并将这些新的 eLTE 节点作为控制平面锚点。与 Option3 类似，Option7 中的 5G 基站也只是作为辅助节点并进行热点覆盖。在 Option 4/4a 中，核心网需要升级为 5G 核心网进行非独立组网。此类选项将使用 5G 基站作为主节点提供连续网络覆盖，并使用 5G 基站作为控制平面锚点。原有的 LTE 需要升级为增强型 eLTE，作为辅节点进行流量补充。从严格意义上讲，在非独立组网下的语音业务仍严重依赖 LTE 网络，并不属于完全的 5G 网络。

在非独立组网模式中，对于支持 VoLTE 的 4G 网络，终端被叫时通过 VoLTE 发起语音业务，当正在进行 VoLTE 服务的终端移出 LTE 覆盖区域，进入只有 2G 网络或 3G 网络的覆盖区域时，语音业务要通过单一无线语音呼叫连续性（Single Radio Voice Call Continuity，SRVCC）切换到 2G 网络或 3G 网络，该切换通过 4G MME 和 2G 或 3G 的 MSC 之间的 Sv 接口进行增强的单一无线语音呼叫连续性（enhanced Single Radio Voice Cell Continuity，eSRVCC）信息传递。在 5G 部署初期，业界重点关注的是 Option3a/3x，该选项的语音解决方案仍被视为 4G VoLTE 方案，支持 CS FB。然而对于 NSA 架构中的 Option3 来说，双连接、双注册的策略要求终端同时驻留 LTE 和 5G NR 网络，这种同时驻留的做法简单直接，但用户终端的功耗会因双注册而增加。同时，双注册可能存在互干扰，这无疑增大了终端的实现难度。在 5G 部署初期，可以暂时不引入 5G 核心网，而继续由 4G 的 EPC 承载语音业务，之后通过技术演进和设备投资，可进行从 Option3 到 Option7 再到 Option2 的进化。尽管这种模式可大大加快 5G NR 网络的部署速度，但该方案的演进步骤过多，从开始到结束的实现周期较长。

10.2.2 独立组网模式

EPS FB 和 VoNR 是独立组网模式下 3GPP 定义的两种主流 5G 语音解决方案。与此同时，3GPP 还定义了在 5G 语音解决方案中需要用到的 5GC 和 EPC 的互操作架构，如图 10.5 所示。在图 10.7 中，5GC 和 EPC 之间引入互操作接口 N26 进行 AMF 和 MME 之间的互通。在互操作过程中，用户设备 UE 的会话信息和上下文均通过 N26 传递。同时，为了保证 IP 地址和业务的连续性，N26 接口会将 UE 的资源切换到目标侧核心网。5G SA 组网需要通过保证与 4G EPC 之间的交互来保证语音通话的连续性。独立组网模式下的语音解决方案如图 10.7 所示，除 CS FB 外，SA 组网会通过引入 EPS FB 和 VoNR 来实现其语音业务。本节接下来将分别介绍 EPS FB 和 VoNR 两种 5G 语音解决技术中的主流方案。

10.2.2.1 EPS FB

在 4G 建设初期，需要通过 CS FB 与分组电路域实现互操作来进行语音业务的承载。相似地，在 5G 建设初期，由于 5G NR 不提供语音业务，4G 网络和 5G 网络之间也需要完成语音业务的互操作。因此，驻留网络的终端在发起语音会话业务时需要进行切换。此时，5G 基站为使终端回落 4G LTE 网络并通过 VoLTE 进行语音承载，会向 LTE EPC 发起 inter-RAT 切换请求。EPS FB 语音解决方案如图 10.8 所示，其中，语音从 5G 网络到 4G 的回落是通过 5G 的 5GC 核心网和 LTE 的 EPC 之间的 N26 接口进行互操作而达到目的的。EPS FB 方案的语音业务连续性在 5G 覆盖不足的情况下将完全依赖于 VoLTE 网络的覆盖率。

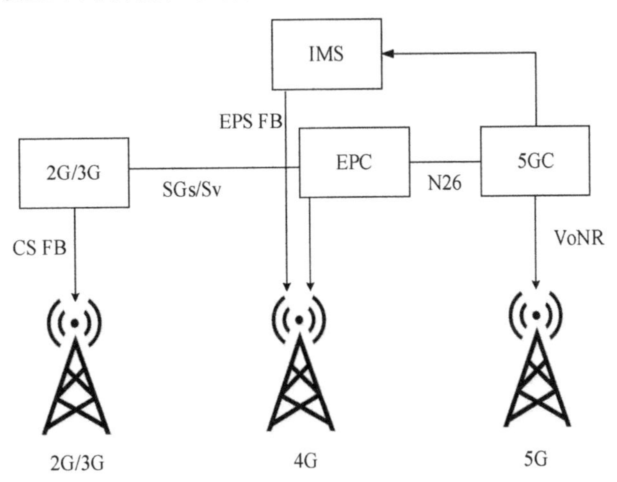

图 10.7　独立组网模式下的语音解决方案

EPS FB 需要终端支持 VoLTE。终端通过 5G 网络进行 IMS 注册并发起呼叫，此时，由于 VoNR 还未部署，5G RAN 拒绝建立承载并发起切换流程，在 LTE 网络上继续进行呼叫建立流程。现有的 LTE 终端类型分为三类：VoLTE 终端、CS FB 终端和 SR LTE 终端，即 CDMA(Voice)+LTE (data)。支持 VoLTE 已经是终端的基本要求，到 2017 年第二季度，新的手机终端已有 90%支持 VoLTE。因此，可以推测，当前几乎所有的终端都将支持 VoLTE，这为 EPS FB 的部署奠定了很好的基础。支持 5G 但不支持 VoLTE 的终端比较少见，在此不进行讨论。

与 VoNR 的网络架构相比，若运营商采用 EPS FB 回落并使用 VoLTE 承载语音业务，则 IMS 系统是其网络建设不可或缺的一环。当然，还需要具有相当覆盖程度的 LTE 网络。通过 EPS FB 比单纯使用 VoLTE 增加了回落时延，预估在 1s 左右，尽管增加了一定的时延，但一旦建立通话，就可以保证业务的稳定性和连续性。

当网络不支持 VoNR，4G 网络又不支持 VoLTE 时，由于 5G 网络无法与 2G 网络或 3G 网络直接进行互操作，因此需要 EPS FB 和 CS FB 两次退回，才能在 2G 网络或 3G 网络上进行语音通话。由于我国 4G 部署广泛，终端大多支持 VoLTE，因此这种方案在我国较少被讨论。

使用 EPS FB 在 5G 网络部署之初具有很大的吸引力，因为 5G 网络的部署不会是一蹴而就的，EPS FB 对核心网功能的改动较少，而且考虑我国 LTE 已经大规模部署的情况，尽管使用回落会增加接续时延 1～2s，但其经济性和技术稳定性是直接引入 VoNR 所不能比拟的，这在工业实践中尤为重要。回顾 LTE 网络中 CS FB 语音方案的建设可以发现，正是由于 GSM 的大范围覆盖，运营商可以在 4G 初期选择不提供更高层次的语音质量业务的语音回落方案来加快 4G 的部署。这样的方案虽然无法在 4G 建网初期同时实现高质量语音和数据业务，但不影响更高速的网络体验，在运营商盈利的同时不会给用户造成损失。因此对于 5G 的部署，使用类似方案依旧值得参考。部署 EPS FB 也是成本上最容易被接受的方式，对运营商来说，舍弃现有 LTE 网络而直接上马 5G 网络无论是在时间上还是在利润上均不现实，EPS FB 可以使用户先行体验 5G 网络带来的高速数据的红利，而在语音业务上先保持原有体验，再在适当的时间进行升级。

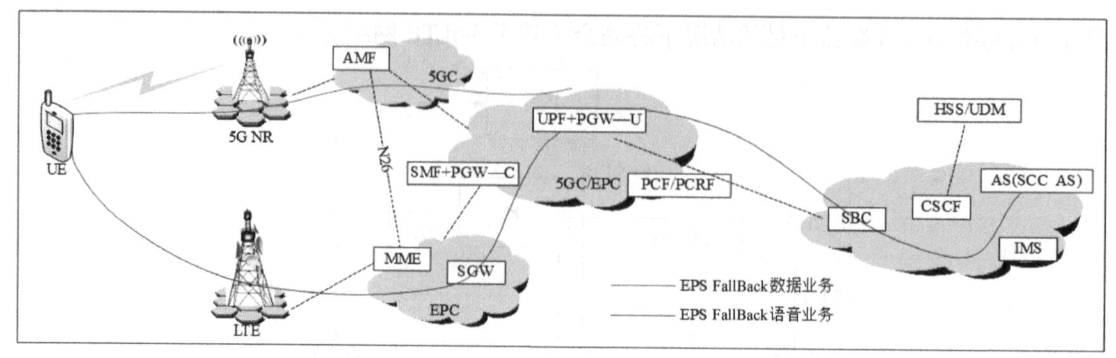

图 10.8　EPS FB 语音解决方案

值得一提的是，目前 EPS FB 的标准化还在进行中，3GPP R15 的版本将会规定 EPS FB、EPS FB+CS FB 及有关双注册的标准化细节。

10.2.2.2　VoNR

类似于 4G 网络，VoNR 的实现需要运营商通过投资建设 5GC 来满足业务需求。而在最初的 4G 网络中，语音业务是通过分组交换的方式实现的，因此只能做到尽力而为，而不能保证语音业务的质量。然而，历来语音业务最重要的部分都是语音质量，特别是相较于 2G 网络或 3G 网络。因此，与部署 VoLTE 的要求相似，新一代的 5G 网络也需要依靠 IMS 为高质量的语音业务提供保证。IMS 除了是 VoLTE 与 VoNR 的先决条件，还能提供策略控制和计费（Policy Control and Charging，PCC）等管理方面的功能。在 5G 网络中，借助前代通信系统组网的经验，在核心网（5GC）中引入 IMS，由 5GC、5G NR 和 IMS 共同提供语音业务。可以预见的是，开通 VoNR 并不会太难，只需要在时隙绑定（Transmission Time Interval Bundling，TTI Bundling）、编码速率、半静态调度（Semi-Persistent Scheduling，SPS）等参数上有所调整即可达到预期要求。然而，除此之外，VoNR 的建设和开通主要依赖于 5GC 的建设和终端的支持。和 EPS FB 不同的是，在 VoNR 方案中，终端需要驻留 NR，其语音业务与数据业务均承载在 NR 网络上，因此，VoNR 需要具备提供 IMS 语音通道的能力，即支持实时传送协议（Real-time Transport Protocol，RTP）与实时传输控制协议（Real-time Transport Control Protocol，RTCP）。另外，当 5G NR 覆盖较弱时，终端会发起基于覆盖的切换，将语音业务切换到 LTE 网络并由 VoLTE 提供服务。VoNR 语音解决方案如图 10.9 所示。

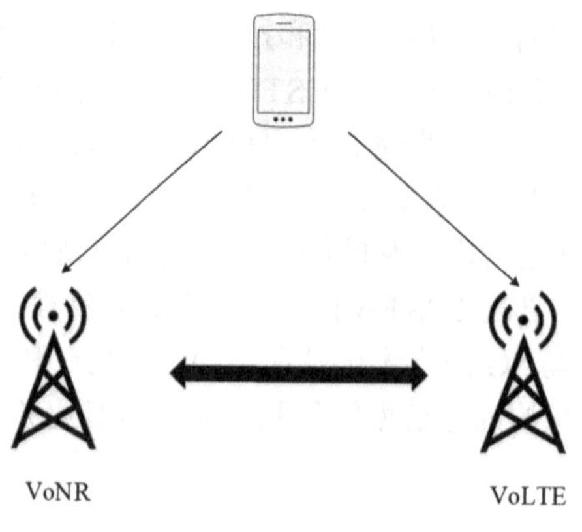

图 10.9　VoNR 语音解决方案

VoNR 方案可以借助已经成熟的 IMS 与 VoLTE 共同保障语音业务的连续性，其切换服务的功能也保证了业务的一致性。另外，在终端的市场占有率上，预计在未来的 3～4 年内，支持 VoNR 的终端将成为市场主流。因此，在 5G 发展的过程中，VoNR 将是语音解决方案的目标选项。

相较于 VoLTE，VoNR 在业务承载的建立方面有着明显的不同。

当终端在 LTE 网络下开机时，需要建立端到端的具有服务质量（Quality of Service，QoS）保障的承载，如表 10.2 所示。首先，终端在 LTE 网络注册时，需要建立第一个默认承载（AM DRB），该承载的数据业务的服务等级指示（QoS Class Identifier，QCI）为 8 或 9。

接下来，由于 VoLTE 需要 SIP 信令进行会话控制，因此，终端建立的第二个默认承载是 QCI 等于 5 的用于 VoLTE 的承载，它用来支持用户完成 IMS 注册、支持 SIP 信令传输、承载短信彩信等。该业务承载优先级最高，但没有速率保障。

之后，VoLTE 会建立一个 QCI 等于 1 的语音业务专用承载或 QCI 等于 2 的视频业务专用承载。这两个专用承载具有速率保障，但优先级低于 QCI 等于 5 的默认承载。

EPS 承载具有非确认模式（Unacknowledged Mode，UM）和确认模式（Acknowledged Mode，AM）两种，分别对应接受侧不需要反馈和需要反馈接受侧是否成功（ACK/NACK）两种选项。视频业务和语音业务对时延敏感但对丢包现象不敏感，因此可以采取 UM 模式。相对应的 IMS 信令业务对可靠性的要求较高，因此需要采取 AM 模式。

表 10.2　VoLTE 用户在 LTE 网络中的开机业务承载

<table>
<tr><th>建立的承载顺序</th><th>APN</th><th>PDN 类型</th><th>UE 被分配几个 IP 地址</th><th>EBI</th><th>对应的 E-RAB</th><th>对应的 DRB</th><th>对应的 S1-U 隧道</th><th>对应的 S5-U 隧道</th><th>承载类型</th><th>是否为 GBR 承载</th><th>承载业务举例</th><th>QCI</th></tr>
<tr><td>第 1 个</td><td>internet</td><td>双栈</td><td>1 个 IPv4 私有地址 +1 个 IPv6 公有地址</td><td>5</td><td>E-RAB1</td><td>DRB1</td><td>S1-U 隧道 1</td><td>S5-U 隧道 1</td><td>默认承载</td><td>Non-GBR</td><td>微信、爱奇艺等</td><td>8 或 9</td></tr>
<tr><td>第 2 个</td><td rowspan="3">IMS</td><td rowspan="3">IPv6</td><td rowspan="3">1 个 IPv6 公有地址</td><td>6</td><td>E-RAB2</td><td>DRB2</td><td>S1-U 隧道 2</td><td>S5-U 隧道 2</td><td>默认承载</td><td>Non-GBR</td><td>SIP 信令，如 INVTTE</td><td>5</td></tr>
<tr><td>第 3 个</td><td>7</td><td>E-RAB3</td><td>DRB3</td><td>S1-U 隧道 3</td><td>S5-U 隧道 3</td><td>非默认承载</td><td>GBR</td><td>VoLTE 音频</td><td>1</td></tr>
<tr><td>第 4 个</td><td>8</td><td>E-RAB4</td><td>DRB4</td><td>S1-U 隧道 4</td><td>S5-U 隧道 4</td><td>非默认承载</td><td>GBR</td><td>VoLTE 视频</td><td>2</td></tr>
</table>

和 LTE 网络不同，当用户在 5GNR+5GC+IMS 网络中开机，使用 VoNR 时，需要建立两个协议数据单元（Protocol Data Unit，PDU）会话，包含 4 个 QoS Flow，如表 10.3 所示。

第一个 PDU 会话包括一个 QCI 等于 8 或 9 的默认 QoS Flow，VoNR 进行之前需要建立一个 QoS Flow，对应一个 N3 隧道，用于支持数据业务对互联网的访问。

接下来，终端需要和 IMS 交互来使用 VoNR 的语音业务。需要建立第二个 PDU 会话，该会话包含三个 QoS Flow 和一个对应的 N3 隧道。VoNR 需要建立一个 QCI 为 5 的默认 QoS Flow，用来完成 IMS 注册，支持短信、彩信等业务传输。和 LTE 类似，该 QoS Flow 也是有优先级而没有速率保障的。

VoNR 为了完成语音业务或视频业务，还需要建立 QCI 分别为 1 和 2 的专用承载。类似于 LTE，该承载具有速率保障，但优先级低于 QCI 等于 5 的默认承载，且由于其业务特征，使用 UM 模式。

表 10.3　VoNR 用户在 5G 中的开机业务承载

建立的 Qos Flow 顺序	DN	DN 类型	UE 被分配几个 IP 地址	PDU SessionID	承载的 QFI	对应的 DRB	对应的 N3 隧道	Qos Flow 类型	是否为 GBR Qos Flow	承载业务举例	QCI
第 1 个	internet	双栈	1 个 IPv4 私有地址 +1 个 IPv6 公有地址	1	1	由 gNB 决定 DRB 数量≤QFI 数量	N3 隧道 1	默认 Qos Flow	Non-GBR	微信、爱奇艺等	8 或 9
第 2 个	IMS	IPv6	1 个 IPv6 公有地址	2	2		N3 隧道 2	默认 Qos Flow	Non-GBR	SIP 信令，如 INVTTE	5
第 3 个					3			非默认 Qos Flow	GBR	VoNR 音频	1
第 4 个					4			非默认 Qos Flow	GBR	VoNR 视频	2

10.2.3　不同组网模式下语音解决标准方案的对比

上一节中介绍了不同组网方式下的语音解决方案，在本节中，我们从场景、覆盖水平、核心网+RAN 架构、语音连续性、QoS 保障和呼叫建立时延这 6 个方面对不同组网模式下的语音解决方案进行对比，如表 10.4 所示。

表 10.4　不同组网模式下语音解决方案的对比

	NSA		SA		
方案	CS FB	VoLTE	EPS FB+CS FB	EPS FB	VoNR
场景	4G 不支持 VoLTE 或终端未开通 VoLTE	4G 网络已部署且终端支持 VoLTE	5G 网络不支持 VoNR 且 4G 网络不支持 VoLTE	4G 网络且终端支持 VoLTE	5G 网络已部署且支持 VoNR
覆盖水平	2G/3G 连续覆盖	4G 网络连续覆盖	2G/3G 网络连续覆盖	4G 网络连续覆盖，5G NR 热点覆盖	5G NR 语音覆盖
核心网+RAN 架构	MSC+2G/3G 基站	IMS+EPC+eNodeB	5GC+gNodeB IMS+EPC+eNodeB MSC+2G/3G 基站	5GC+gNodeB IMS+EPC+eNodeB	IMS +5GC +gNodeB
语音连续性	语音在 2G/3G 网络连续	语音在 4G 网络连续，基于 eSRVCC 切换到 2G/3G	语音在 2G/3G 网络连续	语音在 4G 网络连续，基于 eSRVCC 切换到 2G/3G 网络	语音在 5G 网络连续，基于 N26 切换到 4G 网络
QoS 保障	2G/3G 水平	4G 水平	2G/3G 水平	4G 水平	4G 水平
呼叫建立时延	7s 以上	空闲态：<3.5s 连接态：<2.5s	7.5s 以上	在 N26 支持的条件下比 VoLTE 多 600ms 左右	<2s

从组网的方式看，独立组网是一种基于服务的网络架构（Service-Based Architecture，SBA），该架构容易引入语音新业务，如一些集群类业务（Mission Critical Push To Talk，MCPTT）。独立组网拥有更灵活的 QoS 架构、QoS Flow 及更灵活的 QoS 优先级，可以为不同的业务提供更灵活的服务。最重要的是，基于 SA 的语音解决方案可以带来更好的用户体验，如更短的接入和切换时延。基于非独立组网的语音解决方案最突出的优点就是它的简易性，NSA Option3 是最简单的可以支持语音的方案。在无 IMS 的情况下，语音直接从 LTE 网络通过 CS FB 技术回落到 2G 网络或 3G 网络建立语音。核心网依然使用 4G 网络的 EPC。因此对核心网的改动小，无须部署 5GC 和 IMS 也可以快速支持语音业务。也可以将这种方式理解为仅在现网的基础上新增了一层 5G PS 业务，所以语音业务和 4G 网络部分没有变化。因此，简单可靠是利用非独立组网进行语音业务部署的最大优点。

因此，运营商对语音业务的部署方案需要视其现有的网络部署、计划的 5G 组网模式、终端的普及程度及用户行为等而定。

10.2.4　分场景解决方案介绍

根据不同的组网方式及现有网络覆盖程度，本节将现有 5G 语音业务解决方案部署分成八个场景，根据我国部署 4G 网络的情况，本节假设已经存在相当规模的 4G 网络部署。对于 NSA 组网方式，运营商一般考虑 Option3 和 Option7 两种方式。对于独立组网模式中的 Option4，由于其 LTE 网络锚定在 NR 上却通过 5GC 的情况非常少见，所以本节不予考虑。根据实际情况及当前的网络部署现状，本节提出的八种典型部署场景如下。场景一：5GNR+SA+VoLTE+VoNR，独立组网，现有的 LTE 网络开通了 VoLTE 服务（终端支持 VoLTE），支持 VoNR。场景二：5GNR+SA+VoLTE+无 VoNR，NR 独立组网，现有的 LTE 网络开通了 VoLTE 服务（终端支持 VoLTE），不支持 VoNR。场景三：5GNR+NSAOption3+VoLTE+NR，NR 非连续组网且锚定在 LTE 网络上，同时 LTE 网络支持 VoNR。NSA 是 Option3 的情况，核心网使用 4G 网络的 EPC。场景四：5GNR+NSAOption7+VoLTE+NR，NR 非连续组网且锚定在 LTE 网络上，同时 LTE 网络支持 VoNR。NSA 为 Option7 的情况，核心网使用 5GC。场景五：5GNR+SA+无 VoLTE+无 VoNR，NR 独立组网，现网不支持 VoLTE，也不支持 VoNR，即运营商没有 IMS。场景六：5GNR+SA+无 VoLTE+VoNR，NR 独立组网，运营商部署了 IMS 并支持 VoNR，但 EPC 没有打通 IMS，无法支持 VoLTE。场景七：5GNR+NSAOption3+无 VoLTE，NR 非连续组网，NR 锚定在 LTE 网络上，但是运营商没有部署 IMS，或者有 IMS 但是没有部署 VoLTE。NSA 使用 Option3，核心网是 4G 网络的 EPC。场景八：5GNR+NSAOption7+无 VoLTE，NR 非连续组网，NR 锚定在 LTE 上，但是运营商没有部署 IMS，或者有 IMS 但是没有部署 VoLTE。NSA 为 Option7，即核心网是 5GC。下面本节将就以上八种场景提供相应的解决方案。

（1）方案一

方案一为针对 5GNR+SA+VoLTE+VoNR 场景（场景一）的解决方案，5GNR+SA+VoLTE+VoNR 的场景架构如图 10.10 所示。在本场景下，NR 独立组网且同时支持 VoLTE 和 VoNR，可将终端在 IDEL 态时驻留在 5G 上，起呼时可以直接通过 VoNR 提供语音服务。当终端脱离 NR 网络时，终端可以通过小区重选待机在 LTE 网络上。如果 LTE 网络覆盖不佳，那么当终端仍继续移出 LTE 网络覆盖区域时，若终端处在空闲态，则终端将重新待机在 2G 或 3G 网络下；若终端在通话过程中移出 LTE 覆盖区域时，可以采用 SRVCC 将语音通话切换到 2G 网络或 3G 网络，则保持语音连续性。

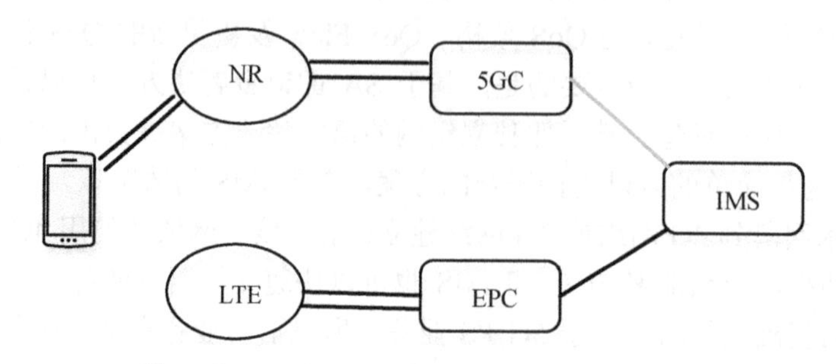

图 10.10　5GNR+SA+VoLTE+VoNR 的场景架构

在本方案中，涉及 4G 网络和 5G 网络的切换时延，4G 与 5G 的切换时延对比如表 10.5 所示，这里的时延定义为从源 eNodeB 发送切换请求（Handover Required）消息开始到源 eNodeB 接收到 UE 情景解除命令（UE Context Release Command）消息结束。其中，5G 时延为估计值，根据信令流程估计所得，NG 接口指基站到核心网的接口，分为 NG-C（N2）和 NG-U（N3）。可以看到，基于 5G 的切换时延和基于 4G 的切换时延相当。

表 10.5　4G 网络与 5G 网络的切换时延对比

切换类型	4G 网络时延（测试值）	5G 网络时延（估计值）
基站间切换（X_2/X_N）	183ms	191.5ms
跨核心网切换（S1/NG）	220ms	406.5ms
语音业务系统间切换（从 TDD VoLTE SRVCC 切换到 2G/5G 网络，再切换到 4G 网络）	600～700ms，空口 300ms 以内	626.5ms

（2）方案二

方案二为针对 5GNR+SA+VoLTE+无 VoNR 场景（场景二）的解决方案：5GNR+SA+VoLTE+无 VoNR 的场景架构如图 10.11 所示，相比上一种情况，在该场景下，5G 网络不支持 VoNR。此种情景常见于 5G 建网初期，无线已开始部署但尚未打通 IMS，或者由于 NR 不连续组网而未开通 VoNR 业务。

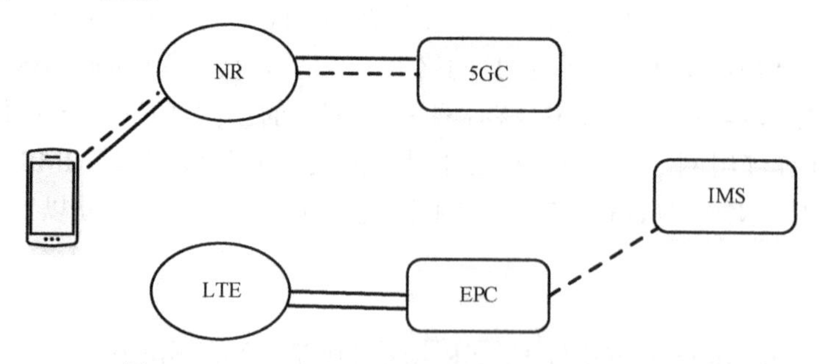

图 10.11　5GNR+SA+VoLTE+无 VoNR 的场景架构

此时的 5G 网络只承载数据业务，使用 EPS FB 通过 VoLTE 及 2G 网络或 3G 网络承载语音业务。EPS FB 标准方案仍在讨论中。原则上该方案类似于 LTE 的 CS FB 方案。终端附着在 5G 网络下，起呼时回落到 VoLTE 上进行语音业务。可以由 PCF、SMF/PGW、AMF、gNB

识别，当需要建立语音专用 QoS FLOW 时，则切换到 LTE。

在这种场景下，因为运营商已部署 IMS，所以在技术上建议运营商打通 NR 和 IMS，以支持 VoNR，部署 VoNR 相比该方案的优点如下。

① 可以缩短用户呼叫建立时长。EPS FB 比 VoLTE 多一个回落时延，估计值是 626.5ms，EPS FB 回落时延暂时没有准确实测值，可以参考 LTE CS FB 的回落时延，一般认为优化后的 CS FB 快速回落方案可以在 2s 内实现回落。因为当终端主叫或被叫时，回落到 4G、3G 或 2G 网络，所以主要是拨号后的等待时间较长，通话过程中并不会发生语音中断，因此可以保证通话连续性。

② 因为已有 IMS 支持，所以 VoNR 部署的成本和技术难度较小。

③ 对部分使用 Narrow Band AMR 的 VoLTE 网络，开通 VoNR 可以使用 Wide Band AMR 或增强语音服务（Enhance Voice Services，EVS）提升语音质量。

（3）方案三

方案三为针对 5GNR+NSAOption3+VoLTE+NR 非连续组网场景（场景三）的解决方案；5GNR+ NSAOption3+VoLTE+NR 非连续组网的场景架构如图 10.12 所示。在本场景中，NSA 的组网为 NR 并锚定在 LTE 网络上。对于 Option 3 来说，NR 依旧使用 EPC，因此无法支持 VoNR 业务。使用 3GPP 的标准方案 UE 域选择（UE Domain Selection）来选择驻留网络，其中，UE 的语音业务（Voice Centric UE）附着在 LTE 网络，5G 网络只进行数据业务（Data Centric UE）。终端进行主被叫业务时直接在 LTE 网络上进行 VoLTE 语音，终端移出 LTE 网络覆盖区域时通过 SRVCC 切换到 2G 或 3G 网络。总体来说，采用 Option3 的组网方案，其语音解决方案与 LTE 语音解决方案相同，因此，严格来说，本方案并不能称为 5G 的语音解决方案。

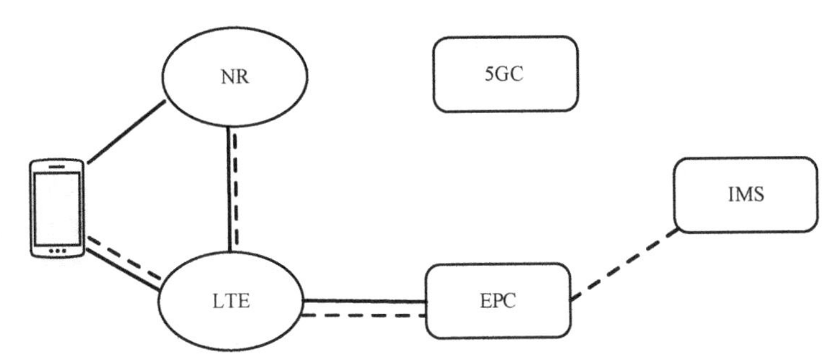

图 10.12 5GNR+NSAOption3+VoLTE+NR 非连续组网的场景架构

（4）方案四

方案四为针对 5GNR+NSAOption7+VoLTE+NR 非连续组网场景（场景四）的解决方案：5GNR+NSAOption7+VoLTE+NR 非连续组网的场景架构如图 10.13 所示，在 NSA 中，对于 Option7 来说，LTE 网络需要连接到 5GC，此时 LTE 需要升级为 eLTE。由于 Option7 需要将 LTE 无线侧升级为 eLTE，因此在升级为 Option7 时需要对无线侧进行改造，改动相对较大。因此在 5G NR 建网初期并不推荐使用 Option7。

对于 Option7 来说，根据 5GC 是否连接 IMS 及是否开通 VoNR 业务来区分两种方案。在两种方案中，5GC 均连接到 IMS，但是方案一开通 VoNR 业务和 VoeLTE 业务，而在方案二中考虑 5G NR 在建网初期无法做到连续覆盖，从而只开通 VoeLTE 业务。当开通 VoNR 业务时，建议采用标准的 VoNR 方案，即 VoNR+VoeLTE+SRVCC 方案。当该场景初期尚未部署

VoNR 时采用 EPS FB 方案。终端主被叫时从 5G EPS FB 到 VoeLTE 承载语音。通话过程中终端移出 LTE 网络覆盖区域，通过 SRVCC 切换到 2G 或 3G 网络。在终端空闲态下，移出 5G 网络覆盖区时通过网络重选驻留 4G 网络。因为在本方案中有两次回落过程，时延会比较大。EPS FB 标准尚未确定，时延暂时估计为 600ms 左右，现网 CS FB 时延的实测时延最大可以超过 4.5s，一般在 3s 左右，EPS FB+CS FB 这种方式的接入时延只会更长。因此，从技术的角度看，建议运营商积极推动 VoNR 部署，降低呼叫建立时长。

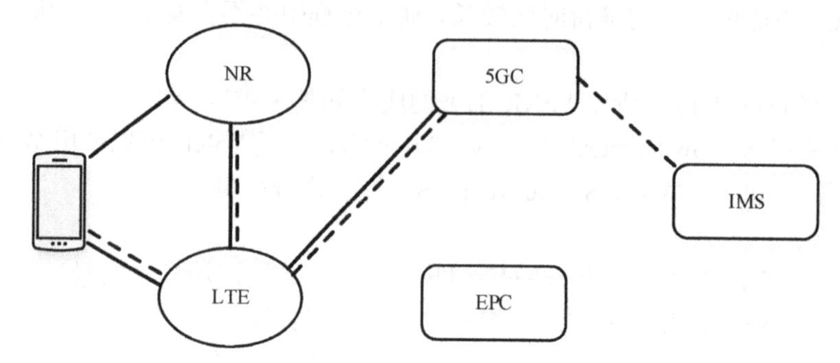

图 10.13　5GNR+NSAOption7+VoLTE+NR 非连续组网的场景架构

（5）方案五

方案五为针对 5GNR+SA+无 VoLTE+无 VoNR 场景（场景五）的语音解决方案：在此场景中，运营商没有部署 IMS，或者有 IMS 但是没有开通 VoNR 或 VoLTE。终端在空闲态驻留 5G 网络，用户发起主叫或被叫收到寻呼消息时，先回落到 4G PS 域，因为 4G 网络不支持 VoLTE，所以该场景需要再从 4G 网络发起利用 CS FB 向 2G 网络或 3G 网络进行回落的动作。呼叫完成后终端重新返回 5G 网络待机。简单来说就是终端从 5G 网络通过 EPS FB 技术回落到 4G 网络，紧接着通过 CS FB 技术回落到 2G 网络或 3G 网络，连跳两级。因为有两次回落过程，所以时延会比较大。

从协议的制定上看，5G 网络不会和 2G 网络和 3G 网络进行连接态互操作，目前也没有对这种场景的讨论。所以从技术角度看，推荐运营商先部署 IMS，并开通 VoLTE 或 VoNR，将网络演进到 VoNR+VoLTE 或 NR+VoLTE 等形式，避免连续两次回落造成过长的接入时长。5GNR+SA+无 VoLTE+无 VoNR 的场景架构如图 10.14 所示，然而此方案对应的场景比较少见，并不是当前运营商或设备提供商讨论的重点。

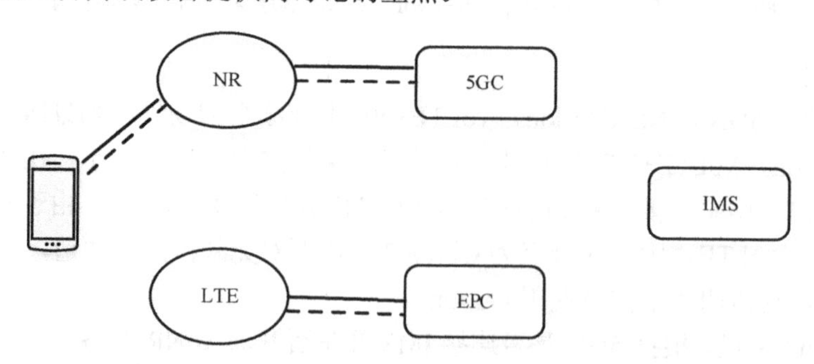

图 10.14　5GNR+SA+无 VoLTE+无 VoNR 的场景架构

（6）方案六

方案六为针对 5GNR+SA+无 VoLTE+VoNR 场景（场景六）的语音解决方案：5GNR+SA+

无 VoLTE+VoNR 的场景架构如图 10.15 所示。在此场景中，因为 VoNR 需要 IMS，所以运营商部署了 IMS 和 5G 网络，同时部署了 4G 网络，但是没有部署 VoLTE。这种情况在实际情况中比较少见，因此其场景优先级很低，标准中目前还没有讨论这种场景。针对这样的网络，从技术角度看，应该推动 LTE 网络开通 VoLTE，实现 LTE 网络与 IMS 的对接。

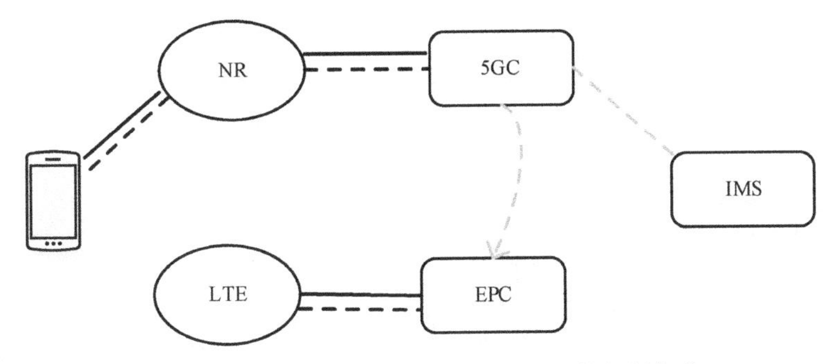

图 10.15 5GNR+SA+无 VoLTE+VoNR 的场景架构

从非标准方案的角度来看，当终端在 NR 上起呼时，需要通过 VoNR，当终端移出 5G 网络时向 LTE 网络回落，方案为 VoNR 先向 LTE PS 域进行切换，语音流通过路由方式从 IMS 发送到 EPC，再离开 4G 网络，通过 quasi-SRVCC（类 SRVCC）切换流程从 LTE PS 切换到 2G 或 3G 网络。

出现该场景的可能情况是运营商原来没有 IMS，但在部署 5G 网络时直接选择 SA 独立组网，部署了 5GC 和 IMS，同时开通了 VoNR。但 LTE 网络连接到 IMS 域的建设较为滞后。既然运营商已经有了 IMS，那么从技术的角度看，可以建议运营商打通 LTE 网络到 IMS，以支持 VoLTE，避免非标准化流程。

（7）方案七

方案七为针对 5GNR+NSAOption3+无 VoLTE 场景（场景七）的语音解决方案：5GNR+NSAOption3+无 VoLTE 的场景架构如图 10.16 所示，在 NSA 组网的 Option 3 下，5G 终端在空闲态下，数据业务附着在 5G NR，语音业务附着在 LTE，而 Option3 中使用 4G EPC 无法支持 VoNR。当用户在 LTE 网络下发起主叫或作为被叫收到寻呼时，因为不支持 VoLTE，所以发起的 CS FB 回落到 2G 或 3G 网络建立语音业务。

CS FB 呼叫建立时间较长，因此从技术角度看，可建议运营商部署 IMS 支持 VoLTE，同时有助于提升语音质量。

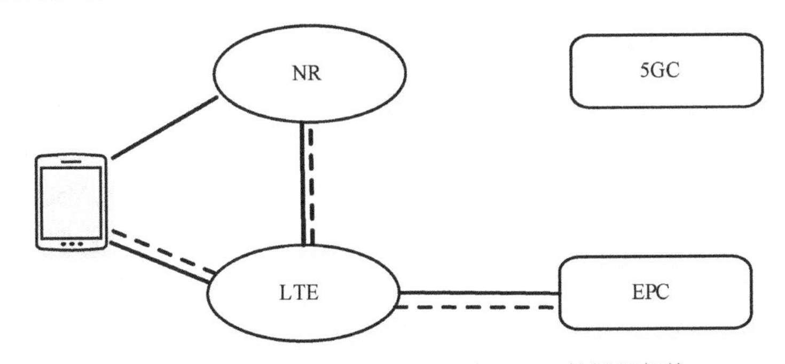

图 10.16 5GNR+NSAOption3+无 VoLTE 的场景架构

（8）方案八

方案八为针对 5GNR+NSAOption7+无 VoLTE 场景（场景八）的语音解决方案：5GNR+NSAOption7+无 VoLTE 的场景架构如图 10.17 所示，在本场景中，运营商采用 NSA Option7 的组网模式且不支持 VoNR 和 VoLTE。即运营商没有 IMS，或者有 IMS 但没有和 LTE 网络及 5G 网络打通，无法支持语音业务。

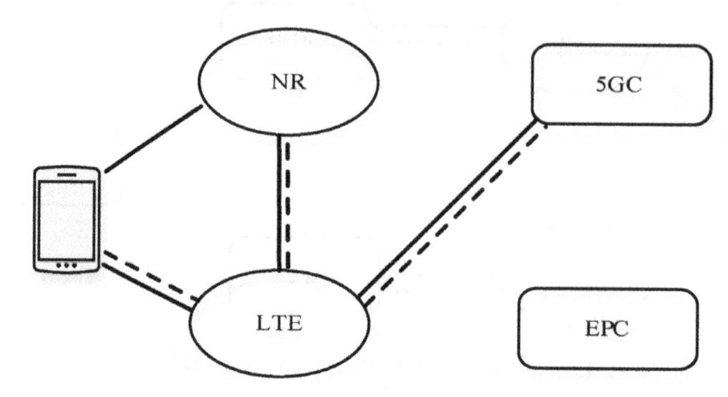

图 10.17　5GNR+NSAOption7+无 VoLTE 的场景架构

在此情境下，可以采用如下方案：5G 终端驻留在 NR 下，用户发起主叫或被叫时先回落到 4G 网络（通过 EPS FB）。再从 4G 网络通过 CS FB 回落到 2G 或 3G 网络发起语音业务，连跳两级，和方案五类似。因为有两次回落过程，所以时延会比较大。从协议制定上看，5G 不会和 2G 或 3G 网络进行连接态互操作。因此从技术角度看，建议运营商部署 IMS，并开通 VoLTE 和 VoNR，避免连续两次回落，造成过长的接入时长。

本节在前面的内容中均假设运营商有连续覆盖的 LTE 网络，这也是我国当前多数运营商的情况。作为特例来看，如果运营商的 LTE 网络覆盖欠佳，无法实现连续覆盖。可能会出现当终端待机或在 VoNR 过程中移出 5G 网络覆盖区域后没有 LTE 网络的情况。因此，本节简单讨论一下这种 LTE 网络无法连续组网的情况。

对于支持 VoLTE 的网络，可以通过网络优化手段让终端在移动到 LTE 网络覆盖边缘前提前切换到 4G 网络，然后通过 SRVCC 切换到 2G 或 3G 网络上，以保持持续通话。在空闲态下，终端从 5G 网络覆盖区域进入仅有 2G 或 3G 网络的覆盖区域时可以进行网络重选，待机在 2G 或 3G 网络上。

对于不支持 VoLTE 的网络，通过 Voice Centric 重选到 2G 或 3G 网络。还可以采用终端双待方案，这需要终端支持且对终端的要求较高。

如果运营商拿到的 5G 频段是低频，如欧洲的 700MHz 等，在技术上实现 5G 网络连续组网，通过 VoNR 来提供语音服务也是一种解决方案。

从当前终端普及率及网络覆盖率的角度来看，为保证用户体验，EPS FB 是一个合适的选择。EPS FB 被选为当前主要的语音解决方案的原因有以下几点：首先，EPS FB 对于 5G 语音终端设备没有特殊要求；其次，EPS FB 类似 VoLTE，其呼叫建立时延只比 VoLTE 增加了 600ms，由此带来的对用户的影响并不明显，可保障语音连续性；最后，在 5G 初期，随着 NR 热点覆盖，工程上推荐对 IMS 进行简单的软件升级，并配合采用 5GC+EPS FB 的方案来提供语音服务，这样做的好处是可以减少 5G 网络和 4G 网络之间的话音切换次数，同时可以减少对现网中 EPC 产生的影响。随着 5G 网络的覆盖范围逐步扩大，网络可以实现连续覆盖，在这样的情况下，可以直接采用 VoNR 作为 5G 网络的语音业务解决方案。

10.3 方案对比

在 3GPP 规定的 5G NSA 组网模式中，语音业务解决方案是比较单一的，这主要是因为 NSA 并不具有 5G 的全部功能。在 NSA 中，语音业务仍主要由 LTE 网络（一般利用 VoLTE 语音方案）承载。在 5G SA 组网模式中，语音业务可以根据自身情况灵活选择通过 LTE 或 NR 承载。根据 3GPP 定义的标准，对于语音架构，5G 网络将继续沿用 4G 网络的相关架构，即仍基于 IMS 进行语音业务的提供与承载。4G 无线接入技术为 LTE，语音承载方案为 VoLTE。因此，不难想象，既然 5G 无线接入技术是 NR，承载语音的解决方案应该是 VoNR。VoLTE、VoNR 为 IMS 的语音业务的不同接入方式。而在 5G 语音解决方案中，无论是支持 VoLTE 还是支持 VoNR，均需要在核心网侧接入 IMS 网元。上节在讨论不支持 IMS 的场景时可以看到，当网络不支持 IMS 时，其能提供的语音服务质量将大大受限。因此，对于不支持 IMS 网元的情景，从技术角度看均建议部署 IMS 并开通 VoLTE。

针对 4G 向 5G 过渡的问题，3GPP 在充分考虑各国的不同标准与不同网络部署进度的情况下，提出了 8 种 Option。其中，Option1 就是现有的 LTE 网络架构，可以将其看作 4G 向 5G 过渡的“起点”，而 Option2 为全新的 5G 网络架构，可以将其看作 4G 向 5G 过渡的“终点”。Option3～8 则基于现有 LTE 网络进行改进，根据各国网络阶段的不同采用不同过渡策略。在工程上，运营商需要考虑尽量减少部署 5G 网络后对现网基站的影响，因此，在 5G 网络部署的初期阶段，运营商主要关注 Option3（核心网采用 EPC+），在 5G 网络部署过程中逐渐过渡到 Option2（核心网采用 5GC）。基于 5G 网络演进的不同方向和运营商网络部署的不同现状，在上一节中，提出了八种场景和与之对应的解决方案。根据不同的组网模式和承载技术间的转换关系，5G 网络中的语音业务流程均可概括为从 5G 网络切换到 4G 网络，再切换到 3G 网络或 2G 网络的流程，如图 10.18 所示。5G 网络在标准中无法与 2G 网络或 3G 网络进行互操作，为了更好地保障语音的连续性，无论采用哪种组网方案和场景，4G 网络的连续覆盖都是保证语音业务流畅运转的基础。因此，在覆盖组网上，建议建网初期保证 2G 或 3G 网络覆盖范围大于 LTE 网络覆盖范围，LTE 网络覆盖范围大于 5G NR 覆盖范围。

总体而言，在 NSA 组网中，语音业务可以承载在 VoLTE 上，或者在必要时退回 2G 或 3G 网络，也就是说，可以沿用 4G 网络的语音方案，这在 5G 网络部署初期可以为运营商省下大量的资源并加快部署，让用户提前感受 5G 网络带来的便利。在 SA 组网时，建议优先部署 VoNR+VoLTE。而在必要时可以采用 EPS FB 和 EPS FB+CS FB 的方案退回 4G、3G 或 2G 网络保证语音业务的质量。

根据 10.2 节提出的方案和如图 10.18 所示的基于不同组网模式的不同语音业务解决方案可知，不同组网模式下的标准语音业务解决方案多种多样，首先，用户可以基于移动网络来进行语音业务，如使用 VoNR+VoLTE+SRVCC、EPS FB、EPS FB+CS FB 或 VoNR+LTE（PS Handover），这些方案均可以达到在移动网络中进行语音通信的目的。其次，可以使用双待的 5G 终端，在多种不同的网络模式下使用语音业务。另外，基于 IMS 的跨平台服务（Over The Top，OTT）和利用互联网的 OTT 业务也可以达到语音通话的目的。在本节中，将就上述不同组网模式下的标准语音业务解决方案进行探讨和比对。此外，本节还将就 5G 语音业务的质量和其对 RAN 的需求进行简单的讨论。

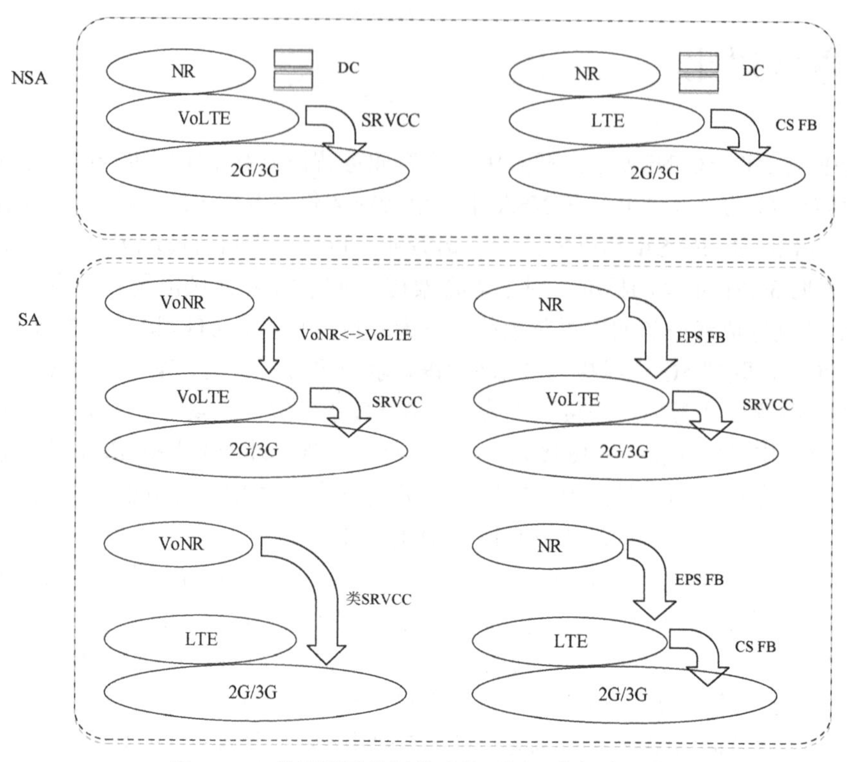

图 10.18　基于不同组网模式的不同语音解决方案

10.3.1　方案对比

（1）VoNR+VoLTE+SRVCC：从语音的连续性角度看，由于该场景支持 VoNR，因此终端起呼在 VoNR，呼叫建立时间很短。切换时类似于 LTE 时代 SRVCC 的切换，虽然历经两次切换，但速度很快。例如，eSRVCC/SRVCC 在 200ms 内可以完成切换。然而，该方案对网络的要求较高，运营商需要建立 IMS 并与 5G 和 4G 网络都打通。但该方案对终端的要求较低，只要符合标准的单待终端即可。

（2）EPS FB：由于在该场景下，5G 网络不支持 VoNR，需要从 NR 的 PS 域回落到 VoLTE，EPS FB 在此过程中进行一次回落，起呼和被呼时会增加接续时长，但可以保证语音的连续性。在该方案中，5G 网络不需要和 IMS 对接，仅 LTE 网络需要和 IMS 对接以支持 VoLTE，因此，EPS FB 方案对网络的要求并不太高。这里提一下，EPS FB 需要特定的支持该方案的终端。

（3）EPS FB+CS FB：EPS FB 叠加 CS FB 的情景一般发生在网络或终端不支持 VoLTE 的情况下，从语音连续性的角度看，终端起呼时需要从 5G NR 先通过 EPS FB 技术回落到 LTE 网络，但因为 LTE 网络不支持 VoLTE，需要终端紧接着利用 CS FB 回落到 2G 或 3G 网络，连跳两级，接续时长较长，语音的联系性也得不到保障。然而该方案对网络的要求不高，因为网络无须对接 IMS，只需要 NGC。当然，该方案的终端需要支持 EPS FB+CS FB。

（4）VoNR+LTE（PS Handover）：该案例一般发正在 VoNR 已部署但 4G 网络无法支持 VoLTE（没有打通 IMS）的情况下。从语音连续性的角度看，因为 LTE 无法支持 VoLTE，切换时需要先从 VoNR 切换到 LTE PS，再走类 SRVCC 流程，中间需要经历两次切换，时延会较长，不能保证语音连续性。该方案不但需要网络和终端支持 IMS 和下一代核心网（Next

Generation Core，NGC），还需要支持 VoNR，因此对网络的要求较高。相应地，由于网络支持的接口和服务较多，主要流程在网络侧进行，因此对终端的要求较低，一般支持 VoNR 的普通单待终端即可。

（5）终端双待：从终端的角度来看，利用双待的终端仍可以实现 5G 语音业务。终端利用双待能力提供语音和数据并发的功能，在语音上通过 VoLTE 提供语音业务。双注册终端需要同时附着在 LTE 网络和 5G 网络上，但语音业务只在 LTE 网络上承载。这种方案对终端的要求较高，但对网络的要求低，无须 4G 网络与 5G 网络互操作。无须 NGC，甚至无须 IMS（语音可通过 2G 或 3G 网络承载）。

（6）基于 IMS 的 OTT：这一类情景一般发生在可以使用语音电话的 App（Application，应用程序）中，可以直接在 App 端拨打普通电话，无须跳出 App。基于 IMS，可以提供诸如虚拟号码等业务保障乘客的隐私。未来运营商可以通过出售网络切片的方式将网络能力开放给第三方，并提供相应的业务质量保障。通常需要打开专用 App 进入相应界面才能呼叫，可以提供力所能及的业务保障，其优先级低于运营商网络业务，因此可能会被高优先级业务中断，不能保证语音连续性。

（7）基于互联网的 OTT：这一类情景一般发生在 App 与 App 之间，即通过互联网进行语音通话，如微信的语音通话。这类 OTT 使用 App 到 App 的通话，需要安装专门的 App，走的是普通的 IP 流，无法与运营商网络用户直接通话，且其 QoS 没有保障，会被高优先级业务中断。最典型的是通话过程中如果有其他电话进来，App 间的通话就会中断，语音连续性不能得到保证。

下面从语音连续性、与现网互通、跨运营商/OTT 网络互通、网络 3G/EPC/NGC 的要求和终端要求五个方面总结了上述标准方案的优劣，如表 10.6 所示。

表 10.6　5G 网络中可能用到的语音方案比较

	VoNR↔VoLTE↔SRVCC	EPS FB	EPS FB+CS FB	VoNR↔LTE（PS Handover）	终端双待	OTT（基于 IMS）	OTT（互联网）
语音连续性	好	一般	不好	不好	好	不好	不好
与现网互通	好	好	好	好	好	好	不好
跨运营商/OTT 网络互通	好	好	好	好	好	好	不好
网络 3G/EPC/NGC 的要求	高	中	中	高	低	低	低
终端要求	低	中	中（需要支持回落）	低	高（需要支持双待）	中（需要支持 App）	中（需要支持 App）

10.3.2　VoNR 的语音质量和对 RAN 的要求

在 3GPP R12 版本中定义了 EVS，EVS 具有很强的抗丢帧和抗时延抖动的能力，可以带来更高的语音质量。EVS 的推出类似于 VoLTE 中从 AMR-NB 演进到 AMR-WB，采用了更高的采样速率和更快的语音编码速率。EVS 可以向下兼容 AMR-NB 和 AMR-WB，同时具有可根据音频类型自动优化语音编码的能力，对比 AMR-WB 有很大的改进。表 10.7 所示为 AMR-

NB、AMR-NB 及 EVS 的对比。

VoNR 可以支持 Wideband AMR 和 EVS 语音编码。对于已经部署使用 Narrow Band AMR 的 VoLTE 的运营商来说，升级部署使用 Wideband AMR 或 EVS 等更高质量的语音编码的 VoNR 可以明显提高语音质量。VoNR 的部署也需要终端的支持。

表 10.7　AMR-NB、AMR-NB 及 EVS 的对比

	AMR-NB	AMR-WB	EVS
采样速率/Hz	8000	16000	8000 16000 32000
适用的语音带宽	NB	WB	NB（采样速率 8000Hz） WB（采样速率 16000Hz） SWB（采样速率 32000Hz） FB（采样速率 48000Hz）
编码能力	根据信道质量自动优化	根据信道质量自动优化	根据信道质量自动优化、根据音频类型自动优化
编码速率/（kbit/s）	8 种 4.75、5.15、5.90、6.70、7.40、7.95、10.20、12.20	9 种 6.60、8.85、12.65、14.25、15.85、18.25、19.85、23.05、23.85	NB 有 7 种 5.9、7.2、8、9.6、13.2、16.4、24.4 WB 有 12 种 5.9、7.2、8、9.6、13.2、16.4、24.4、32、48、64、96、128 SWB 有 9 种 9.6、13.2、16.4、24.4、32、48、64、96、128 FWB 有 7 种 16.4、24.4、32、48、64、96、128 AMR-WBIO 有 9 种（兼容 AMR-WB 模式） 6.6、8.85、12.65、14.25、15.85、18.25、19.85、23.05、23.8
帧大小	20ms	20ms	20ms
语音通道数	单声道	单声道	单声道
PCM 位宽	13	14	16

相较于 LTE 中的语音业务，5G 语音业务在保持一定稳定性的情况下在 RAN 侧进行了一些改动。根据运营商的外场测试情况，3.5GHz 可以实现网络的连续覆盖，因此，对于 5G 语音业务来说，应该尽量部署在 3.5GHz 或更低频段，以尽量实现连续覆盖，避免高频的各种衰落和切换。5G 语音业务在使用一些 LTE 中已有的技术的基础上，对 RAN 中的协议有一些新的要求与更新，下面对一些更新的协议进行简单介绍。

健壮性报头压缩（Robust Header Compression，ROHC）协议：该协议在分组数据汇聚协议（Packet Data Convergence Protocol，PDCP）层进行 IP 报头压缩，减少语音包的长度，该技术已在 LTE 中应用。

为了降低由调度产生的控制信道开销，使用 SPS：对于基于网络协议的语音传输（Voice over Internet Protocol，VoIP）等小数据量、大小相对固定、数据包之间的时间间隔满足一定规律的数据，采用半静态调度，在半静态调度中，系统的资源（包括上行和下行）只需要通过

物理下行控制信道（Physical Downlink Control CHannel，PDCCH）分配或指定一次，而后就可以周期性地重复使用相同的时频资源。该技术已在 VoLTE 中应用。

DRX：在没有数据传输的时候，通过停止接收 PDCCH（此时会停止 PDCCH 盲检）来降低手机功耗。该技术已在 LTE 中应用。

TTI Bundling：将一个数据包在连续多个 TTI 资源上重复进行传输，接收端将多个 TTI 资源上的数据合并以达到提高传输质量的目的。该技术可以提高信噪比，增强上行覆盖强度，从而保障语音质量。该技术已在 LTE 中应用。

eVoLTE 自适应编解码方案（eVoLTE Codec Adaptation Solution）：针对特定的逻辑信道，在 MAC 层，gNB 发送推荐的比特率 MAC 控制信息给 UE，UE 用此信息及其他信息（如会话协商的参数、MBR、GBR 等）进行速率适配。

eVoLTE 时延预算报告（eVoLTE Delay Budget Reporting）：UE 发送 eVoLTE 时延预算报告消息给 gNB，在 UE 覆盖好的条件下，上报 ueReportCause 为 type1，gNB 可以减少 DRX cycle 长度，降低 E2E 时延和抖动。在 UE 覆盖差的条件下，上报 ueReportCause 为 type2，gNB 可以增加 DRX cycle 长度。根据 UE 上报的信息，gNB 可以配置与覆盖增强有关的信息。

10.4　5G 语音业务的现状与发展

语音业务作为运营商的基础业务，其好坏直接影响用户对品牌的满意度和忠诚度，曾经被视为运营商的三大支柱业务之一。尽管随着移动互联网的到来，数据业务在总体运营收入中的比例不断增加，但语音仍以其稳定的收入来源在运营商单项收入当中占据重要的一席。以中国移动为例，其语音和彩短信业务在 2020 年上半年的收入仍有 558.3 亿元，占比 14.3%。随着 5G 网络的建设，人们对语音业务的要求也越来越高，从“打得通”“不掉话”到现在的“接得快”“听得清”。在新时代，5G 时代的语音业务需要如何发展才能使用户满意？需要如何发展才可以与日益发展的互联网语音业务竞争？本着这样的宗旨，本章首先通过介绍我国三家主要移动通信运营商的 5G 语音业务部署上的案例来使读者对当前我国 5G 语音业务发展的现状有所了解，接着以 VoNR 的演进路线为例给出语音业务未来的发展方向。

10.4.1　5G 语音业务的现状（以三大运营商为例）

10.4.1.1　中国移动案例

近年来，随着 4G 网络的发展，中国移动的 VoLTE 网络成为全球领先的 VoLTE 网络。中国移动在 2015 年 8 月 17 日在杭州打响了 VoLTE 商用的“第一枪”后，又在之后的几年间投入大量人力物力来推动 VoLTE 商用。在这期间，中国移动也面临巨大的挑战，这些挑战被中国移动称为“大石头与小石头”，为了搬走这些 VoLTE 商用中面临的“大石头和小石头”，2016 年，中国移动启动“百日会战”，通过开展大量网络优化工作，重点攻关 VoLTE 业务质量。在 5G 语音业务解决上，中国移动有基于 NSA 和 SA 的两套解决方案。在 NSA 模式下，有 VoLTE 方案和 CS FB 方案两种。在 VoLTE 方案中，通过 4G VoLTE 方案提供语音服务，当走出 4G VoLTE 覆盖区时，通过 SRVCC 切换到 2G 或 3G 网络，如图 10.19 所示；在 NSA 下，若现网 LTE 不支持 VoLTE，则可以通过 CS FB 回落到 2G 或 3G 网络，由 2G 或 3G 提供语音服务，如图 10.20 所示。

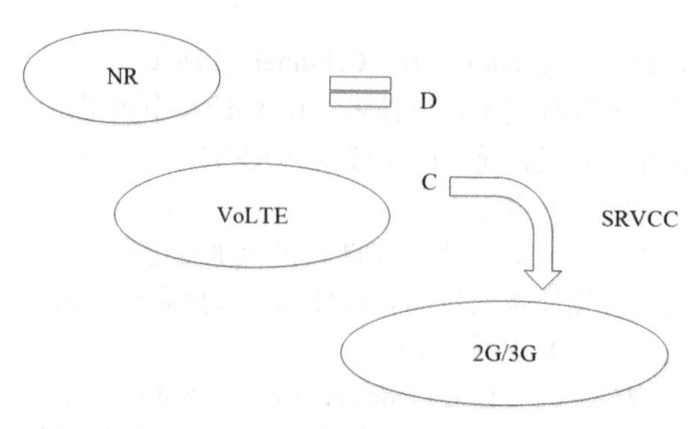

图 10.19　中国移动 NSA 模式下的 VoLTE 方案示意图

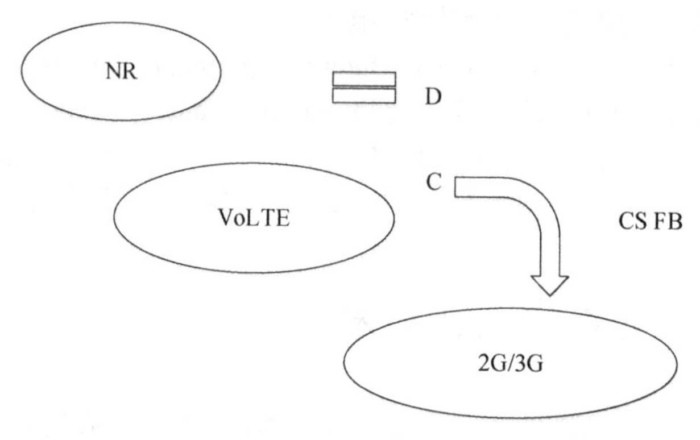

图 10.20　中国移动 NSA 模式下的 CS FB 方案示意图

在 SA 模式下，5G 语音业务同样存在两种不同的解决方案，分别是 VoNR 方案与 EPS FB 方案。在 VoNR 方案中，如果 5G 部署了 VoNR，但终端移出了 VoNR 覆盖区，那么可以切换到 4G VoLTE，切换到 4G VoLTE 后，由 4G 接管语音业务；但如果 5G 初期没有部署完整的 VoNR，或者说 5G 暂时不能提供 VoVR 服务，那么中国移动主要选择的是 EPS FB 方案，即通过 EPS 回落到 VoLTE，之后的语音业务由 4G 接管。

SA 模式下的两种方案都需要 VoLTE 的参与，这就需要 4G 与 5G 网络要有频繁的互操作。在数据方面：中国移动着力升级 EPC/5GC 用来支持 N26 接口；升级 LTE/NR 基站广播用来支持空闲态小区重选；升级 LTE/NR 用来支持跨核心网 inter-RAT 切换。在语音层面：中国移动着力升级 5GC 用以支持 VoIMS；升级 NR 基站支持 Voice EPS FB；升级 NR 基站支持 VoNR 和 VoLTE 间的切换。SA 模式下 4G/5G 的互操作步骤及演进示意图如图 10.21 所示。

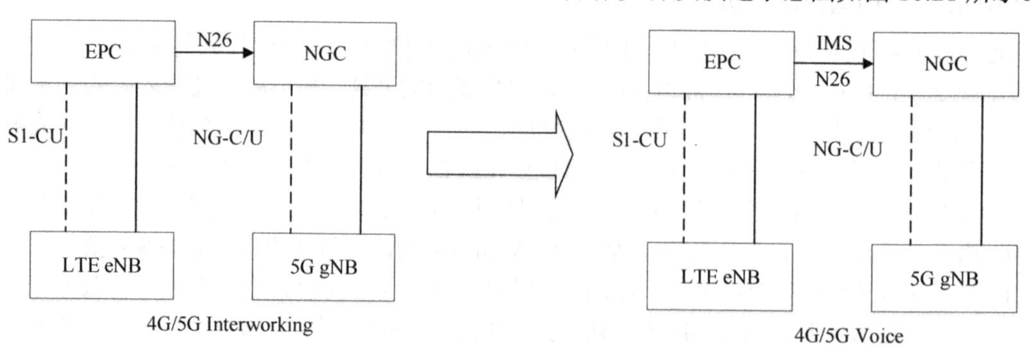

图 10.21　SA 模式下 4G/5G 的互操作步骤及演进示意图

2019 年三季度，中国移动完成了基于 5G SA 的 VoNR 语音方案、4G EPS FB 语音方案的端到端验证。该体系化的验证标志着中国移动在 SA 模式下的 5G 语音通话服务技术能力逐步走向成熟。2021 年，山东移动携手华为完成了对现网 IMS 设备的升级，并且在济南成功打通了 5G 商用网络的第一通 VoNR 电话，这标志着中国移动 5G VoNR 的商用成熟度向前迈出了关键一步。

10.4.1.2　中国电信案例

在 4G 网络部署初期，中国电信的主要思路是基于频分双工（Frequency Division Duplex，FDD）制式。由于中国电信获得 FDD 牌照较晚，所以中国电信 VoLTE 的建设相对滞后。自 2017 年以来，中国电信对现有设备与技术进行了大量升级与改进，期间相继完成了建设联调、信号覆盖优化、终端研发适配、VoLTE 业务加载等一系列繁重且复杂的工作。为了更加贴合实际，中国电信邀请了近百万友好用户进行了 VoLTE 的业务体验与测试。中国电信的 SA 语音方案初期将采用灵活、低成本的 EPS FB 语音回退方案。在此方案中，当工作在 5G 网络的用户终端发起语音通话或有语音通话时，中国电信 SA 5G 网络通过切换过程将需要语音通话的 5G 终端切换到 4G 网络，使用 VoLTE 网络技术。未来，当 5G 网络覆盖范围扩大、性能全面提升及有市场需求的重要 5G 业务出现时，中国电信的 5G 语音业务解决方案（如 VoNR 等技术方案）将根据自身情况适时更新。

相关报道显示，中国电信对于 VoLTE 业务采用的是三步走策略。第一步，全网试商用期，即在 2018 年 10 月中旬实现 VoLTE 网络初步的商用试用。第二步，大规模商业化时期，具有里程碑意义的事件是，2019 年 4 月，中国电信在 5G 模式网络环境下实现了业界首个基于 5G SA 组网的语音通话业务。在本次实验中，通过端到端的 5G 网络，5G SA 手机打通了从 3GPP 发布的 R15 稳定版开始独立网络下的首个高清语音通话。本次试验有力推动了中国电信 5G 独立组网业务能力的成熟，加快了 5G 独立组网规模商用的步伐。在 2019 年 6 月，中国电信 VoLTE 网络覆盖已达到 CDMA1X 的水平，智能网业务已经获得全面承接。第三步，成熟商用期，预计此时的用户使用 VoLTE 的时长占总语音业务时长的 98%，智能网业务也已全面开展。截至 2019 年上半年，中国电信 VoLTE 在线用户数已超过 500 万，为后续进一步的商用步伐提供了有力的支撑。未来，中国电信将在试点基于 5G 独立组网的语音 EPS 的基础上，继续努力加快基于 SA 的 5G 网络商用。

10.4.1.3　中国联通案例

因为中国联通的 3G 网络为宽带码分多址（Wide-band Code Division Multiple Access，WCDMA）网络，可以承载语音通话，建设 VoLTE 需要大量的成本。联通之前的网络中并没有对 IMS 进行支持，即原有的联通 4G 并不支持 VoLTE，因此，中国联通在三大运营商里 5G 的语音建设发展起步相对较晚。在这种情况下，中国联通采取的策略为先期努力构建 VoLTE 业务，而后在 5G 网络中采用 EPS FB+CS FB 实现语音业务，后期在 5G 网络成熟后再向 VoNR 推进。

2019 年 4 月 1 日，中国联通的 VoLTE 业务开始在北京、天津、上海、郑州、武汉、长沙、广州、济南、杭州、南京、重庆共 11 个城市进行试商用。该事件标志着中国联通 VoLTE 业务的突破。同年的 6 月 1 日，中国联通的 VoLTE 在全国开展试商用。至此，中国三大运营商终于在全国范围内开通了 VoLTE 高清语音和视频电话功能，标志着中国全面进入 VoLTE 时代。

2021 年 5 月，中国联通携手华为在深圳率先规模化完成 5G 商用 VoNR 语音方案的升级。这次升级是首次基于超百站连片独立组网现网环境开展的 VoNR 端网兼容性和移动性能验证。该升级标志着中国联通 5G VoNR 商用成熟度向前迈出了关键的一步。在此次测试中国联通后来居上，为 VoNR 商用进行了充分的技术储备。下一步，中国联通和华为将在共建共享的基础上，继续加快 VoNR 商用和终端产业的发展，为用户打造高品质、低时延的极致体验，提升独立网络中的语音服务质量。

10.4.2 语音业务的发展：通向 VoNR 之路

随着 5G 网络的发展，未来的语音业务将向 VoNR 演进，然而，通向 VoNR 的路并不是平坦的，需要不断地解决路上可能遇到的问题。

从标准演进的角度看，VoNR 的引入应是平滑的过程。目前市面上已经出现支持 VoNR 的芯片，如华为麒麟 990、高通 X60、联发科 D1000 等，但主流设备对 VoNR 的支持还很有限。从网络覆盖的角度来看，直接大规模引入 VoNR 可能会导致 VoNR 和 VoLTE 间的乒乓切换，影响用户体验，因此在工程上建议逐步从 EPS FB 转向 VoNR。

4G 与 5G 网络的互操作也是 VoNR 部署遇到的一个困难。在 VoNR 中不存在类似于 EPS FB 中的 N26 接口，对于 VoNR 来说，如果终端移出 5G 的覆盖范围，那么会存在从 5G 网络到 4G 网络的切换，若无 N26 接口，预计会造成 1600ms 左右的通话瞬断，所以建议规划 5GC 和 EPC 之间互通的 N26 接口。

从单个用户的角度来说，语音质量和通话时延是影响用户体验的重要标准，一般使用平均意见得分（Mean Opinion Score，MOS）来判定用户的语音质量并进行优化。VoNR 使用 EVS 作为必选语音编码，与 4G 阶段主要使用的 AMR-WB 不同，因此在 VoNR 中，等价 MOS 的计算也需要随之进行相应的调整。对于通话时延，VoNR 应对的办法主要是针对不同的呼叫场景（域选、网间、省际、漫游）通过接收、转发时间打点建立各网元转发的时延基线，设定网元转发的时延偏差阈值，超过阈值时结合消息的方向、时延偏离的程度和偏离发生的首要网元进行定位。

另外在 VoNR 引入初期，对于工程师的误操作、误配置，以及新用户终端由于软件或硬件的原因无法使用 VoNR 等一系列工程上可能遇到的问题，需要进行相应的预防和解决。

10.5 小结

2019 年 6 月，中国发布了 5G 牌照，这意味着中国的 5G 发展进入了提速阶段。在此背景下，VoLTE 业务作为 5G 初期语音解决方案也迎来了快速发展期。一方面，在 5G 时代，语音业务将采用全新的 VoNR 形式，通过新的技术提高语音业务质量，但 VoNR 短期内在 5G 网络无法全覆盖的前提下难以提供良好体验。另一方面，继续发展 VoLTE 有利于运营商重耕频谱，同时在 5GC 部署之前可以进行大部分 5G 业务的运营，借此加速 5G 发展。本章从网络架构的角度分别介绍了非独立组网和独立组网中的语音业务解决方案。接着本章介绍了适用于不同场景的语音解决案例，并对其中常见的几项进行了对比。对于我国来说，5G 语音业务解决方案的演进不能一蹴而就，要根据不同的网络部署情况选用合适的解决方案。最后，本章从实际出发介绍了我国三大运营商语音业务的发展现状并对 VoNR 的演进路程进行了讲解，对其中可能遇到的挑战做出了预测并提出了解决方案。可以看到，在我国，VoLTE 是 5G 语音发展的必要前提，随着中国 5G 商用进程提速，中国已全面进入了 VoLTE 时代，VoLTE 已成为当前承载语音业务的基础网络技术，而 VoNR 是未来 5G 语音业务发展的方向，鉴于目前我国 LTE 网络的覆盖程度，可以预计，VoNR 会在不久的将来全面铺开使用，为用户提供更高质量的语音服务。

参考文献

[1] 庄晓明. 5G 语音解决方案探讨[J]. 电信技术，2019（12）：106-108+112.

[2] 刘志欢. 关于 5G 核心网语音解决方案研究[J]. 中国新通信，2019，21（20）：69.

[3] 王耀祖，张洪伟，吴磊. 5G NR 语音解决方案分析[J]. 邮电设计技术，2019（10）：66-70.

[4] 王良军. 5G 语音解决方案探讨[J]. 通讯世界，2019，26（09）：222-223.

[5] 龙永策，杨廷卿. 5G 语音解决方案研究[J]. 电信技术，2019（08）：22-25.

[6] 陈俊明，张洁，王岱. 运营商语音业务发展探讨[J]. 广东通信技术，41（1）：7.

[7] 付艳. 5G 语音业务解决方案[J]. 通讯世界，2019，26（07）：105-106.

[8] 马金兰，杨征，朱晓洁. 5G 语音回落 4G 解决方案探讨[J]. 移动通信，2019，43（04）：37-42.

[9] 刘博士，董丽华，桂霖. 5G 用户语音业务解决方案[J]. 电信工程技术与标准化，2019，32（03）：55-60.

[10] 王红线，赵杰. 5G 语音解决方案初探[J]. 电信工程技术与标准化，2018，31（12）：83-86.

[11] 强宇红，王刚，杨维. 5G 语音业务的实现和演进[J]. 中兴通讯技术，2018（8）：14-16.

[12] 洪钧. 5G 时代，我们需要怎样的语音方案及应用部署[J]. 中兴通讯技术，2020（3）：39-41.

[13] 王振世. 一本书读懂 5G 技术[M]. 北京：机械工业出版社，2021.

[14] 中国工信产业网. 5G 语音体验再升级—中国联通携手华为完成首个 5G 规模商用网络 VoNR 验证[EB/OL].（2021-05-06）.https://www.cnii.com.cn/tx/202105/t20210506_274991.html.

[15] 科技杂谈，中移动 VoLTE“百日会战”结束 用户增长 50 倍.（2016-7-20）.https://www.sohu.com/a/106678338_266994.

[16] C114 通信网，中国电信 VoLTE 新进展：10 月全网试商用明年规模商用.（2018-9-14）. https://baijiahao.baidu.com/s?id=1611555580779395325&wfr=spider&for=pc.

第11章

5G物联网应用

本章主要介绍物联网的发展历程、物联网技术分类和物联网典型应用。首先介绍物联网诞生至今的背景知识及发展历程，对世界主要国家和地区的物联网发展现状及产业行情进行了简要描述；其次从频谱类别的角度，介绍了扩展覆盖全球移动通信系统、窄带物联网等授权频谱物联网技术，以及 LoRaWAN、SigFox 等非授权频谱物联网技术；最后对物联网在智慧医疗、智能交通、智能电网、智能环保、智能安防、智能家居及智能物流等领域的应用及技术发展进行了具体介绍。

物联网

11.1 物联网的发展历程

基于信息传感器、射频识别（Radio Frequency Identification，RFID）、全球定位系统、激光扫描器等各种装置与技术，实现物与物、物与人的泛在连接的物联网（Internet of Things，IoT），实时采集各种不同类型的传感器设备收集的物理环境信息，通过多种不同的网络接入技术，如广域网（Wide Area Network，WAN）、局域网（Local Area Network，LAN）、蜂窝、蓝牙技术等，将无处不在的终端设备与互联网连接，实现智能化识别、定位、管理等[1]。物联网的概念最早可溯源到 1991 年，英国剑桥大学的老师无法实时远程察看咖啡蒸煮过程，为了解决该问题，老师们通过便携式摄像头记录咖啡煮沸的过程，再上传至实验室计算机，工作人员便可远程观看到咖啡是否煮好。Bill Gates 于 1995 年在《未来之路》这本书中畅想了物联网场景：互联网仅仅做到了计算机与计算机的连接，而物联网实现了万物互联。此外，物联网还可以帮助用户找到丢失的设备，当设备丢失时，用户可远程接收到设备发送来的环境和位置信息。1998 年，英国工程师 Kevin Ashton 将 RFID 首次运用到商品管理中，实现了供应链管理的自动化与透明化。1999 年，基于 RFID 的物联网概念首次由自动识别技术中心（Auto-ID Center）提出，借助于 RFID、无线传感器网络、通信等技术，基于计算机互联网的物联网前身诞生。2003 年，美国预言物联网将在未来颠覆人类的生活方式。日本于 2004 年启动了 U-Japan 项目，旨在实现全国范围内无缝连接的泛在物联。2005 年，国际电信联盟（International Telecommunication Union，ITU）将物联网定义扩展为任何物体在任何时间、任何地点泛在互联，并预测在物联网时代，万物可以主动互联。2008 年，*The Internet of Things in 2020* 报告中定义，附有标签、虚拟个性特征的物体或对象组成了物联网，借助于智能接口，众多用户在物联网智能空间中实现了与社会环境的正常通信。IBM 曾指出物联网将成为未来“智慧地球”中尤为重要的一员。构想中描述：物联网运用新兴技术将传感器嵌入各种物体和设施当中，然后通过互联网将人、设备及各种事物接入网络中，借助于云计算等新兴技术，经过复杂的数据处理过程，最终实现智能决策。2009 年时任美国总统奥巴马宣布将“智慧地球”作为国家优先发展战略，引发了全球多方面的讨论。2009 年 11 月，《欧盟物联网行动计划》面向多个行业制定了物联网管理规则。2010 年，我国政府工作报告首次定义物联网为在标准协议框架下万物互联，从而进行智能识别、定位、跟踪、监管的智慧网络。2012 年，《物联网“十二五”发展规划》指出，在国家不断增加的资金扶持力度下，进入物联网产业链构建阶段，将物联网发展推进至工程实际应用。促进大数据、云计算、物联网广泛应用是现任总理李克强 2016 年政府工作报告的重点议题。次年，实则为物联网元年，物联网产业规模高达 9300 亿元。2017 年，物联网设备平台的规模在全球范围内超过 450 个，新增物联网端口规模突破 6600 万个，比 2016 年增长 80.3%。2018—2019 年，随着以色列自动驾驶汽车技术公司 Mobileye 被英特尔公司以 153 亿美元收购、百度强势宣布“阿波罗（Apollo）计划”及阿里云发布 Link 物联网平台，物联网开发逐渐简易化。物联网平台逐渐引入区块链和人工智能等技术，促使物联网在各领域成熟推进、快速发展和应用。2019 年，5G 进入商用之年，5G 赋能物联网将助推物联网在全新的领域不断拓展，正式迈入 5G 万物互联时代。麦肯锡预测，到 2025 年，全球物联网的下游应用市场规模为 11.1 万亿美元。我国正面临着加快转变经济发展方式和调整经济增长结构的机遇与挑战，作为供给侧改革中的新兴产业力量，物联网的发展潜力巨大，将强势助推我国的经济发展。

11.2　物联网技术分类

目前，物联网的标准体系架构尚待制定，仍然从感知层、网络层、应用层三个层次划分，如图 11.1 所示。

感知层：感知层作为物联网体系架构的底层，主要用于采集传感器设备、网络、RFID 和摄像头等设备的各类信息。

网络层：网络层用于将感知层感知到的信息安全传输至应用层。云计算技术使得在智能化信息共享平台上高效可靠地协同优化各类信息成为可能。信息的传输过程经历无线网关、有线网关、接入网及核心网，其中，短距离通信技术（ZigBee、蓝牙、Wi-Fi）、网络接入技术和承载网技术等为普遍的通信技术。

应用层：负责为用户在终端提供定制化服务，即控制终端功能，如查询信息、监视信息和控制信息等。

除此之外，不同层之间需要公共技术的支撑，主要包括标识解析、安全技术、QoS 管理和网络管理等。计算机网络的衍生得益于计算机与通信的多学科交融，互联网正是计算机网络应用的成功案例。在互联网和移动通信技术发展的同时，一些感知技术与智能计算技术也实现了重大突破，这些技术共同推动着物联网的发展。

从频谱类别的角度看，物联网主要由授权和非授权物联网技术组成，如图 11.2 所示。基于 LTE 演进的物联网技术（Long Term Evolution-Machine to Machine，LTE-M）及窄带物联网（Narrow Band Internet of Things，NB-IoT）技术等均为授权频谱物联网技术。此外，远距离广域网（Long-Range WAN，LoRaWAN）、Sigfox、Weightless、HaLow（由 Wi-Fi 联盟推出的 IEEE 802.11ah 标准的简称）和随机相位多址接入（Random Phase Multiple Access，RPMA）等是非授权频谱物联网技术。

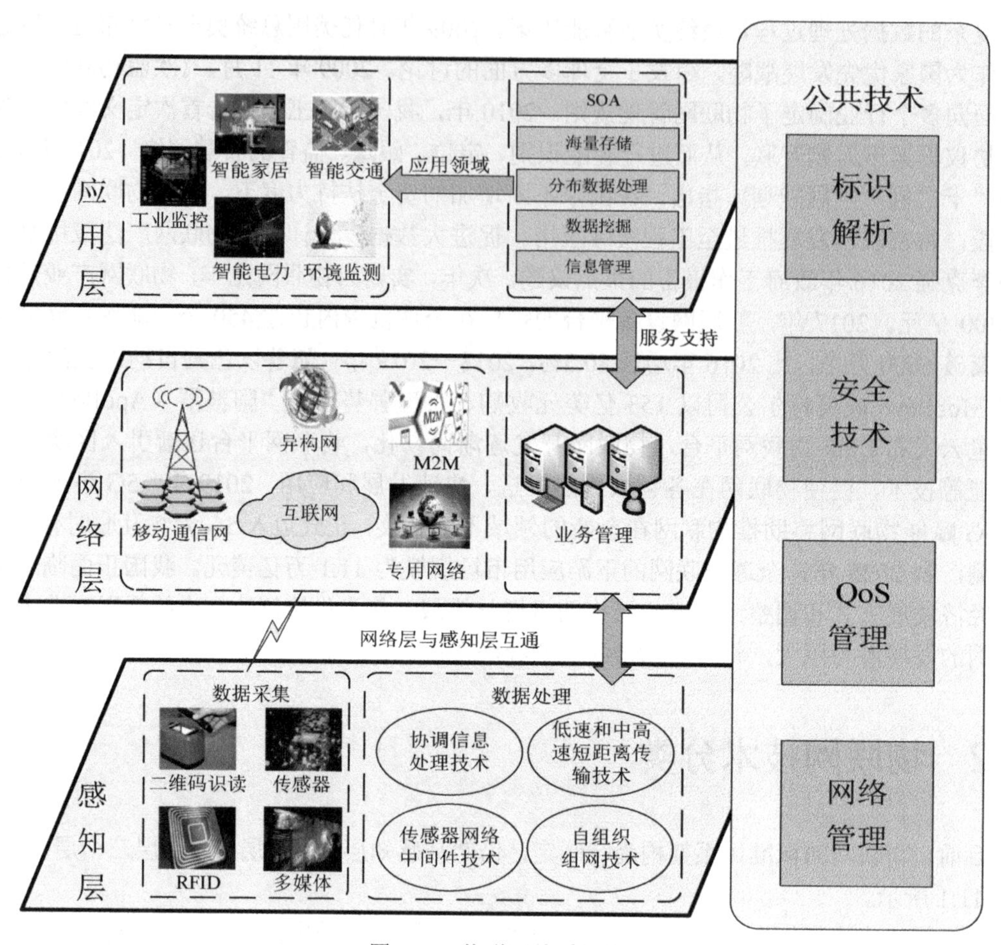

图 11.1　物联网体系架构

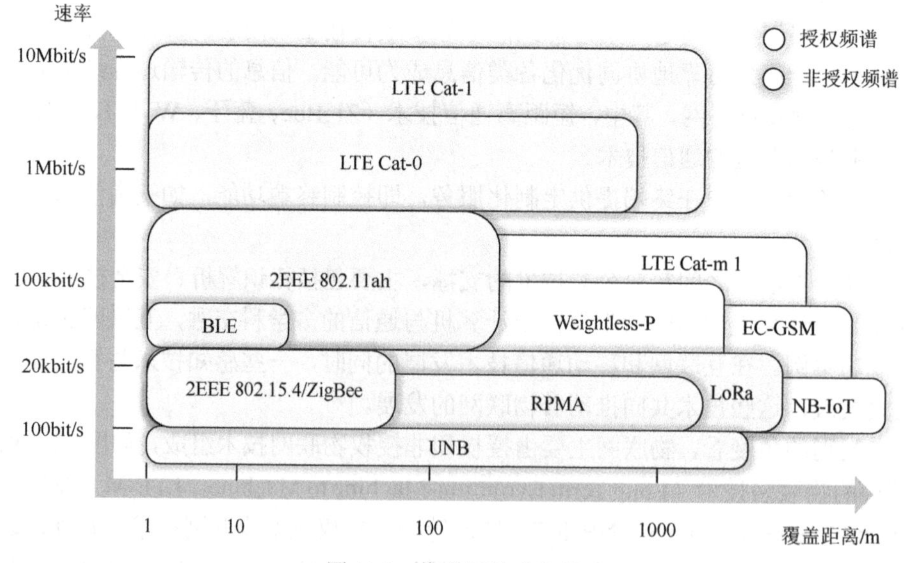

图 11.2　物联网技术分类

11.2.1　授权频谱物联网技术

授权频谱物联网技术主要包括扩展覆盖全球移动通信系统（Extended Coverage-Global System For Mobile Communications，EC-GSM）、长期演进技术等级 1（Long Term Evolution-Category，LTE-Cat1）、LTE-Cat0、LTE-M1 及 NB-IoT 等技术，其实现和运维均由电信设备商和运营商负责，下面逐一介绍授权频谱物联网技术。

11.2.1.1　EC-GSM

近年来，低功耗、广覆盖技术的涌现，使得传统通用分组无线业务（General Packet Radio Service，GPRS）在物联网领域应用的弊端逐渐显现。2014 年 3 月，在 3GPP GERAN #62 会议上提出，将窄带（200 kHz）物联网技术迁移到 GSM 上，旨在找到高于 GPRS 20dB 的覆盖空间，以增强室内覆盖强度，提升设备连接规模，降低设备复杂性，降低功耗及时延。2015 年，GERAN#67 会议报告称 EC-GSM 已实现了上述目标。EC-GSM 采用了与 GSM 相同的物理层设计，以及与 GSM 终端一致的载波方式，通过新增的物联网信道映射至相应的时隙，对 GSM 终端实现零干扰。EC-GSM 与 GSM 公用频谱资源，使用授权频谱，通信安全可靠。然而，EC-GSM 的产业前景仍不明朗，GSM 功耗较大，若降低终端发射功率，会影响其覆盖范围。单独部署 EC-GSM 的频谱下限为 2.4MHz，这显然增大了该段频谱的部署难度。

11.2.1.2　LTE-M

LTE-M，即 M2M 业务在 LTE 网络中进行数据传输，是基于 LTE 产生的专门为物联网服务的新空口技术。LTE-M 在商用的同时做到了低功耗和低成本，又能与 LTE 兼容，从而实现低成本与覆盖广的目标。LTE-M 基于的 LTE 技术是由 3GPP 组织制定的全球通用标准。3GPP 的 R11 给出了用户体验等级 1（Users Experience Category-1，UE Category-1）的概念，其中，上行峰值速率、下行峰值速率分别为 5Mbit/s、10Mbit/s。R12 为了满足物联网传感器低速率和低功耗的诉求而诞生了低成本机器式通信（Low-Cost Machine Type Communication，Low-Cost MTC）的定义，使得上、下行峰值速率都为 1Mbit/s。同时，在 R13 中，对此进行了增强，称为增强机器式通信（enhanced MTC，eMTC），也就是 LTM-M（LTE-Machine-to-Machine）。LTE-M 物联网技术标准化演进对照表如表 11-1 所示。

表 11-1　LTE-M 物联网技术标准化演进对照表

指　标	Cat1-2RX	Cat1-1RX	Cat0（MTC）	Cat-M1（eMTC）
协议发布版本	R11	R11	R12	R13
下行峰值速率	10Mbit/s	10Mbit/s	1Mbit/s	1Mbit/s
上行峰值速率	5Mbit/s	5Mbit/s	1Mbit/s	1Mbit/s
终端接收天线个数	2	1	1	1
空分复用层级	1	1	1	1
双工模式	FDD	FDD	FDD/HD-FDD	FDD/HD-FDD
小区最大发射带宽	20MHz	20MHz	20MHz	1.4MHz
终端最大发射功率	23dBm	23dBm	23dBm	20dBm
目标设计复杂度/%	100%	50%～100%	50%	50%

eMTC 下行利用了正交频分多址（Orthogonal Frequency Division Multiple Access，OFDMA）技术，上行使用了频隙为 15kHz 的频分多址技术，接收方式为单天线。eMTC 的工作模式为

频分复用（Frequency-division Duplex，FDD）、时分复用（Time-division Duplex，TDD）和全/半双工 Type-B。由于 eMTC 与 LTE 的频谱结构相同，因此，其可与 LTE 频段兼容。此外，eMTC 也可以单独占用 1.4MHz 的频谱而独立部署。小区频谱资源为正交模式，eMTC 终端与 LTE 终端可共享窄带资源。然而单个 eMTC 终端只能占用一个单独的窄带资源，不同的 eMTC 终端可占用不同的窄带资源，可为 eMTC 终端独立分配一个专有频谱资源，其他终端不可占用。

eMTC 不与 LET 公用下行信道，转而新增专有信道以发送用户的调度请求，如寻呼、快速评估响应（Rapid Assessment and Response，RAR）和上行确认字符（ACKnowledge character，ACK）反馈。相较于 LTE，eMTC 的覆盖范围显著增大，其中包括 CE Mode A 和 CE Mode B 两种覆盖模式，前者的覆盖能力更强，基本可以做到无重传或有限的重传次数，而 CE Mode B 是重传次数较多的情况。物理下行共享信道（Physical Downlink Shared CHannel，PDSCH）、物理上行共享信道（Physical Uplink Shared CHannel，PUSCH）和物理上行链路控制信道（Physical Uplink Control CHannel，PUCCH）在 CE Mode A 模式下的最大重传次数分别为 32 次、32 次和 8 次。空闲态终端按照网络配置最多涵盖 CE0、CE1、CE2 和 CE3 四个覆盖等级。差异化的覆盖等级具有差异化的物理随机接入信道（Physical Random Access CHannel，PRACH）资源，且等级与重传次数成反比。eMTC 基于反复发送和调频来达到覆盖加强的目标，但与 NB-IoT 相比低了 8dB 左右。R13 规定 eMTC 支持分组交换报文（Packet Switching Message，PSM）、连续模式扩展不连续接收（Connected Mode extended Discontinuous Reception，C-eDRX）和空闲模式扩展不连续接收（IdleMode extended Discontinuous Reception，I-eDRX）节能模式。当终端在追踪范围内更新并进行 Attach 流程后，终端在深度休眠期停止监听寻呼并停止射频收发行为，耗电量比 IDLE 状态大大降低。eDRX 模式通过增加已有 DRX 的时间，降低终端监听寻呼数量，从而实现节能目标。3GPP 协议规定，相较于 LTE，eMTC 使用了更简化的调制解调模式，取消了部分物理信道兼容，降低了协议栈的处理成本和芯片处理器的复杂度和开销。此外，单天线、半双工、更低的带宽/发射功率/速率使得 eMTC 忽略了双工器及某些射频器件的开销。eMTC 的优势主要有：①高速率，其支持的上下行最高峰值速率为 1Mbit/s，远高于 GPRS、ZigBee 等，可支持更复杂的物联网业务，如低速视频、语音等；②较强的移动性，支撑移动性连接和无缝连接的用户体验；③可定位性，借助于 TDD 后，eMTC 可采用基站处的 PRS 测量，低成本的定位技术在物流和货物追踪方面优势显著；④支持语音，eMTC 是 LTE 协议的优化，可支撑 VoLTE 语音，常用于可穿戴设备中。eMTC 在 LTE 接入技术的基础上增加了无线物联网的软特征，聚焦中低速率、低功耗、大连接、强移动性和物联网定位场景，可应用于智能出行、物流追踪和智能穿戴等场景。

11.2.1.3 NB-IoT

多个公司于 2015 年为蜂窝物联网的建立提供了各自的技术方案。华为和高通一致通过了窄带蜂窝物联网（Narrow Band Celluar IoT，NB-CIoT）支撑技术方案。紧接着，以爱立信为主的几家公司制定了窄带长期演进（Narrow Band LTE，NB-LTE）技术方案。2015 年 9 月，3GPP TSG RAN Meeting #69 全会一致通过了兼容 NB-CIoT 与 NB-LTE 技术的 NB-IoT 技术。NB-IoT 是一种新兴的面向 LPWA、基于移动蜂窝网的无线接入技术，它属于低功耗广域网络技术的一种，目的是为物联网领域中的大量物联网设备提供可靠的网络连接服务，在运营商基础设施的结构上实施架设工作，降低网络应用拓扑结构的复杂度，并利用低功耗技术的特点为长时间待机服务提供支持。NB-IoT 技术具有以下两大特征。

（1）广覆盖、大规模

NB-IoT 通过提高功率谱密度和增加发送数据的重复次数来扩大覆盖范围，其功率相比 GSM 增强了 20dB，覆盖半径约为 GSM/LTE 的 4 倍。此外，NB-IoT 仅消耗 180kHz 带宽，单个扇区可容纳 10 万个移动终端。

（2）低功耗、低成本

NB-IoT 采用 eDRX 和 PSM 等节能方式以降低功率，将电池寿命延长至 10 年。此外，可采用简化版协议栈，以满足存储器和处理器的简化需求，通过半双工方式减少移动终端的模块开销，使得 NB-IoT 的终端成本大大降低。图 11.3 所示为 NB-IoT 的网络架构。在无线接入网部分，移动性管理实体（Mobility Management Entity，MME）/服务网关（Serving Gate Way，SGW）与 eNB 的连接接口为 S1，其传输的是 NB-IoT 信息。物理层和高层协议分别沿用 FDD-LTE 和 LTE 设计。

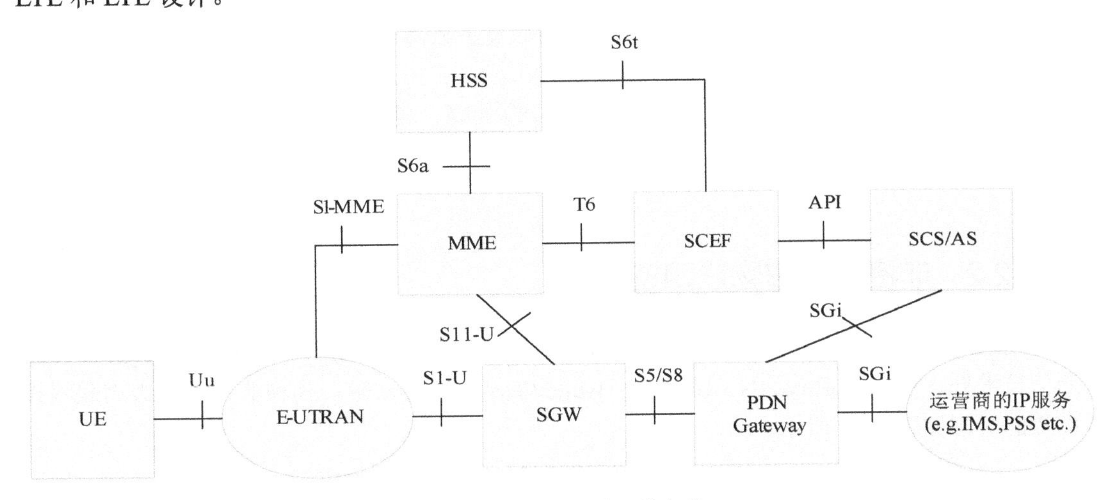

图 11.3　NB-IoT 的网络架构

NB-IoT 上下行带保护的带宽为 190kHz，可占用运营商授权频谱，在 GSM、通用移动通信系统（Universal Mobile Telecommunications System，UMTS）和 LTE 网络环境下，分为独立部署、保护带部署和带内部署三种情况，其特点如下。

（1）独立部署

在独立部署模式下，业务专享单独分配的频谱，拥有 200kHz 的 GSM 信道带宽，不与带保护带宽的 190kHz NB-IoT 冲突，适用于运营商短时间内 NB-IoT 的商业化部署。

（2）保护带部署

保护带部署占用了 LTE 网络 180kHz 频段的资源块。由于占用了现有 LTE 网络频段之外的带宽，资源利用率达到最大，但不可避免会导致 LTE 系统干扰和射频指标的冲突。

（3）带内部署

带内部署可占用 LTE 网络的任意资源块，部署模式灵活多样，然而，资源块同一时间只能被一种 LTE 或物理资源块（Physical Resource Block，PRB）占用。

窄带信号的功率谱密度与信号的抗干扰能力正相关，因此可常用于低功耗广域物联网（Low-Power Wide Area Network，LPWAN）中。相比于传统 LTE 网络，NB-IoT 应用了窄带通信技术，其系统带宽仅为 200kHz，包括保护带宽和传输带宽，后者又被分割成多个细粒度的子载波，不但提高了功率谱密度，而且可以灵活选取频点。为了降低功耗和复杂度，波束赋形和空分复用等仅存在于上行传输中。此外，物理层上行的子载波间隔多出了 3.75kHz，可实现单子载波传输，不仅覆盖面积扩大了，而且增加了功率谱密度。物理层还增加了重复传输机制，其合并增益提升了解调门限，保障了上下行覆盖能力。

NB-IoT 优化了现有 4G 网络，在节省成本的同时降低了功耗，具体如下。

（1）优化系统信息

采用增加系统信息的方式，显著减小上行任意接入、小区选取和更换的频率，从而降低终端功耗。

（2）优化空闲态

借助增加 DRX 周期，扩大寻呼时长，从而降低终端功耗，在空闲规划阶段利用终端异频负载均衡实现小区资源负载均衡及系统连接数量最大化。

（3）优化接入控制

通过覆盖级别随机优化用户接入次数。当终端发生故障时，系统可排查故障及定位。

（4）优化信令

为降低业务侧成本，NB-IoT 采用核心网传输策略，通过控制码对分组数据汇聚协议（Packet Data Convergence Protocol，PDCP）及加密处理的优化，最小化信令交互，并降低终端功耗。

11.2.2 非授权频谱物联网技术

非授权频谱物联网技术除熟悉的蓝牙 BLE（Bluetooh Low Energy）、Wi-Fi 及 ZigBee 短距离通信技术外，还有 LoRaWAN、SigFox、Weightless、HaLow 等，几种非授权频谱物联网技术参数的对比如表 11-2 所示。

表 11-2 几种非授权频谱物联网技术参数的对比

标准名称	LoRaWAN	SigFox	Weightless			HaLow	RPMA
			Weightless-W	Weightless-N	Weightless-P		
频宽	433/868/780/915MHz ISM	868/902MHz ISM	400～800MHz	Sub-GHz	Sub-GHz ISM	低于 1GHz 的频段免费使用	2.4GHz ISM
范围	2～5km（城市）15km（农村）	3～10km（城市），30～50km（农村），1000km LoS	5km（城市）	3km（城市）	2km（城市）	最大 1km（室内）	>500km LoS
包大小	由用户定义	12B	最小 10B	最高 20B	最小 10B	最高 7991B（没有汇聚），最高 65535B（汇聚）	6B～10kB
上行数据传输速率	约 200kbit/s	欧盟：300bit/s～50kbit/s 美国：900～1000kbit/s	1kbit/s～10Mbit/s	100bit/s	200bit/s	9.6kbit/s、55.55kbit/s 或 166.667kbit/s	
拓扑	星状	星状	星状	星状	星状	星状、树状	典型星状，支持树状

11.2.2.1 LoRaWAN

美国半导体制造商 Semtech 通过并购 Cycleo 公司研发了 LoRa 技术，通过窄带扩频增强抗干扰能力，并增加了接收灵敏度，从而增强了 LoRa 技术的远距离、低功耗特性。Semtech 联合 IBM、Cisco 等公司于 2015 年 3 月建立的 LoRa 全球技术联盟致力于推动 LoRaWAN 标准和产业生态的建立。LoRaWAN 是一种低功耗广域接入技术，以满足物联网和智慧城市场景中的 M2M 需求及 Sub-GHz 非授权频段。

LoRa 具有功耗低、节点多、成本低等特点，且在数据传输上更具弹性，特别适合在智能工厂应用。频移键控（Frequency Shift Keying，FSK）调制是实现低功耗的优化方法之一，被大多传统无线系统采用。LoRa 通过采用 Chirp Spread Spectrum 调频扩频的调制方式增加了通信传输距离，同时具有与 FSK 调制等同的低功耗特征。LoRa 有两种协议栈：LoRaWAN 和 Symphony Link，后者面向高级工业和企业客户，前者是欧洲进展迅速的移动网络。目前，LoRaWAN 已应用在设备管理、医疗保健、工厂、机场服务管理、路灯点亮、自行车和车辆跟踪、可穿戴医疗设备及垃圾管理等领域中。

11.2.2.2 Sigfox

Sigfox 公司研发了工作在非授权频段的低功耗、低成本的物联网专有网络广域技术 Sigfox。通过多方面的优化解决了物联网中的实际传输问题，如精简了数据包格式、系统带宽、网络拓扑和传送网等，从而最小化功耗、最大化传输距离和网络容量。Sigfox 公司从 2012 年开始推广物联网无线服务业务，最早通过使用超窄带（Utra-Narrow Band，UNB）技术来布局低功耗广域网络，这被全球范围内的运营商广泛采用。小规模物联网及 M2M 应用是基于 Sigfox 蜂窝式运营商的主要服务对象。Sigfox 利用二进制相移键控（Binary Phase Shift Keying，BPSK）调制，且带宽很窄，工作频段为 868MHz 和 902MHz。Sigfox 传输信息量小，物联网装置的电力功耗小，适用于水电表、公用路灯控制。此外，Sigfox 限定了下行承载低于 140 条消息的方式，以建立海量连接。其简化的协议栈无须配置参数，无请求连接和信令交互，终端占用指定的频段，借助于 Sigfox Radio Protocol 发射信号，以实现总传输数据量和总功耗最小。虽然这样的协议栈设计简单、节省芯片成本，但是在物联网的接入安全上有很大隐患。

Sigfox 的显著特征为构建一个全球范围内共享的物联网，借助各地授权的运营商提供服务，通常特定地区由特定运营商负责。Sigfox 利用免费的专利授权策略迎来了众多厂商并汇聚于同一生态系统。综上，Sigfox 通过精简灵活的组网和统一数据包规模、传输带宽和频率等方式，聚焦于短信息业务，从而实现了最优传输距离和更低的开销。Sigfox 在稀疏偏远区域的覆盖范围为 30～50km，在密集城市地区的覆盖范围为 3～10km，因此实现了少基站广域覆盖，同时降低了运维成本。

11.2.2.3 Weightless

专为物联网设计的低功耗广域网的 Weightless 无线连接技术采用了 Sub-6GHz 频段，具有功耗低、带宽低和通信距离远的特征。Weightless SIG 鼓励众多公司或组织加盟，追求低成本、低风险的可持续发展。自 2012 年 12 月问世以来，Weightless 制定了三种开放标准：Weightless-N、Weightless-P 和 Weightless-W。

若当地 TV 空白频段空闲，则可使用 Weightless-W 标准。2013 年，Weightless-W 协议标准正式推出，其拓扑结构为星状，可随意接入终端节点且对其余节点无影响。Weightless-W 仅受限于区域性授权，兼容于 Weightless-N 规范，可占用免授权工业科学医学（Industrial Scientific Medical，ISM）频段，从而弥补了旧版本标准难以覆盖全部地区的物联网应用的弊端。

如果考虑成本，可以选择单向通信的 Weightless-N。Weightless-N 占用超窄带宽技术，工作于 Sub-6GHz 免授权的 ISM 频段，信号覆盖范围可达数千米，使硬件及网络开销均有所下降。在该标准下，功耗极低，小型基站的电池寿命普遍较长，各项开销均下降。

如果考虑高性能，可以选择双向通信 Weightless-P。Weightless-P 工作于大部分 SRD（Short Range Device，免授权短距离设备）/ISM 频段，以保证全球范围内的覆盖，同时面向中短型完全认可的双向通信，确保最佳传输速率在 200bit/s～100kbit/s 的范围内。

11.2.2.4 HaLow

HaLow 是 Wi-Fi 联盟制定的 IEEE802.11ah 标准的简称。2010 年，Wi-Fi 联盟宣布起草物联网场景中 1GHz 以下的 IEEE 802.11ah 协议，首次提出了一系列的通信准则，尽可能确保协议适应物联网的未来演进趋势。2016 年 1 月，Wi-Fi 联盟正式公开 IEEE 802.11ah 协议，两年后，名为 HaLow 的标准正式应用。

HaLow 采用非授权的 900MHz 频段。该频段可进行远距离传输，并穿透墙壁通信，然而，HaLow 始终存在能耗大的弊端。此外，HaLow 还具有以下典型特征。

① 大连接：单个无线接入点最多可容纳 8191 个物联网设备。

② 高可靠：加入了多种创新机制，提升了整体可靠性。

③ 更安全：使用 Wi-Fi 的保护无线电脑网络安全系统 2（Wi-Fi Protected Access2，WPA2）加密方式。

④ 更节能：电源管理更灵活，以面向各类应用场景。

⑤ 低成本：改进的射频硬件设计，成本优势更明显。

⑥ 易普及：沿用了 Wi-Fi 的使用和管理方式，便于用户部署和管控。

HaLow 将在智能家居、自动驾驶、智能医疗及工业互联网场景中实现节能应用。

11.2.2.5 RPMA

随机相位多址接入（Random Phase Multiple Access，RPMA）是一种应用于物联网的低功耗广域网技术。除了 RPMA 工作于 2.4GHz 频段，其余 LPWAN 大多工作于 1GHz 以下的频段。RPMA 与其他技术相比主要具有以下五大特征。

① 网络覆盖能力强。RPMA 基站覆盖广度极大，分别仅需要 619 和 1866 个基站便可以为美国和欧洲大陆提供信号，相对应的 LoRa 则分别需要部署 10830 和 43319 个基站，而 Sigfox 技术分别需要部署 6840 和 24837 个基站。基站数目减少后，网络部署和运维成本显著下降。

② 系统容量大。在美国，若物联网中的设备 1 小时能发送 100 字节，则 RPMA 技术可容纳 249232 个终端，然而，利用 LoRa 技术和 Sigfox 技术仅能分别容纳 2673 个设备和 9706 个设备。

③ 最大限度地减少终端能耗并延长电池寿命。RPMA 利用功率管控和通信确认的方式降低重传次数，从而在通信空闲状态降低功耗，以延长电池寿命。

④ 统一频率下漫游的便捷性。RPMA 占用免费的 2.4GHz 频段，因此采用该技术的设备可实现全球范围内免费漫游。Sigfox 在欧洲的频段为 868MHz，在美国的频段为 915MHz，然而，由于上述频段在中国已被使用，因此漫游难度较大。

⑤ 双向通信，可以广播。RPMA 为双向通信模式，采用广播控制终端设备。Sigfox 和 Lora 分别为单向通信和半双工通信。

在物联网应用领域中，RPMA 技术的优势明显，积极推动了物联网在中国的建设。至今，RPMA 技术已经成功进入智能家电、公共节能设施等领域。

11.3　物联网典型应用

物联网应用随着技术的成熟和产业的推进呈现出发展趋势的多样化。首先，用户的多样化需求驱动着物联网向前稳步发展，应用与需求呈现相辅相成的关系。其次，物联网应用也由面向行业逐步演进为面向个人应用，借助于芯片智能采集信息，再由互联网传递信息，信息采集、处理、通信的链条演变得越来越方便、稳定和高速，使物与物、人与物可以进行互联。至今，物联网应用从速率、时延和可靠性的角度可以概况为以下三大场景。

场景一：低时延、高可靠业务。如远程医疗、自动驾驶等对网络吞吐量、低时延和可靠性要求很高的应用。

场景二：中等需求类业务。此类业务不需要较高的吞吐量，某些应用对移动性和语音方面的要求较高，如智能穿戴等。

场景三：低功耗广域覆盖业务。典型的 LPWA 业务，如智能家居、智能物流和环境监控等。

11.3.1　智慧医疗

通过对医疗卫生体制的改革，形成了数字卫生医疗体系。智能医疗服务奠定了医疗事业蓬勃发展的基础，这得益于计算机、物联网、下一代移动通信技术对医疗行业的赋能。借助于智慧医疗手段，医疗质量显著提升，看病费用的增长得到了一定程度的抑制。智慧医疗还会协助医生精确诊断，使得医务工作者、相应的药物供应商等整个医疗生态中的各类群体获益。医疗信息平台的建立可以高效协同全局医疗资源，以人为本，为病人服务。如今，在一些应用场景中，远程医疗、家庭健康监护及移动医疗车等均有成功的应用案例。

（1）远程医疗

远程会诊作为一项医疗协同业务，基于电子健康档案的云服务数据中心，在整合医疗机构丰富的数据资料的基础上，实现医疗机构之间的远程影像会诊、远程临床交互和远程医疗资料共享等功能，并能够大大提升大医院的医疗资源利用率，有助于通过远程医疗会诊，有效整合医疗资源，有效缓解乡镇等地区的病人“看病难”的问题。

（2）家庭健康监护

作为人口基数极大的中国，老龄化问题日渐突出。由于生理因素，老人到了一定年岁后对密切的健康监护和疾病治疗的迫切需求使得家庭健康监护服务亟须发展。

医疗传感器节点不但能收集各类人体医疗参数，如血压、血糖、心率等，还能动态实时监测医疗数据。这些数据可通过无线通信等技术实时上传至云端进行健康监护。医疗网关可将采集到的数据存储、处理并在上位机中显示，还可以按需传输至医疗机构方便远程问诊等。智慧医疗的其他研究项目如表 11-3 所示。

表 11-3　智慧医疗的其他研究项目

主 要 功 能	功 能 简 介
健康检测及咨询	感知病患身体的各类健康指标参数，给予专业医疗建议
医院信息化平台	紧急呼叫、查房、重监、病患定位等服务
药品安全监控	实时追踪、共享药品购买信息等
医疗废物管理	高效的医疗废品处理机制
医疗设备管理	对医疗设备运行状态实时监测，确保稳定运行
公共卫生控制	基于 RFID 的医疗体系检查和溯源机制

11.3.2　智能交通

工业化与城镇化促进了汽车产业的发展，汽车产业的发展又刺激了经济的发展，但是大量汽车的使用带来了一系列问题，如公共交通、能源环境等问题。针对物联网场景中基于人工智能的公交管理、车辆智能扣费等问题，通过将先进的移动通信、物联网、卫星定位等信息技术集成应用于城市公共交通运输、汽车信息服务等场景，开展智能协同调配、电子服务和酒驾惩处等应用，实现交管智能化的目标。

通过在公交车内、站台内安装摄像头，运用 4G 通信模块进行数据传送，可以为公交运营单位提供对公交车辆和站台的远程实时监控。借助于全球定位系统（Global Positioning System，GPS）技术，不再需要人工来实现车辆追踪、油耗管控及车辆到站时间预测等功能。无线通信技术可协同优化多种信息服务资源。借助于定位和电子导航技术，经由开放接口，车载设备实现通信、安防、娱乐等一体化智能信息服务，同时为拥有车队的企业和其他机构提供驾驶员行车行为和轨迹监控、车辆运行状态管理及运营调度服务。至今，基于 GPS 的车辆检测调配平台已落地应用多年，如图 11.4 所示。监控中心作为整个车辆监控调度的核心，在接收到车辆定位信息后，可将车辆实时位置和运行状态等信息实时传送至电子地图上显示，同时以车辆图标的方式显示汽车行驶的方向，对车辆进行实时追踪管控。监控中心还使用语音或指令对指定车辆进行实时控制。监控中心可与车辆进行实时通信，并可任意调取车辆的即时位置信息，以便协助对行驶车辆的调度。此外，监控中心还可远程采集车辆的报警信息，远程协助车辆稳定运行。在车辆穿行通过信号覆盖不到的区域时，车辆监控调度平台会接收到车辆的线下运动轨迹数据，待信号恢复后，车辆终端继续将本地信号上传至云端。同时，借助于系统开放的通信接口，行管机构、客户等可对车辆进行实时监控或与其他平台交换数据，实现信息共享。

高速公路电子不停车收费系统（Electronic Toll Collection，ETC）是智能交通的常见应用之一，借助于移动通信技术、自动控制技术和网络标识等技术识别车载信息，进行流动车辆信息识别、信息录入，在出口处进行智能扣费服务，实现车辆行驶中的智能收费。未来，物联网智能交通主要研究面向城市交通的大系统，利用物联网的感知、传输与智能技术，实现人、车、路、环境设施、云端的深度协同融合，如车联网、无人自动驾驶技术等。智能交通愿景图如图 11.5 所示。

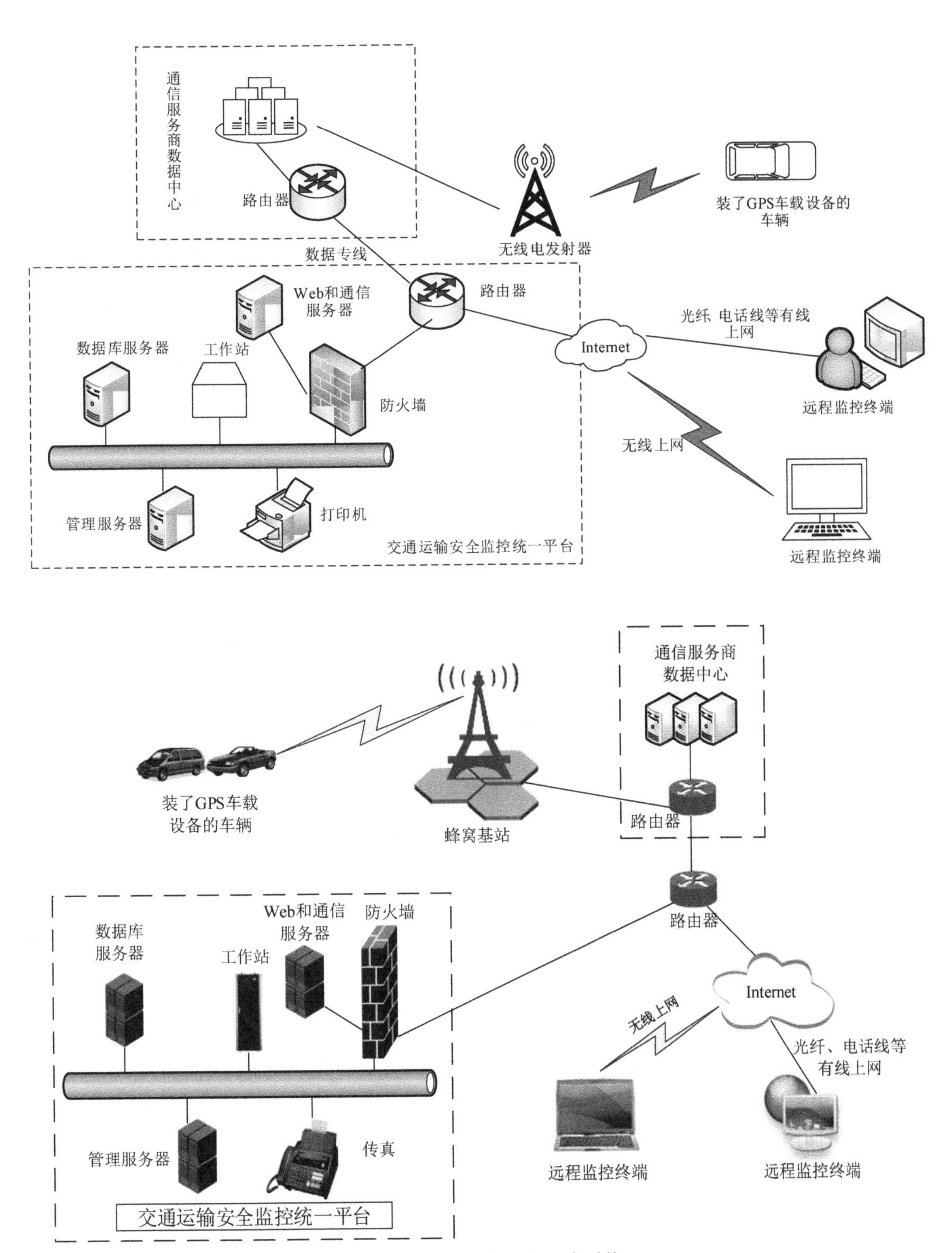

图 11.4　GPS 车辆监控调度系统

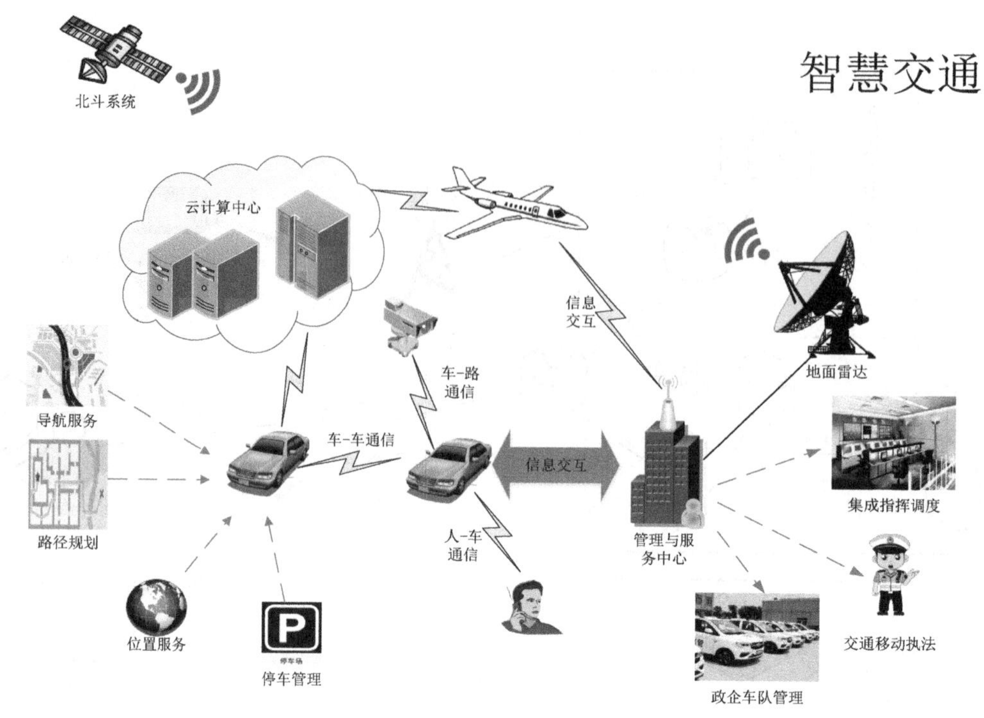

图 11.5　智能交通愿景图

11.3.3　智能电网

支撑我国国民经济的重要基础设施之一是电力。在传统电网的基础上新增了物联网技术，从而衍生出智能电网，智能电网显著提升了信息感知、信息交互和智能管控的能力。我国智能电网的建设主要由发电、输变电、用电、调度和信息管控等部分组成。物联网技术赋能电网构建的各个环节，可以全方位地提高信息感知程度、支撑电网信息流、保障业务流安稳传输，以实现智能化电力系统管控。

物联网在智能电网中的作用如下。

（1）深入的环境感知

随着物联网应用的深入，智能电网从发电到用户用电全程涉及的所有设备均可利用各类传感器对周遭环境参数进行实时监测，以便于迅速辨别动态环境对智能电网的影响；根据对电力设备各类参数的监控结果，可实时准确地了解设备运行情况，有助于及时发现用电全程中设备可能发生的故障，以便迅速处理故障，保障系统安稳运行；借助于通信技术，统筹电力设备、输电线路和过程环境的实时数据，通过信息智能管控，提升电力设备的自愈能力。

（2）全面的信息交互

电力生产、配电传输、终端设备均可通过物联网有机整合，网络技术可对电力输送的各个环节的数据进行智能处理。

（3）智慧的信息处理

智能电网系统中从源端发电厂到用户终端的所有电力设备组成了物联网，整个过程涉及的全部数据可监测，其反映了配电网所有工作的运行状态，数据挖掘和信息处理等手段可对配电网中的所有数据进行分析，并提取智能电网的有用数据，从而达到全局资源的优化调配和节能的目的。

现今，智能电网的典型应用包括输变电线路、变电状态监控和智能抄表等。可借助于各种传感器，监测高压输电线路及其他硬件设施的温度、振动、杆塔倾斜，甚至是人为破坏等情况。将采集到的数据回传至控制中心，再通过对各个环节的感知环境、电线电路状态、运行状态等信息进行智能分析处理，实时监控输变电线路、杆塔与设备的参数，并进行预警诊断，从而对故障进行快速监测、定位、维修，为输变电系统安全运行提供支持。借助于传感器和 RFID，变电站状态监测系统通过采集变电站设备相关信息并上传至控制中心进行信息监测与处理，以实现电网准确预警和安稳运行。NB-IoT 远程抄表如图 11.6 所示，智能抄表就是抄表终端采集相关用电数据后通过电信运营商网络发送给后台，也可以通过短信网关发送至用户终端，相应的用户可通过 PC 和手机终端对抄表终端进行实时数据查询。

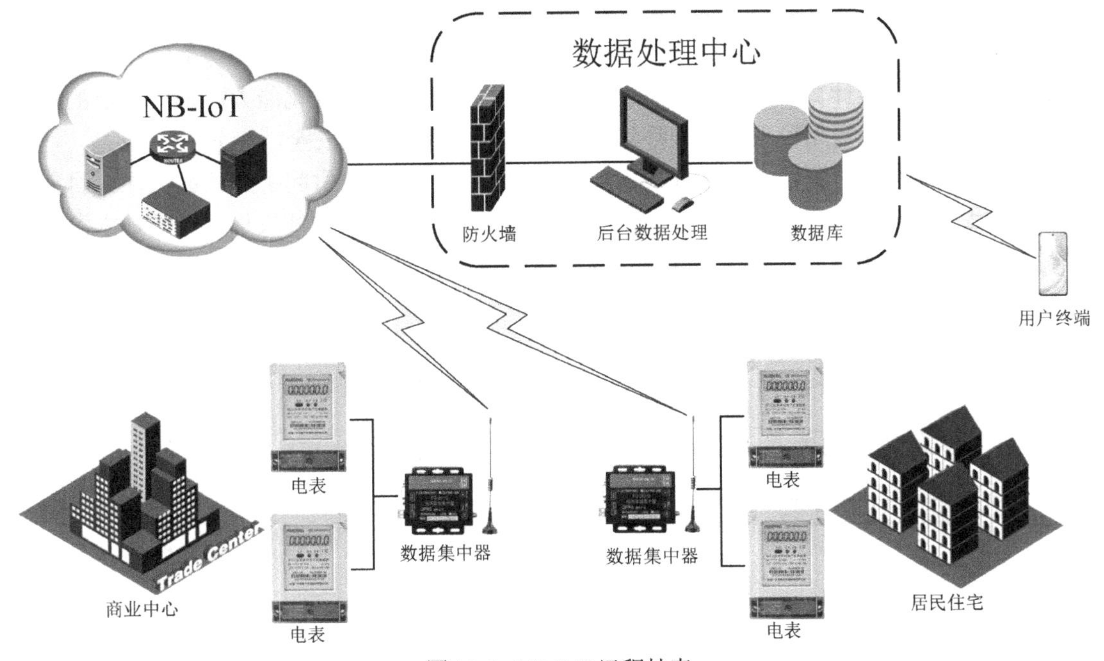

图 11.6　NB-IoT 远程抄表

基于 GPRS 的 NB-IoT 远程抄表改善了人为效率低下的问题，NB-IoT 低功耗的特征延长了终端的待机时间。同时，NB-IoT 技术具有超强的覆盖能力，其覆盖范围可由地面至地下空间。

5G 通信技术的发展加速了物联网融合智能电力系统的发展，使智能电网从发电到用电整个过程的效率均得到了提升，电力系统也朝着更智能、经济、安稳的方向演进。基于无线直放站（Integrated Access Backhaul，IAB）技术的电力无线专网，在覆盖的深度和广度方面均体现了灵活高效的特性，特别是改变 IAB-node 数量后，可根据应用场景的类别进行覆盖面积的弹性扩展。

11.3.4　智能环保

全球环境随着科技的发展面临着重大挑战，物联网可作为改善环境问题的关键策略之一。因此，物联网融合环保催生了智能环保技术。将物联网技术应用于数字环保，旨在达到环境管控的“智能”和“智慧”。

物联网的本质是利用传感器和其他技术，在感知层感知、获取传感器信息。在网络层，实时传送感知到的信息，并进行适当处理，如利用数据挖掘和信息处理等技术对数据进行整合、提炼。根据用户需求，在应用层对环境破坏行为进行预防和改进，并将物联网技术投入环保应用中。物联网为环保系统进行故障诊断、智能检修，并通过采集的数据间接调整传感器状态，开展早期的环保防治工作。

基于传感器技术对采集到的各类大气、土壤、排放量及周遭环境等信息进行变化追踪，为环保治理、防灾减灾提供决策依据。工业互联网的发展驱动着环保应用不断优化，从环境监测逐步发展到对生态圈环境变化的监测。通过网络对环境数据进行实时传输、存储、分析和利用，对环境质量及其变化做出正确的评价、判断和处理。将物联网感知技术应用于环境保护中，重点是采用传感器设备对生态环境等信息进行实时监测，从而对污染物排放量进行遏制，实现环境污染风险防治。物联网智能感知技术是物联网应用的全方位扩展。物联网技术在环境监测场景中的应用，融合了传感器采集信息的能力，借助于多种传输网络的带宽承载能力，集成高性能计算、海量数据存储、数据挖掘与数据的可视化能力，形成当前的环境信息采集平台，该平台相较于传统的环境监控方法，更加可靠、安全、高效。

物联网融合环境监测技术已然成为近年来交叉学科的热点，引起了广泛的关注。目前，一些系统已经在应用物联网融合环境监测技术，保护生态环境及物种成长。例如，太湖环境监测系统、大鸭岛海燕生态环境监测系统及高原海拔山区气候监测系统、地质结构监测项目等，图 11.7 所示为大气环境质量在线监测系统。

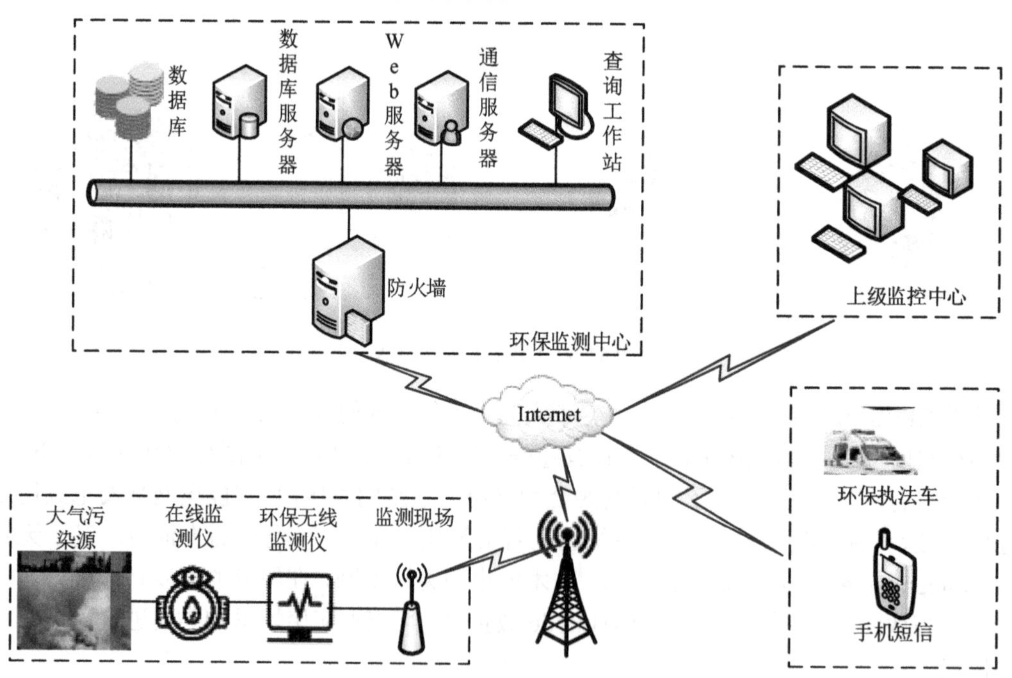

图 11.7　大气环境质量在线监测系统

11.3.5　智能安防

物联网囊括了安防平台请求的所有元素，改进安防体系最有效的方式是实时感知、精准定位和控制等。安防系统在引入物联网后将更具有可扩展性，也进一步驱使安防应用于多个领域。物联网满足了安防领域的多种需求，安防是技术落地较多的应用领域。物联网技术赋能安防系统逐渐从简易化系统演进为综合智能化系统，城市安防具体涉及机动车辆、购物商圈、道路监控和职能部门人员等。特别是针对诸如机场、码头、水电气厂、桥梁大坝、河道和地铁等关键场所，利用物联网技术并借助无线通信技术、室内追踪技术等构建全面的 360 度防护。智能安防系统通常由门禁、报警和监控三部分组成。

出入口控制报警系统由目标标识系统、出入信息管理控制系统和控制执行机构三个方面构成，旨在借助现代信息技术实现楼宇出入口人流的进出记录和报警等。出入口目标识别及门锁开关设备组成了出入口控制报警系统的前置部分，经有线专网传输，显示模块、管控模块和通信设施等设备组成了该系统的终端部分，一般采用专有的门禁控制器，还可借助计算机网络等技术智能化协同监控各个门禁控制设备。为了增强安全性，应经常对防盗报警、视频监控和消防设施实行统筹协作。出入口目标识别系统可借助于生物特征和编码标识对人和物体进行精确识别。防盗报警系统可应用于楼宇室内外或企业外部空旷环境等。防盗报警系统的前置设备由各类报警传感器或探测设备构成；系统终端为显示、监控和通信设施；控制方式包括专有报警控制器和报警控制平台，对实时性、可靠性的要求极高，漏报警的情况严禁发生。考虑人为因素的不可控性，系统应设置 110 报警中心联网接口。

视频监控报警系统是楼宇建筑公共场所室内外常见的安防设施。该系统的前置设备为各类摄像头、视频监测报警设备等；系统终端设施为显示、记录和控制设施；控制方式包括专有视频监控和视频控制平台。中央控制器统筹管控视频监控报警系统、防盗报警和出入口控制系统。

安全是安防的目标，防范是安防的手段，其关键之处在于事先预警，这恰恰是物联网技术所擅长的。特别是针对覆盖面积广、监测目标庞大和连续性需求大的公共安全监测物联网，一旦各类设备、人员及环境出现问题，传感器网络可及时发现并分析采集到的信息，快速进行预警，实现安全防范目标。

物联网在安防领域的应用具有前所未有的市场前景。物联网可感知公共安全场景中的各类环境参数，一旦发现不安定因素，及时告警，以便快速控制事态协助撤离，减少多方面损失。可借助于物联网技术强化关键地区、关键区域的视频监控及预警，有效提升网络传送和数据处理能力；借助于电子标签、视频监管等手段，可提升对易燃易爆物品、垃圾分类处理、新冠病毒防控等全过程的监控；借助于公共显示器、感知器等设施，可提升对石油开采、火灾火警等现场环境信息的采集、分析及处理。

11.3.6 智能家居

将物联网应用于智能家居场景中，不但能为家居生活增光加彩，还具有以下优势。

（1）高效节能

智能家居设备的运行状态可根据室内外环境和用户请求自适应达到最佳节能状态。传感器实时采集室内环境信息，根据湿度、温度和光线等信息智能控制加湿器、空调和照明灯的开关状态等。可通过传感器获取家庭环境相关参数，并根据湿度、温度、光亮度和时间等参数的变化智能地控制空调、空气净化器和加湿器等。

（2）使用方便，操控安全

用户可使用各种媒介（如智能手机、网络等）对各类家庭设备、电器的工作状态进行远程操作。例如，下班后，在路上就可以操作电饭煲煮饭；天气冷时，可提前打开空调，使房间变暖；通过手机就可以操控窗帘、开灯等。用户在对家庭智能控制平台或智能家电发送控制命令时，要经过指纹或其他身份认证，采用加密方法传送指令，以确保系统的安全性。家庭安防系统能够主动发觉并防治入室抢劫等非法行为，还能够自动监测意外情况，如煤气泄漏、室内起火等。在发生异常时会自动报警，用户也可以远程通过手机查看室内的这些状态。研究智能家居的目的就是要实现对供热、照明、温度、门禁、安全性、娱乐和通信的自动控制。

图 11.8 所示为 NB-IoT 智能锁应用示例。智能锁一方面可以防止外人非法入侵，当有人试图开锁时，门锁会采集异常数据自动发给用户，提醒用户有异常行为；另一方面也方便人们在未带钥匙的情况下能够通过密码和指纹的方式打开门锁。

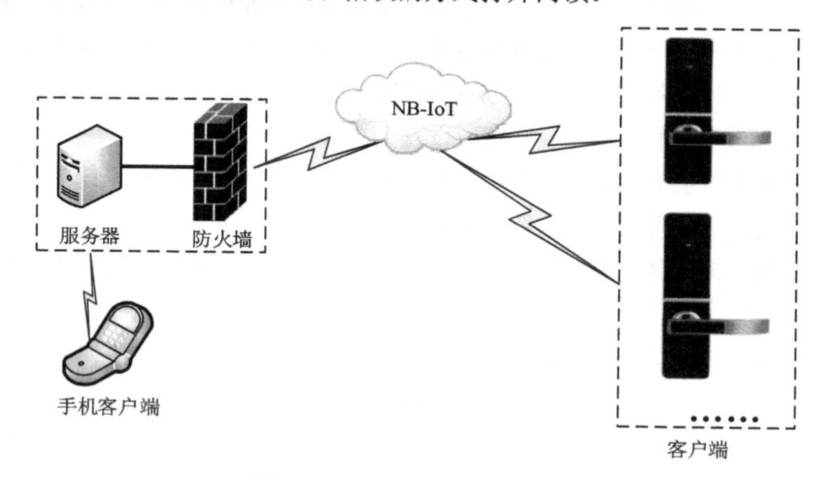

图 11.8　NB-IoT 智能锁应用示例

11.3.7　智能物流

物联网在物流领域的应用是物流智能化的有效途径，这两者的关系具体表现为以下几个方面。

第一，物联网技术参与智能物流的全过程。随着社会的发展，物品的生产、流通和销售逐步专业化，连接产品生产者与消费者之间的运输、装卸和存储逐步发展成专业化的物流行业。智能物流借助于集成化技术，颠覆了现有物流管控方式，实现了货品从提供者向接收者的智能转运过程，具体包含智能运输、存储、配送、装卸、信息获取、处理等多项基本行为。

第二，智能物流具有精确、协同与智能的特征。借助于 RFID 与传感器技术，从集采、入库、配送、运送等过程对物品实现了精确控制，制造、采购和运输的成本也大大降低。大数据对物流与产品流动、销售等数据进行分析，实现了业务流程的最优状态。物联网成为实现智能物流运行实时监控及决策的有力技术手段。

人为或地域因素对传统物流配送的多个流程的影响较大。智能物流的关键是实现全过程自动化、网络化。借助于物联网技术能够对全程进行监控和决策。一旦物流平台收到信息请求，能够在短时间内提供周密的配送方案。例如，某些行业巨头的自动化物流平台实现了机器人装卸、无人搬运、智能分拣及出库，物流中心与企业信管系统无缝对接，物流作业与生成制造全程智能化。

从物流供给、生产、运输到销售都有物联网的参与。物联网在物流原始数据采集中利用 RFID 和传感器技术，在物流运输时采用 GPS、无线通信技术开展精确定位、追踪与分配，在销售中使用电子订货和销售 POS 设施。智能信息化是物流发展的大方向，它不受限于库存情况、物流路径选取、自适应追踪控制、智能分拣运维、物流配置输送集中管控等，此外关于配送物品的相关信息均存储在指定的数据库中，还可根据特定状况获取智能的策略和指导。加之采用物联网相关技术，物流开销进一步降低，配送效率进一步提升。物联网提升了物流行为的一体化，可按需为客户提供定制化物流服务。

目前，基于物联网技术的智能物流的典型应用包括智能运输管理系统、RFID 智能仓储管理系统、智能配送管理系统、智能包装系统和智能保兑系统等。综合运管系统是在一定的体系下实时、多角度、全方位、精准、高能效的运输管控系统。基于 RFID 的智能仓储管理系统在标记过的物品经过被分辨区域时，采用 RFID 读写器进行智能无触碰读写，出库、入库、盘库、周转过程均实现了智能化。基于 GIS、GPS 和无线通信技术的智能配送管理系统广泛应用于物流配置输送机构，包括实时监控、双向通信、动态调配与配送路由等子系统。智能包装系统采用了 RFID、材料学、现代控制和人工智能等技术提升包装效率。智能保兑系统借助物联网技术可实时掌握从银行承兑到仓单质押信用传导路径中的各类异常状况，向生产商告警并回购质押物资。

未来，5G 通信技术可强化物流物联网平台的优势。在用户网购商品后，该平台便在用户手机终端与店铺商品间构建一座无形的桥梁，以便用户可以实时追踪商品的物流情况，同时，快递人员可以利用物流物联网平台有效规划商品路径，以便最大化物流效率和提升用户满意度。在信息化时代，智能物流有利于实现对国家资源的优化配置，促进产业结构调整，改善民生，提高经济效益。

11.4　小结

物联网借助现代通信技术将人、机、物联系起来，实现万物互联。从 5G 物联网应用来看，物联网设施之间的连接可降低网络层设备的使用数量，且对各类建筑进行智能化升级，不但节约了成本，又提升了数据传输的安全性、可靠性。随着 5G 技术的进一步成熟，不断扩大的 5G 基站部署将显著提升物联网的应用优势。5G 与物联网的深度融合，驱动着智能电网、智能交通及智能家居等多应用行业的发展，物联网可助力各行业高效智能发展。

参考文献

[1] 李建功. 物联网关键技术与应用[M]. 北京：机械工业出版社，2013.
[2] 张鸿涛，徐连明，刘臻，等. 物联网关键技术及系统应用[M]. 2 版. 北京：机械工业出版社，2017.
[3] 海天电商金融研究中心. 一本书读懂移动物联网[M]. 北京：清华大学出版社，2016.
[4] 赵绍刚，李岳梦. 5G：开启未来无线通信创新之路[M]. 北京：电子工业出版社，2017.

[5] 戴博，袁戈非，等. 窄带物联网（NB-IoT）标准与关键技术[M]. 北京：人民邮电出版社，2016.
[6] 吴功宜，吴英. 物联网技术与应用[M]. 2 版. 北京：机械工业出版社，2018.
[7] 江林华. 5G 物联网及 NB-IOT 技术详解[M]. 北京：电子工业出版社，2018.
[8] 吴功宜. 智慧的物联网[M]. 北京：机械工业出版社，2010.
[9] 宋航. 万物互联物联网核心技术与安全[M]. 北京：清华大学出版社，2019.

第12章

5G 车联网应用

当前，我国正全面推进智能交通系统的发展与应用，将新一代信息通信技术、传感与控制技术等应用于城市交通管理体系，最终建立一套安全与高效并重的城市交通管理系统，以减少城市道路交通事故，提高城市交通安全性和效率。作为智能交通系统的重要组成部分，车联网通过建立车与车、人、路、网之间的通信，结合先进的 5G 技术，进一步提升车辆对道路行驶环境的感知与决策功能。本章将围绕 5G 车联网展开，介绍车联网背景、车联网标准体系、车联网频谱，并重点讲解车联网系统的通信模式，最后简要解析车联网安全架构及机制。

车联网

12.1 车联网背景

汽车作为现代社会重要的交通工具，在给我们的生活带来便捷的同时，也面临着交通安全、城市拥堵、环境污染等问题。在此背景下，车联网（Vehicle-to-Everything，V2X）技术应运而生，该技术可实现车辆与周围的车、人、交通基础设施和网络/云（平台）等的全范围连接和高效准确的信息通信。车联网技术广泛应用的优势在于，首先车辆通过与周围车辆、行人、道路等周围环境的实时有效信息交互，提前辨别危险情况并提示驾驶者（人类驾驶员或车辆控制器），可有效提高驾驶安全性，降低交通事故发生的概率；其次，车辆通过收集和分析实时的道路数据，可给出合理的出行规划，缓解交通拥堵，降低油耗。

作为未来智能交通系统（Intelligent Transportation System，ITS）的关键技术，车联网将建立人—车—路—云之间的动态信息交互与有效协同，结合 5G、人工智能、大数据、雷达感知和高精度定位等技术，满足目前智能交通系统在汽车行驶安全、效率提升和信息服务等方面的需求，并为自动驾驶与无人驾驶系统提供技术支撑。图 12.1 所示为智能交通示意图。

目前，全球车联网技术的发展分为两大主阵地，如图 12.2 所示。一方以欧美主推的专用短距离通信（Dedicated Short Range Communications，DSRC）技术为核心，另一方以我国主推的蜂窝车联网技术（Cellular V2X，C-V2X）为核心。

在美国，DSRC 是主要研究技术，其主要通信模式包括车辆与车辆（Vehicle to Vehicle，V2V）和车辆与道路基础设施（Vehicle to Infrastructure，V2I）之间的信息交互，支持点对点或点对多点通信，具有传输速率高、传输时延低和传输可靠性高的特点。图 12.3（a）所示为 DSRC 的网络架构示意图，车辆与安装在路侧的路侧单元（Road Side Unit，RSU）进行短距离通信。美国已经形成对 DSRC 技术的关键核心专利的垄断，而欧洲各国也在 Drive C2X、

C-ITS corridor、simTD 等项目中，测试研究智能城市、交通管制与环境保护等交通场景，日本、新加坡等国基于美国的标准，也相继提出了各自的 DSRC 通信标准。

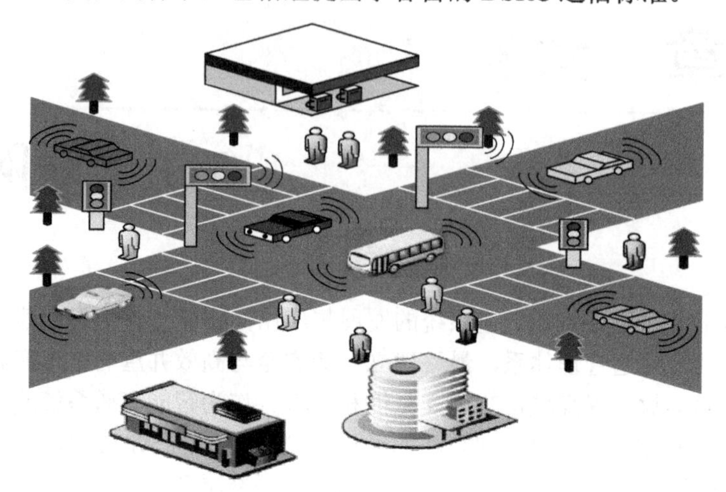

图 12.1 智能交通示意图

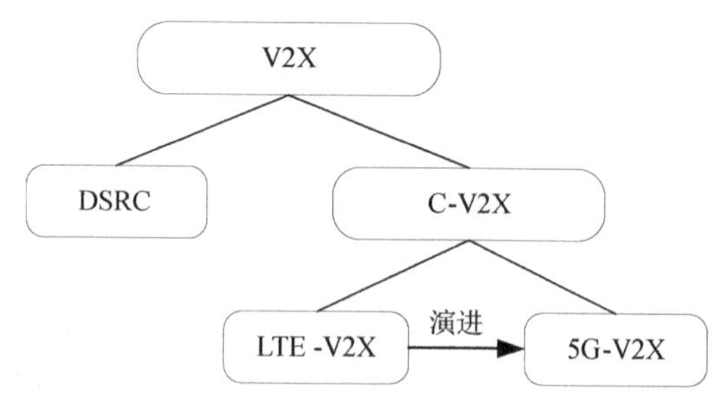

图 12.2 车联网技术分类与演进

由于我国在前期缺乏 DSRC 核心知识产权与产业基础，同时 DSRC 技术缺乏广阔的发展前景，在面对多样化的车辆互联应用场景和设备需求时，中国考虑以蜂窝网通信系统为主，进一步发展 C-V2X 车联网通信技术。相比于 DSRC，C-V2X 具有明显的优势。一方面是其传输容量更大，覆盖范围更广，可靠性更高，能够支持更高的移动性；并且 C-V2X 可复用现有基站，部署成本低。而 DSRC 需要部署路侧单元，成本高且周期长，只可能分布在重点道路，无法实现全道路覆盖。另一方面，C-V2X 是全球通用标准，在规模效应下，可大幅降低模块、芯片成本，而 DSRC 分为美国、欧洲、日本三个阵营，体系相对分散；蜂窝通信产业链成熟，可以利用成熟的芯片、终端产业基础。2013 年，我国大唐电信首次对外公布基于长期演进技术的车联网 LTE-V 技术，现已成为第三代合作伙伴计划（The 3rd Generation Partnership Project，3GPP）的 LTE-V2X 标准。LTE-V2X 作为基于蜂窝网的车辆通信技术，在 4G 基站的支持下，可满足车辆通信对高移动性、低时延、高可靠、高速率的基本通信需求。无论是对 LTE-V2X，还是对其性能补充的 NR-V2X（New Radio V2X，即 5G-V2X）技术，都可以最大限度利用已部署的基站和终端芯片平台等资源，降低部署成本。图 12.3（b）所示为 C-V2X 的网络架构示意图。

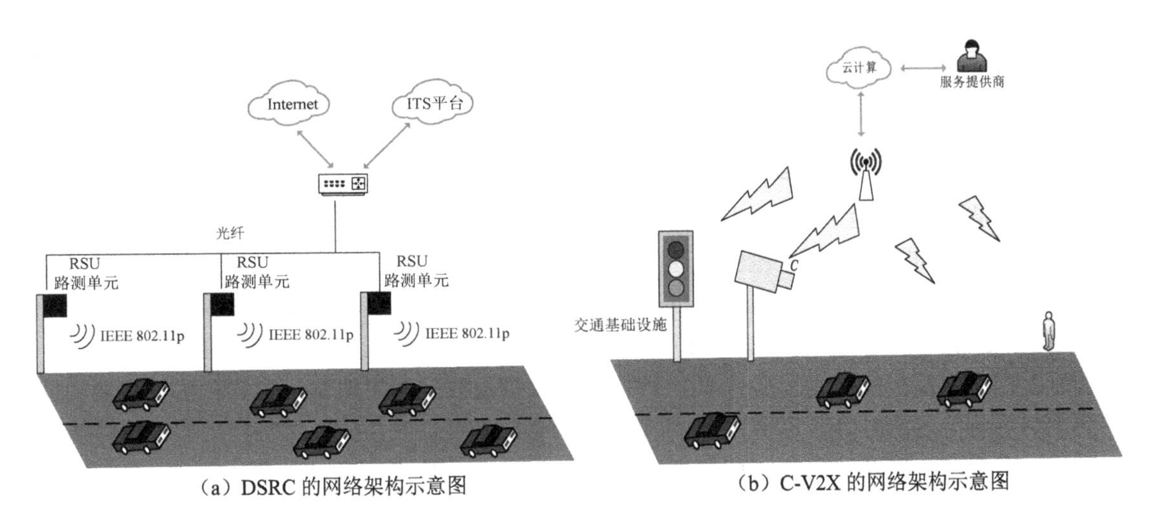

（a）DSRC 的网络架构示意图

（b）C-V2X 的网络架构示意图

图 12.3　DSRC 和 C-V2X 的网络架构示意图

当前，车联网技术的发展趋势包括智能化和网联化两个技术层面，各国研究人员聚焦于研究智能网联汽车（Intelligent and Connected Vehicle，ICV）、自动驾驶（Automated Driving）等不同阶段的应用。随着 5G 商用进程的推进，面对自动驾驶、远程驾驶等新场景应用，DSRC 技术显得力不从心，并且该技术标准的演进发展一度停滞。C-V2X 的出现正好可以弥补 DSRC 的不足，以满足未来高级别自动驾驶用例的高速率、高可靠、低时延及高移动性等需求。

12.2　车联网标准体系

目前，全球许多研究组织和机构都在积极参与车联网标准化工作，这些组织主要包括 3GPP、美国电气和电子工程师协会（Institute of Electrical and Electronics Engineers，IEEE）、国际电信联盟（International Telecommunication Union，ITU）、国际标准化组织智能运输标准化技术委员会（ISO/TC204）、欧洲电信标准化协会智能运输标准化技术委员会（ETSI/ TC ITS）和中国通信标准化协会（China Communications Standards Association，CCSA）等。截至 2019 年年底，基于 IEEE 802.11p 的 DSRC 标准与基于 3GPP 的 LTE-V 技术标准已经基本完成，而 5G-V2X 技术的标准化过程还在进行中。

DSRC 标准目前尚未形成统一的国际标准，不同国家在制式、频段和调制方式等方面存在差异，如表 12.1 所示。

表 12.1　美国、日本、欧洲的 DSRC 标准

属　性	美　国	欧　洲	日　本
主要应用对象	V2V、V2I	V2V、V2I	V2V、V2I
通信标准	IEEE 802.11p、IEEE 1609.x	ETSI ES 202 663	ARIB STD-T109
工作频段	5850～5925MHz	5855～5925MHz	755～765MHz
信道带宽	10MHz（7 信道）	10MHz（7 信道）	10MHz（1 信道）
访问方式	CSMA/CA	CSMA/CA	CSMA/CA
接入方式	OFDM	OFDM	OFDM

续表

属　性	美　国	欧　洲	日　本
传输速率	3～27Mbit/s	3～27Mbit/s	3～18Mbit/s
输出功率	23～33dBm（200mW～2W）	23～33dBm	20dBm

DSRC 是基于 IEEE 802.11p 的自组网（Ad Hoc Network）通信技术。虽然美国、日本、欧洲的 DSRC 标准存在差异，但它们主要基于 IEEE 802.11p 协议。以美国 DSRC 标准——WAVE（Wireless Access in Vehicular Environments）协议为例，参考经典的开放系统互联参考模型（Open System Interconnect，OSI）七层体系架构，同时将其分为管理平面和数据平面，管理平面控制协议栈的行为及参数[21]，数据平面负责数据信息的传输，WAVE 协议栈架构图如图 12.4 所示，主要由 IEEE 802.11p 和 IEEE 1609 协议族组成，分别负责物理层和媒体访问控制层的下半层，以及访问控制层的上半层和更上层的应用。

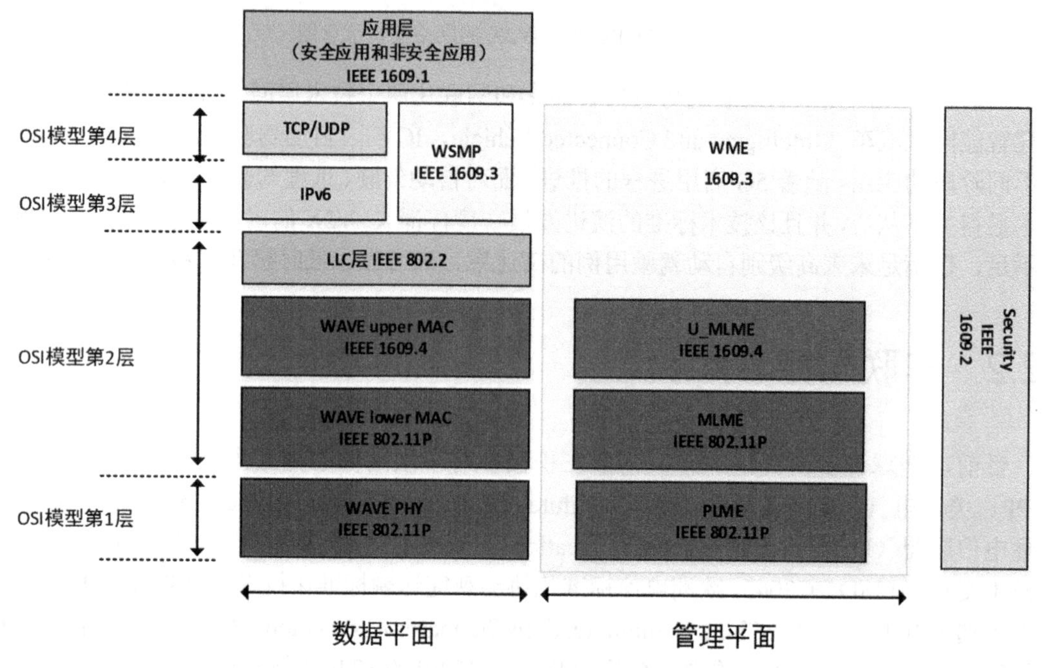

图 12.4　WAVE 协议栈架构图

ITU-T 从 2003 年就开始与众多国际标准化组织合作，致力于智能交通系统（Intelligent Transport System，ITS）和汽车通信的标准化研究。在 2009—2013 年期间，先后成立 FG CarCOM（Focus Group on Car Communication）工作组，开展车载通信、语音识别等方面的研究。其主要研究方向包括车载设备是否支持 V2V 和 V21 的通信功能，以及与 ICT（Information and Communication Technology，ICT）设备的开放接口、节能减排的优化机制等。

3GPP 关于 LTE-V 的标准化进程：2015 年 2 月，3GPP SA1#69 次会议开始了 R14 LTE-V SI“基于 LTE 的 V2X 业务需求”的课题研究，标志着 3GPP LTE-V 的标准化研究工作正式启动。截至目前，根据 3GPP 标准[1-5]3GPP LTE-V 的标准化进程如图 12.5 所示。

① SA1：截至 2017 年 03 月，SI/WI 主要完成了对 LTE-V2X 的基本需求和用例分析工作，并发布了技术规范；截至 2017 年 6 月，SI/WI 完成了 LTE-eV2X 的需求分析工作，并发布了技术规范。

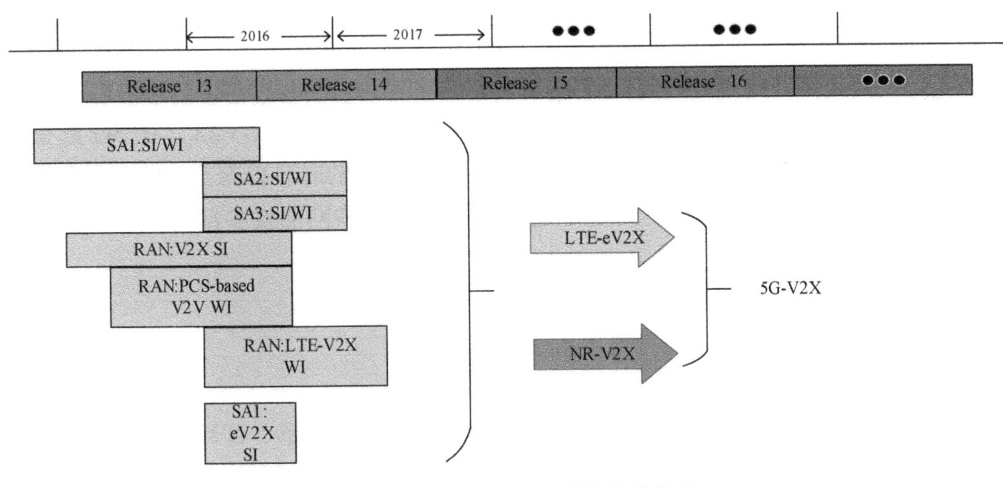

图 12.5　3GPP LTE-V 的标准化进程

② SA2：截至 2017 年 6 月，SI/WI 主要完成了对 LTE-V2X 的架构设计工作，并发布了技术规范。

③ SA3：截至 2017 年 6 月，SI/WI 主要解决了 LTE-V2X 的安全问题，并发布了技术规范。

④ RAN：截至 2016 年 6 月，完成支持 V2V 场景的空中接口初始标准，在 2017 年完成 LTE-V2X 场景的空中接口初始标准。

⑤ NR-V2X 将会是 LTE-eV2X 的有效补充，共同构成 5G-V2X。

根据 3GPP 发布的 LTE-V 的正式需求规范（TR 22.185），LTE-V、DSRC、LTE 的性能指标对比如表 12.2 所示。此表不仅给出了 LTE-V 的性能指标，还给出了 DSRC 和 LTE 的性能指标用作对比。

表 12.2　LTE-V、DSRC、LTE 的性能指标对比

参　数	LTE-V PC5	DSRC	参　数	LTE-V Uu	LTE
应用领域	V2V/V2P/V2I	V2V/V2I		V2N	V2N
最大支持绝对车速	250km/h		最大支持车速	500km/h	120～350km/h
最大支持相对车速	500km/h	200km/h			
数据传输速率	12Mbit/s	3～27Mbit/s	峰值速率	上行 500Mbit/s 下行 1Gbit/s	上行 50Mbit/s 下行 100Mbit/s
典型数据包大小（周期性）	50～300Byte				
最大数据包大小（事件触发）	1200Byte				
最大发送频率	10Hz	10Hz			
最大时延	100ms <50ms， 分布式：15ms	100ms <50ms，	时延	用户平面≤10ms 控制平面≤50ms E2E：100ms	用户平面≤10ms 控制平面≤100ms
通信范围	500～600m 响应时间为 4s	300～500m	最大覆盖范围	1km	1km

然而，LTE-V2X 技术的发展并未终止，3GPP 将在 R15 和 R16 中的 uRLLC 场景继续研究 LTE-V2X 的演进技术——NR-V2X。2018 年 6 月，3GPP 全会上通过了 NR-V2X 标准立项，其中，将 5G 新接口 New Radio 与蜂窝网络的 V2X 统称为 NR-V2X。在 5G 超密集网络、移动边缘计算及网络切片等关键技术的支持下，车联网的时延降至 3～10ms，数据可靠性提升至 99.99%，同时，利用原有的基础设施，可以使车联网的设备部署成本更低。

12.3 车联网频谱

频谱资源是支撑无线通信技术商用的前提，为了实现智能交通、道路安全等应用，欧、美、日、韩等地区和国家已经为 ITS 相关应用分配了频谱资源。频谱资源是 ITS 部署无线通信技术的必要基础，国际划分标准一致有利于形成产业规模经济。为了给 ITS 寻求全球或区域性统一频谱，2019 年，世界无线通信大会 WRC-19 设立相关议题，建议将 5.9GHz 频段或其中的一部分作为 ITS 的全球或区域统一频段[6]。

美国是最早为车联网分配频谱的国家，在 1999 年就分配了 5.9GHz 频谱上的 75MHz 用于车联网，如表 12.3 所示。其中，172 号信道专门用来传输与公共安全相关的重要业务，178 号信道用作传输控制信道，184 号信道用于发送高功率公共安全业务。该频段规划的支持技术为 DSRC。随着 C-V2X 技术的发展，美国联邦通信委员会（Federal Communications Commission，FCC）在 2019 年建议将 5.895～5.925GHz 的 30MHz 保留作为 ITS 专用频段，其中，5.905～5.925GHz 的 20MHz 用于 C-V2X，而 5.895～5.905GHz 的 10Hz 可用于 C-V2X 或 DSRC，并于 2020 年 2 月发布了 NPRM 向公众征求意见。同年 11 月，FCC 宣布将 5.895～5.925GHz 的 30MHz 分配给 C-V2X 使用，这标志着美国正式宣布放弃 DSRC 并转向 C-V2X[6,7]。

表 12.3 美国 5.9GHz 频段的现有划分情况[6]

5.850GHz		CH175			CH181		5.925GHz
5850~5855 Reserve 5MHz	CH172* Service 10MHz	CH174 Service 10MHz	CH176 Service 10MHz	CH178 Control 10MHz	CH180 Service 10MHz	CH182 Service 10MHz	CH184* Service 10MHz

*CH172 和 CH184 用于与公众安全相关的应用

欧盟在 2008 年以专有频谱的形式将 5.875～5.905GHz 频段应用于 ITS 的道路安全应用，并且将 5.855～5.875GHz 用于 ITS 的非道路安全应用。欧盟电子委员会于 2020 年 3 月建议扩展 ITS 道路安全应用为 5.875～5.925GHz，但在 5.915～5.925GHz 需要考虑对轨道 ITS（Rail ITS）的保护。对于 5.855～5.875GHz 的非道路安全应用，需要满足欧盟短距离设备（Short Range Device，SRD）的管理要求[6]。欧盟 5.9GHz 频段规划如表 12.4 所示。

表 12.4　欧盟 5.9GHz 频段规划[6]

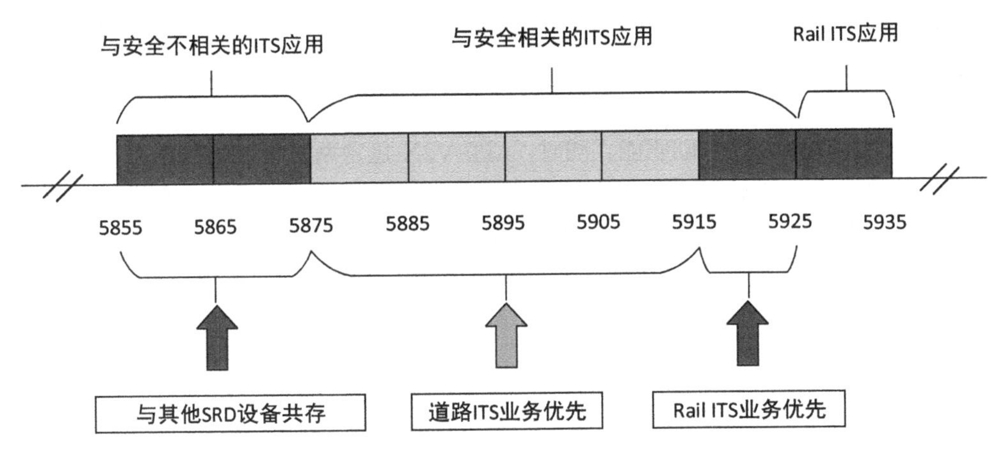

欧盟在上述频段中只是确定了支持的应用，即道路安全应用及非道路安全应用等，并没有制定具体的通信技术。欧盟的技术路线尚在讨论中，但其会按照技术中立的原则进行考虑。

我国早年在 2013 年就将 5.725～5.850GHz 频段作为智能交通专用无线通信系统（如 ETC）、宽带无线接入系统等无线使用频段。华为、大唐等设备商参与 3GPP 标准化小组，积极推进 LTE-V2X、LTE-eV2X 及向后演进的 NR-V2X 的标准化进度。3GPP 在 R14 阶段增加了 B47 专门负责直接通信模式业务，工作频率范围为 5.855～5.925GHz 频段，支持单载波 10MHz、20MHz 带宽的 LTE-V2X 技术。同时，也支持最多 20MHz 的带内载波聚合应用场景。2018 年，我国工信部下发了关于直通通信使用 5.905～5.925GHz 频段的管理规定（暂行），正式声明将 5.905～5.925GHz 频段划分为车联网应用的专用通信频段，总计 20MHz 带宽的频率资源，应用对象是基于 LTE 蜂窝移动通信的 V2X（车与车、车与设施、车与人的直接通信）车联网通信核心技术，其中，对 V2V 分配 10MHz 频谱，对 V2I 分配 10MHz 频谱。LTE-V2X 直通通信无线电设备的技术要求如表 12.5 所示。

表 12.5　LTE-V2X 直通通信无线电设备的技术要求[6]

项　目		要　求
工作频率范围/MHz		5905～5925
信道带宽/MHz		20
发射功率限值/dBm	车载或便携无线电设备	26
	路边无线电设备	29
载频容限		$\pm 0.1\times 10^{-6}$
邻道抑制比/dB		大于 31

12.4　LTE-V2X

12.4.1　LTE-V2X 的技术发展历程

V2X 是指车与外界设施及设备的短距离无线通信。按照工作模式可以分为四类：第一类，

V2V 汽车与汽车通信，负责车辆间的规避、紧急制动和安全车距等自主安全类服务功能；第二类，V2N（Vehicle to Network）汽车与网络互联通信，负责实时路线规划、高峰路段避让和目的地地图下载等辅助出行职能；第三类，V2I 汽车与道路基础设施直接通信，负责道路规范、车辆运行监控等监管职能；第四类，V2P（Vehicle to Pedestrian）汽车与行人测距预警，负责规避行人、礼让行人等基础职能。同时，LTE-V2X 包含两种无线通信网络部署：第一种是集中式通信系统（LTE-V-Cell），以基站为分布中心，主要用于支持汽车与道路基础设施之间的无线通信；第二种是分布式通信系统（LTE-V-Direct），支持在汽车与汽车之间的直接通信。LTE-V2X 的网络架构如图 12.6 所示，能满足多种场景需求。

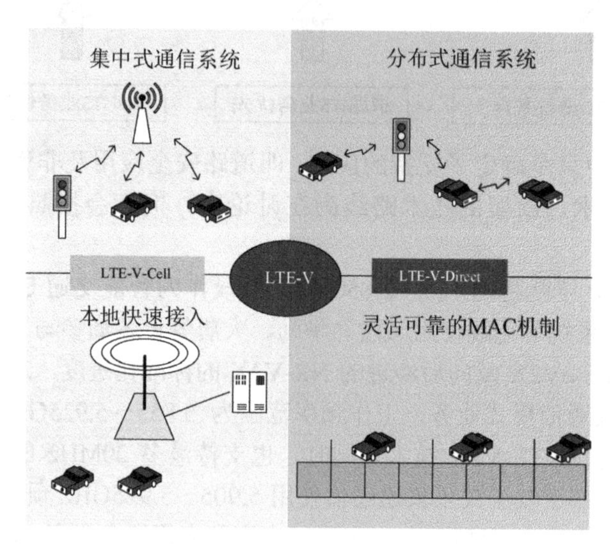

图 12.6　LTE-V2X 的网络架构

目前 ITU 及主流国家看好并研究的是 C-V2X 蜂窝车联网技术，该技术由蜂窝网技术演变而来，包含了 LTE-V2X 及演进的 NR-V2X 技术。与 DSRC 相比，LTE-V2X 的优势是大容量、抗干扰性强和覆盖范围广。另外，采用 LTE-V2X 技术后可以重复利用现有的搭建好的蜂窝移动网络基础设施。LTE-V2X 与 DSRC 的主要性能比较如表 12.6 所示。

表 12.6　LTE-V2X 与 DSRC 的主要性能比较

通信系统	时　延	数据速率	传输距离	绝对速度
DSRC	<50ms	24～216Mbit/s	330m	120km/h
LTE-V2X	<50ms	96Mbit/s	500～600m	250km/h
5G-V2X	≤1ms	8Gbit/s	1000m	500km/h

12.4.2　LTE-V2X 通信模式

基于 LTE 蜂窝网络的 LTE-V2X 技术包括两种通信方式：蜂窝通信方式和直通通信方式，分别通过 Uu 和 PC5 接口进行通信，也可将两者有机结合，用户可根据自身业务需求灵活地选择通信方式[8]。对于工作频段，Uu 接口可工作在 4G 授权频段，PC5 接口可工作在 ITS 频段下。LTE-V2X 作为世界上首个 C-V2X 技术，其在业内确立了一系列技术准则，如基本网络架构、控制方式和资源分配等技术。在其基础上继续演进的 NR-V2X（5G-V2X）也遵循类似的网络架构和技术框架[6]。

（1）蜂窝通信方式

在车联网中，蜂窝通信方式就是前面提到的 LTE-V-Cell 模式，需要将基站作为控制中心，由基站完成集中式调度、干扰协调和拥塞控制等。基于蜂窝网络的车联网通信可保证其接入效率、业务的连续性和可靠性，但需要工作在蜂窝网络的覆盖范围内。这种方式通过 Uu 接口进行通信，并且为了保证 V2X 业务，对 Uu 接口进行了一定的增强设计。

（2）直通通信方式

车联网中的直通通信方式就是前面提到的 LTE-V-Direct 模式，无须基站作为支撑，定义了车辆之间的通信方式。直通通信方式可用于支持对低时延、高可靠、高移动性有较高需求的业务，可工作在蜂窝网络覆盖范围内和覆盖范围外，同时可与蜂窝通信方式有机结合，保证通信的连续性和可靠性。这种方式通过 PC5 接口进行通信。

根据 3GPP TS 22.185，LTE-V2X 需要支持 4 种 V2X 通信，包括 V2V、V2I、V2P 和 V2N，如图 12.7 所示。不同的 V2X 通信使用的通信链路和对应的接口有所不同。在蜂窝网络通信方式中，基于蜂窝网络架构，通过 Uu 接口进行终端和基站之间的上行链路（Uplink，UP）和下行链路（Downlink，DL）通信；在直通通信方式中，终端和终端之间直接进行通信，通信链路称为直通链路（Sidelink，SL），该链路使用 PC5 接口。

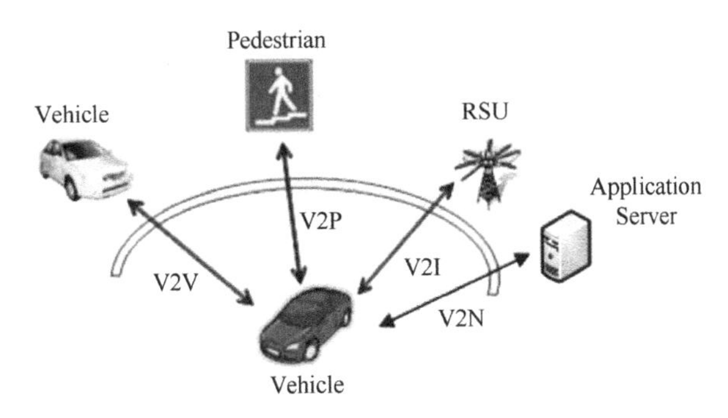

图 12.7　LTE-V2X 支持的 4 种 V2X 通信[1]

在实际应用中，基于 Uu 接口的蜂窝通信方式可以为车辆通信提供高数据传输速率，可满足长距离、大数据量及对时延要求不高的 V2X 通信需求，但这种通信方式只能工作在蜂窝网络的覆盖范围内。基于 PC5 接口的直通通信方式可以提供车辆与车辆之间的直接交互，避免交通事故发生，如车辆碰撞，可满足低时延、高可靠的短距离 V2X 通信需求，这种通信方式可工作在蜂窝网络的覆盖范围内、部分覆盖及覆盖范围外。这两种通信模式的典型工作场景如下所示。

场景 1：仅支持基于 PC5 接口的 LTE-V2X 通信

这种通信模式就是直通通信模式，基于 PC5 接口支持 V2V / V2I / V2P 工作场景，V、P 及 RSU 共享频谱池资源位于 5.9GHz 频段。其通信参与者均为 UE，数据传输不需要经过 LTE 蜂窝网络。场景 1 的通信示意图如图 12.8 所示。

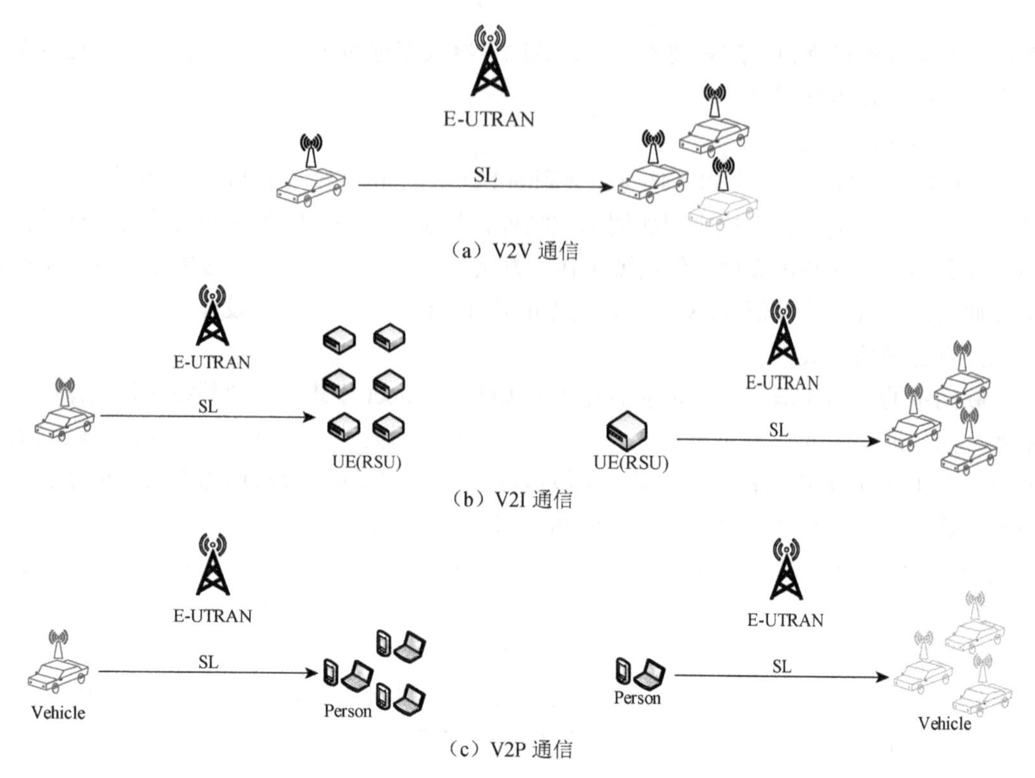

（a）V2V 通信

（b）V2I 通信

（c）V2P 通信

图 12.8　场景 1 的通信示意图

场景 2：仅支持基于 Uu 接口的 LTE-V2X 的通信

基于 Uu 接口的 LTE-V2X 系统支持 V2I / V2P / V2N 工作场景，即蜂窝通信方式，如图 12.9 所示。RSU 为 LTE 基站，因此 V2I 通信实际上就是车载终端 UE 和基站之间的通信。对于通过 Uu 接口的 V2P 通信，通信参与者均为 UE，数据的传输需要经过基站转发，其基本通信过程为发送端 UE 通过上行链路的 Uu 接口将上行数据发送给基站，然后基站通过下行链路的 Uu 接口将下行数据发送给接收端 UE。在 V2N 通信中，将云端的应用服务器部署在 LTE 蜂窝网络中，因此也是使用 Uu 接口传递信息的。

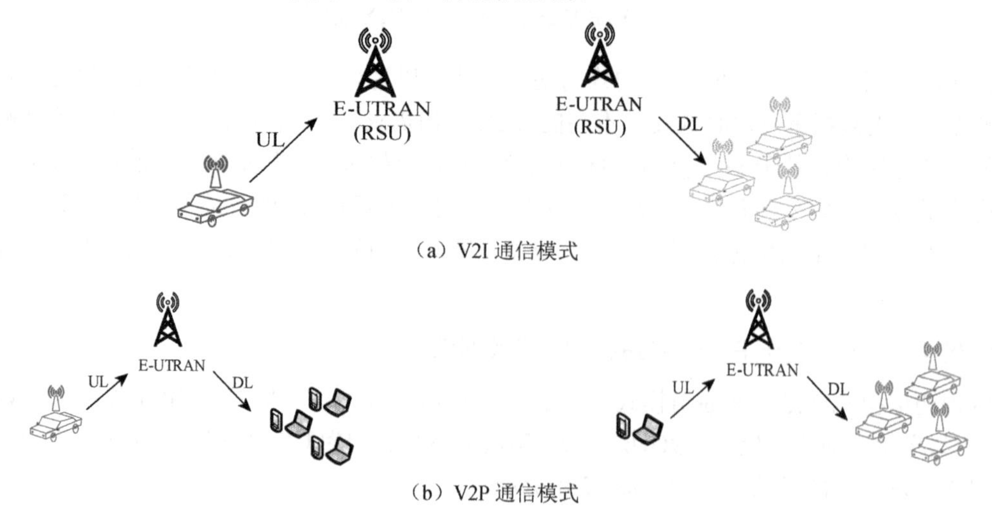

（a）V2I 通信模式

（b）V2P 通信模式

图 12.9　场景 2 的通信示意图

（c）V2N 通信模式

图 12.9　场景 2 的通信示意图（续）

场景 3：同时支持使用 Uu 接口和 PC5 接口的 V2V 通信

在 3GPP 在 Release 36 版本中，针对 V2V 通信场景，又提出了一种同时支持使用 Uu 接口和 PC5 接口通信的模式。

第一种情况，UE 首先将车联网信息发送到直通链路 SL 中的其他 UE。接收端的 UE 之一是 RSU 类型，其在 SL 中接收消息并在上行链路中将其发送到 E-UTRAN（Evolved Universal Mobile Telecommunication System Terrestrial Radio Access Network）。E-UTRAN 从 UE 类型的 RSU 接收 V2X 消息，然后在下行链路中将其发送到本地区域的多个 UE。为了支持这种情况，E-UTRAN 执行 V2X 消息的上行链路接收和下行链路传输。对于下行链路，E-UTRAN 可以使用广播机制，如图 12.10 所示。

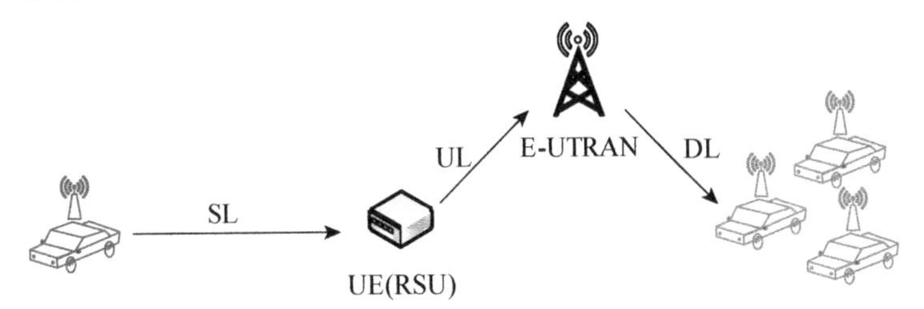

图 12.10　同时支持使用 Uu 接口和 PC5 接口通信的 V2V 通信模式 1

第二种情况，在上行链路中，UE 向 E-UTRAN 发送 V2X 消息，并且经由 E-UTRAN 通过下行链路将消息发送到一个或多个 UE（RSU）。随后，UE（RSU）将通过 SL 发送到其他 UE[24]。为了支持这种情况，E-UTRAN 执行 V2X 消息的上行链路接收和下行链路传输。对于下行链路，E-UTRAN 可以使用广播机制，如图 12.11 所示。

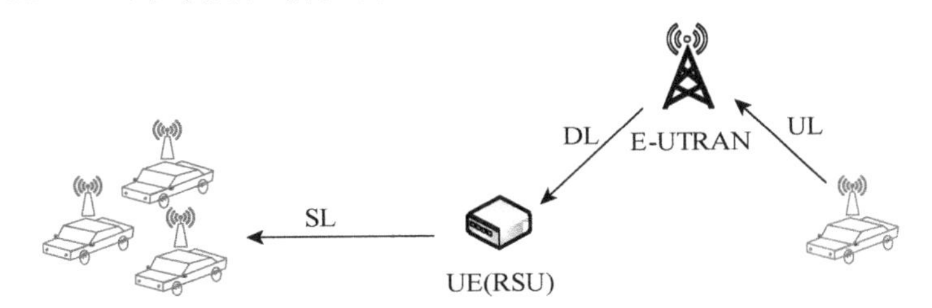

图 12.11　同时支持使用 Uu 接口和 PC5 接口通信的 V2V 通信模式 2

12.4.3　LTE-V2X 网络架构

在 3GPP 中，基于 LTE 4G 网络架构提出了 LTE-V2X 网络架构，可以支持蜂窝通信和直通通信两种互为补充的通信方式，满足车联网应用的性能需求。

在 3GPP Release 12 中，扩展并定义了 LTE 网络架构的功能，使其可以支持使用 Uu 接口和 PC5 接口通信。为了支持 V2X 的业务需求，3GPP SA2 工作组在充分利用已有的 LTE 架构的基础上，进一步设计了 LTE-V2X 网络架构[9]。基于 LTE 4G 蜂窝网络的 LTE-V2X 网络架构包括核心网、接入网及用户终端组成部分，并可以支持使用 Uu 接口和 PC5 接口通信，LTE-V2X 网络架构如图 12.12 所示。对网络架构中新增的接口定义进行了总结，如表 12.7 所示。

V2X 中通过 Uu 接口进行的通信尽量利用已有的蜂窝通信系统，并在网络架构中引入新的网元——V2X 应用服务器（V2X Application Server，VAS），在核心网中通过 SGi 接口与服务网关（Serving Gateway，SGW）、数据网关（PDN Gateway，PGW）连接。VAS 在应用层进行消息的发送、接收和转发处理。终端侧的 V2X 应与网络侧的 VAS 通过使用 Uu 接口通信的方式在 V1 接口上进行对等通信。

面向低时延传输需求时，网络架构中引入了 UE 间直通通信的 PC5 接口，UE 间的直通通信不经过任何网络侧的网元，可明显降低传输时延。此处的 UE 既可以代表车辆、行人等移动终端，也可以代表固定在路侧的路侧单元 RSU 等。

在图 12.12 中，V2X 消息的传递有以下几种方式。

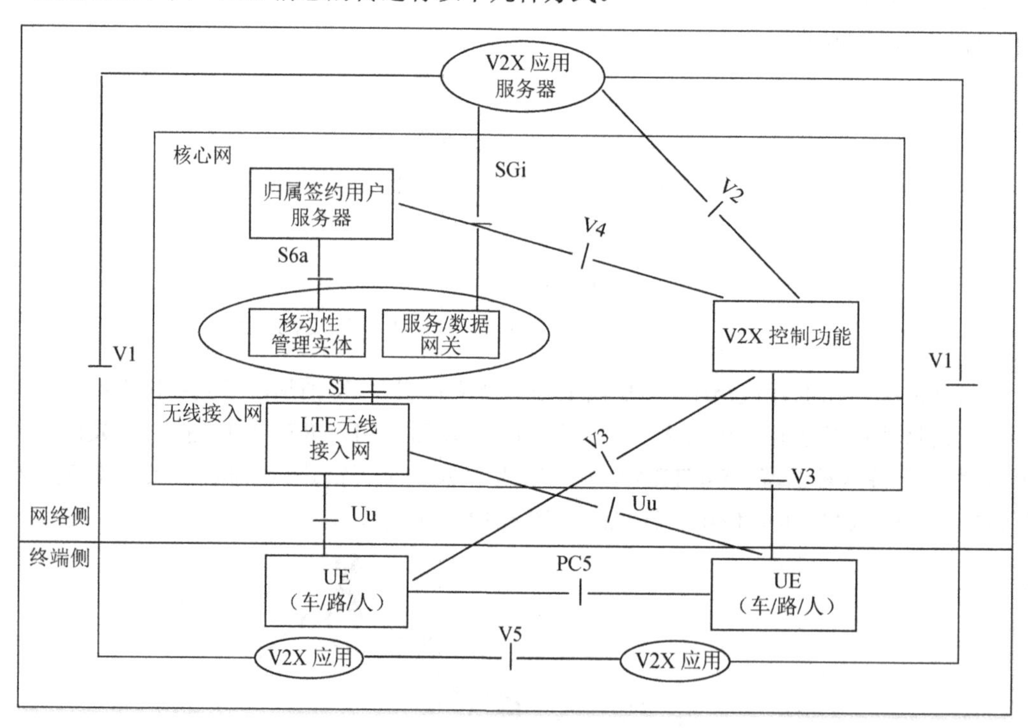

图 12.12　LTE-V2X 网络架构[6]

① 通过 Uu 接口：消息的传输需要经过 LTE 网络，也需要经过 VAS，并使用上、下行链路。此种方式适用于 V2V、V2I、V2P 及 V2N。

② 通过 PC5 接口：即 UE 间使用直通方式进行信息传输，不需要经过 LTE 无线接入网。此方式适用于 V2V、V2I 及 V2P。

在图 12.12 中，LTE-V2X 在核心网引入了 V2X 控制功能单元（V2X Control Function，VCF），用于支持与 V2X 业务相关的网络控制功能，如 V2X 授权等。

在 Uu 通信方式下，数据传输经过的网元多，传输时延大，即使将 VAS 进行本地化部署，降低部分回传时延，端到端传输时延仍然大于 UE 间直通的传输方式。另外，LTE-V2X 的传输需求是 UE 向邻近 UE 进行信息广播，而在蜂窝通信系统中，下行承载是由 UE 逐个建立的单播通信，为支持下行传输，要为每个 UE 建立下行通道，空口效率很低。相比之下，PC5 接口上的无线传输天然就具有广播性质，发送 UE 的信号可以同时被不限数量的邻近 UE 接收，效率明显高于 Uu 方式。此外，PC5 方式并不依赖蜂窝网络，可以支持蜂窝网络覆盖外的通信。因此，PC5 方式是 LTE-V2X 技术和标准的研发重点，而 Uu 方式尽量重复 LTE 4G 蜂窝通信系统的技术。

表 12.7　基于 PC5 接口和 Uu 接口的 LTE-V2X 网络架构新增接口[6]

新增接口	功　能
V1	V2X 通信设备应用与 V2X 应用服务器间的接口
V2	运营商网络中 V2X 应用服务器与 V2X 控制单元之间的接口
V3	运营商网络中 V2X 通信设备与 V2X 控制单元之间的接口
V4	运营商网络中归属签约用户服务器（Home Subscriber Server，HSS）与 V2X 控制单元之间的接口
V5	不同 V2X 通信设备的 V2X 应用之间的接口
V6	不同 PLMN 的 V2X 控制单元之间的接口
PC5	LTE-UE 之间直接传输，不经过网络侧单元
SGi	V2X 应用服务器和 SGW/PWG 之间的接口

12.5　5G-V2X

目前，汽车产业正在经历关键的变革时期，其向智能化和网联化两条路径同时演进。为了解决越来越复杂的道路环境，自动驾驶汽车将不仅依靠自身的传感器信息，还要依靠其他车辆的传感器信息，并且需要车-车间或车-路间的协同决策，而不是单独决策。这给当前已有的通信系统带来了很大的挑战，因为信息必须在极短的时间内高可靠地传输到目的地，而这并不是目前的通信技术可以实现的。5G 能够大大提高通信系统的性能，如减少时延、增强可靠性、在高移动性和高连接密度的情况下提供更高的吞吐量。2015 年 10 月，5GPPP 发布了“5G Automotive Vision”白皮书[10]。其中，来自汽车和电信行业的代表们给出了关于 5G 如何驱动下一代网联和自动化驾驶的愿景，并给出了 5G-V2X 用例和场景等。

12.5.1　5G-V2X 部署场景

在 3GPP TS22.886 中，定义了 5G-V2X 将支持的领域和场景。其中，4 个主要领域分别为编队驾驶、高级驾驶、远程驾驶和传感器共享。另外，5G-V2X 也将为实现高级自动驾驶（L1～L5）奠定全方位的无线通信服务[11,12]。5G-V2X 的通信模式具有五大特点：①支持高精度定位（<0.1m）；②支持优化资源分配和高密度场景下的高可靠连接；③支持不同的 3GPP 无线接入网技术，并兼容不同的覆盖范围和无线网络类型；④支持广播、组播和单播通信；⑤支持根据不同场景需求自适应控制通信可靠性和覆盖范围。本小节对典型应用场景及技术指标需求进行简要介绍。

（1）编队驾驶

编队驾驶可以使车辆动态地组成一队，同向行驶。队伍中跟随车辆从第一辆领航车辆获取信息，以管理车间距及速度等运动参数。通过算法分析数据，计算风阻、油耗、安全车间距等信息，保证车队能够以协调的方式朝相同的方向行驶，且使油耗降低、行车更安全高效。同时，所需的驾驶司机数量大幅减少，降低车队运行成本。如图 12.13 所示，在一个车辆编队中，领航车通常处在车队最前方，车队中的其他车辆为跟随车。在典型的车辆编队中，车辆数目不超过 5 辆，正常状态下，车队中的所有车辆行驶在同一个车道内。

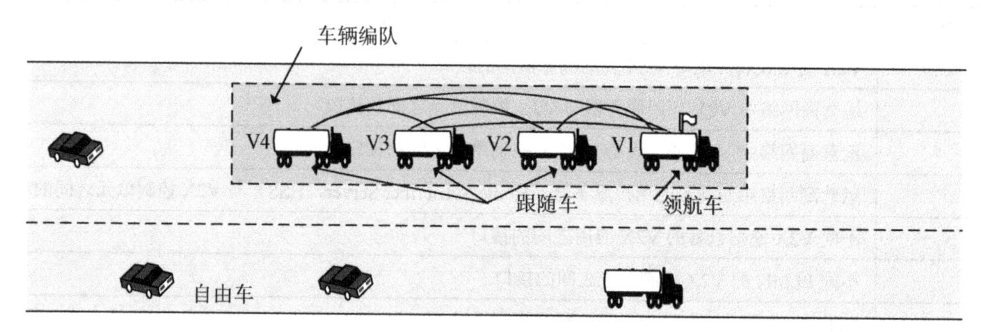

图 12.13　车辆编队

车辆编队的部分通信参数要求如表 12.8 所示。

表 12.8　车辆编队的部分通信参数要求

场 景 描 述	数据包大小/Byte	发送速率/（Message/s）	端到端最大延迟/ms	可靠性
编队内车间距为 1m，且编队速度为 100km/h	50～1200	30	10	—
编队内车间距为 2m，且编队速度为 100km/h	300～400	30	25	90%

（2）高级驾驶

高级驾驶场景分为有限自动驾驶和完全自动驾驶两种应用场景。有限自动驾驶定义为 SAE2 级和 SAE3 级的自动驾驶水平，具备初级的数据交换共享能力。完全自动驾驶定义为 SAE4 级和 SAE5 级的自动驾驶水平，具备高分辨率的数据交换共享能力。在自动驾驶过程中，每个车辆或 RSU 与附近的车辆共享其本地传感器获得的感知数据，并允许车辆同步和协调其轨迹或操作；每辆车也与附近的车辆分享其驾驶轨迹，从而达到更安全的出行、避免碰撞和提高交通效率的效果。图 12.14 所示为路口和紧急刹车场景中的信息交互与共享。

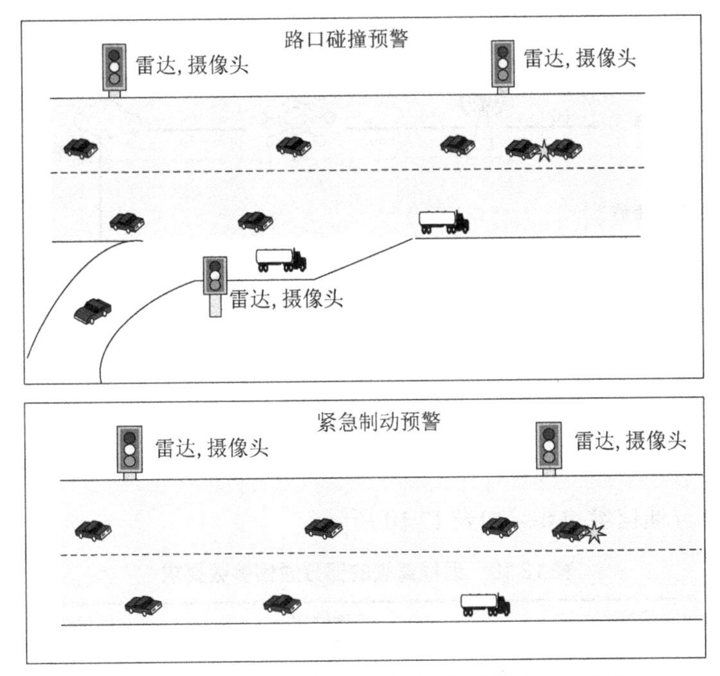

图 12.14　路口和紧急刹车场景中的信息交互与共享

高级驾驶的部分通信参数要求如表 12.9 所示。

表 12.9　高级驾驶的部分通信参数要求

场景描述		数据包大小/Byte	发送速率/（Message/s）	端到端最大延迟/ms	数据传输速率/（Mbit/s）	通信范围/m
在 UE 支持的 V2X 应用范围内	局部的/特定条件下的自动驾驶	6500	10	100	—	10s×最大相对速度（m/s）
	高级自动驾驶	—	—	100	53	5s×最大相对速度（m/s）
在 UE 支持的 V2X 与 RSU 应用范围内	局部的/特定条件下的自动驾驶	6000	10	100	—	10s×最大相对速度（m/s）
	高级自动驾驶	—	—	100	50	5s×最大相对速度（m/s）

（3）远程驾驶

远程驾驶是指车辆由人员或云计算远程控制的驾驶模式。虽然自动驾驶需要大量的传感器和对象识别等复杂算法，但使用较少的传感器就可以实现远程驾驶。例如，远程操作人员通过车辆摄像头获取实时视频，了解车辆的行驶状况和潜在危险，且不需要太过复杂的计算。公交车遵循预定的静态路线和特定的车道，并在预定的汽车站停车。因此，运营这些公交车与运营自动驾驶汽车的要求略有不同。对于公交车，实时视频流不仅包括公交车外图像，还包括公交车内图像，因此远程工作人员还需要对更多样化的场景做出反应，如乘客上/下公交车。此外，当云计算取代人时，可以实现车辆之间的协调。例如，如果所有车辆都遵循其时间表和目的地，那么云计算可以协调每辆车将走哪条路线。这种协调将减少潜在的交通拥堵，减少整体出行时间，从而提高燃油效率，如图 12.5 所示。

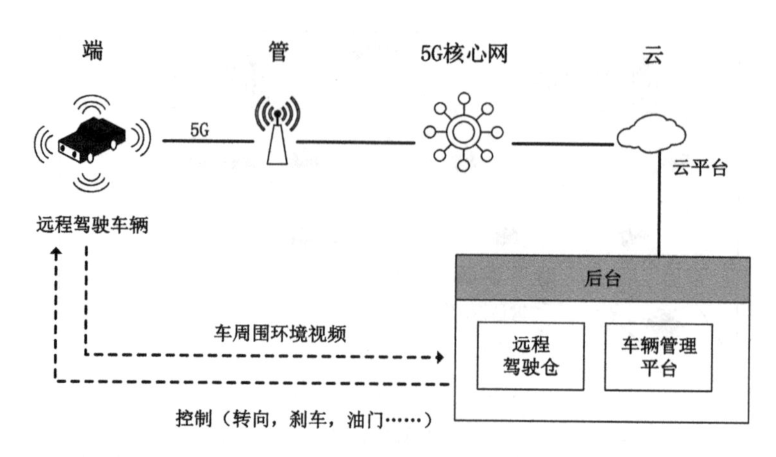

图 12.15　远程驾驶

远程驾驶的部分通信参数要求如表 12.10 所示。

表 12.10　远程驾驶的部分通信参数要求

端到端最大延迟/ms	可靠性/%	数据传输速率/（Mbit/s）
20	99.999	上行速率：25 下行速率：1

（4）传感器共享

传感器共享技术是指车辆与车辆、路边设施单元及行人和 V2X 应用服务器之间交换本地传感器或实况视频图像收集的原始或经过处理的数据。这些车辆可以共享其他设备的传感器采集的数据，从而增加对环境的感知，检测超出本身传感器范围的信息。高数据传输速率是其关键特性之一。该技术支持亚米级定位和低延迟通信服务，同时，支持编队驾驶、自动驾驶等应用场景的数据共享业务。现今，在驾驶员的视野有限的前提下，超视距数据共享可以有效辅助驾驶员预知周边环境信息，从而规避风险。传感器共享如图 12.16 所示。

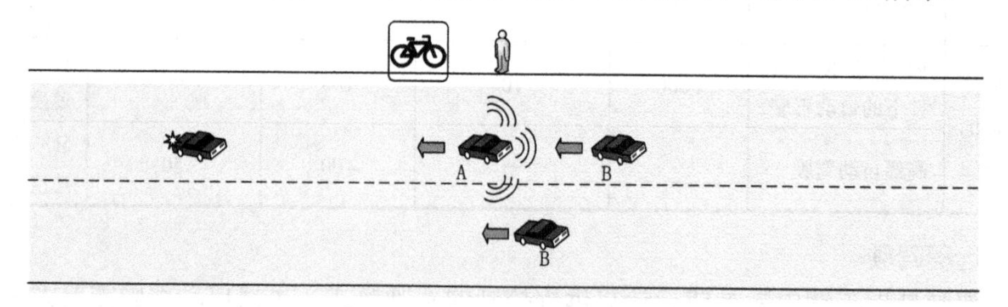

图 12.16　传感器共享

传感器共享的部分通信参数要求如表 12.11 所示。

表 12.11　传感器共享的部分通信参数要求

场景描述		端到端最大延迟/ms	可靠性/%	数据传输速率/（Mbit/s）	通信范围/m
在 UEs 支持的 V2X 应用范围内	控制驾驶/有限自动驾驶	50	90	10	100
	完全自动驾驶	10	99.99	700	500

12.5.2　5G-V2X 网络架构

5G-V2X 继承了 LTE-V2X 的基本系统架构和直通链路关键技术，既可以工作在 5G 网络覆盖范围内，也可以工作在 4G 网络覆盖范围内。5G-V2X 网络架构设计要能够灵活支持上述两种覆盖情况，具体可参见 3GPP 协议 TS 23.287。5G-V2X 仍在研究中，图 12.17 所示为 5G-V2X 的参考网络架构，5G-V2X 参考接口说明如表 12.12 所示。

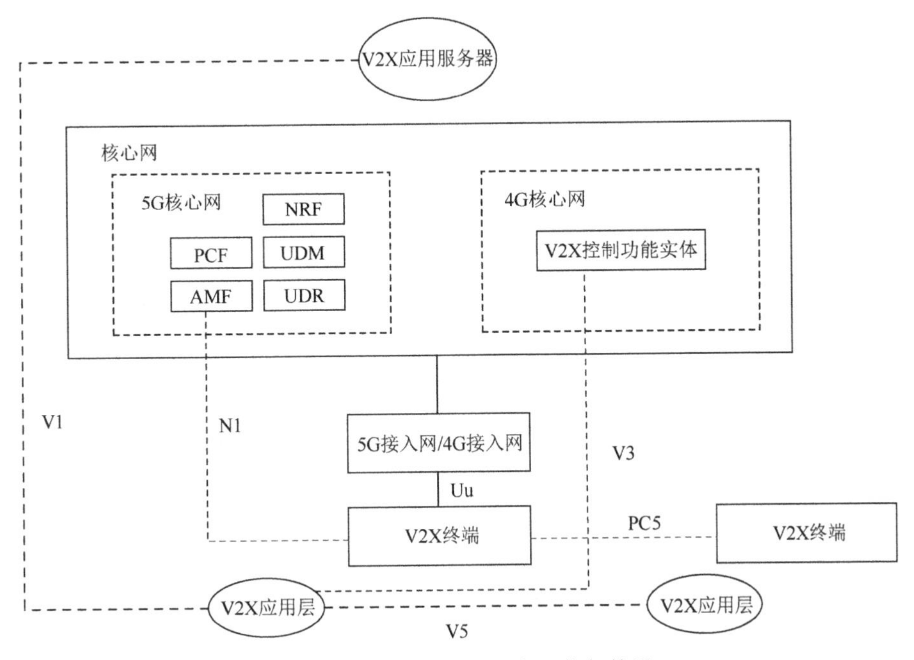

图 12.17　5G-V2X 的参考网络架构[6]

表 12.12　5G-V2X 参考接口说明[6]

参 考 接 口	功　　能
V1	V2X 应用服务器与终端 V2X 应用的参考接口
V3	在 4G 网络中，终端 V2X 应用与 V2X 功能控制实体的参考接口
V5	不同终端 V2X 应用之间的参考接口
N1	5G 网络中从接入和移动性管理功能到 V2X 终端之间的参考接口

在 5G-V2X 参考网络架构中，主要功能实体如下。

① V2X 应用服务器：位于蜂窝网之外的 V2X 管理实体，提供对全局 V2X 通信（包括 PC5 和 Uu 接口）的策略和参数的管理功能，以及对 V2X 终端的签约信息和鉴权信息的管理功能。

② 5G 核心网（5GC）：与 V2X 应用服务器连接，与 V2X 应用服务器连接，为蜂窝网络覆盖范围内的 V2X 终端提供对 V2X 通信的策略、参数配置、签约信息、鉴权信息的管理功能。5G 核心网的功能实体包括：统一数据存储库（Unified Data Repository，UDR）、统一数据管理（Unified Data Management，UDM）、策略控制功能（Policy Control Function，PCF）、接入和移动性管理功能（Access and Mobility Management Function，AMF）及网络存储功能（Network Repository Function，NRF）。

③ 4G 核心网：与 V2X 应用服务器连接，通过 V2X 控制功能实体蜂窝覆盖范围内的 V2X

终端提供对策略、参数配置、签约信息和鉴权信息的管理功能。

④ V2X 终端：根据获取的 V2X 通信（PC5 和 Uu 接口）的策略和参数配置信息，在 PC5 或 Uu 接口上进行 V2X 通信。

12.6 车联网安全

12.6.1 车联网系统安全风险

车联网系统架构可以划分为三层，即终端层、网络层及应用层。图 12.18 所示为 LTE-V2X 车联网系统示意图。本节将从车载终端、RSU 路侧单元和网络通信三个方面讨论车联网系统面临的安全风险。

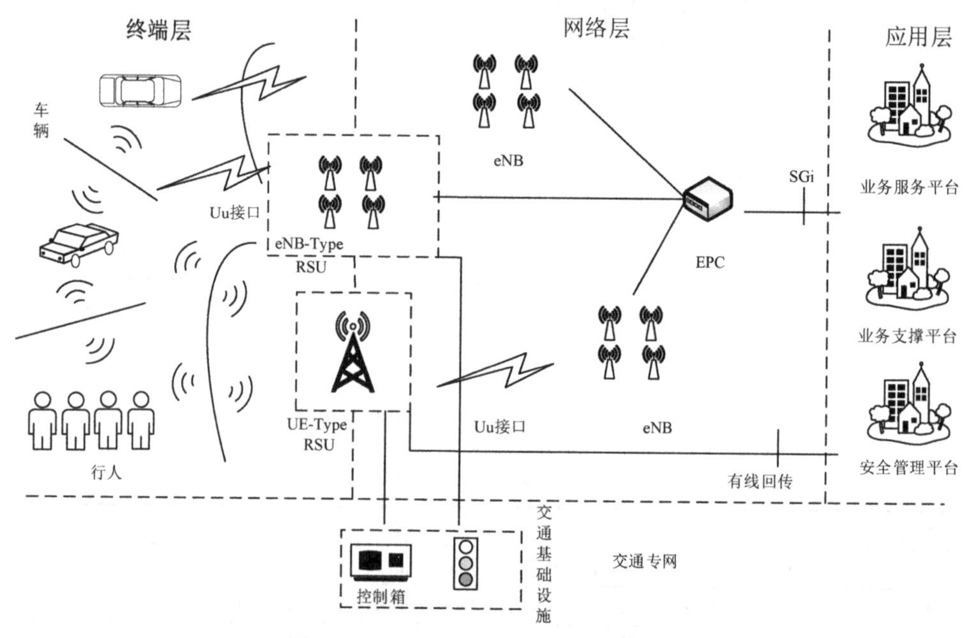

图 12.18　LTE-V2X 车联网系统示意图

（1）车载终端安全危险

由于车载终端一般同时具有多个物理访问接口和无线连接访问接口，意味着其容易被外部欺骗、入侵和控制。一方面，攻击者可通过暴露在外的物理接口植入具有危害性的软件或硬件；另一方面，攻击者可通过无线接口连接到车载终端，进而入侵自动驾驶系统[23]。

（2）RSU 路侧单元安全风险

RSU 与交通基础设施及业务云平台的交互一般是通过有线接口实现的，攻击者可通过这些有线接口入侵 RSU 设备并对其进行危害性操作，从而造成覆盖区域内的交通信息混乱，危害整个系统的安全[6, 13]。

（3）网络通信安全风险

在车联网系统中，Uu 接口和 PC5 接口均具有一定的开放性，攻击者可通过这两个接口入侵系统。例如，可以截获或窃听在车联网通信系统中直接传输的网络信令或业务信息，或者篡改合法用户发送的业务信息等，这都将严重影响交通安全[13]。

12.6.2　车联网系统安全架构及机制

本节介绍蜂窝通信场景和直连通信场景下的 LTE-V2X 车联网系统安全架构，随后介绍安全运营和管理体系。

（1）车联网系统安全架构

为了支持基于 Uu 接口的车联网业务需求，同时实现对业务的管理，3GPP 在现有 LTE 网络的基础上引入了 V2X 控制功能单元。在此网络架构下，LTE-V2X 蜂窝通信场景下的 LTE-V2X 车联网系统安全架构如图 12.19 所示。为了清晰，此处以车载终端为例表示终端设备[6,13]。

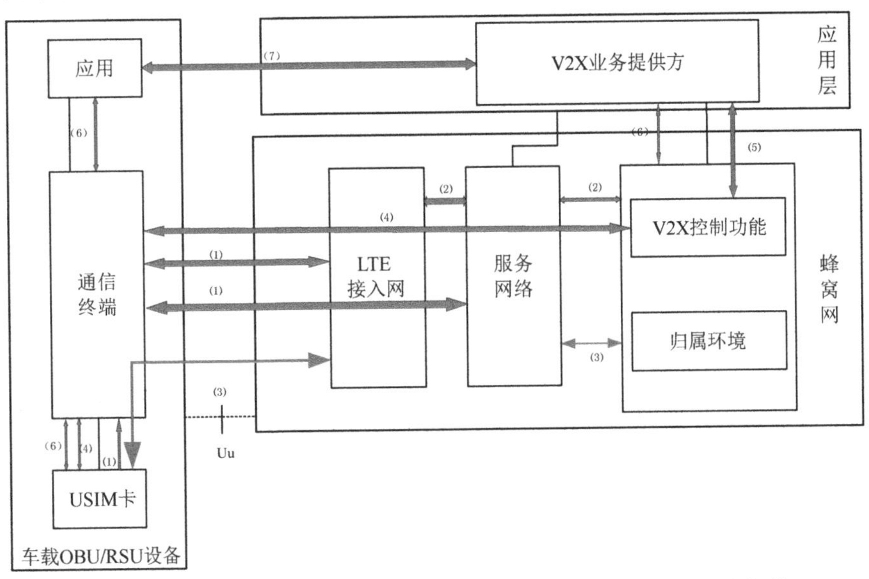

图 12.19　LTE-V2X 蜂窝通信场景下的 LTE-V2X 车联网系统安全架构

在直连通信 PC5 接口的情况下，LTE-V2X 直连通信场景下的 LTE-V2X 车联网系统安全架构如图 12.20 所示。其中，RSU 设备与交通信号控制系统及业务云平台的交互可以通过有线接口进行[6,13]。

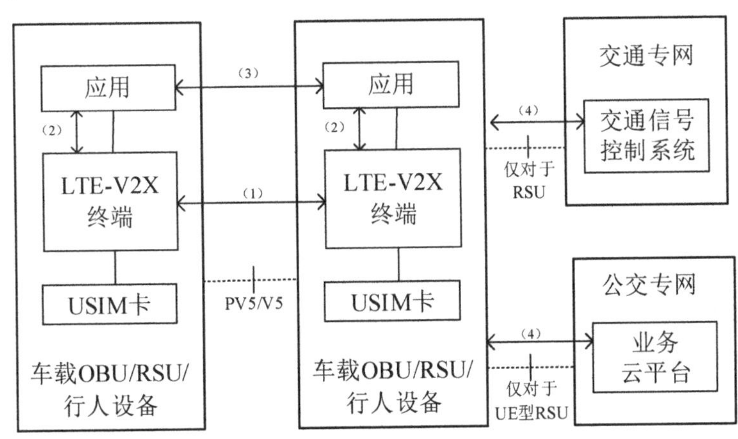

图 12.20　LTE-V2X 直连通信场景下的 LTE-V2X 车联网系统安全架构

（2）安全运营和管理

对于车联网来说，完整的系统安全解决方案是非常重要的，车联网安全运营及管理体系如图 12.21 所示。

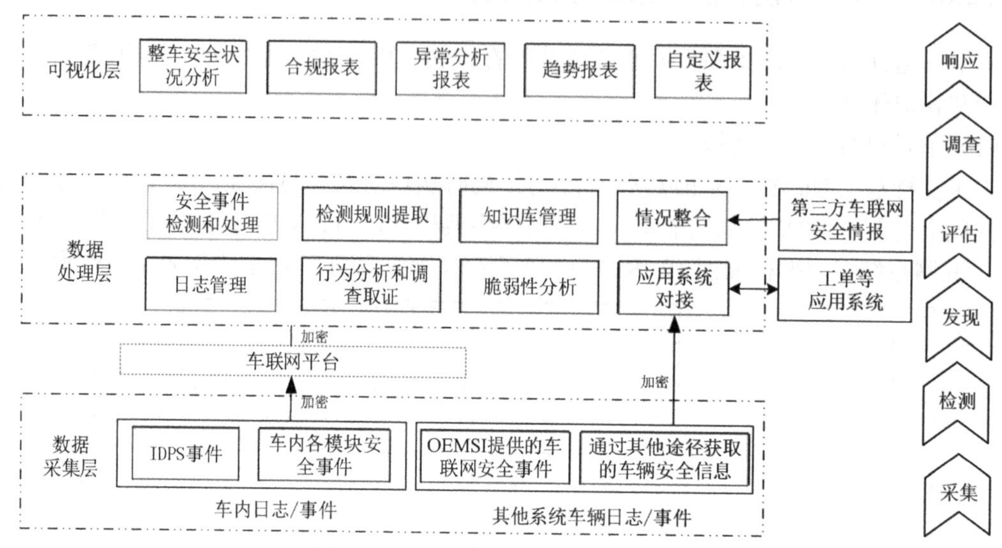

图 12.21　车联网安全运营及管理体系

车联网安全运营及管理体系包含以下三个层次。

（1）数据采集层

这一层主要负责对车联网安全事件及 V2X 应用异常行为的采集，包括 IDPS 事件、车内各模块安全事件等。然后将采集的数据上报到安全运营管理平台，该平台将收集和存储上报的大量安全相关信息[23]。

（2）数据处理层

数据处理层主要负责对车联网安全事件的分析和处理。

（3）可视化层

可视化层主要负责车联网威胁和风险的可视化呈现，以便运维人员可以直观地获得风险信息[23]。

12.7　小结

本章首先介绍了车联网作为新一代信息通信技术，实现汽车智能化、网联化及自动化等的基本背景知识。其次分别讲解了 ITU、IEEE 和 CCSA 等国际标准化组织，及其各自负责推进的车联网标准化进程，以及部分国家和地区的标准化方向。根据 C-V2X 技术标准规范讲解了各国车联网频谱的划分频段。并通过详细介绍车联网核心技术中 DSRC、LTE-V2X 及 5G-V2X 的通信模式，对比分析各个通信系统的应用场景和技术优势。最后解析了车联网系统安全机构及机制，从终端层、网络层及应用层说明当前车联网存在的安全风险和相应的保护机制。

参考文献

[1] 3GPP TS 22.185 V14.3.0, Service requirements for V2X services, 2015.11.
[2] 3GPP TR 22.886, Study on enhancement of 3GPP support for 5G V2X services, 2018.12.
[3] 3GPP TS 23.285 V16.0.0, Architecture enhancements for V2X services, 2019.03.
[4] 3GPP TS 33.185 V14.0.0. Security aspect for LTE support of Vehicle-to-Everything (V2X) services.
[5] 3GPP TR 36.885 V14.0.0. Study on LTE-based V2X Services.
[6] 陈山枝，胡金玲，赵丽. 蜂窝车联网（C-V2X）[M]. 北京：人民邮电出版社，2021.
[7] 郭春霞. C-V2X 车联网频谱规划研究[C]//. 5G 网络创新研讨会，2018：286-290.
[8] 陈山枝. 未来积极推动 LTE-V 标准[Z]，2015.
[9] 3GPP S2-153335. New SID on architecture enhancements for LTE support of V2X services，2015.
[10] 5GPPP，5G Automotive Vision，2015.10.
[11] 丁启枫，杜昊，吕玉琦. 5G-V2X 应用场景和通信需求研究[J]. 数字通信世界期刊，2019，（02）：24-25.
[12] 丁启枫，杜昊，吕玉琦. 5G-V2X 应用场景和通信需求研究[J]. 数字通信世界期刊，2019（02）：24-25.
[13] 陈军，文锦林. L3 车联网技术架构研究[J]. 电子元器件与信息技术，2019，3（08）：84-87.

附录A

缩略词表

16QAM	16 Quadrature Amplitude Modulation，十六进制正交幅度调制
1G	1st Generation，第一代移动通信
256-QAM	256-Quadrature Amplitude Modulation，高阶调制技术（256-QAM）
2G	2nd Generation，第二代通信技术
3G	3rd Generation，第三代通信技术
3GPP	3rd Generation Partnership Project，第三代合作伙伴计划
4G	4th Generation，第四代通信技术
5G	5th Generation，第五代通信技术
5G NR	5G New Radio，5G 新空口
5GC	5G Core，5G 核心网
AAU	Active Antenna Unit，有源天线单元
ACK	Acknowledge Character，确认字符
AD	Automated Driving，自动驾驶
AF	Amplify-and-Forward，放大/传输
AM	Accounting Management，会计管理
AMF	Access and Mobility Management Function，接入和移动性管理功能
API	Application Programming Interface，应用程序编程接口
App	Application，应用程序
Apps	Application Service，应用服务
AR	Augmented Reality，增强现实
AS	Application Server，应用服务器
AL	Access Layer，接入层
ATCA	Advanced Telecom Computing Architecture，先进的电信计算平台
AUC	Authentication Center，鉴权中心
AUSF	Authentication Server Function，认证服务器功能
AAU	Active Antenna Unit，有源天线单元
BBU	Base Band Unit，基带处理单元
BCH	Broadcast CHannel，广播信道
BER	Bit Error Ratio，误码率
BOSS	Business Operation Supporting System，业务运营支撑系统

BP	Beam Pair，波束对
BPSK	Binary Phase Shift Keying，二进制相移键控
BSS	Business Support System，业务支持系统
CA	Context Aware，情景感知技术
CAPEX	Capital Expenditure，资本支出
CC	Cell Cluster，小区簇
CCCH	Common Control CHannel，公共控制信道
CCFD	Co-time Co-frequency Full-Duplex，同时同频全双工
CDMA	Code Division Multiple Access，码分多路访问
CDMA2000	Code Division Multiple Access 2000，码分多路访问 2000
CDN	Content Delivery Network，内容分发网络
C-eDRX	Connected Mode extended Discontinuous Reception，连续模式扩展不连续接收
CEPT	European Conference of Postal and Telecommunications Administrations，欧洲邮电管理委员会
CF	Compress-and-Forward，压缩传输
CM	Configuration Management，配置管理
CN	Core Network，核心网
CO	Centralized Office，中心机房
CoMP	Coordinated Multiple Points Transmission/Reception，多点协作传输
CPRI	Common Public Radio Interface，通用公共无线电接口
CPU	Central Processing Unit，中央处理器
CQI	Continuous Quality Improvement，持续质量改进
C-RAN	Central- Radio Access Network，集中式接入网分布
C-RAN	Cloud Radio Access Network，云无线接入网
CRC	Cyclical Redundancy Checks，循环冗余校验
CRS	Cognitive Radio System，认知无线电系统
CS	Circuited Switch，电路交换
CS FB	Circuit Switched FallBack，电路域回落
CSCF	Call Session Control Function，呼叫会话控制功能
CSI	Channel State Information，信道状态信息
CT	Communication Technology，通信技术
CU	Centralized Unit，集中单元
C-V2X	Cellular V2X，蜂窝车联网技术
D2D	Device to Device，端到端
DAS	Distributed Antenna System，分布式天线系统
DC	Dual Connection，双连接
DC	Data Center，数据中心（机房）
DCCH	Dedicated Control CHannel，专用控制信道
DCI	Data Center Interconnect，数据中心（机房）间的承载通道

DCI	Downlink Control Information，下行控制信息
DF	Decode-and-Forward，解码转发
DFS	Dynamic Frequency Selection，动态频率选择
DL	Downlink，下行链路
DPC	Destination Point Code，信令点编码
D-RAN	Distributed RAN，分布式无线接入模式
DRX	Discontinuous Reception，不连续接收
DSP	Digital Signal Processing，数字信号处理
DSRC	Dedicated Short Range Communications，专用短距离通信
DU	Distributed Unit，分布单元
EC-GSM	Extended Coverage-Global System For Mobile Communications，扩展覆盖全球移动通信系统
eLAA	enhanced Licensed Assisted Access，增强型授权辅助接入
eLTE	enhanced LTE，增强型 LTE
eLTE eNB	enhanced Long Term Evolution evolved Node Basestation，增强 LTE 演进型基站
eMBB	enhanced Mobile Broadband，增强移动宽带
EMS	Network Element Management System，网元管理系统
eMTC	enhanced MTC，增强机器式通信
EPC	Evolved Packet Core，演进的分组核心网
EPS	Evolved Packet System，演进分组系统
EPS FB	EPS FallBack，EPS 回落方案
EPS-GUTI	Evolved Packet System-Globally Unique Temporary UE Identity，演进分组系统全局唯一的临时 UE 标识
ETC	Electronic Toll Collection，电子不停车收费系统
ETSI	European Telecommunications Standards Institute，欧洲电信标准化协会
EVS	Enhance Voice Services，增强语音服务
FD	Full-Duplex，频分双工
FDD	Frequency Division Duplex，频分复用
FDD	Frequency Division Duplexing，频分双工
FDMA	Frequency Division Multiple Access，频分多址
FG CarCOM	Focus Group on Car Communication，汽车通专组
FlexE	Flexible Ethernet，灵活以太网
FM	Fault Management，故障管理
FPC	Fractional Path-loss Compensation，部分路损补偿
FPGA	Field Programmable Gate Array，现场可编程逻辑门阵列
GMSA	The Global Mobile Suppliers Association，全球移动通信供应商协会
GMSK	Gaussian Filtered Minimum Shift Keying，高斯最小频移键控
gNB	gNodeB，下一代 NodeB
GPRS	General Packet Radio Service，通用分组无线电业务
GPS	Global Positioning System，全球定位系统

GSM	Global System for Mobile Communications，全球移动通信系统
HARR	Hybrid Automatic Repeat Request，混合自动重传请求
H-CRAN	Heterogeneous Cloud Radio Access Networks，异构云无线接入网
HetNet	Heterogeneous Network，异构网络
HSS	Home Subscriber Server，归属地用户服务器
ICN	Information-Centric Network，信息中心网络
I-CSCF	Inquiry-Call Session Control Function，询问呼叫会话控制功能
ICT	Information and Communication Technology，信息与通信技术
ICV	Intelligent and Connected Vehicle，智能网联汽车
IDPS	Intrusion Detection and Prevention System，入侵检测和防御系统
I-eDRX	IdleMode extended Discontinuous Reception，空闲模式扩展不连续接收
IMS	IP Multimedia Subsystem，IP 多媒体系统
IoT	Internet of Things，物联网
IP	Internet Protocol，网际互联协议
Ir	Infrared，红外
ISA	Identification Shared Access，许可共享接入
ISI	Inter-Symbol Interference，码间干扰
ISM	Industrial Scientific Medical，工业科学医学
IT	Internet Technology，互联网技术
ITS	Intelligent Transport System，智能交通系统
ITU	International Telecommunication Union，国际电信联盟
KPI	Key Performance Indicator，关键绩效指标
LA	Link Adaptation，链路自适应
LAA	License Assisted Access，授权辅助接入
LAN	Local Area Network，局域网
LBT	Listen Before Talk，会话前侦听
LDPC	Low Density Parity Check，低密度奇偶校验
LMDS	Local Multipoint Distribution Services，本地多点发送系统
LoRaWAN	Long-Range Wide Area Network，远距离广域网
LOS	Line Of Sight，视距
LPWAN	Low-Power Wide Area Network，低功耗广域物联网
LSA	Licensed Shared Access，授权共享接入
LTE	Long Term Evolution，长期演进
LTE eNB	Long Term Evolution evolved Node Basestation，LTE 演进型基站
LTE-A	Long Term Evolution-Advanced，升级的长期演进技术
LTE-Cat1	Long Term Evolution-Category，长期演进技术等级 1
LTE-M	Long Term Evolution-Machine to Machine，基于物联网的长期演进技术
M2M	Machine to Machine，机器与机器通信
MAC	Media Access Control，介质访问控制

MAI	Multiple Access Interference，多址干扰
MANO	Management and Orchestration，管理和编排
Massive MIMO	Massive Multiple Input Multiple Output，大规模多输入多输出
MAU	Multi-Access Unit，多制式接入单元
MBB	Mobile Broad Band，移动宽带
MC	Macro Cell，宏小区
MCC	Mobile Cloud Computing，移动云计算
MCPPT	Mission Critical Push To Talk，集群类业务
MCU	Microcontroller Unit，微控制器固件
MDT	Minimization of Drive Test，驾驶测试最小化
MEC	Mobile Edge Computing，移动边缘计算
MEC	Multi-access Edge Computing，多接入边缘计算
MFSK	Multiple Frequency Shift Keying，多进制频移键控
MIMO	Multiple-In Multiple-Out，多输入多输出
MME	Mobility Management Entity，移动性管理实体
mMTC	massive Machine Type Communication，大规模机器类通信
MOS	Mean Option Score，平均意见得分
MSC	Mobile Switch Center，移动交换中心
MTC	Machine Type Communication，机器式通信
MU-MIMO	Multi-User MIMO，多用户 MIMO
MUSA	Multiple User Sharing Access，多用户共享多址接入
NAS	Non-Access Stratum，非接入层
NB-IoT	Narrow Band Internet of Things，窄带物联网
NB-LTE	Narrow Band LTE，窄带长期演进技术
NFV	Network Functions Virtualization，网络功能虚拟化
NGC	Next Generation Core，下一代核心网
NGMN	Next Generation Mobile Networks，下一代移动网络
NGN	Next Generation Network，下一代网络
NLOS	Non Line Of Sight，非视距
NOMA	Non-Orthogonal Multiple Access，非正交多址接入
NPRM	Notices of Proposed Rule Making，拟定标准通知
NR	New Radio，新空口
NRF	Network Repository Function，网络存储功能
NR-NR DC	New Radio-New Radio Dual Connection，5G 新空口双连接
NR-V2X	New Radio V2X，5G 车联网技术
NS	Network Slicing，网络切片
NSA	Non-Standalone，非独立组网
OBSAI	Open Base Station Architecture Initiative，开放式基站架构联盟
OFDMA	Orthogonal Frequency Division Multiple Access，正交频分多址接入

OPEX	Operating Expense，营业费用
OSI	Open System Interconnect，开放系统互联参考模型
OSS	Operation Support System，操作支持系统
OTT	Over The Top，跨平台服务
PaaS	Platform as a Service，平台即服务
P-Bridge	Pico Remote Radio Unit Bridge，远端汇聚单元
PCC	Policy Control and Charging,，策略控制和计费
PCF	Policy and Charging Function，策略与计费功能
PCRF	Policy and Charging Rules Function，策略与计费规则功能
P-CSCF	Proxy-Call Session Control Function，代理呼叫会话控制功能
PDCCH	Physical Downlink Control CHannel，物理下行控制信道
PDCP	Packet Data Convergence Protocol，分组数据汇聚协议
PDSCH	Physical Downlink Shared CHannel，物理下行共享信道
PDU	Protocol Data Unit，协议数据单元
PGW	PDN Gateway，数据网关
PGW-C	Packet Data Network Gateway Control Plane Function，分组数据网关控制平面功能
PGW-U	PGW User Control Plane Function，分组数据网关用户平面功能
PHY	Physical Layer，物理层
PM	Performance Management，性能管理
PNMA	Power-domain Non-orthogonal Multiple Access，功率域非正交多址接入
POE	Power Over Ethernet，以太网供电
PRACH	Physical Random-Access CHannel，物理随机接入信道
PRB	Physical Resource Block，物理资源块
PRRU	Pico Remote Radio Unit，远端射频单元
PS	Packet Switch，分组交换
PSCCH	Physical Sidelink Control CHannel，物理直通控制信道
PSCH	Physical Broadcast CHannel，物理广播信道
PSFCH	Physical Sidelink Feedback CHannel，物理直通反馈信道
PSM	Packet Switching Message，分组交换报文
PSS	Primary Synchronization Signal，主同步信号
PSSCH	Physical Sidelink Shared CHannel，物理直通共享信道
PTN	Packet Transport Network，传送网
PUCCH	Physical Uplink Control CHannel，物理上行控制信道
PUSCH	Physical Uplink Shared CHannel，物理上行共享信道
QCI	QoS Class Identifier，服务等级指示
QoS	Quality of Service，服务质量
Rail ITS	Rail Intelligent Transport System，轨道智能交通系统
RAN	Radio Access Network，无线接入网
RAR	Rapid Assessment and Response，快速评估响应

RAT	Radio Access Technology，无线接入技术
RAT FB	RAT FallBack，RAT 回落
RE	Radio Equipment，无线电设备
REC	Radio Equipment Control，无线电控制设备
RFID	Radio Frequency Identification，射频识别
RLC	Radio Link Control，无线连接控制
ROHC	Robust Header Compression，健壮性报头压缩协议
RPMA	Random Phase Multiple Access，随机相位多址接入
RRC	Radio Resource Control，无线资源控制
RRH	Remote Radio Head，射频拉远头
RRU	Remote Radio Unit，射频拉远单元
RSC	Radio Resource Control，无线电资源控制
RSD	Rack Scale Design，机架规模设计
RSPG	Radio Spectrum Policy Group，欧盟委员会无线电频谱政策小组
RSRP	Reference Signal Receiving Power，参考信号接收功率
RSU	Road Side Unit，路侧单元
RTCP	Real-time Transport Control Protocol，实时传输控制协议
RTOS	Real Time Operating System，实时操作系统
RTP	Real-time Transport Protocol，实时传送协议
SA	Standalone，独立组网
SAE	Society of Automotive Engineers，美国汽车工程协会
SBA	Service-Based Architecture，基于服务化的网络架构
SC	Small Cell，小小区
SCMA	Sparse Code Multiple Access，稀疏码多址接入
S-CSCF	Serving-Call Session Control Function，服务呼叫会话控制功能
SDN	Software Defined Network，软件定义网络
SDNC	Software Defined Networking Controller，软件定义网络控制器
SDR	Software Define Radio，软件定义无线电
SE	Secure Element，安全单元
SF	Store-and-Forward，存储转发
SFN	System Frame Number，系统帧号
SGW	Serving Gate Way，服务网关
SIC	Successive Interference Cancellation，串行干扰删除
SIM	Subscriber Identity Module，用户识别模块
SINR	Signal to Interference Plus Noise Ratio，信噪比
SIP	Session Initiation Protocol，会话初始协议
SL	Sidelink，直通链路
SM	Security Management，安全管理
SMF	Session Management Function，会话管理功能

SNR	Signal Noise Ratio，信噪比
SON	Self Organization Network，自组织网络
SPP	Standard Parallel Port，标准并行接口
SPS	Semi-Persistent Scheduling，半静态调度
SPU	Secure Processing Unit，安全处理器
SRD	Short Range Device，短距离设备
SRVCC	Single Radio Voice Call Continuity，单一无线语音呼叫连续性
SSB	Synchronization Signal Block，同步信号块
SSS	Secondary Synchronization Signal，辅同步信号
TD	TD-SCDMA Industry Alliance，TD 产业联盟
TDD	Time Division Duplexing，时分双工
TDD	Time Division Duplex，时分复用
TDMA	Time Division multiple access，时分多址
TDS-CDMA	Time Division Synchronous Code Division Multiple Access，时分同步码分多址
TEE	Trusted Execution Environment，可信执行环境
TPC	Transmission Power Control，传输功率控制
TTI bundling	Transmission Time Interval bundling，时隙绑定
UCI	Uplink Control Information，上行控制信息
UDM	Unified Data Management，统一数据管理
UDN	Ultra-Dense Network，超密集网络
UDR	Unified Data Repository，同数据存储库
UE	User Equipment，用户设备
UE Cat-1	Users Experience Category-1，用户体验等级 1
UHD	Ultra High Definition，超高清
UM	Unacknowledged Mode，非确认模式
UMTS	Universal Mobile Telecommunications System，通用移动通信系统
UP	Uplink，上行链路
UPF	User Plane Function，用户平面功能
uRLLC	ultra Reliable Low Latency Communication，高可靠低延迟通信
USSD	Unstructured Supplementary Service Data，非结构化补充数据业务
V2I	Vehicle to Infrastructure，车辆与道路基础设施通信
V2N	Vehicle to Network，汽车与网络互联通信
V2P	Vehicle to Pedestrian，汽车与行人通信
V2V	Vehicle to Vehicle，车辆与车辆通信
V2X	Vehicle-to-Everything，车联网
VAS	V2X Application Server，V2X 应用服务器
VCF	V2X Control Function，V2X 控制功能单元
VM	Virtual Machine，虚拟机
VNFM	Virtual Network Function Manager，虚拟网元管理器

VoeLTE	Voice over eLTE，通过 eLTE 进行语音承载
VoIP	Voice over Internet Protocol，基于 IP 的语音传输
VoLTE	Voice over LTE，长期演进语音承载
VoNR	Voice over NR，通过 5G 新空口进行语音承载
VR	Virtual Reality，虚拟现实
WAN	Wide Area Network，广域网
WAVE	Wireless Access in Vehicular Environments，车辆环境中的无线接入技术
WCDMA	Wideband Code Division Multiple Access，宽带码分多址
WLAN	Wireless Local Area Network，无线局域网
WPA	Wi-Fi Protected Access，保护无线电脑网络安全系统
WSD	White Spectrum Device，白频谱设备

反侵权盗版声明